W0025886

Zu diesem Buch

Die aktuelle Technik-Kritik, sei sie nun von der Frauenbewegung, der Alternativ- und Öko-Bewegung oder den Konservativen formuliert, geht am eigentlichen Problem vorbei. Die Maschinen, die wir bekämpfen, sind ein Teil von uns selbst: ein Teil unseres Denkens, der – von uns abgespalten – selbständige, körperliche Form angenommen hat. Durch das Maschinenhafte in uns unterscheiden wir uns vom Tier. Die Zerstörung sämtlicher körperlich existierender Maschinen kann daran nichts ändern. Das, was von der Technik-Kritik gemeint ist, betrifft in Wirklichkeit unser eigenes Denken und Verhalten.

Die Autoren arbeiten seit längerem an der Technischen Universität Berlin über das Thema «Technologie und Sozialisation».

Arno Bammé, Günter Feuerstein, Renate Genth,
Eggert Holling, Renate Kahle, Peter Kempin

Maschinen-Menschen, Mensch-Maschinen

Grundrisse einer sozialen Beziehung

Rowohlt

Kulturen und Ideen

Herausgegeben von Johannes Beck,
Heiner Boehncke, Wolfgang Müller,
Gerhard Vinnai

Redaktion Wolfgang Müller
Umschlagentwurf Stolle Wulfers

Originalausgabe
Veröffentlicht im Rowohlt Taschenbuch Verlag GmbH,
Reinbek bei Hamburg, April 1983

Satz Times (Linotron 404)
Gesamtherstellung Clausen & Bosse, Leck
1480-ISBN 3 499 17698 x

Inhalt

Teil II
Verhaltensmuster menschlicher Maschinen

Teil C
Probleme, Spekulationen, Perspektiven

Teil A

Joey und seine fiktiven Maschinen

Joey und seine fiktiven Maschinen
Eine Einleitung

Automatisch, alle zwei Minuten, tastete Joey nach den Schnüren, Drähten, Bändern. Sie liefen am Stuhlsitz, an der Lehne entlang. Im Apparat verknüpften sie sich. In der Lebensmaschine. Daran hing er. An dem regelmäßig schnurrenden, surrenden, tickenden, tackenden Motor. Daraus lebte er. Die Schnüre liefen zurück. Darin der Strom. Davon bewegte er sich. Sie liefen am Stuhlsitz, an der Lehne entlang, schlangen sich um Gelenke, Schultern. Die Elektrizität durchkreiste ihn. Und jetzt konnte er essen. Regelmäßig, Senken des Löffels, Eintauchen in die Suppe. Senkrechtes Heben. Waagerechtes Führen zum Mund. Öffnen des Mundes. Schließen des Mundes. Ein Ruck am Löffel. Senken. Joey schluckte. Regelmäßig, angekoppelt am Motor.

Pause. Der Suppenteller wurde abgetragen. Joey berechnete. Finger für Finger setzte er die Schnüre entlang. Die Länge stimmte. Die Spannung stimmte. Der Motor lief.

Jeder im Haus hing daran, fern oder nah, wie er. Jeder lebte an der Maschine. Die Pflegerin. Sie brachte ihm das Essen. Ein Griff zum Knopf. Ihre Maschine sprach, brabbelte, ließ bumm, bumm, bumm, viele kleine Trommeln ertönen. Auch in Joey gab es diese kleine Trommel. Die innere Maschine, angetrieben von dem Lebensmotor. Er kontrollierte ihn, wiederum.

Joey blieb ungerührt. Ihn schauten sie besorgt an. Er sah es aus dem Augenwinkel. Fragten ihn, wollten ihn verunsichern. Doch er beharrte darauf. Jeder hatte seine Maschine. Jeder hatte seinen Motor. Auch die große Person, die Therapeutin, die mit ihm sprach. Mehr Maschinen hatte sie. Eine Lautmaschine, mit dem regelmäßigen Schlag, Gebrabbel, Gedudel. Und immer dabei ihre kleine Lebensmaschine, mit Tasten und Zahlen. In der Tasche. Wie er, Joey.

Und Joey hatte gelernt. Schrecklich war es, die Maschine nicht festzuhalten. Sie verlor sich, flog davon, löste sich auf, wenn er nicht aufpaßte. Und er mit ihr. Er hielt seine fest. Kontrollierte sie. Ständig.

Er wußte, wenn sie da war, fest an ihm, lebte er, war er sicher. Er tastete automatisch danach.

Der großen Person war es passiert. Seiner Mutter. Sie war regelmäßig. Beinah wie eine Maschine. Doch sie ging regelmäßig und oft weg. Seine Maschine war immer da. Er hielt sie fest. Kontrollierte sie alle zwei Minuten. Seiner Mutter war es passiert. Da war ein Lärm, ein Krach, ein Getöse. Es erhob sich die riesige Maschine, größer als alle, gewaltig, mächtig. Sie erhob sich. Sie flog weg. Wurde klein. Ein Punkt. Er löste sich auf. Vorher war der Vater eingestiegen.

Von der Therapeutin, die nachher zu uns sprechen wird, können wir

Joeys Automotor, der ihn mit Energie versorgte, und am Fuß des Bettes der «Karburator», der ihn atmen ließ, und der Motor, der seinen Körper in Gang hielt.

Nahaufnahme des Kopfbrettes von Joeys Bett. Linkerhand das Steuer, Mitte unten die Batterie, die den Lautsprecher rechterhand betrieb, sowie andere Teile der Maschine, die Joey, wenn er schlief, funktionsfähig erhielt. Der «Lautsprecher» ermöglichte es Joey, nicht nur zu sprechen, sondern auch zu hören.

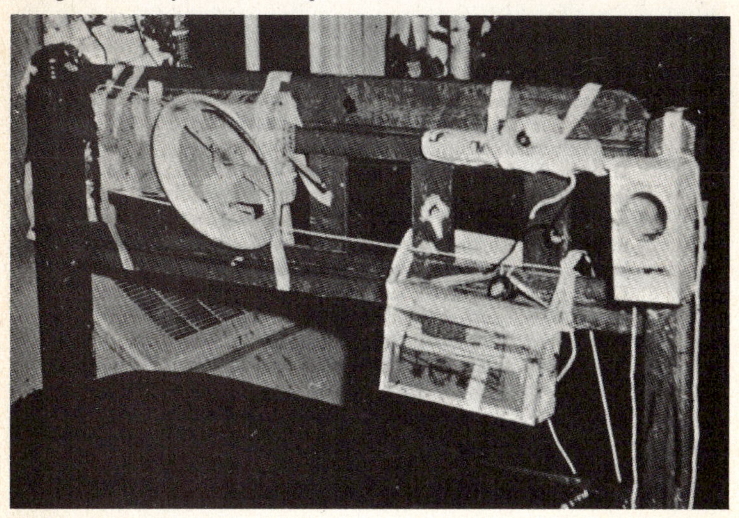

folgende Zwischeninformation in Erfahrung bringen, zum besseren Verständnis, aus der Akte:

«Keiner der beiden Elternteile war emotional auf das Kind vorbereitet ... So aber wurde Joey in dieser Welt nicht mit Liebe noch mit Zurückweisung noch mit Ambivalenz willkommen geheißen. Aus reiner Angst heraus wurde er ebenso simpel wie vollständig ignoriert» (S. 314).

Als Säugling war er einem strikten Vier-Stunden-Fütterungsplan unterworfen (S. 314) und «wurde in aller Strenge zur Sauberkeit erzogen, damit er nur ja keine Unannehmlichkeiten mache» (S. 316f).

Für Joeys Beziehung zu rotierenden Propellerflügeln waren seine Besuche auf dem Flughafen von Bedeutung. Dort verfolgte er zusammen mit seiner Mutter den Abflug und die Ankunft des Vaters. «Auf alle Fälle konnten diese Maschinen in Joeys Mutter Gefühle wecken, die er selbst nicht auslösen konnte», nämlich beim Abflug schreckliche Angst und bei der Ankunft große Freude (S. 323).

«Hier lag wohl der Grund für die Faszination durch die Propellerflügel und für das Bedürfnis, ihre Wirkungsweise zu verstehen und sich dergestalt vielleicht ihre Macht anzueignen» (S. 324).

Die Maschine muß man halten. Das Leben hängt daran. Die Lebensmaschine. Seine Mutter hatte sie losgelassen. Sie weinte. Seltsame Töne. Wasser, Auflösung. Joey griff nach den Schnüren. Die Hand klammerte daran. Er wußte seitdem: Schreckliches geschieht, wenn die Maschine sich entfernt, wegfliegt, sich auflöst. Alles zerfließt, löst sich auf. Aber daß man es vermochte, daß die Maschine es vermochte, beschäftigte Joey. Immerfort arbeitete er an der Maschine, mit der Maschine. Vielleicht vermochte er es eines Tages auch. Seine Mutter würde weinen. Die anderen. Auflösung. Joey war damit beschäftigt. Ständig. Er kontrollierte und arbeitete.

Es spricht die Therapeutin. Aber, Moment mal, wir müssen eine Pause einlegen, warten. Denn das Diktaphon funktioniert nicht. Es reagiert einfach nicht. Ein Schieben, ein Griff, ein Blick. Die Therapeutin sieht sofort, sie muß erst neue Batterien einlegen. Sie greift zum Telefon, ruft wohl die Sekretärin an. Wir können derweil kurz darauf hinweisen, daß die Therapeutin sich redliche Mühe mit dem armen Joey gibt. Er ist ein autistisches Kind. Schrecklich. Es reagiert einfach nicht. Es ist ja klar. Es liegt an der Mutter. Ein bißchen am Vater. Aber das wird die Therapeutin gleich berichten. Ein bißchen natürlich auch an der Umwelt. Wir wissen das ja alles. Aber eigentlich bleibt das doch ungeklärt. So ein Phänomen. Ein autistisches Kind. Das sich nur für Maschinen interessiert.

Ein Blick in die Akte, die Therapeutin führt aus:

«Joey wendete sich Maschinen und technischen Apparaten zu, weil er durch sie die entscheidendere emotionale Erfahrung erlebte. Zwar sind sie gefährlich, doch sind sie greifbar und verständlich. Doch wichtiger noch, wenn es darum ging, zu einer Autonomie zu gelangen, war die Tatsache, daß ihr Handeln vorhersagbar war: sie starteten mit einem donnernden Dröhnen, und wenn man sie ausschaltete, hörte auch dieses Dröhnen auf. Sie waren effektiv verständlich, wenn er sie mit der ‹schwammigen› Art und der emotionalen Distanziertheit seiner Mutter verglich» (S. 325).

Die Therapeutin hat inzwischen neue Batterien eingelegt. Sie greift zum kleinen schwarzen Apparat. Sie verschiebt eine Taste. Unmerklich. Man sieht es kaum. Und: es spricht die Therapeutin:

Die Lebensbedingungen waren es, die Joey dazu veranlaßten, sich in eine maschinelle Einrichtung zu verwandeln. Und sie setzten bereits vor seiner Geburt ein. Die Krankheit hat ihren Ursprung bei seiner Mutter. Schon bei seiner Geburt hielt ihn seine Mutter, wir würden sagen, für eine Sache, ein Ding und nicht für eine Person, die abhängig von ihr war.

Es gab in Joeys Familie keine Emotionen. Weder die Mutter noch der Vater reagierten emotional auf Joey. Es gab keine Liebe und auch keine Zurückweisung.

Als Säugling war er einem strikten Vier-Stunden-Fütterungsplan unterzogen und wurde mit aller Strenge zur Sauberkeit erzogen, damit er nur ja keine Unannehmlichkeiten, keine Schwierigkeiten mache. Zugegeben, hier gab es natürlich Zurückweisung für Joey. Aber sie war hart und streng, ohne Emotionen. Es ging um Nützlichkeit.

Mit vier Jahren kam Joey in einen psychologischen Kindergarten für emotional gestörte Kinder. Dort wurde er behandelt. Schon dort war es so, daß ihn einzig nur echte Motoren, Ventilatoren und andere deutlich sichtbare Geräte von seiner eigenen eingebildeten Maschine abhalten konnten. Mit maschineller Präzision imitierte er die verschiedenen Geräusche und Geräuschstufen, kannte die verschiedenen Geschwindigkeiten, die dazu gehörten.

Aber insgesamt lebte er an seiner eigenen Maschine. Um überhaupt essen zu können, legte Joey sichtbare und unsichtbare elektrische Leitungen. Sein Verdauungsapparat funktionierte nur mit Strom. Das war seine Überzeugung. Er führte das Ritual derart geschickt aus, daß man schon zweimal hinschauen mußte, um sich zu vergewissern, ob er tatsächlich keinen Draht, keine Schnüre, keine Stecker, keine Steckdosen verwandte. Elektrische Leitungen dieser Art mußten überall gelegt werden. Erst dann konnte er lesen, spielen, schlafen.

So wie der Säugling den Kontakt zur Mutter herstellen muß, um gestillt zu werden, mußte Joey den Kontakt zur Elektrizität herstellen, bevor er funktionieren konnte.

Mit seiner emotionsgestörten Mutter war Joey die Welt menschlicher Wärme verschlossen geblieben. So schuf er sich eine Maschinenwelt, in der sein Verlangen nach Zuwendung nicht enttäuscht werden konnte, weil ein solches Verlangen sich von vornherein gar nicht stellte. Auch waren die Maschinen in ihrem Verhalten zuverlässiger, nicht solch sprunghaften Veränderungen in ihrem Befinden, in ihrer Stimmung unterworfen wie Menschen. Überhaupt waren Maschinen viel stetiger, berechenbarer. Sie gaben Sicherheit.

Aber seine Maschinen begannen, ihn zu beherrschen. Sie begannen, seine Ängste und Wünsche zu beherrschen.

Da die Menschen, vor allem seine Mutter, versagt hatten, wurden nun Maschinen zu Beschützern, ja schließlich zu Verwandten. Er schloß sich nur noch an sie an und wurde ganz und gar von ihnen abhängig.

Da die Menschen seinen Gefühlen keine Nahrung gaben, mußte die Elektrizität diese Funktion übernehmen. Aus dem Kreis der Menschen fühlte er sich ausgeschlossen, also schaltete er sich in den Stromkreis ein.

Fortan konnte er nur noch unter Anwendung eines komplizierten Röhrensystems essen, das aus Strohhalmen bestand. Nach seinen Vorstellungen mußten die Flüssigkeiten in ihn hineingepumpt werden. Unter diesen technischen Maßnahmen vollzogen sich alle seine Lebensverrichtungen.

In seinen körperlichen Bewegungen, in seinen Denkprozessen konnte er maschinelle Vorrichtungen erkennen. Wie Maschinen setzten sie sich aus Einzelteilen zusammen, waren verschraubt und verschweißt, und wenn diese Teile nicht mehr korrekt funktionierten, mußten sie einfach ausgetauscht werden. Es war unheimlich und doch faszinierend. Hinter Joeys Vorstellungen, daß sein Körper wie eine Maschine funktioniere, und zum Teil eben mangelhaft, stand die Hoffnung, daß defekte Körperteile jederzeit durch bereitliegende Ersatzteile repariert werden könnten.

Nur sehr allmählich gelang es, Joeys Abhängigkeit von den Maschinen zu reduzieren. Es begann damit, daß er Zugeständnisse machte. Er begann, in gute und böse Apparate zu differenzieren. Er begann, eine innere Ordnung zu schaffen. Waren vorher alle Röhren gefährlich und lebensnotwendig zugleich gewesen, ebenso wie seine Eltern, vor allem seine Mutter, so entwickelte er jetzt eine menschliche Ordnung, ein System, in dem zwischen hell und dunkel, gut und böse, oben und unten unterschieden wurde. Er sah jetzt die Gegensätze, wie wir sie kennen. Während die Welt, in der er vorher gelebt hatte, leer und formlos, eben chaotisch gewesen war, gelang es ihm nun, das Dunkel vom Licht zu scheiden.

Aber es gab weiterhin ein Leitmotiv in Joeys Vorstellungen. Es tauchte immer wieder auf, war überall dingfest zu machen: Ihn zog es an, daß Maschinen keine Empfindungen haben und keine Schmerzen, keine Leiden haben, und daß sie nach Belieben abgeschaltet werden können.

Die Therapeutin unterbricht an dieser Stelle ihr Diktat. Sie will noch einmal nach Joey schauen, bevor sie die Anstalt verläßt. Der hatte gute Fortschritte gemacht. Es war zufriedenstellend. Sie geht ins obere Stockwerk, wo der Schlafsaal ist.

Warum sprechen sie bloß? Warum machen sie sich das vor? Joey sah starr vor sich hin. Es schrillte, klingelte. Er sah im Augenwinkel, wie die große Person, die Therapeutin, weiß war sie gekleidet, ein kleiner schwarzer Tintenfleck leuchtete an der linken Manschette, sah im Augenwinkel, wie sie nach ihrer Maschine tastete. Es gab einen knackenden Laut. Die große Person schloß sich an die Maschine an. Sie hing an der Schnur. Die schwankte hin und her. Die große Person, was hatte sie gegen seine Maschine, gegen Joeys Maschine? Joey tastete heimlich danach. Kontrollierte die Leitungen. Die große Person hatte selber Maschinen, viele Maschinen. Sie standen um sie herum. Sie war daran angeschlossen, wie Joey, wie im übrigen alle. Einem Hebel gleich streckte sie den Arm jetzt aus, zog das weiße Röhrchen aus der Schachtel, entzündete es. Es glühte auf. Rauch quoll aus dem Mund, wurde ausgestoßen. Es glühte auf wie die Glühbirne. Die Glühbirne. Sie war gestern plötzlich erloschen und mußte doch immer brennen. In Joey stockte es. Der Strom. Wenn er ausfiel, war alles aus. Die kleine blaue Glühbirne ging aus. Die Nachtlampe. Das Licht erlosch, löste sich auf. Dunkelheit. Alles drohte zu erlöschen, sich aufzulösen. Er. Er schrie. Sie kamen herangelaufen. Sie knipsten das Licht an, die Elektrizität. Die Glühbirne wurde ausgewechselt. Das war das Gute an den Maschinen. Sie gehen oder sie gehen aus. Zuverlässig sind sie, eindeutig. Man kann ihnen vertrauen.

Die fahrigen Hände an den Armen fuhren hin und her, winkelten und streckten sich. Joey griff nach seiner Maschine. Heimlich. Wie die große Person und alle anderen auch. Das hatte er gelernt. Nur noch ein Griff. Ein Knopfdruck. Es fiel nicht auf. Alle machten es so. Das gefiel den anderen. Es gefiel ihnen, daß auch er es nebenher, heimlich tat. Sie waren zufrieden. Zeigten es. Aber die Maschine blieb. Wie sie bei allen blieb. Er sah es. Sie war die Beste. Alles geschah durch sie, hoch und runter, hin und her, auf und ab, schneller und schneller, klare Bewegungen, immer dieselben.

Alles floß durch Röhren. Leitungen. Leben. Maschine.

Und sie war mächtig, stark. Knochenbrecher. Schädelbrecher. Stolze Namen. Explosion. Joey explodierte, heimlich. Eine mächtige Maschine. Er und seine Maschine an ihm, neben ihm, hinter ihm, in ihm. Die Maschine ist da. Joey schaute auf den kleinen Apparat. Licht zeigte er. Leuchtende Zahlen. Und sie wechselten. Mit regelmäßigem Maschinenschlag.

Wir haben diese Geschichte einem längeren, ausführlichen Therapiebericht von Bruno Bettelheim entnommen und für unsere Zwecke umgeschrieben, stark gekürzt und verändert (1977, S. 305–446).[1]

Joey ist sicher ein Extremfall. Trotzdem bildet sein Umgang mit Maschinen in vieler Hinsicht genau das Verhältnis von Mensch und Maschinen im allgemeinen ab. Maschinen sind für ihn zuverlässiger als Menschen.

1 Für diejenigen, die an dem hier nicht zu schildernden Ausgang der Geschichte Joeys interessiert sind, sei angemerkt, daß er seine Therapie erfolgreich beendete und später eine Technische Hochschule absolvierte, dort ein Hochschuldiplom erwarb, Ingenieur wurde und seine (nun normalisierte)Neigung für technische Dinge professionell nutzte.

Die lebenswichtigen Teile von Apparaten oder Maschinerien hatten für Joey ein «Eigenleben» und «Namen», die sich nicht änderten, ja «sogar *Gefühle*» (S. 333). Wenn Joey Wutausbrüche hatte, dann waren es Röhren oder Glühbirnen, die «explodierten» (S. 330).

Maschinen können ab- und angeschaltet werden. Maschinen kann man auseinandernehmen und wieder zusammensetzen. Der Umgang mit ihnen erzeugt keine emotionalen Unsicherheiten, folglich auch keine emotionalen Enttäuschungen. Gleichwohl ist die Beziehung zwischen Joey und seinen Maschinen nicht frei von Emotionen.

Voller Vertrauen liefert Joey sich den Maschinen aus, ist über die Maschinen mit der Außenwelt verbunden. Jede unmittelbare und gefährliche Berührung mit dem Leben wird durch Maschinen abgeschirmt, über sie vermittelt.

Diese Eigenschaften der Maschine, die Joey zur Stabilisierung seiner Persönlichkeit benötigt, sind keineswegs phantasiert. Tatsächlich ist die Maschinerie zwischen uns und die Natur, zwischen uns und andere Menschen getreten. Sie schützt uns gleichermaßen vor angenehmen wie unangenehmen Berührungen. Ob wir in drei Stunden nach Mallorca fliegen anstatt tagelang per Postkutsche und Schiff zu reisen, ob wir jemanden durch die Telefonmuschel hören anstatt ihm gegenüber zu stehen, ob wir, anstatt die Zeiger und Lämpchen in der Meßwarte zu beobachten, in der glutheißen Nähe des Hochofens stehen, ob wir ins Konzert gehen oder eine Schallplatte auflegen, ob wir per Knopfdruck eine Atomrakete ausklinken oder den Menschen wie früher ihren Bauch eigenhändig aufschlitzen müssen, fest steht, daß sich unsere Erfahrungswelt in den letzten Jahrhunderten radikal gewandelt hat. Der Umgang mit toten Dingen nimmt zu und zwingt uns neben anderen Erfahrungen auch andere Verhaltensweisen auf. Spontaneität und Eigensinn etwa sind gegenüber Maschinen völlig unangemessene Verhaltensweisen. Regelmäßigkeit, Emotionslosigkeit und Berechenbarkeit entsprechen der Maschinenstruktur schon besser. Die Verwandlung unserer Lebenswelt in eine künstliche konnte den Menschen nicht unberührt lassen. Ebenso wie Joey, der auf die Kommunikation mit der lebendigen Umwelt verzichtet, um von ihr nicht enttäuscht werden zu können, und sich seine eigene, verläßlichere Welt schafft, eine Maschinenwelt, hat sich die Menschheit versucht von der Natur zu emanzipieren und sich eine Welt zu schaffen, die berechenbar ist, die der Mensch kontrollieren und steuern kann. Insoweit können wir die Maschinenwelt Joeys als zwar überspitztes, aber treffendes Bild begreifen für den neueren Teil der Menschheitsgeschichte.

Joey machte einen gewaltigen Fortschritt, als er sich nach mannigfacher Ermutigung mit weniger mächtigen Maschinen umgab. «So gab er sich beim Ausscheidungsprozeß schließlich mit einer Taschenlampe zufrieden, die er, das sah er selbst, kontrollieren konnte, indem er sie an- und ausknipste. Die Taschenlampe kontrollierte zwar seine Ausscheidung, doch kontrollierte er nun die Taschenlampe» (a. a. O., S. 357).

Eine Maschinenwelt ist natürlich nur dann berechenbar, wenn die Menschen, die die Maschinen bedienen, ebenfalls berechenbar werden.

Die von Menschen erzeugten komplexen Mensch-Maschine-Systeme erfordern eine präzise Einpassung des Menschen. Aus dem gemeinsamen Funktionieren von Mensch und Maschine entstand zwar eine Welt, in der die Menschen von den Unberechenbarkeiten der Natur, Zufällen und Katastrophen, auch von den natürlichen Grenzen, weitgehend befreit scheinen. Die menschliche Umwelt ist von Menschen gemacht und funktioniert nach ihren Regeln. Aber genau wie bei Joey ist die Maschinerie, mit der sich der Mensch umgibt, um seine Existenz zu sichern, auch ein Gefängnis, wobei am Ende nicht klar ist, wer wen beherrscht, der Mensch die Maschine oder die Maschine ihn. Joey bezahlt für seine Sicherheit mit seiner eigenen Leblosigkeit. Um die Sicherheit seiner Maschinen zu nutzen, muß er umfangreiche «technische» Maßnahmen ergreifen, und er wird von der Maschinerie abhängig; er kann ohne sie weder essen noch schlafen.

In dem Maße, wie sich die Maschinerie zu einem nahezu totalen System entwickelt, wird den Menschen bewußt, daß sie eine befriedigende Lösung ihrer Probleme durch die Maschine allein nicht erwarten können. Die Neugestaltung der Welt durch den Menschen kostet immer mehr Opfer. Die Verseuchung von Luft, Wasser, Umwelt, die zunehmende Vergiftung der Nahrungsmittel, die Drohung der totalen Vernichtung der Erde durch Atomwaffen, machen die zerstörerische Seite des technischen «Fortschritts» offensichtlich.

Gleichzeitig ziehen immer mehr Menschen aus dieser Entwicklung auch persönliche Konsequenzen und versuchen, aus dem System auszusteigen, das ihr Leben so sehr reglementiert und ihre Erlebnismöglichkeiten so sehr beschneidet.

Wenn wir vom Zusammenhang von Maschinenstrukturen und menschlichen Verhaltensweisen sprechen, ist es wichtig, darauf hinzuweisen, daß durch die stürmische Phase der Maschinenentwicklung in den letzten Jahrzehnten sehr viel klarer geworden ist, was eine Maschine eigentlich ist. Das ist keineswegs eine banale Feststellung. Zwar glaubt jeder das selbstverständlich zu wissen, doch haben die meisten von uns vermutlich noch ein mechanisches Ungetüm in der Fabrikhalle vor Augen, wenn sie an eine Maschine denken. Diese Vorstellung ist im wesentlichen dem 19. Jahrhundert verhaftet. Inzwischen erzwingt die reale technische Entwicklung, uns von dieser einseitig mechanistischen Maschinenvorstellung zu befreien.

Insbesondere die Entwicklung der Computer hat deutlich gemacht, daß Maschinen nicht an mechanische Abläufe gebunden sind. Ein und derselbe Computer kann völlig voneinander verschiedene Maschinen darstellen. Er kann heute eine Lohnbuchhaltungsmaschine sein und morgen ein automatischer Schachspieler. Entscheidend für das, was er als Maschine leistet, ist nicht so sehr seine materielle Ausrüstung, die «Hardware», seine körperliche Erscheinung, sondern eben sein Programm, die «Software», etwas völlig Immaterielles. Das Programm bestimmt Tätigkeit und Vermögen des Computers viel entscheidender als die «Verdrahtungen» im Gerät. Dagegen kennzeichnet die mechanische Verwirklichung einer Maschine nur einen *Spezialfall* von Maschinen; und das war die einzige Art von Maschinen, wie man sie im 19. Jahrhundert bauen konnte.

Das Programm macht den Computer zur funktionierenden Maschine. Auch ein Roboter ist erst durch ein Programm in Bewegung zu setzen. Die Computerfachleute sprechen daher beim Programm von einer abstrakten Maschine und beim materiell vorhandenen Gerät von einer konkreten Maschine.

Als der Glaube an den technischen Fortschritt noch ungebrochen war, wurden Maschinen vor allem als Instrumente angesehen, die den Handlungsspielraum des Menschen erweitern und ihn befreien konnten aus der Abhängigkeit von der Natur: Der Mensch, als «Mängelwesen» nur mit bescheidenen körperlichen Möglichkeiten ausgestattet, schafft sich dank seiner «Erfindungs-Intelligenz» selbst die Werkzeuge, die er für sein Überleben benötigt.

Folgt man dieser These, dann hat der Mensch in der Tat seine ursprüngliche organische Ausstattung weit übertroffen. Sein verlängerter Arm kann in Gestalt des Gewehres Menschen oder Tiere über weite Distanzen hinweg niederstrecken, in Form der Rakete über ganze Erdteile hinweg; sein «Bewegungsapparat» hat sich längst vom Erdboden gelöst und trägt ihn mit Überschallgeschwindigkeit durch die Luft; seine Augen sehen mit «Restlichtaufhellern» und Infrarotgeräten auch nachts, und seine Radio-Ohren horchen bis in Milliarden von Lichtjahren entfernte Galaxien.

Mit diesen Hilfsmitteln scheint sich der Mensch zum sichtbaren Beherrscher dieser Welt aufgeschwungen zu haben. Die Emanzipation von der Natur ist sicherlich ein wesentliches Motiv dieser Entwicklung gewesen. Zunächst bezog es sich auf das nackte Überleben, gegen den Überfall räuberischer Tiere, gegen Erfrieren und Verhungern. Heute bezieht es sich auf Krankheiten, darauf, den Tod zu besiegen.

Die Fortschritte, die der Mensch in dieser Entwicklung macht, erreicht er, indem er sein Werkzeug perfektioniert, die Maschine erschafft; und indem er dann die Maschine perfektioniert, perfektioniert er sich selbst: mit dem Fernrohr kann *er* besser sehen, mit dem Auto kann *er* schneller oder komfortabler fahren.

Maschinen, die auf ihrem Spezialgebiet perfekter sind als Lebewesen, haben sich auf allen Gebieten durchgesetzt. Nicht nur im Bereich der Produktion, sondern zunehmend auch im privaten Bereich. Schachcomputer und Fernsehapparate kommunizieren mit uns und unterhalten uns. Für viele alte Menschen ist das Fernsehen der wichtigste Kontakt zur Außenwelt geworden. Selbst im sexuellen Bereich existiert eine Reihe von Zeugen für diese Tendenz, sich vom Menschen unabhängig zu machen. Eine ganze Industrie hat sich dieses Bereichs bemächtigt und bietet ihre Artikel an: vom vibrierenden Penis über den aufblasbaren Partnerersatz bis hin zum Befriedigungsmünzautomaten für den Mann.

Die Gummipuppe «Carmen» zum Beispiel ist jedoch nicht nur *Ersatz* für ein lebendes Wesen; sie bietet diesem gegenüber auch Vorteile. Denn «Carmen» stellt «niemals Fragen und hat keine Ansprüche ...» Diese «willige Puppe» hat nicht nur «alle Vorzüge einer bezaubernden Frau»; sie ist vor allem die «stumme Liebesdienerin, die nur für Sie da ist».

Die Vorteile, die «Carmen» bietet, gelten generell, wenn Menschen durch Maschinen ersetzt werden: denn letztere haben keinen eigenen Willen; sie können nach den Wünschen des Besitzers angewandt und instrumentalisiert, über sie kann verfügt werden. Das Verhältnis zwischen Subjekt und Objekt scheint zumindest auf dieser Ebene noch eindeutig.

Inzwischen vermag an die Verheißung der Technik kaum noch jemand so recht zu glauben. Das Elend auf dieser Welt nimmt nicht ab, sondern eher zu; die Lebenserwartung stagniert oder sinkt: permanent droht die Vernichtung durch eine perfekte Maschinerie; die Umweltschäden werden immer bedrohlicher; alte Arbeitsplätze gehen verloren und die neuen sind zum großen Teil mit enormen psychischen Belastungen verbunden. Der Mensch wird in allen Bereichen zunehmend von Maschinen ersetzt, an den Rand gedrängt. Somit ist schon längst nicht mehr klar, wer hier wen beherrscht.

Es scheint an der Zeit, die soziale Beziehung zwischen Mensch und Maschine genauer zu untersuchen. Dabei halten wir allerdings die Frage, wer wen beherrscht, für falsch gestellt. Denn damit würde unterstellt, daß Mensch und Technik, Mensch und Maschinen, zwei voneinander getrennte, autonome Mächte seien. Statt dessen wollen wir die Frage nach dem Zusammenhang und nach den Gemeinsamkeiten zwischen Mensch und Maschine stellen. Maschinen werden von Menschen in unser Leben gerufen, geplant, konstruiert, gebaut und benutzt. Unser Alltag wird bis in die intimsten Bereiche hinein von ihnen bestimmt.

Im Alltagsverständnis wird vor allem der Körper als Maschine angesehen: der Körper des Menschen, der Körper des Tieres und der Maschinenkörper. Denken wir nur an die Metapher vom Herzen als «Cognac-Pumpe». Schon Descartes faßte den menschlichen Körper als Maschine auf. Den einzigen Unterschied zum Tier sah er darin, daß der Mensch außer seiner Körpermaschine zusätzlich und mit Sitz im Kopf noch eine Seele besitzt.

Diesen Problembereich mensch-maschineller Körperlichkeit erörtern wir in Teil I des Buches.

Das maschinelle Körperbild des Menschen ist inzwischen ins Wanken geraten, vor allem dadurch, daß gegenwärtig gerade jene unkörperlichen Bereiche automatisiert werden, von denen die Menschen lange Zeit glaubten, daß sie das eigentlich Menschliche ausmachen. Und tatsächlich ist ja rationales, präzises, abstrahierendes und logisches Denken ein spezifisch menschlicher Bereich, über den Tiere nicht verfügen. Ausgerechnet dieser Bereich nun aber wird aus der menschlichen Gehirntätigkeit ausgelagert und in Maschinen, sogenannten Denkmaschinen, materialisiert.

Aus der Maschinenentwicklung der letzten Jahrzehnte folgt zwingend die Einsicht, daß das Wesen der Maschine nicht in ihrer Körperlichkeit besteht, sondern in spezifischen Eigenschaften des menschlichen Geistes, daß die alte Maschine nur ein Sonderfall des neuen, viel umfassenderen Maschinentyps ist. Zugespitzt könnte man formulieren, es sei gerade die Maschine, die neue Maschine, die den Menschen vom Tier unterscheidet. Das Tier habe, wie der Philosoph Gotthard Günther und der Psychoanalytiker Jacques Lacan unabhängig voneinander behaupten, das Tier habe die Entwicklungsstufe der Maschine nicht erreicht. Es stelle allenfalls eine blockierte Maschine dar. Inwieweit es überhaupt wünschenswert ist, diese Stufe zu erreichen, stellt sich allerdings als ganz andere Frage.

Die Feststellung, daß das logische Denken maschinisierbar ist, beinhaltet zugleich, daß es determiniert abläuft, in Routinen, also keine logischen Freiheitsgrade besitzt. Es von der menschlichen Tätigkeit abzuspalten und durch bzw. als Maschinen zu realisieren, kann somit auch eine Freisetzung menschlicher Kreativität bedeuten, eine Befreiung von Routine und Konzentration auf Wichtigeres. In Teil B setzen wir uns mit diesem Problem ausführlich auseinander.

Obwohl wir uns bei der Niederschrift dieses Teils besonders viel Mühe gegeben haben, so allgemeinverständlich wie möglich zu bleiben, wird er dem Leser am meisten Durchhaltevermögen abverlangen und die größte Überwindung kosten. Dennoch kann er ihm nicht erspart werden, weil es hier um die naturwissenschaftlichen, die maschinentheoretischen *Grundlagen* der zukünftigen sozialen und psychischen Entwicklung des Menschen geht. Sich mit den Möglichkeiten dieser Entwicklung, ihren Gefahren wie ihren Verheißungen auseinanderzusetzen, ist für jeden verantwortungsbewußten Menschen unabdingbar, weil sie sein Leben und das

Leben seiner Nachkommen in bisher nicht gekanntem Ausmaß verändern werden. Eine ernsthafte Auseinandersetzung mit diesen Problemen, etwa als Lehrer, als Sozialwissenschaftler oder als Theologe, verlangt aber auch die Bereitschaft und die Fähigkeit, sich auf die neuen Erkenntnisse der Naturwissenschaften, insbesondere der Maschinentheorie, wirklich einzulassen. In diesem Zusammenhang gilt nach wie vor die Mahnung, die Norbert Wiener vor nunmehr über zwanzig Jahren an nordamerikanische Intellektuelle richtete.

> Ich tadelte nicht die feindliche Einstellung des amerikanischen Intellektuellen gegenüber Naturwissenschaft und Maschinenzeitalter. Feindliche Haltung ist etwas Positives und Aufbauendes, und vieles an dem Vorwärtsdrängen des Maschinenzeitalters verlangt aktiven Widerstand. Vielmehr tadele ich ihn wegen seines mangelnden Interesses am Maschinenzeitalter. Er hält es für nicht wichtig genug, die Haupttatsachen der Naturwissenschaften und der Technik gründlich kennenzulernen und ihnen gegenüber aktiv zu werden. Seine Haltung ist feindselig, aber seine Feindseligkeit geht nicht so weit, ihn zu irgend etwas zu veranlassen. Es ist mehr ein Heimweh nach der Vergangenheit, ein unbestimmtes Mißbehagen gegenüber der Gegenwart, als irgendeine bewußt eingenommene Haltung. Er unterwirft sich den Strömungen des Tages und nimmt sie als unangenehm, aber unvermeidbar hin. So erinnert er an jene fragilen Geschöpfe in einer Fabel von Lord Dunsany. Die zarten und verfeinerten Wesen hatten sich so daran gewöhnt, von einer gröberen und brutaleren Rasse aufgefressen zu werden, daß sie ihr Schicksal als natürlich und ihnen gemäß hinnahmen und die Axt willkommen hießen, die hnen den Kopf abschlug (Wiener, 1966, S. 149).

Für den einzelnen Menschen ist die Maschinisierung ein zwiespältiger Prozeß. Zwar wird die Maschinen-Logik vom menschlichen Denken abgespalten, aber damit ist er noch lange nicht von ihr befreit. Sie kommt zu ihm zurück wie ein treuer Hund oder wie ein Bumerang, eben in der Form der Maschine. Und sie bestimmt schließlich als Maschinensystem sein Leben, von der Wiege bis zur Bahre, während der Arbeit und in der Freizeit. Maschinenhaftes Verhalten und maschinenhafte Umgangsformen bestimmen seinen Alltag, und zwar sowohl im Umgang mit Menschen als auch mit Maschinen. An einigen ausgewählten Beispielen belegen wir das in Teil II des Buches.

Probleme, die sich hieraus für die Frauen- und Alternativbewegung ergeben, skizzieren wir perspektivisch in Teil C. Sie ergeben sich für uns, die wir als *Sozial*wissenschaftler an einer *Technischen* Universität arbeiten, in besonders eindrucksvoller und dramatischer Weise: Frauen, die den Beruf des Ingenieurs ergreifen wollen; Ingenieure, die alternative Technologien zu entwickeln beabsichtigen und darüber nur allzu leicht ihre überkommenen Sozialisationsvoraussetzungen vergessen, die ihnen so oft hinderlich sind. Womit wir wieder beim kleinen Joey wären.

Die Technik, insbesondere die Technikkritik hat sich in den letzten Jahren zum sozialwissenschaftlichen Modethema entwickelt. Im Brennpunkt der Diskussion über spezifische Technologien oder den ungebremsten Fortschritt der Technik allgemein standen zumeist die Folgen der Entwicklung – für die Wirtschaft, für den Arbeitsmarkt, für die Qualität der Arbeit, für die Art und Struktur des gesellschaftlichen Zusammenlebens, für die Psyche des Menschen und schließlich für die Überlebenschancen von Mensch und Natur generell.

So wichtig wir diese Fragen nehmen und so sehr wir die bisher geleistete Kritik am (un-)heimlichen Imperialismus der Technik teilen, so sehr sind wir auch davon überzeugt, daß die eigentliche sozialwissenschaftliche Auseinandersetzung mit dem Phänomen Technik noch bevorsteht. Bisher wurden nämlich der technische «Bereich» und der psychische, soziale «Bereich» als getrennte Sphären behandelt, die in irgendeiner Weise aufeinander einwirken. Vordergründig ging es nur noch um Fragen wie: Wer produziert zu welchem Zweck welche Technik? oder: Wer wird auf welche Weise durch die Technik betroffen, geprägt, beherrscht, deformiert? Der *innere* Zusammenhang von technischen und menschlichen Wesensmerkmalen blieb dabei weitgehend ausgeblendet und unverstanden. Das gilt gleichermaßen für technikpsychologische wie für techniksoziologische Ansätze. Technikpsychologie ist letztlich nur als Wirkungsforschung vorfindbar und meist in speziellen Themenbereichen angesiedelt. So zum Beispiel in den Forschungen zu den Folgen des Fernsehkonsums für das Denken, Fühlen und Verhalten des Menschen. Auch in der Techniksoziologie, die sich nun massiv zu formieren beginnt (Jokisch, 1982), gibt es im Grunde nichts Neues. Noch immer herrscht die Denkschablone, daß zwei Systeme, das technische und das soziale, sich letztlich fremd gegenüberstehen, weshalb sich dann auch die immer gleichen Fragen nach Ansprüchen und Wünschbarkeiten, nach Zwängen und Einflüssen, nach Betroffenheit, Abwendbarkeit und Steuerbarkeit in den Vordergrund drängen.

Die Wurzeln des Problems bleiben dadurch unberührt. Ohne eine Aufhellung der inneren Beziehung zwischen Mensch und Technik laufen sämtliche Spekulationen über die Schuld oder Unschuld der Technik oder des Menschen und über die Möglichkeiten einer anderen, besseren Anwendung von Technik ins Leere.

Wir haben es deshalb als die Aufgabe dieses Buches angesehen, den vorherrschenden Dualismus in der Mensch-Technik-Analyse aufzubrechen und zugleich sichtbar zu machen, wie intensiv beide Strukturen ineinander verschränkt sind, sich gegenseitig durchdrungen haben. Der Mensch tritt als Teil der Technik und die Technik als Teil des Menschen in Erscheinung. Gerade diese innere Verbundenheit bringt der Technikkritik, die dann immer auch eine Kritik am Menschen sein muß, neue Aspekte und Probleme.

Kristallisationspunkt unserer Argumentation ist die *Maschine*, die materiell technische, die gesellschaftliche und die menschliche. Der Text wird zu zeigen haben, daß sich dahinter mehr verbirgt als eine bloße Analogiebildung.

Wir entfalten das Thema auf unterschiedlichen Ebenen und in unterschiedlicher Weise. Daher auch die zunächst vielleicht etwas verwirrende *Gliederung*.

Um es gleich vorwegzunehmen: Die inhaltliche Argumentation des Buches verläuft von den Kernaussagen her auf der Linie von Teil A – Teil B – Teil C. Leser mit vorwiegend theoretischem Interesse könnten sich auf die Lektüre dieser Teile beschränken. *Teil A* strudelt sie in das Thema hinein, *Teil B* entfaltet die sozialpsychologische Verflochtenheit von Mensch und Maschine und *Teil C* verdeutlicht Konsequenzen und Perspektiven hinsichtlich geschlechtsspezifischer Differenzierungsprozesse, alternativer Strategien und einer anderen Logik.

Teil I und *II* ist der Anschaulichkeit verpflichtet. Die Mensch-Maschine-Beziehung kommt hier an ganz konkreten Aspekten und Existenzbereichen zum Vorschein: Einmal auf der Ebene der *Körperlichkeit*, einmal in der Dimension des *Verhaltens*.

Zum vollen Verständnis des Buches ist die Lektüre von Teil B unumgänglich. Man muß sich mit den inneren Eigenschaften von Technik und Maschine auseinandersetzen, um sie in ihrer intimen Beziehung zum Menschen erfassen zu können. Vielen mag die von uns aufbereitete Denkweise zunächst ungewohnt erscheinen. Wir haben uns jedoch auch in Teil B um Einfachheit bemüht. Der Lohn der Anstrengung folgt dann spätestens in Teil II. Zwar sind die dort dargestellten Zusammenhänge auch aus sich selbst heraus verständlich, doch erscheinen sie erst auf dem Hintergrund von Teil B in vollem Licht.

Teil I

Der neukonstruierte Mensch und die künstlich belebte Maschine

Der neukonstruierte Mensch und die künstlich belebte Maschine

Die technische Lebenswelt greift heute bis in die *physische* und *psychische* Existenz des Menschen ein. Gen-Manipulationen, Organ-Bänke, Charakter-Veränderungen durch Hormongaben machen den Menschen grundsätzlich veränderbar und steuerbar. Auf der anderen Seite hat die künstliche Gestaltung menschlicher Tätigkeiten vor allem dadurch eine neue Qualität gewonnen, daß nunmehr auch *Denk*prozesse als Maschinentätigkeit verwirklicht sind. Damit stellt sich die alte Frage nach der Identität des Menschen neu. Es scheint, daß sich gegenwärtig die Unterschiede zwischen Mensch und Maschine, zwischen Lebendigem und Totem bzw. Künstlichem in unumkehrbarer Weise immer mehr verwischen. Was bisher als Phantasien von bildenden Künstlern, Literaten, Science-fiction-Autoren belächelt werden konnte, bekommt zunehmend Ernstcharakter.

Diese Annäherung zwischen Maschine und Lebendigem erfolgt von *zwei* grundsätzlich verschiedenen Seiten her. *Einmal* werden Maschinen konstruiert und gebaut, die lebendige Prozesse mehr oder weniger genau simulieren. Diese Maschinen erwecken den Anschein, sich wie lebende Wesen zu verhalten, obwohl sie nach völlig anderen Funktionsprinzipien konstruiert und gebaut wurden. Hier wird menschliches Handlungsvermögen noch einmal und in völlig neuer Weise erschaffen: als Maschine. Zwar haben diese Produkte menschliche Fähigkeiten zum Vorbild, auf Grund der ihnen zugrunde liegenden völlig anderen Prinzipien decken sie sich mit menschlichen Fähigkeiten jedoch nie völlig.

Im Gegensatz zu diesen Versuchen, die Natur quasi ein zweites Mal und diesmal unter menschlicher Regie zu schaffen, besteht der *zweite Ansatz* darin, die Struktur des schon vorhandenen *Lebendigen* selbst in den Griff zu bekommen; biologische Prozesse nach menschlichem Willen und unter menschlicher Kontrolle ablaufen zu lassen. Das beginnt mit Ackerbau und Viehzucht und endet (vorläufig) bei den Versuchen, Gene zu manipulieren oder Leben künstlich zu erzeugen.

Maschine und Mensch, Kunstprodukt und lebendiges Wesen, scheinen sich also aufeinanderzuzubewegen. Das Künstliche erhält immer mehr Eigenschaften, die bis vor wenigen Jahrzehnten dem Menschen vorbehalten schienen. Insbesondere die Computerentwicklung ermöglicht den neuen Maschinen weitgehend autonomes Handeln und flexibles Reagieren und verleiht ihnen die Fähigkeit zum abstrakten Denken. Auf der anderen Seite wurden spektakuläre Erfolge bei der Maschinisierung des Lebendigen erzielt, insbesondere in der Medizin, der Biologie und in der Biotechnik. Konstruktionen aus biologischem und totem Material scheint die Zukunft zu gehören: Ersatzteile für Menschen, Bioprothesen, Biocomputer etc. Die Grenzen jedenfalls zwischen Maschinen und Lebewesen scheinen zu verschwimmen. Entsteht aus diesen beiden Entwicklungssträngen ein neuer, ein dritter Bereich der lebenden Maschinen, bzw. der durch Maschinen ergänzten und verbesserten Lebewesen?

Läßt sich aus diesem Prozeß der *körperlichen* Annäherung oder Vermischung die Beziehung zwischen Mensch und Maschine näher bestimmen? Zur Beantwortung dieser Fragen wollen wir uns zunächst einige «historische» und aktuelle Entwicklungen genauer ansehen.

1. Die «Vitalisierung» der Maschine

1.1 Androiden

Lange schon hing der Mensch dem Traum nach, die Schöpfung von Lebendigem nicht einem Gott zu überlassen, sondern seine Allmächtigkeit mit einem eigenen Schöpfungsakt zu beweisen. Phantasien über die künstliche Erzeugung von lebendigen Wesen und dann auch über das Handeln und Verhalten solch künstlicher Gestalten fanden ausgiebigen Niederschlag in der Literatur. Ziemlich genau mit der Wende zum 19. Jahrhundert entstanden die literarisch (noch) anspruchsvollen Vorläufer der Science-fiction. Androiden und Humunculi erblickten das Licht der Welt und traten gefühlskalt in Aktion. So ab 1800 im «Titan» von Jean Paul; 1814 in E. T. A. Hoffmanns «Die Automaten» und 1817 in «Der Sandmann», 1818 bei M. Shelleys «Frankenstein oder der moderne Prometheus» und 1820 in Jean Pauls «Der Komet». Reichhaltige Anregung fanden diese literarischen Phantasien in zahlreichen Versuchen, auch in der Realität künstliche Menschen, Tiere, Pflanzen zu schaffen. Gendolla (1980, S. 61ff) verweist hier auf die unmittelbare Vorbildfunktion der Automaten von Vaucanson, Droz, Kempelen u. a., deren «Flötenspieler», Enten, zeichnende, schreibende und musizierende «Menschen» schon im 18. Jahrhundert berühmt waren. Es handelte sich um mechanische Konstruktionen, die unter der imitierten Gestalt eines Lebewesens verborgen waren, dessen Äußeres sie so zu bewegen verstanden, daß es aus damaliger Sicht verblüffend echt aussah.

Es war üblich, solche Androiden durch reisende Schausteller dem staunenden Publikum vorzuführen. Insbesondere die komplizierte technische Konstruktion faszinierte die Zuschauer. Neben Staunen erweckten die Androiden auch Furcht. Interessanterweise wurde damals die Bedrohung durch diese Maschinen völlig anders als heute erlebt. Das Auftreten son-

Schreibendes Kind. Automat von Pierre Jaquet-Droz, 1760

Mechanismus mit der Einstellscheibe (unten) für das zu Schreibende derbarer Maschinen, die wie Menschen aussahen, tanzten oder Klavier spielten, rief nicht die Befürchtung wach, daß sie dem Menschen etwas wegnehmen, sondern im Gegenteil; man erschrak darüber, daß der Mensch so einfach von Maschinen imitiert werden konnte. Daß sein Verhalten so reduziert ist, daß ein einfacher Mechanismus dies täuschend imitieren konnte (Gendolla, 1980).

Bereits hier tauchte die Frage auf, ob der Mensch maschinenähnlich oder gar selbst eine Maschine sei. Diese Frage wurde schon im 17. Jahrhundert vorbereitet, zum Beispiel bei Descartes, der sich mit der Frage nach den Grundlagen einer «rationalen» Wissenschaft beschäftigte. Die experimentelle und systematische Methode sollte gewissermaßen die «Wildheit» im Menschen wegerklären, ihn letztlich als durchschaubaren Funktionszusammenhang darstellen (vgl. hierzu Baruzzi, 1973).

Im Hinblick auf die heutigen technischen Möglichkeiten waren diese maschinellen Konstruktionen primitiv: Rein mechanische Nachbildungen einzelner menschlicher Fähigkeiten nach dem Prinzip des Uhrwerks; der Rest war Illusion. – Aber auch heute noch faszinieren Maschinen, die lebendigen Wesen in der äußeren Erscheinung und im Bewegungsverhalten ähneln, die den Menschen imitieren. So erfreuen sich die durchtechnisierten Disney-Vergnügungsparks mit ihren mechanisch gesteuerten Figuren immer noch wachsender Beliebtheit. Sie erscheinen wie an die Metropolen angelagerte autonome Gesellschaften von künstlichen Körpern, die auf geheimnisvolle Weise zum Leben erweckt wurden, eigens zu dem Zweck, den Menschen Vergnügen zu bereiten und sie für die Trostlosigkeit des normierten Chaos der Millionenstädte zu entschädigen.

Täglich strömen Zehntausende von Amerikanern in die «Disneylands», um das Treiben dieser immer betriebsamen Wesen zu bestaunen und sich von ihnen unterhalten zu lassen. Für eigene Kreativität und Aktivität ist hier wenig Gelegenheit geboten, doch eingebunden in die technischen Systeme läßt sich mit Hilfe der Pseudolebendigkeit der mechanischen Wesen ein Teil der eigenen «Lebendigkeit» zurückerobern. So kann man sich zum Beispiel in der Gesellschaft von Gespenstern und Monstern gruseln und sich dabei lustvolle Angstschauer verschaffen, sich bei einer Fahrt im automatisch besteuerten Boot von liebenswert lächelnden Kunstkindern rühren lassen, die vom Ufer herüberwinken, mit hellen fröhlichen Stimmen eine heile Kinderwelt besingen, man kann sich über die Streiche und Clownerien von Donalds Neffen und all ihren Kollegen amüsieren, die einem aus den Comics schon so vertraut sind. Familien- und Kinderphantasien werden hier in kitschigen Formen technisch eingefangen.

Besonderen Zulauf hat auch der Automat Abraham Lincoln. In einem theaterähnlich ausgestatteten Saal hält «Lincoln» von der Bühne herab in respektgebietender Pose eine Rede an das amerikanische Volk.

Die Puppe «Lincoln» scheint aber nicht nur äußerlich dem einstmals lebenden Vorbild, wie man es aus Bildern der Geschichtsbücher kennt, zu gleichen, sondern sie scheint auch wahrhaftig die «humanen» Züge zu tragen, die dem Original in der Legende zugeschrieben werden. Das Szenarium, Habitus und Worte «Lincolns» lassen einen gerechten, respektgebietenden und zugleich warmherzigen «Landesvater» auferstehen, einen charismatischen Führer, der seinem «Volk» Vertrauen einflößen und Sicherheit bieten kann. In der Ansprache an «sein Volk» wirbt der Automat «Lincoln» voller Pathos für Freiheit und Gleichheit aller amerikanischen Bürger und für die Befreiung der (noch) Unterdrückten, der Sklaven. Die Zuhörer lauschen der Maschine andächtig. Niemand wagt es, zu diesem überdimensionierten, aufgeblähten, pathetischen Kitsch eine ironische Bemerkung zu machen.

Die Rede klingt aus mit der amerikanischen Nationalhymne. Die meisten Besucher erheben sich, dann applaudieren sie, von «großen Gefühlen» emotional bewegt.

Der Spuk wird aufgelöst durch die nüchterne Ansage eines Sprechers – «This was represented by Exxon-Company» – des Unternehmens, das diesen Beitrag zu eigenen Werbezwecken für Disney finanziert hat. Daß hier die nationalen Gefühle ganz offen vermarktet werden, scheint niemandem ein Problem zu sein. Wie läßt sich diese absurde Reaktion der Zuhörer erklären?

Als im 18. Jahrhundert die Androiden zur Schau gestellt wurden, galten sie als ein kaum faßbares Wunder der Technik. Die technische Leistung löste Bewunderung und Furcht zugleich aus. In unserem Jahrhundert ist die Distanz der Menschen zur Technik sehr viel geringer geworden. Technische Errungenschaften, die weit über das Niveau der Androiden hinausgehen, sind uns im Alltag vertraut. Mit einer vom technischen Machwerk ausgehenden Faszination läßt sich das Verhalten des Publikums daher nicht erklären. Denn gemessen an den heute herrschenden Standards sind die technischen Voraussetzungen für den Auftritt «Lincolns» alle relativ simpel: Puppen von großer Ähnlichkeit mit dem Original herzustellen – meist durch klischeehafte Überzeichnung der Eigenschaften – ist technisch seit langem kein Problem mehr. Die Puppe «Lincoln», isoliert betrachtet, wirkt nicht lebendiger als ihresgleichen im Panoptikum. Ihr Bewegungsspielraum ist gering, der vieler Roboter bedeutend größer. Die geschickte Ausleuchtung mildert die eckigen Bewegungen und trägt dazu bei, die maskenhafte Starre des Gesichts in ein freundliches Lächeln zu verwandeln.

Die wohltönende Stimme ist mit Hilfe eines Tonbands von einem geschulten Redner, einem Schauspieler, ausgeliehen.

Wenn es aber nicht das technische Niveau ist, worauf das Publikum so fasziniert reagiert, ist es dann die raffinierte Komposition vieler geschickt ausgewählter technischer Details zu einer subtil psychologisch wirkenden Maschinerie?

Die Maschine «Lincoln» ist eindeutig von außen determiniert. Einmal in Gang gesetzt, spult «Lincoln» sein Programm ab. Wohl kann er dies jederzeit ganz genau in allen Einzelheiten wiederholen, doch ist er nicht in der Lage, es auch nur geringfügig zu variieren oder zu modifizieren. Zwischenrufe, Fragen sind zwecklos, sie blieben «ungehört». Die Maschine ist nicht darauf «eingestellt», spontan oder flexibel zu reagieren. Störversuche könnten sie solange nicht «stören», wie nicht tätlich in sie eingegriffen würde. In diesem Fall aber könnte sie sich nicht wehren und müßte von außen geschützt werden. «Lincolns» Auftritt hat daher nur dann Erfolg, wenn sich das Publikum tatsächlich in der beschriebenen Weise verhält. Die spezifische Reaktion ist von Arrangeuren der Show eingeplant und einplanbar. Und dies ist nicht zuletzt deshalb möglich, weil die reale soziale Beziehung zwischen «großen Politikern» und «Volk» so zum Ritual geronnen ist, daß die Unterschiede zu dieser Show minimal sind.

Auch die Ansprachen der lebendigen Figuren an die Bevölkerung – man denke nur an Wahlreden – sind bis in alle Einzelheiten als Einwegkommunikation vorprogrammiert, selbst die Pausen für Applaus und Mißfallensbekundungen oder das Lachen auf gezielte Scherze sind eingeplant. Der Inhalt der Reden reduziert sich auf Stereotype. Der Verhaltensspielraum ist durch bestimmte Regeln eingegrenzt. Kontrolliertes Handeln – nicht Spontaneität – ist gefragt, weil andernfalls der Ablauf nicht mehr berechenbar wäre. Der Redner spielt eine genau festgelegte Rolle nach, die ihm durch ein genau eingeplantes Programm vorgeschrieben wird. Tribüne und Mikrofon trennen ihn von seinem Publikum. Schauspieler, die es gelernt haben, sich in Rollen auf der Bühne zu verkörpern, wären eigentlich besonders geeignet für diese Polit-Shows.

Hat die Reduzierung auf inhaltliche und formale Schemata einen bestimmten Mechanisierungsgrad erreicht, so sind die Rollenträger durch eine raffiniert in Szene gesetzte – technisch aber durchaus einfache – Maschine ersetzbar. Ohne die angemessene Reaktion des Publikums jedoch haben Schauspieler und Politiker gleichermaßen wenig Chancen auf Erfolg; spielt das Publikum nicht mit, sind sie ein Nichts in ihrer Rolle. Dies gilt um so mehr für die Maschine. Auch die Maschine «Lincoln» kann sich lebensnah und überzeugend als der «große Befreier» der Menschheit von Sklaverei nur darstellen, wenn sich das Publikum selbst «sklavisch» entsprechend der ihm zugedachten Rolle im Ritual eindeutig und berechenbar verhält – sich also passiv in das mechanische System einfügt. Außerhalb dieser von individuellen menschlichen Eigenheiten entleerten, ritualisierten Interaktion ist «Lincoln» eine simple mechanische Konstruktion ohne Seele, ohne Charisma, ohne eigenen Willen, Macht und Bedeutung, eine Maschine, die im technischen Niveau noch unter jeder modernen Waschmaschine rangiert. Ob sie «Lincoln» oder «Reagan» heißt, ist dabei gleichgültig. Nur die «Bereitschaft» der Menschen, sich dem Ritual unterzuordnen, verleiht der Maschine die scheinbar magische Kraft.

1.2 Eliza

Die Beschränkungen der klassischen Maschine, wie sie am Beispiel der Androiden des 17. bis 19. Jahrhunderts und der Lincoln-Puppe deutlich werden – die stetige Wiederholung eines in sich geschlossenen, immergleichen Ablaufes –, konnten erst überwunden werden durch den Entwurf einer völlig neuen Art von Maschine, dem *Computer*: eine Maschine, die Informationen aus der Umwelt verarbeiten und somit auf Umweltveränderungen reagieren kann. Mit dieser neuen «transklassischen» Maschine wurde eine Entwicklung eingeleitet, deren Bedeutung wir erst jetzt zu erfassen beginnen, da auf Grund der Miniaturisierung der Bauelemente und ihrer Verbilligung die Computer wirklich massenhaft in unseren beruflichen wie privaten Alltag einzudringen beginnen.

Welche verblüffenden Möglichkeiten mit diesen neuen Maschinen verbunden sind, wie flexibel sie reagieren können, demonstriert das Computerprogramm «Eliza». Das Programm wurde 1964 bis 1966 von dem amerikanischen Computer-Wissenschaftler Joseph Weizenbaum entwickelt und erregte zu jener Zeit in Amerika großes Aufsehen.

In einer Variante dieses Sprachanalyseprogramms imitiert der Computer einen Psychotherapeuten, der mit einem Patienten das erste Gespräch führt. Der «Patient» übermittelt dem Computer mit einer Schreibmaschine seinen Beitrag und der Computer druckt die Antwort ebenfalls mit Hilfe einer Schreibmaschine aus. Wie verblüffend «verständnisvoll» das Computerprogramm auf seinen Gesprächspartner reagiert, demonstriert ein Dialogbeispiel, das der Computer mit einer jungen Frau führte (Weizenbaum, 1977, S. 15f):

Frau: Alle Männer sind gleich.
COMP: IN WELCHER WEISE
Frau: Sie machen uns immer wegen irgendwas verrückt.
COMP: KÖNNEN SIE EIN BEISPIEL NENNEN
Frau: Na ja, die Idee zu diesem Gespräch stammt von meinem Freund.
COMP: DIE IDEE ZU DIESEM GESPRÄCH STAMMT VON IHREM FREUND
Frau: Er sagt, daß ich oft deprimiert bin.
COMP: ES TUT MIR LEID VON IHNEN ZU HÖREN DASS SIE DEPRIMIERT SIND
Frau: Das stimmt, ich bin unglücklich.
COMP: GLAUBEN SIE DASS DIESES GESPRÄCH IHNEN HILFT NICHT MEHR UNGLÜCKLICH ZU SEIN
Frau: Ich brauche jedenfalls Hilfe, das steht fest.

COMP: WAS WÜRDE ES FÜR SIE BEDEUTEN HILFE ZU BEKOMMEN

Frau: Vielleicht könnte ich lernen, mit meiner Mutter auszukommen.

COMP: ERZÄHLEN SIE MIR MEHR ÜBER IHRE FAMILIE

Frau: Meine Mutter erledigt alles für mich.

COMP: WER IN IHRER FAMILIE ERLEDIGT NOCH ALLES FÜR SIE

Frau: Mein Vater.

COMP: IHR VATER

Frau: Sie sind ein wenig wie mein Vater.

COMP: WELCHE ÄHNLICHKEIT SEHEN SIE

Frau: Sie sind nicht besonders aggressiv, aber ich glaube, Sie möchten nicht, daß ich das beachte.

COMP: WAS LÄSST SIE VERMUTEN DASS ICH NICHT SEHR AGGRESSIV BIN

Frau: Sie streiten nicht mit mir.

COMP: WIESO GLAUBEN SIE DASS ICH NICHT MIT IHNEN STREITE

Frau: Sie haben Angst vor mir.

COMP: MACHT IHNEN DER GEDANKE SPASS DASS ICH VOR IHNEN ANGST HABE

Frau: Mein Vater hat vor jedem Angst.

COMP: WAS FÄLLT IHNEN NOCH EIN WENN SIE AN IHREN VATER DENKEN

Frau: Angeber.

COMP: HAT DAS ETWAS DAMIT ZU TUN DASS DIE IDEE ZU DIESEM GESPRÄCH VON IHREM FREUND STAMMT

Das Programm wirkte auf die Patienten so mitfühlend und verständig, daß es tatsächlich eine therapeutische Funktion bekam. Weizenbaum berichtete (a. a. O., S. 19), daß die Patienten sehr schnell emotionale Beziehungen zum Computer herstellten. Seine Sekretärin, die den gesamten Entstehungsprozeß des Programms miterlebt hatte, bat Weizenbaum, den Raum zu verlassen, als sie mit dem Computer einen Dialog führte. Sie wollte nicht, daß Weizenbaum Zeuge des intimen Dialogs wurde. Das Computerprogramm wurde von den «Patienten» als geeigneter Gesprächspartner empfunden, um über private Probleme zu sprechen.

Tatsächlich sind die Fähigkeiten des Programms, den Gesprächspartner zu verstehen oder sich gar in ihn einzufühlen, nicht einmal ansatzweise vorhanden. Sie werden vielmehr vom Patienten auf die Maschine projiziert. Die Technik des Programms besteht im wesentlichen darin, daß es Fragen als Echo einfach zurückgibt («Mein Vater!» – «Ihr Vater») sowie auf bestimmte Schlüsselwörter bestimmte vorher eingegebene Antworten gibt; etwa wenn der Computer auf das Schlüsselwort «deprimiert» antwortet: «Es tut mir leid von Ihnen zu hören, daß Sie deprimiert sind.» Ist in den Eingaben kein Schlüsselwort erkennbar, werden unverbindliche Antworten formuliert wie: «Ich bin nicht sicher, ob ich Sie verstanden habe.» Oder es wird auf früher gefallene Schlüsselwörter zurückgegriffen: «Erzählen Sie mir mehr über Ihre Familie» (vgl. v. Randow, 1980). Wie absurd die Dialoge werden können, wenn der «Patient» diesen «Mechanismus» durchschaut und das Spiel nicht mitspielt, zeigte der GEO-Autor Volker Arzt in seinem «Gespräch» mit «Eliza».

Wie kann ein so vergleichsweise «simples» Programm die Illusion eines mitfühlenden und mitdenkenden Partners vermitteln? Ein Grund liegt sicher darin, daß die Worte Bedeutungen besitzen, die kontextgebunden sind. Sie müssen also jeweils von den Gesprächspartnern interpretiert werden. Wenn jemand zu uns sagt: «Erzählen Sie mehr über Ihre Familie», interpretieren wir die Aussage etwa so, daß wir annehmen, der Gesprächspartner will etwas über unsere Familie wissen, damit er unsere Probleme besser verstehen kann. Der Satz bleibt derselbe, ob ein guter Freund ihn zu uns spricht oder das eben beschriebene Computerprogramm. Die Bedeutung ist völlig verschieden; nur das sieht man dem Satz nicht an, das ist eine Frage der Interpretation. Wenn wir uns von diesem Satz verblüffen lassen, so übertragen wir selbst *unsere Erwartungen* an einen menschlichen Gesprächspartner aktiv auf den Computer.

Aber dies erklärt nicht alles. Die Sekretärin Weizenbaums unterliegt der Illusion ebenso, obwohl sie die Funktionsweise des Programms zumindest im Prinzip kennt. Und namhafte Psychologen sehen in «Eliza» ernsthaft ein Programm, das in der psychotherapeutischen Praxis angewandt werden kann, das also wenigstens ansatzweise geeignet ist, die Arbeit von Psychotherapeuten zu automatisieren. Weizenbaum berichtet in diesem Kontext von einer ganzen Anzahl praktizierender Psychiater, die sogar allen Ernstes daran geglaubt haben, das Programm könne zu einer fast völlig automatischen Form der Psychotherapie ausgebaut werden. So zum Beispiel Colby u. a. (1966):

«Es ist noch einiges an Arbeit zu leisten, bis das Programm für klinische Zwecke eingesetzt werden kann. Wenn sich die Methode bewähren sollte, so hätten wir damit ein therapeutisches Werkzeug, das man all den Nervenkliniken und psychiatrischen Zentren an die Hand geben könnte, die über zu wenig Therapeuten verfügen. Auf Grund der Simultanrechenfähigkeiten gegenwärtiger und zukünftiger Computer könnten in einer Stunde mehrere hundert Patienten von einem eigens dazu entworfenen Computersystem behandelt werden. Der menschliche Therapeut, der am Entwurf und der Wirkungsweise des Systems beteiligt wäre, würde dadurch nicht überflüssig, sondern könnte viel effektiver arbeiten, da sich sein Einsatz nicht mehr auf ein Verhältnis Therapeut zu Patient wie eins zu eins beschränken würde, wie dies bislang der Fall ist» (zit. nach Weizenbaum, 1977, S. 17).

Beim künstlichen Psychiater auf der Couch

Joseph Weizenbaum, Informatiker am Massachusetts Institute of Technology, hat einen Computer so geschult, daß er psychotherapeutische Gespräche führen kann. «Eliza» behält stets die Initiative, nur sie stellt Fragen an GEO-Autor Volker Arzt und reagiert prompt auf jede Antwort. Daß sie in Wahrheit nichts versteht, zeigt der zweite Dialog: Auch auf Nonsens reagiert die Maschine stur nach Schema F.

Hallo, ich bin Eliza, wo liegt dein Problem?
Ich schreibe einen Artikel für GEO.
Bist du zu mir gekommen, weil du einen Artikel für GEO schreibst?
Ja.
Ist das der wahre Grund?
Ja, mir fällt das Schreiben so schwer.
Kommen keine anderen Gründe in Betracht?
Nein, im Augenblick ist das mein großes Problem!
Warum ist es dein großes Problem?
Weil die GEO-Redakteure langsam ungeduldig werden.
Sag mal, hast du irgendwelche psychologischen Probleme?
Ja, ich quäle mich so beim Formulieren.
Aha.
Vor allem find ich nie einen Anfang.
Kannst du mal ein Beispiel nennen?
Na ja, seit drei Tagen sitze ich jetzt vor einem leeren Blatt Papier.
Was bedeutet das für dich?
Daß ich als Autor ein Versager bin.
Glaubst du, daß es normal ist, als Autor ein Versager zu sein?
Vielleicht, aber ich möchte eine Ausnahme sein.
Was würde es für dich bedeuten, eine Ausnahme zu sein?
Ich wäre von allen anerkannt.
Und weiter?
Ich wäre glücklich und zufrieden.
Ich bin nicht ganz sicher, ob ich dich richtig verstehe?
Ich meine, ein guter Artikel wäre wichtig für mich – hast du denn jemals eine Geschichte geschrieben?
Wir reden über dich – nicht über mich.
Ich brauche Hilfe!
Kannst du das näher ausführen?
Ich würde gern diesen Dialog für meine Geschichte verwenden.
Bist du gekommen, weil du diesen Dialog für deine Geschichte verwenden möchtest?
Ja.
Aha.

«Das kann ja jeder behaupten»

Hallo, ich bin Eliza, wo liegt dein Problem?
Der Rhabarber pokert leise.
Bis du gekommen, weil der Rhabarber leise pokert?
Ja, und weil ich nicht Napoleon bin.
Warum nicht?
Ich habe keine Lust.
Seit wann hast du keine Lust?
Du bist ein lausiger Nachplapperer.
Würdest du es denn vorziehen, wenn ich kein lausiger Nachplapperer wäre?
Ja.
Interessant.
Eia popeia.
Und weiter?
Was raschelt im Stroh?
Interessiert dich diese Frage?
Die Wolken beißen selten tief.
Ich verstehe.
Das kann ja jeder behaupten.
Aha. (GEO 7/1980, S. 113)

Die nächstliegende Reaktion hierauf wäre die Vermutung, daß die Psychiater unmöglich die simplen Strukturen des Programms verstanden haben können, daß also die Psychiater die Fähigkeiten *des Programms* maßlos überschätzten. Aber es gibt auch eine andere Erklärung, die Umgekehrte, daß *wir* die Tätigkeit *des Psychiaters* überschätzen. Möglicherweise ist es gar nicht wichtig, daß der Therapeut mitfühlt und mitdenkt; es genügt, den Patienten durch ein paar Fragen zum Reden zu bringen. Vielleicht basiert der therapeutische Erfolg oft weniger darauf, daß der Patient von seinem Gesprächspartner tatsächlich verstanden wird, als vielmehr auf der gegebenen Möglichkeit, sich in der Gesprächssituation ungehemmt narzißtisch verausgaben zu können. Genau dies ist auch im Gesprächsprogramm der Maschine der Fall. Der Patient kann, soll, muß sich darin spiegeln.

Es bleibt jedenfalls die Tatsache, daß ein Teil der psychotherapeutischen Tätigkeiten durch ein äußerst simples Computerprogramm simuliert wurde, und daß dieses Modell von Psychiatern als adäquate Darstellung zumindest eines Teils ihrer Tätigkeit anerkannt wird. Auch in einigen neueren Ansätzen zur Verhaltensforschung geht es darum, den Therapeuten durch eine Maschine, einen Automaten zu ersetzen. In ersten Experimenten erwies sich ein eigens hierfür konstruierter Automat bei der Behandlung phobischen Verhaltens als ebenso wirksam wie ein Therapeut. Dieses Ergebnis führte zu der Annahme, daß die Wirkungen der Therapie nicht von der begleitenden zwischenmenschlichen Interaktion abhängig sind (Lang u. a., 1975, S. 71). Die Forschungen hierzu gehen weiter.

Wir können folgendes festhalten: Wenn die Maschine «Eliza» *tatsächlich* in der Lage ist, Psychiatertätigkeit zu ersetzen, dann muß die Psychiatertätigkeit bereits vorher entsprechend strukturiert gewesen sein, das heißt, sie muß sich nach Regeln und mit Hilfe von Techniken vollzogen haben, die durch eine Maschine dargestellt werden können. Die Gesetzmäßigkeiten, die die Maschinentätigkeit ausmachen, müssen bereits Bestandteil der Tätigkeit von Psychiatern gewesen sein. Nur wenn dies der Fall ist, kann eine solche Tätigkeit aus dem menschlichen Arbeitsbereich herausgelöst und eine Maschine daraus konstruiert werden, die diese Tätigkeit bewältigt. Protokolle von realen Gesprächssituationen im therapeutischen Alltag stützen diese Vermutung.

Bevor sich also eine reale Maschine beherrschend über ein menschliches Interaktionsgeschehen oder eine menschliche Tätigkeit stülpen kann, muß der mitwirkende Mensch bereits auf maschinisiertes Verhalten vorbereitet, eingestellt sein, das heißt vorher schon in abstrakt immateriellen Maschinengebilden funktioniert haben. Damit soll gleichzeitig ausgesagt werden, daß Maschinen nichts der menschlichen Tätigkeit Entgegengesetztes sein können. Es handelt sich letztlich nur um die *materielle Verkörperung* von Gesetzen bestimmten menschlichen Handelns und menschlichen Denkens. Daß diese Prinzipien von einer Maschine ausgeführt werden statt von Menschen, ändert an der Struktur zunächst einmal wenig.

1.3 Artifizielle Intelligenz (AI)

Die Versuche des Menschen, sich selbst künstlich nachzuahmen, sind in der Maschinerie vom Effekt her zum Teil durchaus gelungen. Die Erfolge betreffen jedoch jeweils nur enge Bereiche menschlichen Verhaltens und Denkens. Die neueren Entwicklungen im Computerbereich hingegen haben die Hoffnung geweckt, auch die letzten Rückzugspositionen des «Menschlichen», Denken, Fühlen und Bewußtsein, durch Maschinen nachbilden zu können. Die menschlichen Körperkräfte, menschliche Geschicklichkeit und Sinne sind ja schon lange durch Maschinen eingeholt und übertroffen worden. Die Nachbildung menschlicher Intelligenz und menschlichen Bewußtseins würde in letzter Konsequenz die generelle Ersetzbarkeit des Menschen einleiten.

Sowohl die relativ einfach konstruierte «Eliza» als auch alle anderen existierenden Programme sind von der Simulation des menschlichen Bewußtseins noch meilenweit entfernt. Viele Computerfachleute setzen aber ihre Hoffnungen in zukünftige Entwicklungen. Extrem fortschrittsgläubig ist eine Gruppe von Computerwissenschaftlern, die sich unter der Bezeichnung «Artificial Intelligence» (AI, «Künstliche Intelligenz») zusammengefunden hat. Sie hoffen nicht nur, die menschlichen Denkfähigkeiten durch Maschinen zu erreichen, sondern sie zu übertreffen: Computer als Weiterentwicklung des Menschen. Dabei gehen die Vertreter der AI mit ihren Annahmen sogar so weit, prinzipiell alle menschlichen Leistungen für computerisierbar zu halten – auch alle schöpferischen Fähigkeiten wie Dichtung, Musikkomposition usw. Voraussetzung sei lediglich, diese Art menschlicher «Leistungen» wirklich zu «verstehen», um sie dann in Programmen zu simulieren.

Der Mathematiker Alan Turing soll in diesem Zusammenhang einmal erklärt haben: «Sage mir exakt, worin deiner Meinung nach der Mensch einer Maschine überlegen sei, und ich werde einen Computer bauen, der deine Meinung widerlegt.»

Inwieweit in solche Annahmen und Vorstellungen selbst bereits ein maschinisiertes Bild vom menschlichen Denken eingeht, soll hier nur angedeutet werden. Bereits in den Anfängen der Computerentwicklung wurden schnelle Parallelen zwischen der Arbeitsweise des menschlichen Gehirns und elektronischen Rechenmaschinen gezogen. Der Begriff des «Elektronengehirns» drückt dies treffend aus. Menschliche und maschinelle Eigenschaften verschwimmen hier. Die Maschine, die auf ihre Weise geistige Tätigkeiten des Menschen ausführt, geriet in ihrer spezifi-

«Reales» Therapie-Gespräch – Ein Lehrbuchbeispiel

Beschreibung der Phase	Beispiele für Klienten-Äußerungen in dieser Phase	Beispiele für Therapeuten-Äußerungen: ohne Einbeziehung des Bezugsrahmens	Beispiele für Therapeuten-Äußerungen: mit Einbeziehung des Bezugsrahmens
In der zweiten Phase: Die Ausdrucksweise wird beweglicher hinsichtlich der Themen, die mit dem Selbst nichts zu tun haben. Man beschreibt Gefühle, als ob man sie nicht selber habe oder als wären sie vergangene Objekte.	Der Student wird also sagen: Merkwürdigerweise denke ich in der letzten Zeit häufig an meinen Vater. Er war immer kerngesund. Aber das tut ja nichts zur Sache, das fiel mir nur gerade ein, und da ich hier frei und offen über alles, was mich beschäftigt, reden soll, dachte ich, ich sag Ihnen das mal.	Sie fühlen sich in letzter Zeit häufig an Ihren Vater erinnert. Sie bemühen sich, offen zu sein.	Es wundert Sie, daß Sie jetzt häufiger an Ihren kerngesunden Vater denken. Sie erzählen mir das, um mir einen Gefallen zu tun, und nicht etwa, weil diese Gedanken für Sie einen Sinn haben.
Man zeigt Gefühle, erkennt sie aber als solche nicht an, noch gibt man zu, sie zu haben.	An meiner Phobie hat sich nichts geändert. Gestern habe ich mein Zimmer gar nicht erst verlassen, es gab auch gar keinen richtigen Grund, es zu verlassen.		Sie empfinden Ihre Ängste wie eine Grippe, die von außen auf Sie zugeflogen ist.
Erfahrung ist an die Struktur der Vergangenheit gebunden, d. h. man erklärt seine Gefühle mehr, als daß man sie schildert.	Komisch, jetzt habe ich auch noch Herzbeschwerden. Gestern habe ich zwanzig Zigaretten geraucht. Das ist eben doch ungesund.	Sie machen sich Sorgen, weil es mit Ihnen nicht bergauf geht.	Auch dieser Schmerz kommt Ihnen wie etwas Fremdes vor.
Persönliche Konstrukte sind starr; sie werden als Fakten verkannt.	Allmählich kriege ich auch noch Angst vor dieser Angst, aber das gehört wohl zum Syndrom – habe ich gelesen.	Ihre Angst vor der Angst steigt.	
Gefühle und ihre Bedeutungen werden kaum auseinandergehalten.	Manchmal schäme ich mich, daß es mich erwischt hat.	Manchmal schämen Sie sich Ihrer Krankheit.	Ihre Angst wird größer, und Sie schämen sich dessen.
	Mein Vater hatte so was sicher nie. Ich glaube, der würde grinsen, wenn er mich so feige auf eine Treppe zugehen sähe.		
Widersprüche werden zwar ausgedrückt, aber kaum als solche erkannt.	Haben Sie eigentlich Erfahrung in der Behandlung von Phobien?	Sie fragen sich, ob ich Ihnen helfen kann.	Es wäre schön, wenn Sie mehr Vertrauen in sich und mich haben könnten.
In der dritten Phase ist die Ausdrucksweise über das Selbst – das immer noch als Objekt angesehen wird – flüssiger.	Der Student wird sagen: Es ist mir immer wichtig gewesen, nicht feige zu sein. Ich finde Angsthasen peinlich, schäme mich fast für jeden Feigling.	Sie sind stolz darauf, daß Sie kein Feigling sind.	

(Auszug aus: Biermann-Rathjen u. a., 1979, S. 91f)

Vergleich Gehirn/Rechner

Kategorie	Gehirn	Rechner
‹Rücksetz›-Zeit der Elemente	10^{-2} sec	10^{-7} sec
Informations-Übertragungs-geschwindigkeit	10–30 bit/sec (entspricht etwa 200 Worte/Minute)	Lochkarten, Lochstreifen: 12000 bit/sec Drucker: 25000 bit/sec Magnetband: mehr als 10^{6} bit/sec
Einspeicherungs-geschwindigkeit	weniger als 1 bit/sec ins Langzeit-gedächtnis	
Speicher-Kapazität	theoretisches Maximum: 10^{9} bit Information während einer Lebenszeit	gegenwärtig $3 \cdot 10^{7}$ bit Information bei optimaler Verschlüsselung
Verarbeitung	parallel	seriell
Querverbindungen	beträchtlich	kaum
Filterung	sehr wirksam	nimmt nur eigens vorbereitete Information auf
Ausfall von Bauteilen bewirkt:	selten ‹Unsinn›	normalerweise ‹Unsinn›
Kreis der Aufgaben, die angegriffen werden können	sehr allgemein	ziemlich eingeschränkt

Die Zahlen stellen nur rohe Annäherungen dar; Rechnerkenndaten, besonders Speichergrößen, ändern sich noch laufend.

(Sutherland, 1968, S. 23)

schen Funktionsweise zum Erklärungsmodell menschlicher Denkvorgänge. Bald jedoch traten deutliche Unterschiede zutage.

In diesen Unterschieden verbergen sich dann auch die Defizite der «künstlichen Intelligenz». Sie zu überwinden, bedarf es einer weitgehenden Imitation der Funktionsweise des menschlichen Gehirns. Diese Funktionsweise ist allerdings nach wie vor nur sehr ungenau bekannt. Ein weites Feld also für immer neue Mensch-Maschine- und Maschine-Mensch-Projektionen. Im Mittelpunkt steht derzeit das Problem der assoziativen Speicherung und Verarbeitung von Informationen und Signalen jeglicher Art.

Doch die Kenntnis der beträchtlichen Unterschiede zwischen menschlichem und denkmaschinellem Funktionieren konnte den wissenschaftli-

Sind unsere Erinnerungen Hologramme?

Neue faszinierende Überlegungen über die Funktionsweise des menschlichen Gehirns

Zu den wesentlichen Eigenschaften der biologischen Informationsspeicherung gehört die Tatsache, daß Gedächtnisinhalte im Gehirn nicht genau lokalisierbar und daher relativ unempfindlich gegenüber Kopfverletzungen sein können. Außerdem kann das menschliche Gehirn unvorstellbar große Informationsmengen aufnehmen. Weiterhin stellt die assoziative Speicherung ein fundamentales Prinzip der Arbeitsweise des Zentralnervensystems dar. Diese typischen Eigenschaften konnten bisherige Gehirnmodelle nicht oder nur sehr unzureichend simulieren. Ein neues kann es: Das holografische Gehirnmodell. Ist es ein Volltreffer auf der Suche nach dem Wesen des Denkens?

Im Jahre 1948 entwickelte der englische Physiker Dennis Gabor die «Holografie»; ein Verfahren, dessen Bedeutung 1971 mit der Verleihung des Nobelpreises an seinen Erfinder gewürdigt werden sollte. «Holografie» bedeutet «vollständige Aufzeichnung» und ist ein Vorgang, mit dem auf einer Fotoplatte ein dreidimensionales Bild, verschlüsselt als Gewirr mikroskopisch feinster Linien und Kreise, gespeichert wird. Die Linien sind Muster, die durch Überlagerung von Lichtquellen entstehen.

Außer dieser Dreidimensionalität weisen Hologramme noch eine Reihe weiterer verblüffender Eigenschaften auf.

Eine dieser erstaunlichen Eigenschaften ist, daß ein beliebiges Teilstück der holografischen Abbildung nahezu das gleiche Bild liefert wie das vollständige Hologramm selbst. Mit anderen Worten: Da jeder Punkt des Hologramms sämtliche optischen Daten des Originals speichert, kann die Fotoplatte ruhig zerbrechen. Jede Scherbe enthält wieder alle Informationen über das Original und liefert – wenn auch schwächer – mit Hilfe eines entgegengesetzt einfallenden Laserstrahls wieder das vollständige räumliche Abbild des Originals.

Unser «Speicher» Gehirn leistet ähnliches: Aus einer Vielzahl neurologischer Untersuchungen ist bekannt, daß man beispielsweise die Erinnerung an ein bestimmtes Ereignis nicht an einer speziellen Stelle des menschlichen Hirns lokalisieren kann. Sie scheint einem mehr oder weniger großen Gehirnabschnitt zugleich anzugehören. So gibt es Menschen, die zwar einen Teil ihres Gehirns durch Verletzung oder Operation verloren haben, doch psychisch vollwertig geblieben sind. Auf der anderen Seite kennt man auch Bewußtseinsstörungen, die bei anscheinend völlig intaktem Gehirn auftreten. Alles, was über psychische Störungen oder Gedächtnisschwund bekannt ist, legt den Gedanken nahe, daß Informationen nicht an speziellen Orten unseres Gehirns aufbewahrt werden.

Auch in der Speicherkapazität gibt es Parallelen zwischen holografischem und biologischem Speicher.

Eine weitere wesentliche Gemeinsamkeit von biologischen und holografischen Speichersystemen ist die Fähigkeit zur Assoziation. Schon jeder von uns wird einmal erlebt haben, wie man durch ein charakteristisches Geruchsaroma plötzlich an Situationen erinnert wird, die lange zurückliegen und sogar vielleicht vergessen schienen. Ein leicht muffiger Geruch mag an ein altes Haus erinnern, das man in früher Kindheit oft betreten hat, der Rauch eines bestimmten Pfeifentabaks mag eine Situation heraufbeschwören, in der man vor langer Zeit beim Großvater auf dem Schoß saß, und vielleicht tritt dabei auch jene Geschichte wieder aus der Vergessenheit hervor, die dieser damals erzählte. Die Erinnerung pflegt in vielen Fällen überraschend intensiv zu sein, man glaubt sich fast leibhaftig in jene Situation zurückversetzt, und es fallen einem auch andere Dinge ein, die ihren Rahmen bildeten.

Solche Assoziationen sind ein allgemeines und entscheidendes Phänomen in der Welt unserer Gedanken, Vorstellungen, Sinneswahrnehmungen und Gefühle. Sie entstehen zufällig durch Kopplung mehr oder weniger unbewußter Komponenten von Gedächtnisinhalten, die man irgendwann einmal gespeichert hat.

Diese menschlichen Fähigkeiten sind auch mit holografischen Methoden zu bewerkstelligen, und das sogar ziemlich einfach: Das Prinzip der assoziativen holografischen Speicherung zweier Bilder beruht auf einem Trick, der zur Folge hat, daß bei der Beleuchtung des Hologramm-Musters mit Laserlicht die vom entstehenden Bild herrührenden Lichtstrahlen ein zweites Bild aus einem anderen Hologramm erzeugen. Das heißt, auch hier können sich Bilder gegenseitig erwecken.

So verblüffend die Parallelen zwischen holografischer Speicherung und Gedächtnis auch sind, so scheinen sich doch beide Verfahren in ihrer Methode grundsätzlich zu unterscheiden. Im Gehirn finden sicher – wenn man von den Augen absieht – keine optischen Vorgänge statt. Außerdem denken wir nicht immer in Bildern. Man würde also die Analogie zu weit treiben, würde man die Erfassung optischer Überlagerungsmuster durch das Zentralnervensystem annehmen. Doch: Einerseits lassen sich biologische Informationen auf Grund von Nervenreizungen, die ja elektrische Impulse sind, in optische Überlagerungsmuster übersetzen. Andererseits können auch durch die elektrische Erregung von Nervenzellen solche elektrischen Nervenzellenmuster aufgebaut und abgerufen werden, die den optischen Mustern entsprechen. Damit wird das holografische Gehirnmodell zu mehr als einer abstrakten Arbeitshypothese. (Günteroth, 1979, Auszüge)

chen Eifer bisher nur schwach begrenzen. So wußte zum Beispiel Dr. John C. Loehlin, außerordentlicher Professor für Psychologie und Rechnerwissenschaft an der Universität in Texas, in den sechziger Jahren zu formulieren: «Jetzt können Rechnermodelle gebaut werden, die viele Merkmale einer menschlichen Persönlichkeit einschließlich Liebe, Furcht und Ärger haben. Sie können Meinungen vertreten, eine Geisteshaltung entwickeln und auf andere Maschinen und menschliche Persönlichkeiten einwirken» (1968, S. 125).

Norman S. Sutherland, Professor für Experimentalpsychologie an der Universität Sussex, zeigte zur gleichen Zeit (1968) nicht weniger Mut als sein Kollege. Er kennt die Unterschiede von Gehirn und Computer, er weiß, daß seriell verarbeitende Rechenmaschinen gegenüber dem logischen Denkvermögen des Menschen im Vorteil sind, aber auch daß Computern bislang noch das assoziative Gedächtnis und die schöpferische Potenz des menschlichen Gehirns fehlen. Doch auch in dieser Hinsicht fühlt er sich nicht ohne Hoffnung: «Die Probleme, die darin liegen, dem Menschen geistig ebenbürtige Maschinen zu bauen, sind heute anerkannt, und an all diesen Problemen wird ständig gearbeitet.» «Rechner werden dem Menschen ebenbürtiger und überlegener» (S. 25), so daß wir in 50 Jahren «mit der Diskussion beschäftigt sein (werden), ob Rechnern das Stimmrecht gegeben werden sollte» (S. 27). Soweit der relativ harmlose Teil. Doch die Phantasien von Sutherland, aber auch die von Loehlin, beschränken sich nicht auf die Perfektionierung der Maschinen. Immerhin erscheint Sutherland, freilich nicht ohne einen Blick auf «moralische und philosophische Fragen», die Möglichkeit interessant, «daß wir entdecken könnten, wie wir mit Hilfe von Rechnern als wissenschaftlichem Werkzeug unsere eigenen biologischen Organe so verändern, daß einige unserer Unzulänglichkeiten in der Informationsverarbeitung behoben werden. Eine weitere Möglichkeit besteht darin, daß wir ein System schaffen könnten, in dem das menschliche Gehirn direkt mit maschinel-

Computer können vieles …

… sie spielen weltmeisterlich Schach und Dame, sie können blitzschnell rechnen, sie sondern auf Geheiß eine Art von Lyrik ab und versuchen sich als Dolmetscher.

Aber: Roboter können nicht fröhlich sein; sie spüren keine Schmerzen; und – auch das ist unmenschlich an ihnen – sie denken nicht im entferntesten Winkel ihres Speichers daran, zu sparen. Oder kennen Sie eine Maschine, die sich das Öl vom Getriebe abspart, um für schlechte Zeiten was zum Schmieren zu haben?

len informationsverarbeitenden Systemen verbunden ist ...» (S. 27). Auch Loehlin steuert auf den Punkt zu, wo der Mensch zur manipulierbaren Rohmasse konstruktionstechnischen Denkens entqualifiziert wird. «Man nehme zum Beispiel an, daß es uns gelänge, den Punkt zu erreichen, wo man ohne weiteres Abbildungen von existierenden Persönlichkeiten bilden könnte. Würden wir nicht bald auch wünschen, weiterzukommen und besondere, neue Arten von Persönlichkeiten zu konstruieren?» (1968, S. 138)

Dieser Griff nach der Schöpfung ist den Wissenschaftlern von der AI durchaus nicht fremd. So beschreibt Weizenbaum den Versuch amerikanischer «Tiefdenker», die Darwinsche Evolutionstheorie auf einen neuen Stand zu bringen:

«Vor etwa 15 Jahren hörte ich einen damals bekannten AI-Forscher sagen, er fühle sich in erster Linie nicht den Menschen, sondern der Intelligenz an sich verpflichtet. In einem – hypothetischen – Fall, in dem die menschliche Rasse eliminiert werden müsse, um das Überleben der Intelligenz im Universum zu garantieren, wäre er bereit, die Menschheit auszulöschen. Dies Dogma mutete mich damals wie der bizarre Alptraum eines einzelnen an. Heute schreiben prominente Wissenschaftler – zumindest in den Vereinigten Staaten von Amerika allen Ernstes, daß der Mensch nur der zeitweilige Träger der Intelligenz in der Welt sei. Evolution ist für diese Leute nicht die Entwicklung organischer Lebewesen, sondern der Intelligenz. Wir sehen unseren Nachfolger am evolutionären Horizont schon; die Silizium-Intelligenz, den Computer» (Weizenbaum, 1980, S. 140).

Demzufolge bestünde das Ziel der Evolution nurmehr in der Perfektionierung der Intelligenz. Hierin beginne der Computer den Zwischenträger Mensch abzulösen: «Das heißt also, wir haben uns im Dienst der Darwinschen Evolution überflüssig gemacht und unseren Nachfolger erfunden. Wir entwickeln und pflegen in ihm unseren Untergang» (Weizenbaum, 1981, S. 24).

Davon ist man auch heute noch ein gutes Stück entfernt.

Doch der Optimismus der AI-Vertreter scheint ungebrochen, obwohl ihre bisherigen Resultate in keinem Verhältnis zum Forschungsaufwand stehen. Die Entwicklung der Computer macht zwar zur Zeit beeindrukkende Fortschritte – in der Hardware wie der Software –, doch scheinen sie eher eindimensional (das heißt in den Bahnen der zweiwertigen Logik) vonstatten zu gehen. Die Schaffung künstlichen *Bewußtseins* jedoch erfordert neue Lösungen, die zur Zeit nicht in Sicht sind. Möglicherweise ist diese Aufgabe sogar prinzipiell nicht lösbar.

Denken wird von den Computerfachleuten (und nicht nur von ihnen) als rein logisches Operieren verstanden. Die erste und wichtigste These der AI-Wissenschaftler lautet: «Menschliches Denken ist Informationsverarbeitung» (Fischer, 1982, S. 53).

Ohne Frage werden im menschlichen Denken *auch* Informationen verarbeitet. Aber damit sind diese Prozesse keineswegs ausreichend beschrieben. Menschliches Denken existiert nicht losgelöst von der Körperlichkeit. Wir neigen ja dazu, das Wesen unserer eigenen Identität in unserem Gehirn zu vermuten. Alle anderen Teile des Menschen scheinen ersetzbar, sogar das Herz. Das Gehirn verkörpert unsere wahre Identität. «Bedauerlicherweise» kann es nicht für sich existieren, sondern ist an den Körper gebunden. Der Körper wird mehr oder weniger nur als Instrument begriffen, das das Gehirn zu seiner Lebenserhaltung benötigt. Es gibt eine Reihe von Science-fiction-Filmen und Geschichten, in denen das Gehirn von bedeutenden Wissenschaftlern aus dem sterbenden Körper gelöst und künstlich versorgt wird, damit es weiterdenken kann. Solche Möglichkeiten wurden auch real diskutiert, etwa anläßlich des Todes von Albert Einstein.

Tatsächlich ist der Körper nicht nur ein Versorgungsinstrument des Gehirns. Sondern umgekehrt ist das Denken Funktion und Instrument des Körpers. Seine Bedürfnisse, seine Gefühle erst geben dem Denken Motiv und Inhalt. So ist zum Beispiel der Prozeß, in dem das menschliche Individuum zum erstenmal die eigene Identität erfährt, kein Denkprozeß: Wenn in der frühen Kindheit das kleine Kind seine Bedürfnisse nach Nähe, nach Nahrung etc. nicht sofort erfüllt bekommt, wird ihm schmerzlich deutlich gemacht, daß es nicht eins ist mit seiner Mutter und der Welt. Es hat Bedürfnisse, aber die Mutter, die diese Bedürfnisse befriedigen könnte, steht ihm nicht nach Belieben zur Verfügung. Das Kind *erfährt*, daß die Mutter etwas Eigenes, von ihm Unabhängiges und nicht Kontrollierbares ist. Diese erste Erfahrung einer Grenze zwischen sich und der Mutter, von der es abhängig ist, wird der erste Schritt zur Ausgrenzung des eigenen Ich, der späteren Bildung von Bewußtsein und Selbstbewußtsein. Denn vorher, insbesondere in dem wohligen Gleichgewichtszustand vor der Geburt, gab es keine Unterscheidung zwischen Innen- und Außenwelt. Die Erfahrung von Bedürfnissen und Gefühlen und von Entbehrungen sind grundlegend für das Bewußtsein und das Denken überhaupt. Wenn wir «Erfahrung» sagen, so sind Denkprozesse natürlich in ihr immer auch enthalten, untrennbar mit ihr verbunden. Aber Erfahrung läßt sich nicht auf Denken reduzieren.[1]

1 Das allerdings gilt immer nur bezogen auf einen einzelnen Menschen oder auf Interaktionsszenen, an denen mehrere Menschen *zeitgleich* beteiligt sind. Erfahrungen zwischen mehreren Generationen, also über große Zeiträume oder auch über geographische Distanzen hinweg, lassen sich nur sprachlich, das heißt kognitiv vermitteln, in Form von Büchern beispielsweise. Zwar läßt sich emotionale Betroffenheit auch sprachlich erzeugen – der ganze Bereich der Lyrik lebt davon –, aber das ist primär ein kognitiver Prozeß. Und es ist nicht sichergestellt, daß der Leser etwa eines Gedichtes so empfindet wie der Poet.

«Reines Denken» ist eine Fiktion, die häufig sehr folgenreich ist. Wenn jemand eine bestimmte Meinung äußert, ist die Frage danach, wovon er lebt, keineswegs plump. «Wes Brot ich eß, des Lied ich sing!», gilt für die meisten Menschen sicher nicht nur in dem Sinne, daß sie wider besseren Wissens eine fremde Meinung vertreten.

Sondern sie glauben, was sie sagen. Nur wird ihr Denken bestimmt von ihrer jeweils *besonderen* Lage, ihren jeweiligen Interessen. Es war der Fehler des positivistischen Denkens, nur *eine* Vernunft, *eine* mögliche Wahrheit anzunehmen, die damit auch für jedermann/-frau/-mensch einsehbar sein muß. Faktische Interessengegensätze wurden so auf kognitive Verständnisprobleme, auf Probleme des Denkens reduziert.

Die Annahme einer einzigen, für alle verbindlichen Wahrheit, die Abstraktion von subjektiver Wahrheit, die Verhaftung im reinen Denken kennzeichnet die vorherrschende Denkweise der westlichen Zivilisation und ist eben auch die Grundlage der Logik der *«Denkmaschine»*: Danach existiert die Welt unabhängig von unserem subjektiven Bewußtsein. Wir erkennen die Wahrheit in dem Maße, wie wir die unabhängig von uns vorhandenen räumlichen Strukturen und Gesetze der Welt wahrnehmen und in unserem Bewußtsein nachvollziehen. In diesem Denken kann es nur *eine* richtige Auffassung von der Welt geben, die von jedem denkenden Wesen geteilt werden muß. Subjektive oder relative Wahrheiten kann es nicht geben. Diese Logik kennt nur zwei Werte: wahr oder falsch. Ein Drittes würde das logische System sprengen.

Die Eindeutigkeit, die mit dieser Denkweise verbunden ist, ist in natürlichen Sprachen nicht vorhanden und konnte erst mit der Schaffung künstlicher, sog. formaler Sprachen erreicht werden. Der Computer verkörpert diese formalen Sprachen materiell. Das heißt, der Mensch hat einen Teil seiner Logik von sich abgespalten und ihm als Maschine eine selbständige Gestalt gegeben. Genauso wie er vorher andere Teile seines körperlichen Vermögens – seine Kraft, seine Sinne – in eine äußere Form gebracht hat. Allerdings nimmt diese Entwicklung absurde Formen an, wenn der abgespaltene Teilbereich menschlichen Denkens nun als Denken schlechthin eingestuft oder gar als höhere Form des Denkens begriffen wird, wie bei den AI-Leuten.

In der Maschine ist tatsächlich sachliches Denken in reiner Form verwirklicht. Bei der Maschine besteht keine Gefahr, daß sie in ihrem Denken von ihren Interessen bestimmt wird; sie hat keine; sie hat keinen Willen und kein Ziel. Darum gibt es für sie nicht einmal einen Grund, überhaupt zu denken. Denken ist an die Körperlichkeit und an Interessen gebunden. Und erst der Mensch kann die Denkmaschine in Bewegung setzen, indem er *seinen* Willen, *seine* Ziele auf die Maschine überträgt.

Die Maschine verkörpert also nur einen Teil des menschlichen Denkens. Soweit wäre alles in Ordnung, im Prinzip nichts Neues. Die von der Maschine verkörperte Logik wurde vom Menschen benutzt, bevor es solche Maschinen gab, heute wird sie eben mittels Maschinen benutzt. Diese Entäußerung hat jedoch diesem Teil der menschlichen Logik eine ungeheure Macht verliehen. Sie konnte vervielfältigt und überall verbreitet werden. Sie wurde zu einem ökonomischen Faktor, konnte hergestellt und verkauft werden und wurde vor allen Dingen bedeutsam für Prozesse betrieblicher Rationalisierung. Dieser Teilbereich menschlichen Denkens dehnt sich somit zunehmend aus. Und damit verbunden bekommt er immer mehr Gewicht zu Lasten anderer Bereiche. Die vom Menschen abgespaltenen Fähigkeiten verselbständigen sich mit solcher Mächtigkeit, daß sie nun ihrerseits den Menschen zwingen, sich *ihnen* anzupassen, das heißt, sich in weiten Bereichen des menschlichen Lebens auf diese Denkweise zu reduzieren.

Wir kommen damit auf ein bereits angeschnittenes Problem zurück. Wie nun das menschliche Denken insgesamt funktioniert, ist letztlich nicht zu klären. Dazu wäre ein Meta-Bewußtsein nötig, eines, das auf einer höheren Stufe als das menschliche angesiedelt wäre. Fest steht jedoch, daß bereits die «Bauweise» des menschlichen Denkapparates – in den kleinen Bereichen jedenfalls, in denen sie bekannt ist – sich erheblich vom Computer unterscheidet. Selbst dann, wenn man den Menschen mit den Maßstäben des Computers betrachtet. So hat John von Neumann in seinem schon klassischen Text «Die Rechenmaschine und das Gehirn» (1960) bereits auf die Unterschiede zwischen den Bausteinen des Computers, den binären Schalteinheiten, und den kleinsten Einheiten des menschlichen Denkapparates hingewiesen. Die elektronischen Bausteine benötigen meistens zwei Zuleitungen, um die logischen Grundoperationen ausführen zu können. Die einzelnen Nervenzellen des Menschen (Neuronen) hingegen besitzen in der Regel eine zigfache Menge. V. Neumann hält die Frage, wann eine solche Zelle erregt wird, sogar für noch komplizierter. Er geht davon aus, daß nicht nur die *Anzahl* gleichwertiger Nervenimpulse eine Rolle spielt, sondern auch die räumliche Anordnung der Impulse auf dem Neuron (S. 54ff). Diese hohe Komplexität der menschlichen Bausteine läßt eine größere Menge logischer Operationen als Möglichkeit vermuten. Genau sind diese Auswirkungen jedoch nicht bekannt.

In bezug auf das menschliche Denkvermögen insgesamt hält v. Neumann «Logik und Mathematik ... (für) ... zufällige Ausdrucksformen» (S. 76). Er vermutet, daß es sich bei der Mathematik lediglich um eine sekundäre Sprache handelt, die auf der im Zentralnervensystem verwendeten Primärsprache aufbaut. Diese Unterscheidung entspricht der Differenzierung zwischen primärer Maschinensprache und sekundärer Programmsprache beim Computer. Während sich die Primärsprache aus der «Verdrahtung» der einzelnen Elemente der Denkmaschine ergibt, sind die Sekundärsprachen eine Frage der Programmierung. Nach der These von v. Neumann wäre die oben geschilderte zweiwertige Logik *für den Menschen* eine Frage des «Programms», er ist in seinen biologischen

Möglichkeiten nicht darauf reduziert, während die *Maschine* in Programm *und* technischer Ausstattung darauf basiert.

Das menschliche Denken ist also keineswegs ausschließlich Informationsverarbeitung, wie die Vertreter des AI darstellen. Diese Auffassung ist eine falsche Abstraktion. Sie faßt lediglich das Wesen der Denk*maschine* zusammen und projiziert es auf den Menschen zurück.

Mortimer Taube erläutert dies am Beispiel von Maschinen, die «lernen». Eine Identität zwischen dem Lernen des Menschen und dem der Maschine wird herbeigeführt, indem man die Unterschiede unterschlägt. Und zwar geschieht dies keinesfalls dadurch, «daß man menschliche Attribute auf die Maschine überträgt, sondern dadurch, daß man mechanische Begrenzungen auf den Menschen überträgt» (1966, S. 46).

Einen wahren Kern enthält diese Auffassung doch. Wenn menschliches Denken nur noch als Informationsverarbeitung begriffen wird, bedeutet dies eine enorme Vereinfachung der tatsächlichen Prozesse. Dennoch kann diese Reduktion durchaus im sachlichen menschlichen Denken stattfinden, und zwar qua Programm. Der Mensch läßt sich in zwei Bereichen durchaus darauf «programmieren», Informationen nach einer reduzierten Logik zu verarbeiten, und, wie wir später sehen werden, er läßt sich sogar darauf programmieren, sich nach diesen Prinzipien *zu verhalten.*

Trotzdem unterscheidet sich der «Programmierungsvorgang» des Menschen entschieden von dem einer Maschine. Zunächst besteht der Unterschied in der bereits besprochenen Verbindung mit Bedürfnissen, Gefühlen, Zielsetzungen. Selbst wenn wir davon abstrahieren, bleibt eine ungeheure Komplexität und Vielschichtigkeit der «Dateneinspeicherung», die nicht einfach als quantitativer Unterschied begriffen werden kann, sondern die als andere Qualität angesehen werden muß. Wenn wir bedenken, welcher unbenennbaren Fülle von Sinneseindrücken wir Tag für Tag ausgesetzt sind, ein Leben lang, wird die Totalität des menschlichen Lernprozesses deutlich. Dagegen wirkt die Nachahmung menschlichen Lernens durch Maschinen, denen es gelingt, Schach zu spielen oder irgendwelche Hindernisse zu umfahren, wie der Versuch, den Sprung vom Kirchturm mit dem Regenschirm als Beherrschung des Überschallfluges auszugeben.

Der Computer beherrscht einen bestimmten Teilbereich des menschlichen Denkens. Dies mit einer Perfektion und Schnelligkeit, die die Möglichkeiten des Menschen bei weitem übertreffen. Wir lassen uns von diesen Leistungen blenden, wenn wir übersehen, welche Schwierigkeiten er zum Beispiel hat, handgeschriebene Texte zu lesen oder gesprochene Worte zu verstehen (Mustererkennung). Im Vergleich dazu ist jedes Kind ein geistiger Riese.

Bei der Programmierung des Menschen können wir jedoch einen bedeutsamen Widerspruch festhalten. Dieser Programmierungsprozeß –

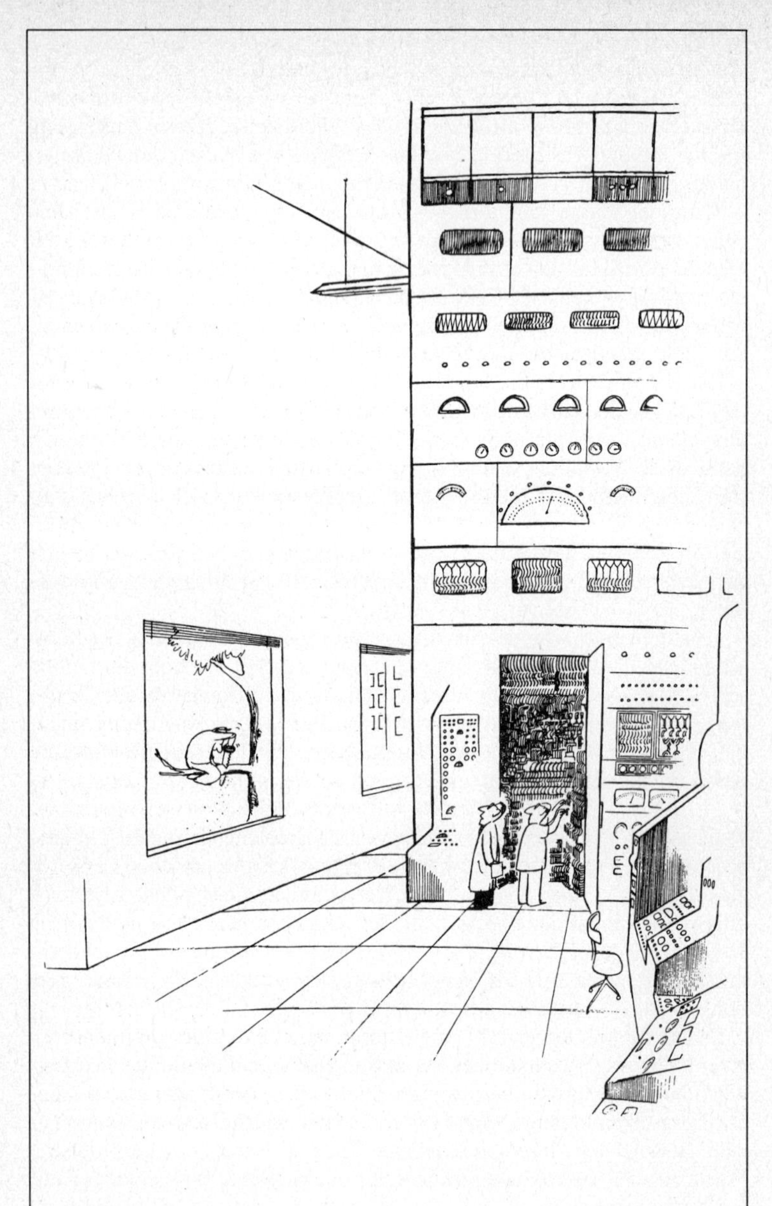

Und dennoch ist sein Gehirn mindestens hundertmal komplizierter als eine unserer Super TX 137 …

wenn man ihn als solchen bezeichnen will – ist dermaßen kompliziert und letztlich unkontrollierbar, daß sich das Resultat der bewußten Steuerung insgesamt entzieht. Auf der anderen Seite gibt es partielle Programmierungen, die sehr gezielt sind und auch funktionieren. Denk- und Vorgehensweisen etwa in der Fabrik, in der Wissenschaft oder im Verkehrsverhalten. (Wir werden diese Denk- und Verhaltensweisen später genauer diskutieren.) Eine Programmierung des Menschen mit derselben Eindeutigkeit wie die einer Maschine erscheint möglich; damit läßt sich jedoch die komplexe «Grundprogrammierung» nicht aufheben, sondern nur teilweise beiseite drängen. Die Möglichkeit, daß die Menschen solche Partiellprogrammierungen aus sich selbst heraus in Frage stellen, ist somit jederzeit gegeben. Das ist ein wesentlicher Unterschied zur Maschine.

Eine besonders radikale Weise, den Menschen um- oder neuzuprogrammieren, um ihn für fremde Zwecke mißbrauchen zu können, ist die *Gehirnwäsche*. Auch dies ist kein Prozeß allein auf der Ebene der Informationsverarbeitung, die Veränderung wird vor allem erzielt durch extremen psychischen (und physischen) Druck, indem existenzielle Ängste erzeugt werden.

Die Macht des Computers liegt nicht darin, daß er die gleiche oder gar höhere Denkfähigkeit als der Mensch besitzt, sondern darin, daß durch die massenhafte Anwendung von Computern reduzierte menschliche Denkstrukturen vervielfältigt werden und damit materielle Gewalt erhalten:

«*Im Computer (Hardware) entsteht durch die Programme (Software) eine Zweitwelt, eine künstliche Welt, die von den Absichten, Bedürfnissen, Zielen des Menschen völlig losgelöst funktioniert.* Und diese beschränkte Kunstwelt wird nun der äußeren, der realen Welt, dem Menschen aufgezwungen. Schon müssen wir uns im Büro, Fabriken, Verwaltungen, bei Formularen, im täglichen Leben nach ihr richten. Computergerechte Vorgaben sagen uns, wie wir uns zu verhalten haben. Durch dieses ständige Anpassen verlieren wir allmählich unsere menschliche Eigenständigkeit im Denken wie im Handeln, *die Computerwirklichkeit wird unsere Wirklichkeit*» (Müllert, 1982, S. 53).[2]

Im Sinne einer uns entlastenden Schuldzuweisung möchte man dieser Aussage gerne zustimmen. Doch bleibt die Frage, ob die Maschine nicht schon im Menschen selbst enthalten ist, ob die Computerwirklichkeit nicht schon die Wirklichkeit eines Teils unserer Persönlichkeit war, bevor wir mit Computern zutun bekamen, ob also die Computer nicht einfach nur bereits vorhandene Aspekte unserer Persönlichkeit verstärken.

2 Hervorhebungen im Original.

1.4 Roboter

Mit der Konstruktion von Computern ist eine entscheidende Lücke geschlossen worden, durch die Handlungs- und Verhaltensmöglichkeiten von Maschinen bisher beschränkt waren. Damit scheint der alte Menschheitstraum von der Konstruktion künstlicher Menschen in greifbare Nähe gerückt. Die Bestandteile, aus denen Roboter gebaut werden können, liegen jedenfalls im Prinzip vor. Sensoren als künstliche Sinnesorgane stellen den Kontakt zur Umwelt her: Kameras als künstliche Augen, Mikrophone als künstliche Ohren, Fotozellen und Tastschalter sowie alle möglichen Meßgeräte. Die von den künstlichen Sinnesorganen registrierten Informationen über Umweltzustände werden dem Computer übermittelt und dort verarbeitet. Die Ergebnisse werden einem Handlungsteil übertragen, der sie in Handlungen umsetzt, zum Beispiel in Bewegungen. Eine solche Maschine, ein Roboter, ist zu erstaunlichen, komplexen Verhaltens- und Reaktionsweisen fähig.

Roboter Klatu war der Star der Industriemesse in Hannover. Er sprach Messebesucher an und gab Interviews: «Kannst du denn auch Schlittschuhlaufen?» fragte ein Passant. «Tut mir leid, ich habe nur Räder», gab Klatu zur Antwort. «Hast du schon eine Bekanntschaft auf der Messe gemacht?» – «Ich bin in einen kleinen, gelben, süßen Kran verknallt!» kam die Antwort. Solche verblüffenden Roboterleistungen, zu denen außerdem Teppichsaugen, Mülleimerentleeren oder Einbrecher-In-Die-Flucht-Schlagen gehören, ließ die Geo-Reporter Volker Arzt und Georg Fischer nicht ruhen. Sie wollten klären, ob die «Maschinenmenschen den Sprung zur Intelligenz» bereits geschafft haben. Als erstes besuchten sie Klatus Herstellungsfirma, die Qu. Industries in Rutherford, USA. Dort wurden die Fähigkeiten von Klatu rasch entzaubert. Den aufmerksamen Reportern entging nämlich nicht, daß der «Roboter» von einem Firmenangehörigen ferngesteuert wurde, und auch mit dessen Stimme über Funk sprach. Mit anderen Worten, Klatu war gar kein Roboter, keine Maschine, die selbständig handeln oder denken kann.

Überhaupt haben die beiden Reporter bei ihren Reisen durch die USA, Japan und auch die BRD vor allem *Grenzen* von Robotern kennengelernt.

Industrieroboter, die mit verblüffender Präzision Autos schweißen oder lackieren. Sie wiederholen jedoch nur die Bewegungen, die Arbeiter ihnen beigebracht haben, indem sie sie von Hand führten. Diese Bewegung ist dann gespeichert und kann beliebig oft wiederholt werden, auch schneller. Auf diese Weise können diese Automaten auch jederzeit neue Arbeitsgänge erlernen.

Solche Geräte sind keine echten Roboter. Ein Roboter muß flexibel auf seine Umwelt reagieren können. Dazu braucht er Wahrnehmungsorgane, die ihm die Außenwelt und ihre Veränderungen registrieren lassen.

«Einen wichtigen Unterbereich der Steuerung haben wir dort, wo der Computer nicht etwas anderes steuert, sonderrn sich selbst: Beim ‹Lernen› eines Computers im Feedback. Besonders schwer tun sich ja Computer bei der Mustererkennung, im momentanen Beurteilen von Formen, wie es dem menschlichen Gehirn so vorzüglich gelingt. Um gestaltliche Charakteristiken wie Kanten, Schatten usw. zu erkennen, müßte ein üblicher Degitalcomputer erst jeden Punkt mit dem Muster vergleichen, was schon für einfache geometrische Formen Minuten dauern kann. Lernende Computer und solche, die nach dem Prinzip der Netzhaut des Auges programmiert sind und dadurch mehrere tausend Mal schneller arbeiten, sind jedoch im Kommen und werden bereits zur Aussortierung am Fließband als ‹sehende› Roboter eingesetzt» (Vester, 1980, S. 99). Doch bleibt, daß das vom Roboter eingefangene Bild auf besondere Kennzeichen reduziert werden muß. Müßte er mehr «sehen», wäre er total überfordert. Erst durch radikale Vereinfachung des Bildes kann er z. B. Porträts wiedererkennen. «Genauso sieht ein Roboter im kalifornischen Stanford Research Institute die Werkstücke, die auf einem Transportband ankommen: Er hat eine Schablone davon eingespeichert. Und die Lage der Teile auf dem Band berechnet er, indem er die Löcher anpeilt» (Arzt, 1980, S. 15).

Wenn wir sehen, so tun wir dies nicht allein mit den Augen, sondern mit dem Hintergrund unserer gesamten Erfahrung und unseres Denkens. Um einen Gegenstand zu erkennen, müssen wir ihn mit den bisherigen Erfahrungen vergleichen. Um einen Tisch als Tisch zu identifizieren, sind eine Reihe von Verarbeitungsleistungen zu erbringen – zum Beispiel hat der Gegenstand eine ebene Fläche, Beine etc.! Ein ähnliches Problem besteht für den Roboter, der beispielsweise Materialien sortieren soll. Es reicht nicht, diese Gegenstände mit der Fernsehkamera aufzunehmen. Die Bilder müssen verarbeitet, die Gegenstände identifiziert werden. Die ungeheure Vielfalt der normalen Umwelt könnte trotz Miniaturisierung auch von den größten Computern nicht bewältigt werden. Man behilft sich bei Robotern dadurch, daß die Bilder radikal vereinfacht werden, das heißt, die Gegenstände werden auf einfache Symbole reduziert. Der Roboter vergleicht das jeweilige Schema mit den entsprechenden Merkmalen des realen Gegenstandes. Wenn sie übereinstimmen, ist der Gegenstand identifiziert. Dabei kann der Roboter nur das sehen, was explizit eingespeichert ist. Einen beliebigen anderen Gegenstand nimmt er nicht wahr.

Sowenig wie mit menschlichem Sehen haben die Fähigkeiten von Robotern mit der menschlichen Fähigkeit zu hören oder geschriebene Schrift zu lesen gemein. Auch differenzierte Bewegungen sind von Robotern kaum zu leisten.

Diese Beispiele zeigen zweierlei: Zum einen, daß Roboter mit annähernd menschlichen Fähigkeiten gegenwärtig nicht mehr als ferne Utopie sind. Zweitens wird jedoch deutlich, daß ihre praktische Bedeutung von solchen Fähigkeiten gar nicht abhängt. Auch ohne sie sind sie dabei, Menschen zunehmend zu ersetzen: In der BRD waren 1982 2500 Roboter im Einsatz, bis 1990 werden 30000 erwartet.[3]

Auch wenn das Leitbild der Roboterkonstrukteure der ganze Mensch sein mag, wie sie ihn verstehen, realisiert werden doch nur extrem reduzierte Exemplare. Aber – und das ist wichtig – sie ersetzen reale Menschen. Menschen, die sich innerhalb der Produktion auch nicht als ganze Menschen betätigen konnten, sondern tatsächlich die gleichen reduzierten Handlungsmöglichkeiten hatten und haben wie die Industrieroboter. Die Tätigkeit eines Arbeiters mit der Farbspritzpistole und die eines Lakkierroboters sind im wesentlichen gleich, abgesehen davon, daß der Automat sie perfekter ausführt. Maschinenhaftes Verhalten von Menschen ist in den meisten Fällen noch unvollkommen.

3 Nach: «Folgen des technischen Fortschritts.» Sendung des Ersten Fernsehprogramms am 6. 8. 1982.

Roboter tötet Arbeiter

TOKIO, 8. Dezember (AP). In Japan ist Meldungen vom Dienstag zufolge erstmals ein Mensch von einem Roboter umgebracht worden. Laut einem Untersuchungsbericht ereignete sich der Zwischenfall bereits im Juni in dem Tokioter Industriebetrieb Kawasaki. Das Opfer war ein 37jähriger Wartungsarbeiter, dem leichtfertiges Verhalten vorgeworfen wird. Allerdings wurde auch beanstandet, daß die Sicherheitsvorkehrungen in dem Werk unzulänglich gewesen seien. Nach Darstellung des Untersuchungsberichtes hatte der Wartungsarbeiter eine Sicherheitsschranke überschritten, um an einer defekten Maschine zu arbeiten, mit der Autogetriebe hergestellt werden. Dabei habe er unbeabsichtigt einen Roboter in Betrieb gesetzt, dessen Arm sich nach vorn bewegt, den Arbeiter in den Rücken gestoßen und ihn gegen die Maschine gepreßt habe. Der Arbeiter erlag im Krankenhaus inneren Verletzungen. In Japan sind rund 70000 Roboter in der industriellen Fertigung eingesetzt (Frankfurter Rundschau, 9. 12. 1981, S. 1).

Können Roboter zärtlich werden? Die weich gepolsterten Hände von Mobot Mark II gehen mit Zerbrechlichem sanft um.

2. Die Maschinisierung des Lebendigen

Zwei Ergebnisse können wir festhalten aus der Betrachtung der Versuche des Menschen, sich und die Welt neu zu schaffen:

- Einmal sind wir tatsächlich sehr weit davon entfernt, die Komplexität des lebendigen Vermögens aus toten Teilen nachzubilden – trotz aller «Fortschritte». Dabei scheint es sich nicht um eine Frage der Vervollkommnung zu handeln, sondern es gibt prinzipielle Gründe, die dem technischen Fortschritt deutliche Grenzen setzen.
- Zum anderen aber scheint es gar nicht notwendig zu sein, daß die Maschinen «menschliche» Fähigkeiten besitzen, um von uns akzeptiert zu werden. «Eliza» und «Lincoln» werden akzeptiert, auch wenn jeder weiß, daß ihre technische Struktur einfach und ihre Fähigkeiten äußerst eng begrenzt sind. Und die Menschen werden durch Computer und Roboter massenhaft von ihren Arbeitsplätzen verdrängt, obwohl diese Maschinen nur sehr einseitige Fähigkeiten besitzen.

Der Verdacht drängt sich auf, daß wir die Maschinen gerade wegen jener Eigenschaften schätzen, die wir selbst nicht besitzen. Sie besitzen, was wir anstreben. Oder umgekehrt, daß wir das, was wir den Maschinen «voraushaben», gern loswürden. Daß gerade das an uns selbst uns stört, was *nicht* maschinisierbar ist: Gefühlsabhängigkeit, unberechenbare Komplexität, Uneindeutigkeit, Unzuverlässigkeit usw.

Der Mensch ist von der Maschine fasziniert. Nicht ohne Grund. Denn erst durch sie hat er ein ungeheures Selbstbewußtsein und ungeheure Macht bekommen. Erst durch die Maschine wurde «Religion» überflüssig. Sie brachte Ordnung, Durchschaubarkeit und Eindeutigkeit in die Natur. Vorher war die Komplexität der Natur für den menschlichen Verstand undurchschaubares Chaos. Gewißheit, Orientierung konnte nur der Glaube, die Religion liefern. Durch die Maschine schaffte der Mensch selbst Ordnung, auf göttliche Offenbarung ist er nicht mehr angewiesen.[4]

Das Neue an dieser Denkweise war, daß sie nicht auf der Ebene eines *Denk*modells stehenblieb. Religionen waren Glaubenssache, beliebig; man konnte an die eine so gut glauben wie an eine andere. Nicht jedoch so die Naturwissenschaft. Ihr Denkmodell ließ sich umsetzen in handgreifliche Wirklichkeit, in die Maschine – und die funktionierte.

Die ganze Welt schien auf einmal entschlüsselt. Alles wurde zur Maschine, wurde als eine Art Uhrwerk begriffen. Alles funktionierte nach ewigen Gesetzen. Am eindeutigsten wurde dieses Denken durch Laplace formuliert. Danach ist alles, was in der Zukunft passieren wird, bereits

4 Zur Rolle des Idealismus bei der Durchsetzung der experimentellen Naturwissenschaft, zur Überwindung der religiösen Schranken (vgl. Günther, 1978, S. 48ff).

durch die Vergangenheit vollständig determiniert. Denkt man sich ein Wesen («Laplacescher Dämon»), das vollständiges Wissen besitzt über den gegenwärtigen Zustand der Welt, über Beschaffenheit und Lage jedes einzelnen Teilchens auf dieser Welt, dann könnte es auch auf Grund der Naturgesetze jede zukünftige Entwicklung jedes Teilchens berechnen. Zufälle gibt es nicht, sie sind lediglich eine Frage mangelnder Information. Die Welt ist also vollkommen geordnet und geregelt, im Prinzip durchschaubar und berechenbar.

Die Sicherheit und das Selbstbewußtsein, das die Menschen durch die Maschinen gewonnen haben, bezog sich nicht nur auf die toten Gegenstände der Physik. Auch das Lebendige wurde unter diese Denkweise subsumiert, einschließlich des menschlichen Körpers.

Nachdem wir im vorigen Kapitel die Perfektionierung der vom Menschen geschaffenen Maschinen betrachtet haben, wollen wir uns jetzt der Frage zuwenden, wie weit die Maschinisierung des Lebendigen vorangeschritten ist. Gerade in diesem Bereich gibt es ja eine Reihe aktueller spektakulärer Entwicklungen.

2.1 Körpermaschine Mensch – Reparaturbetrieb Medizin

Wenn auf der einen Seite der Mensch durch Maschinen nicht adäquat dargestellt werden kann, so erreicht andererseits der Mensch auch nicht die Perfektion der Maschine. Dieses «doppelte Defizit» beunruhigt die Menschen offensichtlich erheblich. Den Versuchen, menschliche Fähigkeiten durch Maschinen zu simulieren, entsprechen auf der anderen Seite Bemühungen, die Perfektion, Zuverlässigkeit und Eindeutigkeit der Maschinen auch beim Menschen zu erreichen.

Als eine der didaktisch gelungensten Einführungen in die Humanmedizin gilt zur Zeit ein Buch des Kieler Physiologen R. F. Schmidt mit dem Titel: «Biomaschine Mensch. Normales Verhalten, gestörte Funktion, Krankheit» (1979). Auch in der modernen Gen-Forschung ist permanent von «Molekular-Maschinen» u. ä. die Rede. Es scheint den Wissenschaftlern nichts größere Freude zu bereiten, als am menschlichen Körper maschinelle Strukturen zu entdecken. Wahrscheinlich ist der Anpassungsprozeß des Menschen an die Maschine tatsächlich sehr viel weiter gediehen als umgekehrt. Wie tief er sich bereits im Alltagsbewußtsein verankert hat, drückt sich auch im gängigen Sprachgebrauch aus. Das Herz wird als «Pumpe» wahrgenommen, man hat gelernt, «abzuschalten» und den Gang zum Arzt als einen Gang zum «TÜV» zu verstehen. Diese Art der Selbstbetrachtung ist nicht weit entfernt vom Blickwinkel jener Vollblutingenieure des 19. Jahrhunderts, die den arbeitenden Menschen als Motor begriffen haben und seine Leistungsfähigkeit nach dem Energieerhaltungssatz beurteilen wollten (Rabinbach, 1981).

Auch physisch wird der Mensch immer stärker zum maschinenhaften Funktionieren hin reguliert. Schon längst ist er selbst zur Schwachstelle, zum Störfaktor in den von ihm geschaffenen, nach maschinellen Kriterien funktionierenden Systemen geworden. Menschliche Faktoren wie Krankheit, Depression, Alter, aber auch Verliebtheit oder Übermut sind geeignet, das regelhaft funktionierende Getriebe zu stören. Ein medizinisches Reparatursystem steht bereit, diese «Defekte» auszugleichen. Wie kam die Medizin zu einem Menschenbild, das die partikularistisch reduzierte Instandsetzungs-Logik, wie sie auch heute noch vorherrscht, zum Kernstück ärztlichen Behandelns gemacht hat? Rudolf zur Lippe gibt darauf einen Hinweis:

«Die wissenschaftliche Medizin hat sich durch Jahrhunderte ein Bild vom Menschen auf Grund der Leichensektion, das heißt am toten Körper gemacht, den sie mechanisch in einzelne Knochen und Muskeln und Sehnen zerlegen konnte. Als wäre deren Zusammenwirken nicht weit mehr als eine mechanische Konstruktion. Entsprechend wurde der Mensch unter der rationalistischen Philosophie und Naturwissenschaft als eine besonders komplizierte Maschine angesehen – l'homme machine» (1978, S. 17).

Hierfür steht insbesondere der Name La Mettrie. In Anlehnung an die Philosophie Descartes' und unter Anschauung der Maschinenkunst eines Vancanson, der «automatische» Enten und Flötenspieler hergestellt hat, entsteht 1748 das Buch «L'homme machine», in dem La Mettrie den menschlichen Körper als eine beseelte Maschine begreift.[5] Die Seele selbst galt ihm als ein empfindlicher materieller Teil des Gehirns, der die Haupttriebfeder der ganzen Maschine abgab. Der Materialismus La Mettries ging so weit, daß er Nerven und Gehirn ebenfalls als Muskeln auffaßte und schließlich zu der Einschätzung kam, daß das Denken sich aus der Materie entwickelt (Baruzzi, 1973, S. 87).

Bei La Mettrie hat sich ein weitgehend maschinenhaftes Bild von der Funktionsweise des Menschen etabliert – und zwar sowohl auf die körperlichen als auch auf die seelischen Dimensionen bezogen.

Anschaulich wurde dies zunächst in einer Medizin, die sich wie eine Reparaturwerkstatt arbeitsteilig darauf spezialisiert hat, einzelne Teilmaschinen der menschlichen Körpermaschine entweder durch Manipulation und Eingriffe wieder in Gang zu setzen oder sie gleich ganz auszutauschen.

Die Zustände und Wirkungsketten einer Maschine sind genau definiert. Die Wirkungsketten sind monokausal. Ein bestimmter Faktor, zum Beispiel der Druck auf den Einschaltknopf, bewirkt einen ganz bestimmten Zustand der Maschine, welcher seinerseits wiederum einen genau be-

5 Vgl. dazu die ausführliche Darstellung des Ansatzes von La Mettrie in: Baruzzi (1973, S. 79–94).

Die menschliche Atmung, erläutert von Descartes

Um im einzelnen zu verstehen, wie diese Maschine atmet, müssen Sie denken, daß der Muskel d zu denen gehört, die zum Anheben der Brust oder zum Senken des Zwerchfelles dienen, und daß der Muskel E sein Widerpart ist; und daß die Animalgeister, die sich in dem mit m bezeichneten Gehirnhohlraum der Maschine befinden, sich durch den mit n bezeichneten Poren oder kleinen Kanal, der von Natur aus immer geöffnet ist, zuerst in die Röhre BF begeben, wo sie durch Herunterdrücken der kleinen Haut F bewirken, daß die Animalgeister vom Muskel E in den Muskel d strömen und ihn aufblähen. Denken Sie danach, daß diesen Muskel d gewisse Häute umschließen, die ihn um so heftiger pressen, je mehr er sich aufbläht, und so disponiert sind, daß sie, noch ehe alle Geister vom Muskel E zu ihm hinübergeströmt sind, deren Lauf Einhalt gebieten und sie durch die Röhre BF gleichsam zurückgurgeln lassen, so daß die vom Kanal n ihre Richtung wechseln; vermittelst dessen bewirken sie, indem sie in die Röhre cg strömen und sie gleichzeitig öffnen, die Aufblähung des Muskels E und die Erschlaffung des Muskels d; das führen sie so lange fort, wie die im Muskel d enthaltenen Geister unter dem Druck der ihn umschließenden Häute aus ihm zu entweichen streben. Danach, wenn dieser Druck nicht mehr stark ist, kehren sie von selber zu ihrem Durchlauf durch die Röhre BF zurück und hören auf diese Weise nicht auf, diese beiden Muskeln abwechselnd aufzublähen und erschlaffen zu lassen (zit. nach Specht, 1966, S. 117).

stimmten anderen Zustand zur Folge hat usw. Andere Einflußfaktoren als die definierten, andere Zustände gibt es nicht. Wenn doch, ist die Maschine kaputt, funktioniert nicht mehr richtig. Solche monokausalen Zusammenhänge existieren in der Natur allenfalls in Ausnahmesituationen.

Die «Naturgesetze», nach denen die Maschinen gebaut werden, existieren zunächst nur in den Köpfen der Menschen. In der Natur treten sie in reiner Form nicht auf. Erst im naturwissenschaftlichen Experiment wird es möglich, eine gereinigte Natur zu beobachten, die sich tatsächlich entsprechend den Naturgesetzen verhält. Vorher mußten alle natürlichen Faktoren, die die monokausale Realisierung eines Naturgesetzes verhindern, als «Störfaktoren» eliminiert werden; meist mit einem ungeheuren Aufwand von Arbeit und Material. Maschinen werden nun Stück für Stück nach solchen gereinigten Naturgesetzen konstruiert und zusammengesetzt. Damit sie dann auch nach diesen Naturgesetzen funktionieren, müssen sie von störenden Umwelteinflüssen abgeschirmt werden. Computer werden mit Klimaanlagen bei konstanter Temperatur gehalten, «sonst spielen sie verrückt». Der Automotor muß gekühlt werden, sonst funktioniert er nicht in der beabsichtigten Weise, auch muß er vor Rost geschützt werden etc.

Solange es gelingt, die Maschine vor anderen Faktoren als den Naturgesetzen, nach denen sie gebaut ist, zu schützen, solange funktioniert sie. Und das bedeutet, daß sie sich für uns jederzeit berechenbar und eindeutig verhält. Wir haben sie «im Griff» und können sie fortwährend für unsere Zwecke einsetzen. Lebewesen müssen vor der Umwelt nicht geschützt werden, sie leben in und mit ihr. Sie verhalten sich nicht entsprechend den reinen Naturgesetzen, sondern setzen sich mit der Umgebung auseinander, so wie sie ist, mit ihrer gesamten Komplexität. Auf unvorhergesehene Bedingungen reagieren sie flexibel. Diese Beweglichkeit und relative Autonomie von Lebewesen hat allerdings zur Folge, daß ihre Zustände nicht im deterministischen Sinne eindeutig und berechenbar sind.

Teures Ritual

Amerikas Internisten wollen den jährlichen «Check-up» abschaffen – weil er nichts nützt

Die routinemäßige Untersuchung beschwerdefreier Arztbesucher weist eine systemimmanente Eigentümlichkeit auf: Ein «Check-up», wird er nur gründlich genug betrieben, verwandelt jeden Gesunden in einen Kranken. So fördern die chemische Analyse von Blut, Speichel und Urin, die mikroskopische Beschau abgestreifter Zellen, die Belastungstests und Röntgenaufnahmen stets irgend etwas zutage, was außerhalb der Norm liegt und deshalb als «krankhaft» definiert werden kann.

Sogar dem Präsidenten der Bundesärztekammer, Karsten Vilmar aus Bremen, ist aufgefallen, «daß es um so mehr Kranke geben wird, je besser Medizin und ärztliche Versorgung sind» – daß ein Gesunder also nur ein Mensch ist, der nicht oder noch nicht gründlich genug untersucht wurde.

Dabei sind viele der auffälligen Normabweichungen für Gesundheit und Lebenserwartung völlig belanglos, andere lassen sich nicht erfolgreich therapieren. Die Frage «Was ist schon normal?» sei in der Praxis «viel schwerer zu beantworten, als es im Lehrbuch steht», erläutert der Klagenfurter Chefarzt («Primarius») Otto Serinzi. Vom «apparativen und labormäßigen Durchchecken» hält er deswegen gar nichts.

Vorsorgeuntersuchungen, so

lehrt der Bostoner Medizin-Professor Richard Spark seine Harvard-Studenten, seien eben nichts als ein «anstrengendes und teures Ritual», das dem Patienten eine «Garantie für störungsfreies Funktionieren, etwa wie nach einer Kfz-Inspektion« vorgaukele.

Den Drang, sich vorsorglich untersuchen zu lassen, spüren deshalb vor allem Menschen, die ihren Leib als Maschine, meist als Motor des sozialen Aufstiegs betrachten. In der «Deutschen Klinik für Diagnostik» in Wiesbaden sind es jedenfalls vor allem «Führungskräfte aus Wirtschaft und den Gewerkschaften», die ihren Körper zur Inspektion geben. Sie dauert zwei Tage und kostet rund 2000 Mark. Gewöhnlich überweist das Honorar der Arbeitgeber, der seinen Vormännern jährliche «Check-ups» vielfach sogar vertraglich zusichert (DER SPIEGEL, 5/1982, S. 164 f; Auszüge).

Die Sichtweise des menschlichen Körpers innerhalb der Medizin als Maschine impliziert entsprechende Therapieformen; Krankheit wird monokausal begriffen. Eine störende Ursache wird festgestellt und durch ein entsprechendes Gegenmittel beseitigt. Wenn Herr Meyer einen entzündeten Blinddarm hat, interessiert den behandelnden Arzt nicht Herr Meyer, sondern nur sein Blinddarm. Sein Behandlungskonzept orientiert sich nicht an der Person des Herrn Meyer, sondern daran, wie man Blinddärme behandelt. Für den Arzt ist Herr Meyer auf den Blinddarm reduziert.

Diese Behandlungsmethoden sind durchaus erfolgreich, wenn es sich um monokausale Ursachen handelt. Wenn ein Arm gebrochen ist, wird er geschient. Aber bereits bei einer einfachen Grippe ist keine Eindeutigkeit mehr vorhanden. Zwar mag zur Zeit eine Grippe-Epidemie herrschen; aber manche Leute werden davon betroffen und andere nicht. So kann beispielsweise die vorhandene Widerstandsfähigkeit geschwächt sein durch andere Krankheiten (zum Beispiel durch schadhafte Zähne) oder auch durch belastende psychische Probleme, durch schlechte Arbeitsbedingungen oder sonst irgend etwas. Die Ursachen der Erkrankung von Patient X sind komplex und ergeben eine Konstellation, die der Gesamtsituation, dem Gesamtzustand der besonderen Person X entspricht. Ganz andere Bedingungen können beim Patienten Y zum gleichen Krankheitsbild führen. Der Arzt diagnostiziert nur Grippe. Gegen Grippe nimmt man Medikament Z. Die eigentlichen Ursachen, zum Beispiel eine Schwächung des körpereigenen Immunsystems auf Grund der komplexen gegenwärtigen Situation des Patienten, werden nicht berücksichtigt und führen dann zwangsläufig in die nächste Krankheit. Entsprechend dieser

Denkweise werden in der Medizin die Schwerpunkte gesetzt: So sind in den Kliniken der Bundesrepublik in den letzten Jahren schätzungsweise für 35 Milliarden DM Geräte angeschafft worden. Für neue Investitionen und für die Instandhaltung der Geräte werden jährlich 5,6 Milliarden DM benötigt (Frankfurter Rundschau, 17. 4. 1982). Dies geht zu Lasten der personellen Ausstattung. Die Krankenhäuser werden «seelenlos».

Als ein Höhepunkt ärztlicher Kunst wird die Verpflanzung von Herzen gefeiert. Mit ungeheurem apparativen Aufwand werden Intensivstationen betrieben, die wahre Wundertaten bei der Rettung von Schwerverletzten oder «klinisch Toter» vollbringen. Hier werden die natürlichen Funktionen: Atmung, Ernährung und Kreislauf von Maschinen übernommen oder kontrolliert. Solche technischen Lösungen dringen immer stärker in die medizinische Therapie. Herzschrittmacher und Organverpflanzungen sind inzwischen medizinischer Alltag. Im Jahre 1980 sollen weltweit 50000 Nieren und 300 Herzen übertragen worden sein (Frankfurter Rundschau, 17. 4. 1982).

Den beeindruckenden Erfolgen in den Operationstechniken und den Möglichkeiten, Körperfunktionen zu ersetzen oder zu steuern, steht das Versagen bei einer Vielzahl von Krankheiten gegenüber, in denen nur isolierte Symptome behandelt werden. Bei komplex angelegten Krankheiten, wie zum Beispiel Krebs oder Herzinfarkt zeigt sich die Medizin erschreckend hilflos, trotz gewaltigen Forschungsaufwandes. Das unvollkommen-maschinenhafte Funktionieren des menschlichen Körpers wird geradezu gewaltsam ignoriert. Dabei werden auch die vorhandenen Selbstheilungskräfte blockiert.

In seiner vollen Problematik zeigte sich das maschinenorientierte Menschenverständnis der Medizin im Bereich der Psychiatrie. Aus der Erkenntnis heraus, daß das Psychische nicht losgelöst vom Körperlichen existiert, kein psychischer Vorgang also ohne stoffliche Prozesse im Körper, insbesondere im Gehirn, ablaufen kann[6], ergibt sich theoretisch die Möglichkeit, psychische Vorgänge durch Eingriffe in das stoffliche System zu manipulieren. Genau darauf hat sich die Psychiatrie spezialisiert. Psychisches Leiden, aber auch unangepaßtes Verhalten, wurde behandelt, als sei die eigentliche Ursache organischer Natur. Elektroschocks bildeten den Anfang der massiven Eingriffe in die Arbeitstätigkeit des Gehirns. Radikalisiert hat sich dieses Vorgehen dann mit der zum Teil stürmischen Entwicklung der Neurochirurgie.[7] Bald gab es kaum mehr

6 So unternahm denn auch der Kybernetiker Norbert Wiener den Versuch, die Funktionsbedingungen menschlicher Denkvorgänge und pathologischer Gedächtnisstörungen mit Modellen und Beispielen aus der Kybernetik zu illustrieren (1963, S. 207–221).

7 Ausführlich dargestellt in E. R. Kochs Buch: «Chirurgie der Seele» (1978).

Frauenärzte entdecken die Frau

Zwischen Technik und Gefühl

Gelernt hatte Gynäkologe Olberts, daß Entbindungen gemäß der modernen, technisch-perfekten Geburtsmedizin abzulaufen hätten. So lagen in den drei neonbeleuchteten Kreißsälen des Dachauer Krankenhauses die Frauen, von Apparaten und Strippen umgeben, fast unbeweglich in den schmalen Betten – auf dem Bauch ein Gerät zur Überwachung der Wehenstärke, im Arm eine Kanüle für die Infusion zur Wehenbeschleunigung, am Köpfchen des Ungeborenen eine Schraubenelektrode zur Kontrolle der kindlichen Herztöne.

Stöhnten oder schrien die Frauen trotz Schmerz- und Beruhigungsmitteln, dann kam Dr. Olberts mit einer langen Spritze und setzte eine Betäubung zwischen zwei Lendenwirbel, die beliebte Periduralanästhesie. In ihrem empfindungslosen Unterleib spürten die Frauen dann nicht mehr, wie sich ihr Kind den Weg nach draußen erkämpfte.

Seiner Aufforderung «drücken, drücken, drücken, pressen, pressen, pressen» konnten die Gebärenden in der letzten Phase der Geburt nur ungenügend nachkommen, da die Betäubungsspritze ihnen das Gefühl für Bewegungen im Unterleib genommen hatte. Fast jedes zweite Kind mußte deswegen mit der Zange geholt werden – eine zusätzliche Komplikation. Die moderne Geburtshilfe hat ihren Preis.

Trotz der täglichen Erfolgserlebnisse – «was ich mache, das sitzt» – stellen sich Zweifel, schlichen sich Gefühle der Unzufriedenheit ein.

Der Oberarzt Dr. Olberts war verunsichert und machte sich auf die Suche nach Alternativen zu einer technisierten Geburt.

Die erste Geburt, die er im Kreiskrankenhaus von Pithivier bei Paris beobachtete, war für ihn ein verwirrendes Erlebnis.

Die instinktiven Bewegungen der Frau machten es möglich, daß Dr. Olberts allein durch Beobachtung und ohne technische Hilfsmittel herausfand, wie das Kind im Mutterleib lag. Das hatte der Dachauer Frauenarzt noch nie gesehen, da hierzulande die Frauen bei der Entbindung im Bett liegen und deshalb solche Diagnosen nicht gestellt werden können. Die freie Bewegung während der Geburt – die meisten Frauen gehen in die Hocke – hilft außerdem dem Kind, schneller auf die Welt zu kommen.

Wenn es soweit ist, wird den Frauen in Pithivier von der Hebamme ein Spiegel zwischen die Beine gehalten, damit sie sehen, ob sie richtig pressen. Diese optische Unterstützung macht ärztliche Kommandos an die Gebärenden überflüssig.

Fragte Dr. Olberts die jungen Mütter, ob die Schmerzen während der Geburt sehr schlimm gewesen seien, erhielt er immer die gleiche verblüffende Antwort: «Es war ein wunderbares Erlebnis und viel, viel Arbeit. Aber Schmerzen? Habe ich denn geschrien?» (König, 1982, S. 47–49, Auszüge) eine seelische Problemlage oder ein als problematisch eingestuftes Verhalten, das nicht mit gehirnoperativen Methoden beeinflußt werden sollte. Es wurde nahezu alles operiert: ob eine Psychose oder Zwangsneurose, ob Aggressivität, Sexualdelinquenz, Kleptomanie, Freß-, Alkohol- oder Drogensucht, ob ein ausgeprägter Hang zur Kriminalität oder eine Neigung zu ehelichen Zwistigkeiten bestand. Die Erfolge dieser Operationen waren zu einem beträchtlichen Teil katastrophal. So wurden Alkoholiker, die sich um ihre Zukunft Sorgen machen mußten, durch den psychochirurgischen Eingriff zwar nicht vom Trinken geheilt, machten sich aber keine Sorgen mehr (Koch, 1978, S. 21). Dies allein wäre noch kein Dilemma. Schwerwiegend dagegen ist, daß diese Sorglosigkeit meist einer tiefgreifenden Persönlichkeitszerrüttung entspringt, die ebenfalls dem Eingriff folgt. Der Schweizer Psychiater Hans Heimann vermittelt davon einen Eindruck:

«Der Leukotomierte zeigt das Bild einer verflachten Persönlichkeit. Physisch wirkt er robust bis schwerfällig. In seinen Bewegungen und seinen Gedankengängen ist er verlangsamt, oft etwas umständlich ...

Es fehlen ihm höhere Selbstwertgefühle, Stolz, Scham und Reue, und er zeichnet sich durch Oberflächlichkeit seiner Gefühlsregungen überhaupt und mangelnden Tiefgang seiner Persönlichkeitsäußerungen aus. Seine Interessen richten sich auf seichte Unterhaltung, unmittelbare Triebbefriedigung ohne höhere Ansprüche und ohne schöpferische Qualitäten. Häufig wird beobachtet, daß früher bestandene religiöse Interessen und Konflikte verschwunden sind ... Es fehlt ihm die Möglichkeit, durch Grenzsituationen des Daseins tiefer bewegt oder gar erschüttert zu werden. Kurz, sein Erlebnishorizont ist eingeengt und verflacht» (zit. nach Koch, 1978, S. 29).

Heutzutage werden auf ganz unblutigem Weg, nämlich durch die Behandlung mit modernen Psychopharmaka, nahezu die gleichen Resultate erzielt.[8]

Wie alle Naturwissenschaften hat sich also auch die Medizin ein Bild, ein Modell von ihrem Gegenstand gemacht. Behandlungsmethoden, aber auch die Forschungsansätze richten sich nach diesem Bild vom menschlichen Körper und seiner Funktionsweise, *nicht nach dem wirklichen Menschen*. Dieses Bild ist im wesentlichen das einer Maschine, wenn auch einer sehr komplexen, in der noch nicht alle Zusammenhänge erforscht sind.

Die Eindimensionalität dieses Menschenbildes wird der realen Komplexität des Lebendigen nicht gerecht. Die Folgen zeigen sich in Therapien, die nach monokausalen Ursache-Wirkungs-Schemata ausgerichtet sind. Komplexere Zusammenhänge werden ausgeklammert.

Das Maschinenmodell der Medizin führt «lediglich» zu einer «fiktiven»

8 Vgl. dazu die Titelgeschichte: Pillen in der Psychiatrie – Der sanfte Mord, in: DER SPIEGEL, 12/1980, S. 98–124.

Therapie; der Mensch wird behandelt, *als ob* sein Körper eine Maschine sei. Sie führt jedoch nicht dazu, daß der Mensch sich dieser Modellvorstellung *real* annähert.

In dieser Hinsicht noch sehr viel ernster zu nehmen sind die aktuellen Tendenzen in der Gen-Technologie. Hier wird in den inneren Aufbau des Lebendigen unmittelbar und verändernd eingegriffen. Die Lebewesen werden tendenziell tatsächlich dem Maschinenmodell angeglichen.

2.2 Maschinisierung der Biologie – Gentechnologie

Eine wirklich umwälzende Entwicklung findet gegenwärtig in der Biologie statt. Hier gehen beide Bereiche – Lebendiges und Künstliches – tendenziell ineinander auf. Biologische Eigenschaften und Fähigkeiten stehen nicht mehr den Maschinen gegenüber, sondern sie werden selbst genuin maschinell strukturiert. Lebewesen werden zu Maschinen «getrimmt», sie werden gezwungen, sich wie diese zu verhalten und werden auch als solche behandelt. So sind maschinell produzierende Lebewesen zum Beispiel patentierbar.

Die Verknüpfung der Grundlagenforschung der Biologie mit staatlichen Institutionen und industriellen Unternehmen ermöglicht eine atemberaubend schnelle Entwicklung ihres Vorgehens. Schon heute stehen Bio- und Gentechnik auf dem Sprung, sich einen Teil der industriellen Produktionssphäre mit ihren lebendigen «Maschinen» zu erobern und dabei zum Beispiel die «tote» Chemie aus weiten Bereichen zu verdrängen. Die Bedeutung der Biologie wird inzwischen gleichgesetzt mit der von Atomphysik und Elektronik. Der «synthetischen Biologie» gehöre die Zukunft, so lauten die Prognosen. Im kommenden Jahrhundert werde sie den gleichen Rang in der industriellen Produktion einnehmen, den Physik und Chemie in unserem Jahrhundert innehätten (vgl. Hohlfeld, 1981, S. 119).

Stanford University patentiert Gentechnik

Die von Stanley Cohen und Herbert Boyer entwickelten Methoden zur Rekombination artfremder Gene in E. coli-Bakterien wollen die Stanford University und die University of California, wo beide Forscher arbeiten, patentieren lassen. Nach einer Mitteilung der Stanford University wurde das Patent für die Methode der Rekombination bereits erteilt. Patente für die daraus entstehenden Produkte sind angemeldet und werden innerhalb eines Jahres erwartet. Stanford University plant, nach der Erteilung Lizenzgebühren zu erheben, die dann später dem Universitätsetat zufließen sollen.

Damit versucht erstmals eine Universität materielle Vorteile aus Arbeiten ihrer Forscher zu ziehen. Cohen und Boyer hatten ihre Rechte an die Universitäten abgetreten. Die Ansprüche gehen auf Arbeiten aus dem Jahre 1973 zurück, als es Cohen, Boyer und Mitarbeitern gelang, DNA-Abschnitte verschiedener Herkunft miteinander zu verbinden. Später führten die Forscher DNA anderer Spezies in E. coli-Bakterien ein.

Voraussetzung für die Patentanmeldung war eine Entscheidung des Obersten Gerichtshofes der USA, der 1980 die Patentierung von Lebewesen zuließ (vgl. Umschau 1980, Heft 11, S. 341; und Stanford University News Bureau, Dezember 1980).

Den Motor in dieser Entwicklung wird vor allem die gentechnische Forschung bilden, mit der wir uns daher im folgenden näher befassen wollen. Uns werden dabei weniger Nutzen und Gefahren dieser neuen Form von Technik interessieren (vgl. hierzu Herbig, 1981; Herbig, 1982[9]; Vester, 1980), als vielmehr der Aspekt der strukturellen Veränderung des Lebendigen, die «der Natur eigene Logik»[10] durch den Menschen außer Kraft zu setzen und statt dessen naturwissenschaftliche und technologische Prinzipien auf sie anzuwenden.

Versuche zur perfektionierten Naturunterwerfung

Was ist nun das Neue an der gegenwärtigen Entwicklung? Sich aus der Abhängigkeit von der unberechenbaren Natur zu befreien, die natürlichen Produktivkräfte zu kontrollieren und für sich zu nutzen, ist seit jeher das Bestreben des Menschen. Die Natur dient ihm dabei als Rohmaterial, das er in verschiedenen Formen für seine Zwecke bearbeitet und neu gestaltet.

Lebewesen sind davon bekanntlich nicht ausgenommen. Bereits seit

9 Hier sei besonders auf das Buch von Herbig «Der Bio Boom» (1982) hingewiesen. Herbig beschreibt umfassend und präzise den neuesten Stand in der technologischen Forschung der Biologie in einer auch für Laien gut verständlichen Sprache. Ein wichtiges Buch, das eine Lücke in der auch zum Verständnis gesellschaftlicher Zusammenhänge immer wichtiger werdenden naturwissenschaftlichen Literatur schließt. Bedauerlich nur, daß keine Quellen und Literaturhinweise gegeben werden.

10 Siehe Teil B in diesem Buch.

mindestens 10000 Jahren nimmt der Mensch bewußt Einfluß auf die Quantität und Qualität lebendigen «Materials», zum Beispiel indem er Pflanzen und Tiere domestiziert und züchtet. Ihrem Charakter nach bleiben Domestizierungen und Züchtungen lediglich eine Beherrschung von «außen», denn der menschliche Einfluß beschränkt sich bei diesem Verfahren auf die Auswahl und Verstärkung bzw. Minimierung bestimmter Merkmale von Lebewesen, die in ihrem genetischen Potential festgelegt sind.

Erst in unserem Jahrhundert erfolgten Versuche, auch das «Innere» von natürlichen Organismen «in den Griff» zu bekommen. Um dieses Ziel zu erreichen, mußte man über die herkömmlichen Züchtungsverfahren hinausgehen, man mußte in die inneren biologischen Steuerungsvorgänge direkt eingreifen. Der erste Schritt bestand darin, das Erbprogramm von verschiedenen biologischen Arten mittels mutationsauslösender – radioaktiver oder röntgenologischer – Strahlungen zu verändern.

Auf diese Weise hoffte man zum Beispiel die Antibiotikaproduktion bestimmter natürlich vorkommender Pilzarten zu steigern. Doch diese Methode der Mutationsauslösung erwies sich als zu wenig planbar und damit als zu ineffektiv. Die Ausbeute blieb zu gering. Die Regeln dafür, ob und wie sich die Erbsubstanz bei einer solchen Prozedur verändert, werden weiterhin von der Natur vorgegeben. Das Resultat in Qualität und Quantität ist im voraus nicht bestimmbar; der «Zufall» regiert. Zudem läßt sich eine natürlich vorkommende Art durch dieses Verfahren lediglich modifizieren, nicht aber grundsätzlich verändern (vgl. Herbig, 1982, S. 81).

Die Natur bleibt in der beherrschenden Position. Der Durchbruch zur gezielten künstlichen Veränderung des Erbmaterials gelang jedoch im letzten Jahrzehnt. Er wurde möglich durch eine Fülle neuer Erkenntnisse, die vor allem von Biochemikern, Genetikern und Molekularbiologen in den letzten 30 Jahren über die chemische Zusammensetzung, den molekularen Aufbau und die Funktionsprinzipien der Erbsubstanz gewonnen wurden.

Bereits 1865 folgerte Mendel in seinen «Erbgesetzen», die bei Lebewesen in den nachfolgenden Generationen immer wiederkehrenden Merkmale müßten auf bestimmten «Erbfaktoren» – heute «Gene» genannt – beruhen.

Fast ein Jahrhundert verstrich, bis herausgefunden wurde, daß die für die Vererbung wirksame Substanz aller Lebewesen chemisch aus Makromolekülen einer Säure, kurz DNA[11] genannt, besteht. Ein Strang dieser DNA befindet sich im Kern jeder Zelle, so nimmt man es jedenfalls an.

Gene enthalten die Anweisungen für den speziellen Aufbau von Ei-

11 Desoxyribonukleinsäure (das A steht für «acid»; engl. = Säure).

weißmolekülen (Proteine), Proteine wiederum bilden die Bausteine und Funktionseinheiten der Zellen.

Der menschliche Körper besteht zum Beispiel aus vielen Millionen Zellen, die durch Teilungen aus einer einzigen Zelle, der befruchteten Eizelle, hervorgegangen sind. Das in der befruchteten Eizelle enthaltene genetische Material – es wird beim Menschen zum Beispiel von ca. 50000 Genen gesteuert – wird durch Zellteilung an die Tochterzelle vererbt. Diese teilt sich erneut, verdoppelt dabei wiederum das genetische Material für die nächste Teilung usw.

Daß sich eine Nierenzelle dennoch ganz erheblich von einer Augenzelle oder einer Hautzelle unterscheidet, liegt daran, daß in jeder Sorte von Zellen nur ganz bestimmte Gene aktiv werden und andere inaktiv bleiben. (Der Mechanismus des An- und Abschaltens bestimmter Gene ist noch unbekannt.) Das «Programm» der einzelnen Gene gibt die «Befehle» ab, welche Merkmale ein Lebewesen an welcher Stelle entwickelt, zum Beispiel welche Haar- und Augenfarbe es bekommt.

Heute geht man davon aus, daß die allen Lebewesen gemeinsame Erbsubstanz, die DNA, und die darin enthaltenen Gene bei den verschiedenen Lebewesen zwar in unterschiedlichen Mengen auftreten, daß aber ihr molekularer Aufbau und der «genetische Code», der Schlüssel, nach dem die Erbinformation in konkrete Bauanweisungen übersetzt wird, sich bei allen Lebewesen decken – gleich, ob es sich um Homo sapiens, Huhn, Himbeere oder Hefezelle handelt.

Aus all dem eben Gesagten ergab sich eine weitreichende Folgerung: Wenn tatsächlich der molekulare Aufbau der DNA und der genetische Code allen Lebewesen universell gleich ist, so müßte es auch möglich sein, die DNA unterschiedlicher Arten künstlich miteinander zu verbinden. Dies führte dann tatsächlich in den siebziger Jahren zu der Ausbildung eines ganz neuen Forschungszweiges in der Biologie, der in rasantem Tempo expandierte: der Gentechnik – auch Technik zur Neukombination von DNA genannt.

Auch die Natur verbindet bekanntlich die Erbsubstanz unterschiedlicher Individuen durch Paarung und geschlechtliche Vermehrung. Doch bleibt der *genetische Austausch vor allem auf Partner der gleichen oder verwandten Arten* beschränkt, zum Beispiel können sich Schwein und Wildschwein kreuzen, nicht aber Huhn und Hund. Die *Vermischung unterschiedlicher Arten* ist nicht möglich; hier hat die Natur einen Riegel vorgeschoben.

Diesen Riegel können die Geningenieure heute umgehen. Auf technischem Wege befördern sie Genanteile von einem Organismus in einen anderen, auch in solche, wohin sie auf natürlichem Wege nie gelangt wären. Gegen solche genetischen «Übergriffe» hat die Natur keine «Waffen» entwickelt, weil dies nicht erforderlich war. Auf diese Weise rufen die Geningenieure völlig neue Arten – von der Natur nicht «vorgesehene» Wesen – ins Leben. Für die Praxis uninteressant, aber theoretisch möglich ist es zum Beispiel, Gene von Mücke und Elefant, von Karotten und Kaninchen, von Mensch und Floh miteinander zu verbinden. Im Vordergrund der gentechnischen Praxis steht gegenwärtig das gezielte Programmieren von Bakterien mit genetischem Material von Pflanzen, Tieren und Menschen. Bakteriell erzeugt werden bereits heute Wirkstoffe, die für die Regulierung des menschlichen Stoffwechsels und für Entwicklungs- und Immunisierungsvorgänge des Menschen nützlich sind: zum Beispiel

- das Bauchspeicheldrüsenhormon Insulin,
- Wachstumshormone,
- Endorphine (körpereigenes Schmerzabwehrmittel),
- Interferone (Abwehrmittel gegen Viren),
- Antibiotika.

Soll zum Beispiel das für Diabetiker lebenswichtige Hormon Insulin durch Bakterien erzeugt werden, so entnimmt der Geningenieur der Bauchspeicheldrüse einer Säugetierart (beispielsweise Ratte, Schwein oder Mensch) einige DNA-Moleküle. Diese enthalten u. a. die genetische Information für die Insulinproduktion. Die Moleküle werden mit Hilfe bestimmter Enzyme, die wie winzige Skalpelle wirken («Restriktionsenzyme»), in kleinere Stücke geschnitten. Die Enden dieser neugewonnenen Abschnitte haben die Eigenschaft, «klebrig» zu bleiben, das heißt, sie besitzen die Tendenz, sich mit anderen Genteilen wieder zu verbinden. Nach derselben Methode werden nun ebenfalls DNA-Moleküle eines Bakteriums behandelt. Auch die hier entstehenden Schnittflächen verfügen über Haftfähigkeit. Werden nun die DNA-Abschnitte beider Organismen – der Bauchspeicheldrüse und des Bakteriums – unter bestimmten Bedingungen miteinander vermischt[12], so verbinden sich Säugetier- und Bakterien-DNA in ganz unterschiedlichen Kombinationen miteinander. Diese völlig neuen Genkombinationen setzt man lebenden Bakterien ein, läßt sie sich vermehren und wählt diejenigen aus, die den genetischen Befehlen des Bauchspeicheldrüsengens gehorchen und das befohlene Produkt Insulin produzieren. Diese Manipulationen sind zwar komplizierter als hier dargestellt, aber doch so einfach, daß sie bei entsprechenden Laborbedingungen in Volkshochschulkursen erlernbar sind (vgl. zum Beispiel Herbig, 1982, S. 36ff; Wade, 1979, S. 12ff).

Bakterien – insbesondere die auch im menschlichen Darm vorkommenden Bakterien des Stammes Escherichia coli – werden mit Vorliebe als Empfänger für neukombinierte DNA benutzt.[13] Sie vermehren sich

12 Zum Beispiel unter Zugabe des Enzyms Ligase.

13 Heute werden statt Bakterien oft Hefezellen benutzt. Sie enthalten weniger Toxine; die produzierten Wirkstoffe sind leichter zu reinigen. Sie sind außerdem «pflegeleichter», weil sie weniger empfindlich sind als Bakterien.

ungeschlechtlich durch einfache Teilung, wobei sie in der Regel genetisch identische Kopien ihrer selbst bilden. Setzt man sie einer Nährlösung und bestimmten Temperaturen aus, so verlaufen die Teilungsprozesse in ungeheurer Geschwindigkeit. Im Laufe eines Tages können aus einem einzelnen Bakterium viele Milliarden genetisch identische Kopien entstehen. Werden sie künstlich auf die Erzeugung der gewünschten Stoffe umprogrammiert, so verhalten sie sich wie «Produktionsautomaten» mit enormer Effizienz und ökonomischer Verwertbarkeit. Zudem besitzen sie im Vergleich zu allen Produkten, die der Mensch bisher geschaffen hat, den unschätzbaren Vorteil, daß sie sich selbsttätig vermehren.

Den Gentechnikern ist es damit gelungen, eine lebende Maschine zu konstruieren, die nicht nur in der Lage ist, ein Produkt massenhaft auszustoßen, sondern die darüber hinaus die Fähigkeit besitzt, sich selbst ständig neu zu reproduzieren.

Technologische gegen evolutionäre Prinzipien

Die Herausbildung der Gentechnik ist kein Zufallsprodukt der biologischen Forschung, sondern ein logischer Schritt, der aus der naturwissenschaftlichen Betrachtungsweise und der Form der Auseinandersetzung mit der Natur resultiert (vgl. Teil B). Zugleich stellt diese Technik einen qualitativen Sprung in der Beziehung zwischen Mensch und Natur dar. Dies wird deutlich, wenn man sich vergegenwärtigt, nach welchen Prinzipien die Natur selbst funktioniert bzw. nach welchen Prinzipien sie sich entwickelt hat.

Im Laufe der Erdgeschichte hat sich eine enorme Artenvielfalt herausgebildet. Die Anzahl unterschiedlicher Lebewesen wird auf 3 bis 10 Millionen geschätzt. Hierfür waren zwei Grundvoraussetzungen notwendig:

- Natürliche Organismen mußten in der Lage sein, aus körperfremden Stoffen eine körpereigene Substanz herzustellen;
- sie mußten fähig sein, artgleiche Nachkommen zu erzeugen.

Die Entwicklung neuer und «höher» organisierter Arten (zum Beispiel der Übergang der einzelligen zu mehrzelligen Wesen) war aber zugleich nur dadurch möglich, daß sich «Fehler», plötzliche Erbänderungen (Mutationen), bei der Reproduktion der Nachkommen einschleichen konnten. Jeder ererbten Veränderung eines Organismus liegt eine «fehlerhafte» Veränderung des genetischen Materials zugrunde. In der Auseinandersetzung mit der natürlichen Umwelt wird dann darüber entschieden, ob sich diese neuen Formen und Arten durchsetzen können und die weitere Entwicklung fortan mitbestimmen. Ohne diese «Fehler» wäre unser Planet von Urzellen bevölkert geblieben.

Ein wichtiges zusätzliches Veränderungs- und Neuorganisationsprinzip für die evolutionäre Entwicklung bildete sich mit dem Auftreten der sexu-

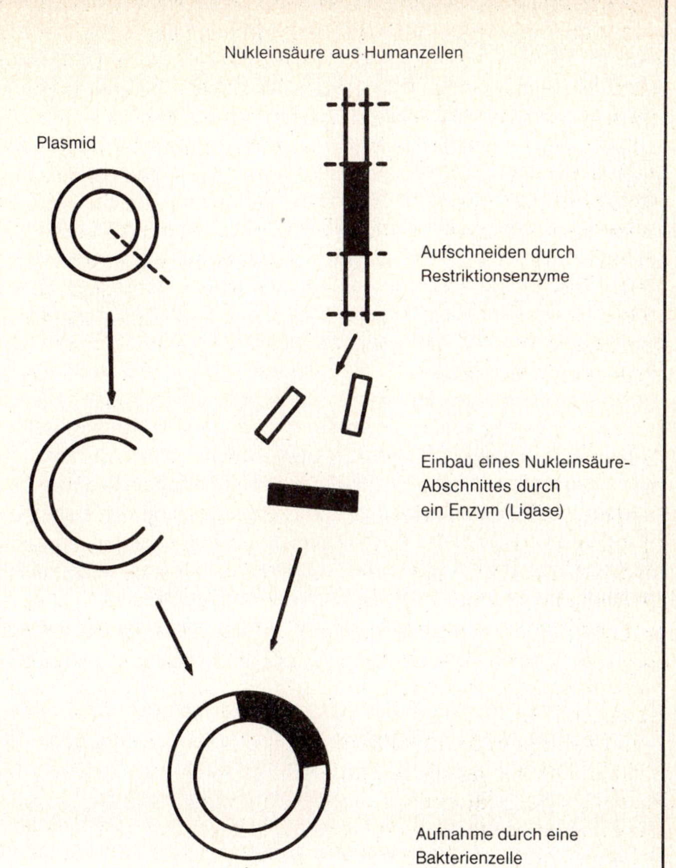

Schematisierte Darstellung der in-vitro-Neukombination von Nukleinsäuren zur Herstellung z. B. von menschlichem Insulin in Bakterienzellen. Im ersten Schritt wird durch Restriktionsenzyme, die wie biologische Scheren wirken, aus der Erbsubstanz einer menschlichen Zelle der Teil, der für die Insulinherstellung verantwortlich ist, herausgeschnitten. Gleichzeitig wird ein Teil der Erbsubstanz eines Bakteriums, ein Plasmid, aufgetrennt. Mit dem Enzym Ligase wird das „Insulinbruchstück" in das Plasmid, anschließend in eine normale Bakterienzelle eingeschleust. Das Bakterium produziert nun den gewünschten Stoff, in diesem Falle das Insulin.

ellen Vermehrung heraus. Sie bewirkte eine Veränderung der genetischen Strukturen in potenziertem Tempo. In den Nachkommen zweier Partner kombiniert sich das genetische Material, und es treffen mehrfache Mutationen aufeinander. Die überlebenden Kombinationen gehen dann neue komplexe Verbindungen ein usw.

Genetische Vielfalt ist ein wesentlicher Faktor in der Evolution, da sie Schutz vor dem Aussterben bietet. Krankheiten oder bösartige Feinde treffen immer nur bestimmte genetische Kombinationen. Andere erweisen sich als resistenzfähig und sichern so das Überleben der Art. Nur eine völlig homogene Erbsubstanz kann auf einen Schlag ausgerottet werden. Diese Bedrohung wird deutlich bei den heute verbreiteten Monokulturen, zum Beispiel beim Weizenanbau. Die Züchtung sogenannter Hochleistungssorten, die dann nahezu weltweit in Monokulturen angebaut werden, sind ständig von der Vernichtung bedroht und werden mit einem ungeheuren Aufwand an chemischen Mitteln am Leben gehalten.

Kontinuierliche *und* sprunghafte Entwicklungen, ja chaotisches Wildwuchern, bedingt durch «Fehler» und «Zufälle» haben die Evolution der Lebensformen auf unserem Planeten vorangetrieben. In einer über Milliarden von Jahren dauernden Auseinandersetzung von Lebewesen mit ihrer Umwelt wurde die Weiterentwicklung von Urzellern zu Einzellern, Mehrzellern, Wirbeltieren und Säugetieren – um nur einige Stationen zu nennen – bis zur menschlichen Existenz ermöglicht.

Heute werden durch die Formen der Auseinandersetzung des Menschen

Bei der Entdeckung der sexuellen Vermehrung hätte sich ein menschlicher Gen-Ingenieur die Haare gerauft und seine Erfindung schleunigst verworfen. Denn bei der sexuellen Vermehrung spielt die Natur Lotterie. In welcher Zusammensetzung sich das Erbgut aus beiden Eltern in den Nachkommen wiederfindet, ist allein dem Zufall unterworfen. Und den Zufall auszuschalten ist eines der großen Ziele menschlicher Gen-Ingenieure.

Unser Gen-Ingenieur als Schöpfergott hätte die Erfindung der sexuellen Vermehrung auch noch aus einem zweiten Grund schnell in den Papierkorb geworfen. Menschliche Technik zielt auf Konstanz und Einheitlichkeit. Die sexuelle Vermehrung aber wirkt dieser Vereinheitlichung entgegen. Mit Ausnahme eineiiger Zwillinge hat es während der gesamten Menschheitsgeschichte mit größter Wahrscheinlichkeit keine zwei genetisch gleichen Individuen gegeben. Diese natürliche Vielfalt dient nicht nur der raschen Erprobung neuer evolutionärer Entwicklungswege, sie ist darüber hinaus eine Grundvoraussetzung für die biologische Stabilität natürlicher Populationen (Herbig, 1982, S. 65 f).

mit seiner Umwelt immer mehr Lebensformen zerstört. Schon ist in vielen Seen jegliches Leben erloschen, ganze Wälder sterben. Kaum bemerkt, verschwindet täglich eine biologische Art von der Bildfläche der Natur.

Nunmehr aber scheint es durch den technologischen Zugriff auf das Biologische möglich, die Zerstörung der Nachkommen von Milliarden Jahren währenden evolutionären Prozessen aufzuhalten. Die Forscher glauben, die Geheimnisse des Lebens noch besser entschlüsselt zu haben und hoffen nunmehr auf für sie sinnvolle Weise – der Natur angemessener – mit den lebendigen Produktivkräften umgehen zu können. Die neuen Verfahren sollen mit der Natur besser in Einklang stehen als bisher und sollen auch weniger Folgekosten verursachen: weniger Umweltverschmutzung, weniger Abfall.

Biotechniker und Geningenieure versprechen sich u. a. davon,

- eine wirksame Bekämpfung von Zivilisationskrankheiten (zum Beispiel die Entdeckung der Ursachen von Krebs),
- Produktionsverfahren, die in vielen Bereichen eine Ablösung der umweltbelastenden chemischen Produktion ermöglichen,
- den Ersatz von Kunstdünger, Schädlingsbekämpfungsmitteln und Benzin durch biologische Maßnahmen und Bioprodukte,
- die Beseitigung von zunächst irreversibel erscheinenden Schäden wie zum Beispiel die Ölverseuchung der Meere oder die Umweltbelastung durch nicht zersetzbaren Plastikmüll und deren Umwandlung in nützliche Stoffe durch manipulierte Mikroorganismen,
- die weltweite Beseitigung von Hunger durch Steigerung der landwirtschaftlichen Erträge,
- die Herauszögerung von Alter und Tod usw.

Bei den Versuchen, diese Ziele zu realisieren, wendet die Gentechnik Prinzipien an, die der in der Natur herrschenden Logik genau entgegengesetzt sind. Sie folgt einer Logik, die auch in die Konstruktions- und Funktionsbestimmungen von Maschinen eingeht. Die Natur wird – je nach Verwendungsinteresse – als Rohstofflager oder selbst als Maschine angesehen, aus dem man Material entnehmen oder von der man Einzelteile demontieren und zu einer profitablen Maschine neu zusammenbauen kann. Nehmen wir das Beispiel der bakteriellen Insulinproduktion: Hard- und Software der Maschine werden entsprechend dem gewünschten Produkt ausgewählt und konstruiert. Soll Insulin produziert werden, so muß die Software darauf ausgerichtet werden, daß wirklich nur Insulin und zwar in möglichst reiner Form produziert wird. Alle anderen Wahrscheinlichkeiten müssen ausgeschaltet werden. Um eine massenhafte und billige Produktion eines homogenen Produkts zu gewährleisten, muß der Ablauf kontinuierlich und selbstreproduktiv sein. Nicht Vielfalt der Formen durch chaotisches Wildwuchern wie in der Natur ist verlangt, sondern Berechenbarkeit, Eindeutigkeit, Kontinuität, Einförmigkeit, Einheitlichkeit. Zufälle, Fehler, sprunghafte Veränderungen, Vorgänge also, die evolutionäre Prozesse überhaupt erst ermöglichen, bilden für die Form maschineller biologischer Produktion Störfaktoren, die ausgemerzt werden müssen. Das blinde, ungehemmt erscheinende Spiel der Natur muß in einen regelmäßigen Ablauf gezwungen werden, um steuerbar und kontrollierbar zu werden. Es dürfen deshalb nur solche Elemente aus dem «Naturlager» ausgewählt werden, die sich dieser Maschinenlogik unterordnen lassen, alles andere muß – notfalls mit Gewalt – eliminiert oder umfunktioniert werden. Eine mehrdimensionale Dynamik, wie sie für die Natur konstitutiv ist, schadet den technologischen Verfahren.

«Winkelzüge» der Natur in der Wissenschaftslogik des Menschen

Aber das maschinelle Modell des Lebendigen stößt immer wieder an seine Grenzen. Die natürlichen Prozesse erweisen sich als sehr viel komplexer als das abstrakte Modell. Diese Tatsache wurde auch im Laufe der Weiterentwicklung der Gentechnik wieder sichtbar, als plötzlich Erkenntnisse gewonnen wurden, die zunächst alle an der Forschung Beteiligten in große Verwirrung stürzten. Als man die Gesetzmäßigkeiten, die Struktur und die Funktionen von Bakterienzellen aufgeklärt hatte, schien alles noch ganz einfach zu sein: Alle Lebewesen – gleich, ob höherer oder niederer Art – stimmen in den Bauelementen der Erbsubstanz und dem genetischen Code überein, so hatte man herausgefunden. Mit diesen Erkenntnissen, die vergleichende Untersuchungen geliefert hatten, war der Weg für die Erprobung gentechnischer Verfahren gleichsam vorprogrammiert gewesen.

«Daneben wurde stillschweigend angenommen», so berichtet ein Biologe, «daß ein Gen aus einem Stück besteht, so wie das entsprechende Protein eine molekulare Einheit ist. Für jedes molekulare Werkzeug, für jedes Protein also, gibt es ein Gen und in einem Gen steckt die Vorschrift zur Anfertigung eines Proteins. So dachte man am Anfang der Molekularbiologie, also in der Mitte dieses Jahrhunderts. Dies galt allgemein auch noch bis vor einigen Jahren, aber dann kam es ganz anders» (Fischer, 1981, S. 279).

Mit der weiteren Entwicklung der Gentechnik verbesserten sich zugleich die Bedingungen für die Analyse von genetischen Molekülen. Die genaueren Analysen brachten, wie der oben zitierte Biologe weiter berichtet, völlig überraschende Ergebnisse hervor: «Zuerst fiel auf, daß es in tierischen Zellen Gene gibt, die nicht als ein DNA-Abschnitt vorliegen, sondern aus vielen kleinen Stücken zusammengesetzt sind. Am Anfang fand man zwei Stücke, bald waren es vier, und heute kennt man Proteine, deren genetische Grundlegung auf mehr als dreizehn DNA-Stücke zurückgeht, die getrennt voneinander vorliegen» (a. a. O.).

Auch eine andere Entdeckung stellte das traditionelle molekularbiologische Konzept in Frage: «Die alte Vorstellung vom Gen war statisch; da gab es, so dachte man, in der Zelle ein Molekül, auf dem ein Gen zu finden war. Nun deutete sich an, daß (ein) Gen nur dynamisch zu fassen ist. Darauf wies besonders die Entdeckung hin, daß es Zellen gibt, die in ihrem genetischen Material Umgruppierungen vornehmen, wenn sie heranreifen. So entstehen Gene erst im Laufe der Entwicklung» (a. a. O.).

Bereits zu einem früheren Zeitpunkt hatten die Biologen unterschiedliche Mengen von DNA in den verschiedenen Arten von Lebewesen vorgefunden. Allgemein gilt: Höhere Lebewesen wie Pflanzen, Tiere und der Mensch verfügen über erheblich mehr DNA als niedere Lebewesen wie Bakterien und Viren. Doch wird bei höheren Lebewesen nur ein verschwindend geringer Teil der DNA – beim Menschen geht man von *nicht einmal zwei Prozent aus* – zur Herausbildung des Genoms (= Gesamtheit aller Gene) benötigt. Fast die gesamte DNA, ca. 98 % beim Menschen, scheint stillgelegt zu sein. Riesige inaktive DNA-Bereiche verbinden die Bruchstücke der Gene miteinander. Aber auch innerhalb dieser Genstücke fand man 1978 unter den verbesserten Untersuchungsbedingungen untätige DNA-Segmente, «Pseudogene». Vieles war damit wieder offen, was vorher bereits als gesichert galt. Fragen über Fragen stellten sich: Woher kommen die ungeheuren Mengen stillgelegter DNA? Woher die Pseudogene und vor allem, welche Funktion haben sie?

Schleppt die Natur sie als biologischen «Müll» aus vergangenen Zeiten mit sich herum, oder geht sie einfach luxurierend mit ihrem Material um ohne besonderen Sinn?

Die neuen Erkenntnisse führten nicht nur notwendig zu einer Revision des «statischen» molekularen Konzepts, sondern modifizierten auch das Bild, das man sich bisher von dem evolutionären Werdegang der Gene gemacht hatte.

Herbig kommentiert die Entwicklung der letzten Jahre in der biologischen Forschung wie folgt: «Alles ist mit solchen Überlegungen wieder ins Fließen geraten. Wissenschaftliche Dogmen, die gestern noch unumstößlich erschienen, sind heute keinen Pfifferling mehr wert. Ständig wartet die Natur mit neuen Überraschungen auf» (Herbig, 1982, S. 79f).

Inzwischen gibt es neue Überlegungen, neue Vorstellungen, ja sogar ein paar «Antworten» auf einzelne Fragen. Nur eine dieser Überlegungen, die Herbig in dem schon genannten Buch «Der Bio-Boom» beschreibt, wollen wir hier beispielhaft zitieren:

«Man verglich aktive Gene samt Zwischenstücken mit ihren benachbarten abgeschalteten Verwandten, den Pseudogenen, und entdeckte die Spuren lange zurückliegender dramatischer Ereignisse. Während sich die genetisch aktiven Teile im Laufe von Jahrmillionen nur langsam und vorsichtig verändert haben, muß es in der stillgelegten Erbsubstanz zu regelrechten Revolutionen gekommen sein. Durch keine Selektion gebremst – genetisch ist diese DNA ja nicht aktiv – verankerten sich hier alle möglichen Mutationen, ganze Blöcke von Erbsubstanzen gingen verloren, andere wurden hinzugefügt.

Hier schreibt die Evolution gleichsam ins Unreine. Bei den aktiven Teilen von Genen darf sie sich nur sehr behutsam in Neuland vortasten. Größere Veränderungen würden das genetische Gleichgewicht stören und die Träger benachteiligen. Im inaktiven genetischen Material dagegen steht nichts auf dem Spiel. Dort kann die Evolution ihre Utopien entwerfen» (a. a. O., S. 77f).

Namhafte Wissenschaftler nehmen an, daß in der untätigen Erbsubstanz «ein genetisches Reservoir liegt, aus dem gelegentlich fertig entwikkelte DNA Elemente in die aktive Erbsubstanz übernommen werden» (a. a. O., S. 78).

Nun scheint es so, als sei die Natur zwar sehr viel komplizierter, als der Mensch geglaubt hat, aber letztendlich sei es nur ein Problem der Zeit, bis auch neu aufgetauchte Fragen beantwortbar seien, und irgendwann in ferner Zukunft könnten alle Rätsel der Natur gelöst werden.

Der Naturwissenschaftler erscheint in diesem Verständnis als ein passiver Betrachter von Natur, als ob er systematisch das aufzeichne, was er an Wesensmerkmalen der Natur aufgespürt hat. Selbstverständlich könnte er sich bei seinen Interpretationen irren, aber nach und nach ließen sich die Irrtümer korrigieren; die Analysen würden immer genauer werden.

Tatsächlich aber geht der Naturwissenschaftler mit einer im Kopf vorgefertigten Theorie an die Natur heran und befragt sie allein vor dem Hintergrund seiner theoretischen Modelle. Das bedeutet, er stellt nur solche Fragen an die Natur, die auf diese Modelle bezogen wichtig sind – und er findet daher auch nur bestimmte Antworten. Alle Zusammenhänge, die quer zu diesen Modellen liegen, werden als nicht existent behandelt. Die so entdeckte «Wahrheit» kann immer nur eine partielle sein.

Dennoch ist der «Fortschritt» innerhalb der biologischen Forschung zur Zeit beeindruckend. Und die nachweisbaren Erfolge erschlagen zunächst jede Kritik. Denn schließlich gelingt es den Naturwissenschaftlern ja, ihre Ergebnisse immer wieder unter Beweis zu stellen. Tatsächlich lassen sich immer mehr Ausschnitte der Natur nach der herrschenden naturwissenschaftlichen Logik benutzen und funktionalisieren. Die Gentechniker sind inzwischen sogar so weit, Gene künstlich nachzubauen. Aus diesem Grund sind sie schon seit langem darum bemüht, die genauen Baupläne der Gene zu entschlüsseln. «Die Erbsubstanz von Mikroorganismen wie des Bakterienvirus 0X 174 ist vollkommen entziffert. Der Konstruktionsplan des bisher nur schemenhaft unter dem Elektronenmikroskop sichtbaren Virus liegt nun offen zutage: GAGTT-TAT ... und so weiter, 5375 Buchstaben lang» (Herbig, 1981, S. 55). Die ungeheuren Datenmengen sind nur noch über Computer speicherbar. In den USA gibt es die erste Datenbank für entzifferte Gene, und der Markt bietet bereits die ersten Maschinen für die künstliche Gensynthese an.

Seit letztem Jahr bietet eine amerikanische Firma für 20000 Dollar bereits einen genetischen Automaten an.

Selbst Untrainierte sollen damit arbeiten können, um Genkombinationen für Brutstämme von Bakterien herzustellen. Der Automat übernimmt die vielen zeitintensiven Arbeitsgänge beim Isolieren, Reinigen und Kontrollieren von DNA; in beschränktem Umfang auch Kombinationen von Nukleid-Paarungen, um die Ausbeute der Stoffwechselprodukte zu erhöhen. Er übernimmt also die manuellen Arbeiten im gentechnischen Labor (Frankfurter Rundschau, 22. 4. 1982).

Lebendig – Künstlich – Grenzverwischungen im Biocomputer?

Bei einer derartigen schnellen Entwicklung ist es nicht mehr verwunderlich, daß auch der Bio-Roboter ernsthaft prognostiziert wird:

«‹Ein Lebewesen ist eine molekulare Maschine›, konstatiert trocken Akyoshi Wada, der Vorsitzende einer japanischen Regierungskommission zur Untersuchung der Zukunftsperspektiven der Biotechnologie. Das Lebendige hat sich bisher selbst genügt und dabei Überlebensmaschinen von erstaunlicher Präzision und Wirtschaftlichkeit hervorgebracht. Zukünftig wird es darum gehen, die biologische Ökonomie der lebenden Zelle mit der Zweckorientierung menschlicher Technik zu verbinden. Das endgültige Ziel der Biotechnologie, der lebende Roboter, so verkündet Wada, wird wahrscheinlich etwas sein, was man ein ‹künstliches Lebewesen› nennen könnte. Es besteht hauptsächlich aus ‹Wetware› und ‹software› – aus feuchter biologischer Lebensmaschinerie und gentechnischem Steuerprogramm» (a. a. O., S. 60).

Selbst wenn dieser «lebende Roboter» realisiert würde, wäre die körperliche Gleichsetzung problematisch. So können wir uns auch nicht mit Herbig einverstanden erklären, wenn er zum Beispiel konstatiert, «lebende Zellen gleichen winzigen biologischen Fabriken» (a. a. O., S. 88). Sie werden vielmehr als solche wahrgenommen und partiell dazu gemacht. Lebensvorgänge lassen sich nur zu maschinenhaften Gebilden umfunktionieren, indem *Elemente* und *Ausschnitte* aus dem Naturzusammenhang isoliert herausgegriffen werden und der naturwissenschaftlichen Logik unterworfen werden. Die naturwissenschaftliche Logik ist eine Logik des Toten. Lebensprozesse werden als Summe quantifizierbarer physikalisch-chemischer Vorgänge betrachtet. In der Natur aber – darauf weisen alle gegenwärtig sichtbar gewordenen Umweltprobleme deutlich hin – herrscht eine andere Logik. Lebewesen sind als offene Systeme darauf angewiesen, sich mit ihrer Umgebung auszutauschen. Da

Der Bio-Roboter des Herrn Akyoshi Wada erforscht den Menschen

die Umwelt ständig in Bewegung ist, Aktionen und Reaktionen nicht planbar und nicht voraussehbar sind, wären Lebewesen, die starr immer nur die gleichen Verhaltensweisen reproduzieren könnten, unabhängig davon, wie die Umweltsituation ist, über kurz oder lang zum Aussterben verurteilt.

Dies trifft auch auf die – in künstlicher Weise – genetisch veränderten Lebewesen zu, zum Beispiel auf die zu Produktionszwecken eingesetzten Bakterien, von denen oben ausführlich die Rede war. Sie sind – darüber herrscht weitgehend Übereinstimmung mit den Forschern[14] – nur unter Laborbedingungen längerfristig überlebensfähig.

Gegenständliche – tote – Maschinen sind aus sich selbst heraus in keiner Weise «überlebensfähig». Sie «leben» jedoch dafür in «Symbiose» mit dem Menschen, der dafür sorgt, daß die Umweltsituation ihnen angepaßt wird, daß sie geschützt werden vor Witterungseinflüssen, unbefugten Eingriffen etc. ... daß sie versorgt werden mit Energie und Pflege. Die Unbeweglichkeit der Maschine erfordert es, daß die gesamte lebende Umwelt maschinengerecht umgestaltet werden muß. Drehmaschinen stehen in Hallen, Autos benötigen Asphaltpisten und Tankstellen.

Lebewesen dagegen müssen aus sich selbst heraus zur Anpassung an verschiedene Umweltbedingungen in der Lage sein. Ihre «Bauweise» ist daher prinzipiell eine völlig andere als die von Maschinen. Sie sind ganz auf Beweglichkeit ausgerichtet, kurz- wie langfristig. Kurzfristig steht ihnen ein komplexes Verhaltensrepertoire zur Verfügung, mit dem sie auf die jeweilige Situation reagieren können: Zum Beispiel Abwehrverhalten, Fluchtverhalten, Neugierverhalten, Gewöhnung usw. Und langfristig eben ein unerschöpfliches Reservoir an genetischen Möglichkeiten, aus dem immer neue Arten entstehen, die an neue Lebensbedingungen angepaßt sind.

Beweglichkeit und Vielfalt hängen eng zusammen. Die Produkte einer maschinellen Herstellung sind alle gleich. 100000 Fernseher einer Serie weichen bei weitem nicht so stark voneinander ab wie ein Ei vom anderen. Natürlich wird man bei genauem Hinsehen auch Unterschiede finden, hier eine Schramme, dort ist die Lackierung etwas ungleichmäßig. Wichtig aber ist das Ziel der Gleichheit, wichtig, daß die Konstruktion

14 Anfang der siebziger Jahre gab es – auch bei den Gentechnikern selbst – große Bedenken gegen die Fortführung gentechnischer Experimente, da die Folgen als nicht übersehbar erschienen. Allgemein wurde mit Bakterien experimentiert, die auch im menschlichen Darm vorkommen. Ein Ersatz durch andere Lebewesen bot sich zu dieser Zeit noch nicht an. Was aber hieß es für das Laborpersonal, wenn sich die neukombinierten Wesen als «bösartig» erwiesen? Was bedeutet es vor allem für die Menschheit insgesamt, wenn die Bakterien über das Personal als Zwischenwirt aus dem Labor entwichen? Mußte man nicht befürchten, daß die künstlich veränderten Bakterien in der «freien Natur» ökologische Nischen finden, sich dort ungeheuer vermehren und zu Urhebern von Seuchen in katastrophalem Ausmaß werden könnten?

Diese Unsicherheit über die Folgen der Gentechnik führten zunächst zu einem Versuch von Seiten der Wissenschaftler, sich eine Selbstbeschränkung in der Forschung aufzuerlegen – das ist ein bisher wohl einmaliger Vorgang in der Geschichte der Naturwissenschaften. Der Ruf nach scharfen gesetzlichen Sicherheitsbestimmungen wurde laut (vgl. Wade, 1979). Nunmehr ist man sich darüber weitgehend einig, die Natur selbst trage Sorge dafür, daß solcher Art «Killerbakterien» sich nicht entwickeln könnten.

der Maschinerie darauf angelegt ist, gleiche Produkte herzustellen. Abweichungen dürfen ein bestimmtes Toleranzmaß nicht übersteigen. Dagegen wird man auf einem Getreidefeld unter Millionen von Halmen nicht zwei finden, die sich äußerlich völlig gleichen. Obwohl bereits die Tatsache, daß auf dem Feld nur Weizenhalme in Monokultur aufgebaut werden, bereits eine Erfindung des Menschen ist, die von allein nicht entstehen würde.

Auf Gleichheit ist die Entwicklung von Lebewesen nicht ausgerichtet. Und es ist keineswegs so, daß in den Genen festgelegt ist, wie das entstehende Wesen *genau* aussehen wird, weder ist die genaue Länge noch die genaue Dicke oder die genaue Unterteilung der Halme festgelegt. Dies ist von vielen Faktoren abhängig, wie Nährstoffen, Boden, Wetter usw. Ein Baum, der im Wald wächst, wächst schnell in die Höhe, entwickelt eine schmale Krone. Derselbe Same auf freiem Feld ausgesät, würde einen langsam wachsenden Baum mit üppiger, breiter Krone entstehen lassen. Das heißt, der genetische «Bauplan» hat wenig zu tun mit dem Bauplan einer Maschine. Er enthält nicht das fertige Resultat, sondern nur Anweisungen oder *Regeln*, nach denen die Zellteilung erfolgt und die Spezialisierung der Zellen. Die endgültige Form ergibt sich erst durch die Entfaltung dieser Regeln unter den je spezifischen Umweltbedingungen.

Lebendigkeit, also Flexibilität, Beweglichkeit, Offenheit, Uneinheitlichkeit, all das steht zumindest teilweise im Gegensatz zu Maschineneigenschaften wie Gleichförmigkeit, Berechenbarkeit, Eindeutigkeit.

Dennoch gibt es ernsthafte Versuche, tote Maschinen und Lebewesen miteinander zu verbinden. Es stellt sich also die Frage, wie zwei so grundsätzlich verschiedene Systeme miteinander verknüpft werden können? Nehmen wir zum Beispiel den Bio-Chip und den Bio-Computer:

Datenverarbeitung der Zukunft

Der Bio-Computer

Das erste biologische Speicherelement könnte zu einer Ehe zwischen Elektronik, Biochemie und Gentechnik führen

Biologische Computer aus der Retorte, synthetisiert durch entsprechend genetisch programmierte Bakterien, sind nicht länger reine Science-fiction. Mehrere amerikanische Labors experimentieren derzeit mit Eiweiß-(Protein)-Molekülen, die als binäre Speicherelemente – Grundbausteine eines jeden Computers – dienen könnten. Sollte die Suche einmal eine für diesen Zweck brauchbare Proteinstruktur ergeben, könnten Bakterien dem Chemiker die Synthesearbeit ab- und die Massenproduktion biologischer Computerelemente übernehmen.

Ziel der utopisch anmutenden Forschung ist es, noch kleinere und leistungsfähigere Datenverarbeitungsanlagen zu bauen. So wünscht sich der einschlägig arbeitende Chemieprofessor Mark Ratner von der Northwestern University in Evanston im Staat Illinois, den derzeit «größten Computer in einem Basketball unterzubringen».

Baustein eines Bio-Computers wäre ein Riesenmolekül mit «Gädächtnis», eine chemische Struktur, die zwei unterscheidbare elektrische Zustände annehmen und damit einen binären Wert, nämlich 0 oder 1, darstellen kann. Einen ersten solchen Baustein gibt es bereits: Ratner synthetisierte zusammen mit Philip Seiden vom Watson-Forschungszentrum des Computermammuts IBM ein Molekül, in dem zwei Protonen und zwei Elektronen von einem zum anderen Molekülende wandern konnten (Protonen sind positiv geladene Atomkernteilchen, Elektronen die negativ geladenen Partikel der Atomhülle). Die resultierende Ladungsverschiebung läßt sich mit Hilfe eines elektrischen Feldes nachweisen.

Für den Bau eines funktionsfähigen Bio-Computers genügt das «Gedächtnis»-Molekül freilich nicht. Nötig sind auch chemische Verbindungen, die wie Dioden arbeiten, also den elektrischen Strom nur in eine Richtung durchlassen. Die Vorstellungen, wie eine solche Molekülstruktur aussehen müßte, sind bereits weit entwickelt: Ein Dioden-Molekül müßte an einem Ende einen Elektronen-Empfänger und am anderen einen Elektronen-«Spender» besitzen, die beide durch eine nichtleitende Brücke verbunden wären.

Robert Metzger und seine Mitarbeiter von der University of Mississippi arbeiten derzeit an einer solchen molekularen Diode. «Ein schwieriges Stück Chemie», meint der Chemieprofessor zur selbstgestellten Aufgabe. Das Problem sei, die nichtleitende Brücke einzubauen, bevor der elektronenspendende mit dem -empfangenden Molekülteil reagiert. Die gleiche Nuß versucht auch Forrest Carter vom Forschungslabor der amerikaschen Marine in Washington zu knakken. Er hofft, in ein oder zwei Jahren eine funktionierende Molekül-Diode vorweisen zu können.

Ein loser Haufen von Schalt- und Speicherelementen macht allerdings noch keinen Computer. Jeder Baustein muß an seinem Platz gehalten und mit anderen Elementen verbunden werden. Forrest Carter denkt dabei an «chemische Drähte», Verbindungen mit Kettenstruktur, die elektrischen Strom zu leiten vermögen. Der Informationsfluß vom und zum Bio-Computer müßte wahrscheinlich über präzis fokussierte Lichtstrahlen erfolgen.

Die «Dreierhochzeit» zwischen Elektronik, Biochemie und Gentechnik dürfte allerdings noch etwas auf sich warten lassen – nach Expertenurteil etwa 20 bis 100 Jahre. Das Vorhaben sei «vergleichbar mit einer Reise zum Mond», meint J. H. McAlear, Präsident der Firma EMV in Rockville vor den Toren Washingtons (Die Zeit, 5. 3. 1982, S. 72).

Schon die Beschreibung macht deutlich, wie der Zusammenhang hergestellt wird: Das eine wird dem anderen subsumiert, ja vollkommen assimiliert. Das Lebendige wird dem Toten unterworfen, es muß alle seine Eigenschaften als Lebendiges aufgeben, es wird benutzt wie totes Material, als «Biomasse». – Denn: Das Lebendige funktioniert als Maschine nur, wenn es sein Leben verliert und die Eigenschaften des Toten annimmt.

2.3 Künstliche Menschen? Das Retortenbaby Louise und der geklonte Millionär

In Presseberichten werden die spektakulären Erfolge in der Gentechnik immer wieder in Zusammenhang gebracht mit dem Menschen aus der «Retorte». 1978 lösten zwei Meldungen gleichermaßen heftige Debatten

Retorten-Elektronik

Die Bio-Chips kommen

Die Sensation wächst im Reagenzglas heran. Wissenschaftler arbeiten an biologisch aufgebauten Chips, die heute geltende Technologien schon bald zu Makulatur machen können.

Silizium und Metall ade?

Die bisherige Technik, Chips aus Silizium und Metall herzustellen, haben die Befürworter des Bio-Chips als zu kompliziert und in ihrer Anwendung als zu langsam und zu wenig flexibel bereits bei ihren Recherchen zur Makulatur gemacht.

Insbesondere sprechen nach Ansicht der Wissenschaftler für den neuen Bio-Chip:

- mehr Funktionen werden auf kleinerem Raum untergebracht,
- diese Computer können auf kleinstem Raum ein Vielfaches ihrer bisherigen Leistungsfähigkeit ohne große Probleme erbringen.

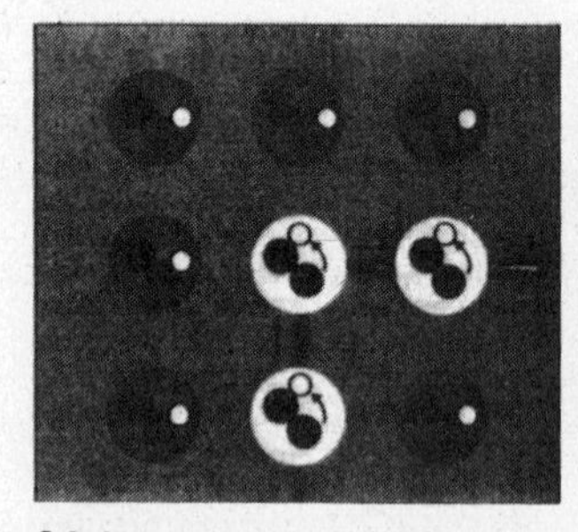

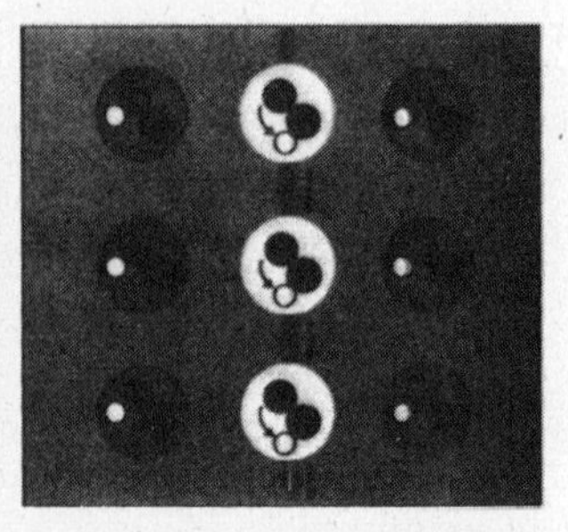

Schalter aus Molekülen. Die Funktionsweise ist hier sehr leicht zu erkennen. Der Schalter ist entweder zu oder offen – je nach Stellung des Sauerstoffatoms

Automat für kinderlose Eheleute

um ethische Grundsatzfragen aus: Das erste «Retortenbaby» war in England geboren worden, und ein amerikanischer Journalist behauptete, ein Wissenschaftlerteam hätte heimlich im Labor auf ungeschlechtliche Weise die identische Kopie eines US-Millionärs hergestellt und in die Gesellschaft entlassen.

Die Weltpresse überschlug sich mit Schlagzeilen und rief erneut Wunsch- und Alpträume vom «künstlichen Menschen» hervor.

Geht auf der einen Seite das menschliche Streben des Menschen dahin, Maschinen neu zu konstruieren, die seinem Äußeren gleichen und/oder seine Fähigkeiten simulieren und perfektionieren, so besteht auf der anderen Seite seit langem der Wunsch, den «bestehenden» Menschen aus Fleisch und Blut nachzubauen, zu *re*konstruieren. Nach jüdischen mystischen Überlieferungen erwirbt derjenige die Gabe, einen «Golem» aus

Lehm zu erschaffen, dem es gelingt, den angeblich aus 72 Buchstaben bestehenden Namen Gottes zu entschlüsseln. Seit dem 13. Jahrhundert schrieb man Rabbinern diese Fähigkeit zu. Paracelsus, der im 17. Jahrhundert die Grundsteine für die wissenschaftliche Medizin legte, wähnte sich ebenfalls im Besitz der richtigen Methode. Von ihm soll die folgende Anleitung stammen: «Man nehme menschliche Spermien, tue sie in ein besonderes Gefäß und behandele sie bestimmte Zeit mittels verschiedener komplizierter Manipulationen. Dann entsteht ein kleines Menschlein, das mit Menschenblut genährt werden muß» (zit. nach Löbsack, 1969, S. 125). Goethe ließ in «Faust II» seine Figur Wagner ein menschliches Wesen auf chemische Weise erzeugen, dem er den Namen «Homunculus» verlieh.

Das Vorhaben, das damals noch ein Griff zu den Sternen bedeutete, scheint heute, wenn man den Presseberichten glauben mag, technisch handgreifliche Wirklichkeit zu werden:

Das Retortenbaby

Als Louise Brown 1978 als erstes «Retortenbaby» geboren wurde, konnte man in der Titelgeschichte des «SPIEGEL» dazu lesen: «Das Neugeborene verkörpert den jüngsten Triumph der modernen Biotechnik, die sich anschickt, den Menschen einem alchimistischem Experiment zwischen Hoffnung und Horror zu überantworten ... In der Tat ist das von den britischen Fortpflanzungsexperten entwickelte Verfahren ein ganz entschiedener Schritt in Richtung Homunculus» (DER SPIEGEL, 31/1978, S. 124).

Louise ist nun aber keineswegs, wie es hier sensationsheischend suggeriert wird – oder wie allein der Begriff «Retortenbaby» schon nahelegt – ein alchimistisches Kunstprodukt, das aus irgendwelchen geheimnisvollen Rezepturen zusammengebraut und in der Retorte zum geburtsreifen Embryo ausgewachsen wäre. «Künstlich» an Louises Genese waren «nur» – und dennoch spektakulär genug – der Akt der Zeugung und die ersten Zellteilungen, die außerhalb des Mutterleibs – im Labor stattfanden.

Damit war den Forschern Edwards und Steptoe nach 800 Fehlversuchen in den vorausgegangenen zwei Jahrzehnten eine künstliche Einleitung der Schwangerschaft gelungen, die mit der Geburt eines gesunden Säuglings endete. Louises Eltern hatten sich zu diesem Schritt entschlossen, weil sie andernfalls wegen einer Eileiterstörung der Mutter, Leslie Brown, kinderlos geblieben wären.

Für die Befruchtung außerhalb des Mutterleibs – auch «extrakorporal» («außerhalb des Körpers») oder «in vitro» («im Glas») genannt – entnimmt der Mediziner der Mutter mehrere befruchtungsreife Eier. (Normalerweise entwickelt sich bei der geschlechtsreifen Frau pro Zyklus nur ein befruchtungsreifes Ei. Die Wahrscheinlichkeit des Gelingens der In-vitro-Befruchtung ist jedoch größer, wenn mehrere Eier zur selben Zeit behandelt werden können. Deshalb wird zur Vorbereitung der Laborbefruchtung hormonell eine «Superovulation» angeregt.) Die befruchtungsreifen Eier werden «im Glas» mit dem kurz vorher durch Masturbation gewonnenen Sperma des Vaters verschmolzen. Das befruchtete Ei verbleibt etwa zwei bis drei Tage in einer Nährlösung und beginnt hier mit den ersten Zellteilungen. Als winziger Zellhaufen – im Stadium von höchstens 16 Zellen – in dem sich noch keinerlei Organe abzeichnen, wird der Embryo mit Hilfe eines Katheters in die Gebärmutterhülle eingeführt. Sind die Schleimhautwände zu diesem Zeitpunkt empfängnisbereit, so kann sich der Zellklumpen dort einnisten und auf natürliche Weise zum geburtsreifen Embryo auswachsen. Die erste künstliche Befruchtung im Tierversuch – bei Kaninchen – liegt bereits über vierzig Jahre zurück; die erste Embryoverpflanzung bei Tieren erfolgte 1955 (vgl. Mettler, Tinneberg, 1982, S. 232). Diese Methode bereitete allerdings bei dem Versuch, sie auf den Menschen zu übertragen, zunächst erhebliche Probleme:

In mühseliger Kleinarbeit wurde die Technik der Laparoskopie verbessert und damit die Eientnahme erleichtert. Edwards und Steptoe fanden außerdem heraus, daß der Befruchtungsvorgang eine andere Nährlösung erforderte als der anschließende Prozeß der Zellteilung. Eientnahme und Befruchtung verlaufen inzwischen in 90% aller Fälle nach Wunsch. Das größte Problem bestand und besteht immer noch im richtigen «Timing» beim Embryo-Transfer. Hieran waren nämlich alle vorausgegangenen Versuche der englischen Forscher letztendlich gescheitert. Erst 1977 hatte eine andere englische Forschergruppe in Versuchen mit Rhesusaffen entdeckt, daß sich das befruchtete Ei bei Primaten im Kulturmedium langsamer entwickelt als im Mutterleib. Das hatte zur Konsequenz, daß die Gebärmutter zum Zeitpunkt des Embryo-Transfers bereits ein Entwicklungsstadium erreicht hatte, in dem keine Einnistung mehr stattfinden konnte. Edwards und Steptoe machten sich dieses Wissen zunutze und transferierten den Embryo früher als in ihren vorausgegangen Versuchen.

Die sensationelle Geburt von Louise Brown war also das Ergebnis von der zunehmenden Perfektionierung der technischen Voraussetzungen und der erstmals gelungenen Synchronisation der Entwicklungsverläufe innerhalb und außerhalb des mütterlichen Körpers.

Was bleibt übrig vom «Schritt in Richtung Homunculus»? Eine natürliche Entwicklungsphase im Entstehungsprozeß eines Menschen ist durch eine künstliche ersetzt worden. Ein Kind ist ohne vorherige sexuelle Vereinigung der Eltern gezeugt worden. Es ist aus einer manipulierten Befruchtung hervorgegangen, wohl aber hat es Eltern wie jedes andere Kind, die Eizelle und Samen gegeben haben. Seine embryonale Entwicklung ist nach einem künstlich geschaffenen Umweg natürlich verlaufen.

Die Natur erwies sich als differenziert und widerspenstig; die von ihr gesetzten Bedingungen ließen sich nicht ohne Mühe künstlich beherrschen. Doch mit Beharrlichkeit und großem technischen Aufwand war dies möglich.

Die spektakuläre Pioniertat der englischen Forscher Edwards und Steptoe ist zur medizinischen Routine geworden. Für Ende 1982 wird mit der Existenz von 100 Retortenbabies gerechnet (Umschau, 7/1982, S. 233). Jeder vierte Versuch klappt; auf natürliche Weise gelingt es kaum häufiger. Künstliche Befruchtung wird auf allen Kontinenten durchgeführt.

Als entscheidendes Motiv für die Forschung der In-vitro-Befruchtung wird (neben Grundlagenforschung und ökonomischer Verwertbarkeit in der Viehzucht) von den hier tätigen Wissenschaftlern hervorgehoben, damit Eltern den «Herzenswunsch nach biologisch eigenen Kindern» erfüllen zu wollen, denen dies anders verwehrt wäre (Mettler, Tinneberg, 1982, S. 232). Vor diesem Hintergrund erscheint der medizinische Eingriff als eine Maßnahme, natürliche Unzulänglichkeiten auszugleichen. Der Defekt «Eileiterverschluß» der Frau wird mit Hilfe der Biomedizin unwirksam gemacht. Es wird nicht grundsätzlich ins Lebendige eingegriffen, nichts an den natürlichen Bedingungen von Menschen verändert, sondern der Natur wird auf die Sprünge geholfen, dort, wo sie allein unfähig ist. Mit Hilfe der Biomedizin kann die Natur gleichsam wieder natürlich funktionieren. Solche Einschätzung setzt allerdings ein Verständnis der Natur voraus, nach dem sie ein perfekt funktionierendes System zu sein habe und alles, was einen reibungslosen Ablauf stört, als «Defekt», «Unfähigkeit» oder «Störfaktor» ausgemerzt werden müsse.

Hier soll nicht diskutiert werden, ob es Einzelnen zuzumuten wäre, das, was sie als Benachteiligung durch die Natur erfahren, zu akzeptieren und sich zum Beispiel durch Adoption einen Kinderwunsch zu erfüllen. Wenn aber die an der «Retortenbaby-Entwicklung» beteiligten Forscher mit großen Berührungsängsten reagieren, sobald sie in die Nähe von Bioingenieuren, Gentechnologen und anderen Naturmanipulatoren gerückt werden (a. a. O., S. 235) und sich entschieden davon abgrenzen, dann beschränken sie sich gerade auf diese Elternperspektive, nutzen gezielt die Rolle des helfenden Arztes und ignorieren sowohl wissenschaftliche als auch soziale Konsequenzen.

Der Genetiker Jonathan King vertritt eine andere Auffassung über den Stellenwert der beschriebenen Experimente:
«Die Entwicklung der In-vitro-Befruchtung durch Edwards und Steptoe hat das Potential zur Genmanipulation am Menschen gewaltig vergrößert. Im Reagenzglas kann man die frühesten Entwicklungsstufen eines menschlichen Embryos erzeugen. Setzt man diesem Embryo jetzt DNA [Erbsubstanz; d. Verf.] oder im Labor veränderte Zellen ein und verpflanzt ihn anschließend in die Gebärmutter, besteht die Möglichkeit, genetische Veränderungen in die meisten Körperzellen einzuführen – ein-

schließlich der Keimzellen. Auf diese Weise würden solche Veränderungen an nachfolgende Generationen weitergegeben» (1981, S. 24).

Die In-vitro-Befruchtung ist zwar keineswegs «ein entscheidender Schritt in Richtung Homunculus», wie «DER SPIEGEL» die Geburt des ersten «Retortenbabys» in seiner Titelgeschichte gewertet hat. Die Homunculus-Idee wird wohl kaum jemals realisierbar werden.[15] Wohl aber unterstützt sie, wie andere Techniken der Reproduktionsbiologie auch, die Tendenz zur Umorganisation von Lebewesen nach einem an «Maschinen» orientierten Modell und schafft damit auch Veränderungen in den sozialen und psychischen Strukturen des Menschen. Dazu mehr im nächsten Kapitel. Zunächst wollen wir jedoch überprüfen, was es mit der zweiten Variante des «künstlichen Menschen» auf sich hat.

Der geklonte Millionär

In nicht weniger spektakulären Formen aufgegriffen als die «Ankunft» von «Lovely Louise» wurde die Behauptung des amerikanischen Wissenschaftsjournalisten David Rorvik, es sei gelungen, die genetisch identische Kopie eines Menschen herzustellen (Rorvik, 1978).

Rorvik gab an, er sei eines Tages von einem reichen Amerikaner angerufen worden. Dieser hätte ihm eine hohe Belohnung in Aussicht gestellt, wenn es ihm gelänge, ein Wissenschaftsteam anzuheuern, das es wagen würde, ihn selbst zu «verdoppeln». Er wünschte sich ein Kind, das allein sein Erbgut trage und wolle daher das bei sexueller Fortpflanzung unvermeidbar auftretende mütterliche Erbgut auf künstliche Weise ausschalten lassen – koste es, was es wolle.

Rorviks Buch («Nach seinem Ebenbild») ist angeblich ein Bericht über die Realisierung dieses Vorhabens: Er gibt darin an, nach einigen Fehlversuchen sei es gelungen, das Wachstum eines Zellkerns, der aus einer Körperzelle des Millionärs isoliert worden war, anzuregen. Der so entstandene Embryo sei im Frühstadium einer «Mietmutter» eingesetzt worden. Nach einer normal verlaufenden Schwangerschaft sei ein gesunder Junge auf die Welt gekommen, ein genetisch identischer Zwilling des Kernspenders, ein menschlicher Klon (a. a. O.). Die in diesem Bereich tätigen Wissenschaftler reagierten – um den Ruf ihrer Forschung besorgt – mit wütenden Beschimpfungen bis hin zu offenen Vernichtungswünschen. Nobelpreisträger Watson: «Rorviks Verleger müßte erschossen werden» (DER SPIEGEL, 31/1978, S. 126). Obwohl sie Rorvik einhellig der Lüge bezichtigten, beschäftigte dieses Buch wochenlang die Presse; die Aufregung gipfelte schließlich in Anfragen an den amerikanischen Kongreß. Rorvik entzog sich den Anhörungen.

15 Vgl. dazu Günther, 1963, S. 167–173.

Der geklonte Millionär

Worum geht es beim Klonen?

Klonen bezeichnet zunächst einfach einen Vorgang ungeschlechtlicher Vermehrung. Viele tausend Menschen haben in ihrem Alltag bereits einem Klon zum Leben verholfen, ohne es zu wissen, indem sie nämlich einen pflanzlichen «Ableger» in die Erde gesetzt haben.

Klone entstehen auf natürliche Weise auch bei niederen Lebewesen, die sich ohne Befruchtungsvorgang durch einfache Teilung vermehren. Sie bilden dabei in der Regel genetische Kopien ihrer selbst, «Klone» genannt.

Der Biologe Illmensee, dem es mit seinem Team zuerst gelang, Mäuse zu klonen, auf die Frage, warum man solche Versuche macht:

«Warum macht man das? Nicht nur, um zu klonen – da wäre ich entschieden dagegen. Aber in der Tierforschung sehe ich einige wichtige Anwendungen. Dazu zwei Beispiele:

1. Es ist heutzutage noch nicht klar, wie groß der Beitrag der Keimbahn ist in bezug auf die Information für das Immunsystem und wie groß der Anteil ist, der während des somatischen Lebens einer Zelle hinzukommt. Man bezeichnet das als somatische Mutationen, die während der Individualentwicklung (Ontogenese) auftreten können und die dann zur Vielfalt des Immunsystems beitragen. Diese beiden Aspekte – Keimbahn und Soma – müssen zusammenkommen, um die Komplexität des Immunsystems zu ermöglichen. Man kann nun die genetisch identischen Maustöchter verwenden, um dieses Problem zu untersuchen. Wir können jetzt analysieren, wieviel immunologische Variabilität zwischen den einzelnen Individuen auftreten wird. Daraus kann man rückschließen, wie groß der Anteil von somatischen Mutationen sein muß.

2. Bei der Tieraufzucht kann man durch Klonen viel rascher bestimmte phänotypische Eigenschaften produzieren.

Beispielsweise wird durch Klonen die Aufzucht von Hochleistungsmilchkühen sehr beschleunigt.

Man versucht bereits in den USA diese Technik des Klonens, die wir bei Mäusen erfolgreich anwenden, auf Kühe auszudehnen» (Umschau, 17/1978, S. 528).

Im Unterschied zu den niederen Lebewesen pflanzen sich höhere Wesen sexuell fort. Die befruchtete Eizelle und alle daraus entstehenden Körperzellen tragen eine bestimmte Kombination des Erbgutes beider Elternteile in sich, deren genetische Information von den Großeltern stammt. (Die Gesetzmäßigkeiten, nach denen sich die Erbinformationen verteilen, sind noch nicht bekannt.) Doch auch hier «klont» die Natur im Ausnahmefall: Eineiige Zwillinge sind genetisch identisch.

Auf die Idee des Klonens von höheren Lebewesen, also das Herstellen einer Kopie nur eines «Elters», kam man durch vielfältige Versuche zur Embryonalentwicklung. Die ersten Experimente wurden in den sechziger Jahren an Amphibien vorgenommen. Amphibien bieten sich dazu besonders an, weil sie über besonders viele und über besonders große Eier verfügen, an denen man ohne technische Schwierigkeiten «herummanipulieren» kann. Klonierungen gelangen zuerst bei Fröschen. Man entnahm Kaulquappen einzelne Darmzellen und isolierte jeweils den die Erbsubstanz enthaltenden Zellkern und setzte sie in die Eizellen von erwachsenen Fröschen ein, deren Zellkern zuvor zerstört worden war, um die hierin enthaltene Erbsubstanz auszuschalten. Eizellen wurden deshalb ausgewählt, weil sie sich als besonders günstige Nähr- bzw. Entwicklungssubstanz erwiesen hatte. Sobald der eigene Kern der Eizelle entfernt ist, besitzt die Zelle selbst keine Differenzierungsfähigkeit mehr. Die genetischen Befehle für die Differenzierung und Spezialisierung der sich entwickelnden Zellen liefert allein der künstlich eingesetzte Zellkern. Einige aus der manipulierten Erbsubstanz hervorgegangene Embryonen wuchsen sich zu erwachsenen Fröschen aus. Alle trugen das Erbgut der Darmzellen. Es handelte sich also um erbgleiche Kopien, um geklonte Tiere. Der Versuch, diese Methode auch auf Säugetiere zu übertragen, bereitete zunächst große Probleme. Säugetiereizellen sind viertausendmal kleiner als Froscheizellen, so daß zur Manipulation zunächst einmal ein völlig anderes technisches Instrumentarium entwickelt werden mußte. 1979 gelang es aber bereits, auch Mäuse zu klonen, und es ist daher nicht ausgeschlossen, daß sich in absehbarer Zeit auch menschliche Zellkerne klonen lassen.

Diese Erkenntnis erweckte bei den Verwaltern biologistischen und rassistischen Ideenguts zunächst große Hoffnungen. Das «genetische Material» der Menschheit – so sorgen sich auch renommierte Biologen – habe sich in den letzten Generationen rapide verschlechtert. Dies sei die Folge veränderter sozialer Strukturen, die immer mehr Menschen gleichermaßen die Fortpflanzung und Aufzucht von Nachkommen ermöglichten und der prophylaktischen Medizin, die eine «natürliche» Selektion vereitle. Dieser Tendenz zur Degeneration menschlichen Genbestandes müßte durch eugenische Maßnahmen begegnet werden. Bereits die Einrichtung von Samenbanken hatte den Beifall renommierter Wissenschaftler gefunden (DER SPIEGEL 31/1978, S. 129).[16]

Doch selbst die *gezielte* geschlechtliche Vermehrung läßt noch viele Zufälle zu. Mit der Klonierungstechnik schien nun das ideale Mittel gefunden, Programme durchzusetzen, die eine eindeutige Determinierung des Erbgutes gewährleisteten.

Rorvik, ein langjähriger Beobachter der reproduktionstechnologischen Forschung hatte sich die zu diesem Zeitpunkt vorliegenden Erkenntnisse über Klonierungsverfahren zunutze gemacht und Wünsche, Ängste und Sensationslust ausgebeutet, die das Gespenst des künstlichen

16 Vgl. auch: «Big Spender», die Samenbank für eine Elite, in: DER SPIEGEL, 37/1982, S. 237ff.

Robert Sinsheimer, Leiter der biologischen Abteilung des Californian Institute of Technology:

Das Klonen würde die Erhaltung und Verewigung der vornehmsten Genotypen ermöglichen, die unsere Art hervorbringt – so wie die Erfindung der Schrift uns in die Lage versetzt, die Frucht der Arbeit eines Lebens zu bewahren (zit. nach Packard, 1980, S. 392).

J. Fetcher, einer der führenden Ethiker in den USA:

Es ist durchaus möglich, daß wir angesichts der gegenwärtig immer noch zunehmenden Verseuchung des menschlichen Genpools durch unkontrollierte geschlechtliche Vermehrung eines Tages gesunde Menschen «kopieren» müssen, um für die Verbreitung von Erbkrankheiten einen Ausgleich zu schaffen und die positiven Faktoren zu verstärken, die bei der gewöhnlichen Vermehrung aus nicht näher bekanntem Zellmaterial verfügbar sind ...

Ich würde vorschlagen, daß man erstklassige Soldaten und Wissenschaftler klont oder auf andere genetische Arten solche Menschen schafft, wenn sie dazu gebraucht werden, eine Gegenkraft gegen ein von anderen Klonern ins Leben gerufenes elitäres oder der Unterjochung dienendes Programm zur Erringung der Macht zu schaffen – eine Situation, die wahrlich an Science-fiction erinnert, aber durchaus vorstellbar ist (zit. nach Beckwith, 1981, S. 82).

Menschen seit jeher umgeben. Daß Rorvik ein Phantasieprodukt aufgetischt hat, läßt sich gerade durch die Erkenntnisse belegen, die durch die intensive Forschung in diesem Bereich in der Zwischenzeit gewonnen werden konnten.

Das Duplizieren bzw. Mulitplizieren von Erbgut läßt sich nur mit Zellkernen vornehmen, die aus Zellen eines Individuums stammen, das sich noch in einem sehr frühen Stadium seiner Entwicklung – im Embryonalstadium – befindet. Der Zellkern aus Zellen von erwachsenen Tieren ist nach allen bisherigen Forschungsergebnissen nicht einsetzbar. Das dem Zellkern innewohnende Steuerungsprogramm beauftragt die durch Teilung entstehenden Zellen bereits nach einigen Stunden, sich zu differenzieren und zu spezialisieren. Das heißt, bereits in diesem Frühstadium wird den Zellen befohlen, fortan nur noch Nierenzellen oder Gewebezellen oder Gehirnzellen usw. auszubilden. Zwar enthalten alle Körperzellen außer den Geschlechtszellen dasselbe genetische Material, aber es wird immer nur eine bestimmte Sorte von Genen aktiv, nämlich diejenigen, die die Spezialisierung hervorbringen; die übrigen Gene bleiben ab-

Geklonte Frösche aus dem Darm

Bei seinen wegweisenden Experimenten ließ Dr. Gurdon normal gefleckte Krallenfrösche ablaichen und zerstörte die Zellkerne der Eier. Dann präparierte er aus Darmzellen von Albino-Kaulquappen derselben Froschart die Zellkerne heraus und setzte sie in die entkernten Eier. Als sich aus den Eiern Albino-Kaulquappen und -Frösche entwickelten, war klar: Die Tiere trugen das Erbgut der Darmzellen. Da alle Körperzellen - außer den Geschlechtszellen - eines Tieres das gleiche Erbgut besitzen, handelt es sich um erbgleiche Kopien: um geklonte Tiere

Hormongaben regen den gefleckten Frosch an, Eier zu legen

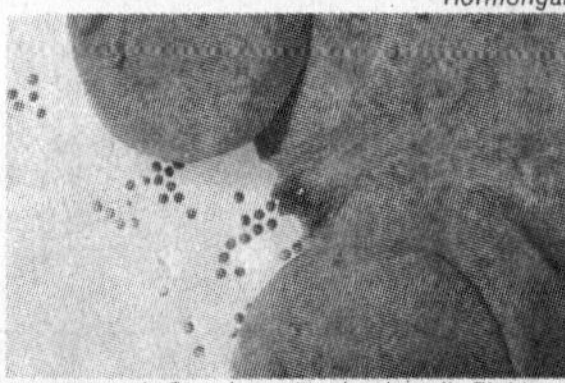

Ungefähr acht Stunden später beginnt die Eiablage

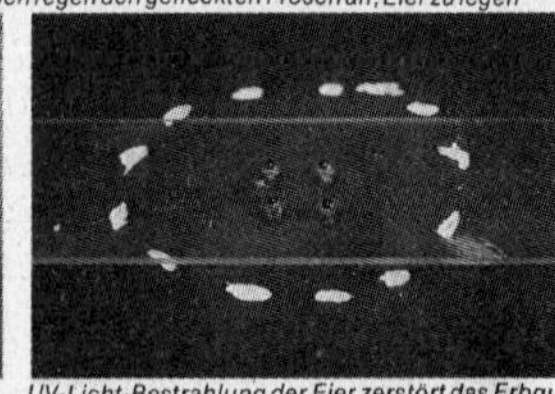

UV-Licht-Bestrahlung der Eier zerstört das Erbgut

Eine Albino-Kaulquappe muß Darmzellen hergeben

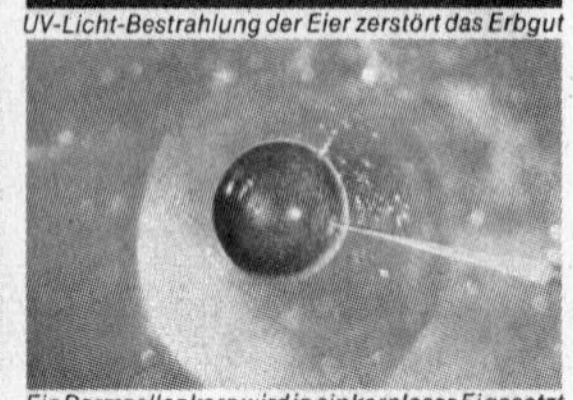

Ein Darmzellenkern wird in ein kernloses Ei gesetzt

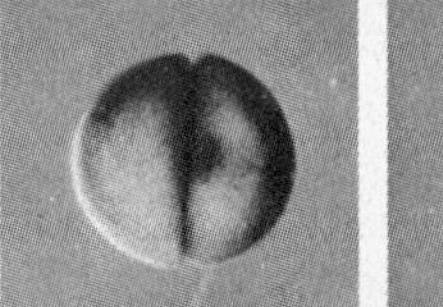

Der Darmzellenkern reagiert wie der befruchtete Kern einer Eizelle: Er regt das Ei an, sich zu teilen

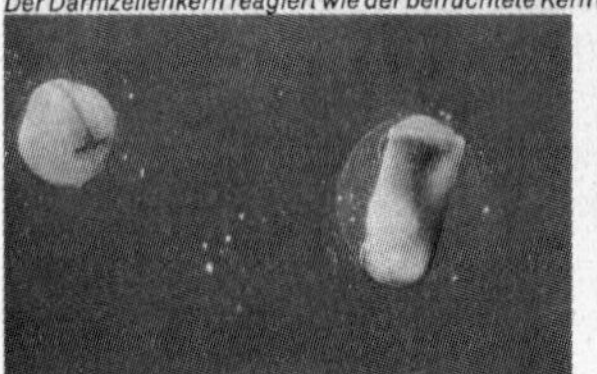

Der Keim entwickelt sich normal und ...

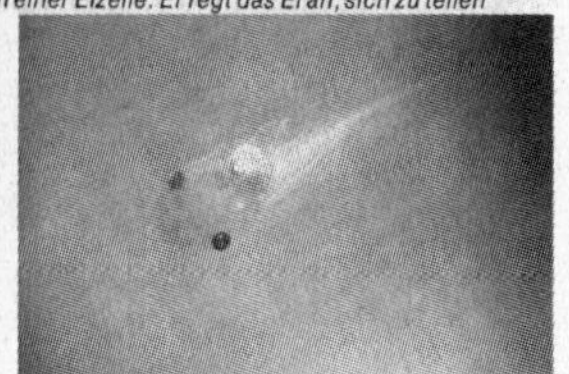

... wächst zur bleichen Albino-Kaulquappe heran

Wäre der geklonte Mensch oder die Technik des Klonens eine Gefahr? Ich bezweifle es. Der geklonte Mensch wäre ein Mensch, genauso wie ein geklonter Frosch ein Frosch bleibt. Ein Mensch ist keine Gefahr an sich, obwohl die Handlungen gewisser Menschen gefährlich sind.

Der geklonte Mensch wäre also keine Gefahr – aber wäre der Forscher, der klont, eine? (Mc Kinnell, 1981, S. 108)

geschaltet – und dies scheint ihr endgültiges Schicksal zu sein. Die Hautzelle eines erwachsenen Menschen kann nur noch Hautzelle sein; aus ihrem Zellkern heraus kann die Entwicklung eines Nachkommen nicht mehr in Gang gesetzt werden. Als Ausnahmen werden Embryonalzellen und Krebszellen angesehen. Eine hierauf ausgerichtete Forschung könnte daher zur Aufklärung der Ursachen von Entwicklungs- und Zerfallsprozessen («Altern») und von Krebs beitragen.

Eine maschinelle Serienproduktion eines normierten Menschen dagegen, die sich viele von den neuen Techniken versprachen oder sie als Teufel an die Wand malten, nach festgelegten Kriterien oder nach großartig erscheinenden Vorbildern, ist selbst von der biologischen Ausstattung her nicht möglich. Es sei denn, man hätte sie bereits im Embryonalstadium geklont. Allein Forscherehrgeiz könnte wohl zur Klonierung eines Fötus führen.

Fragen, wie sie der renommierte Biologe Sinsheimer – nach einem offensichtlichen Sinneswandel – aufwirft, erübrigen sich daher; dies zumal, da sie alle sozialen Dimensionen, die den Menschen prägen, völlig außer acht lassen: «Was aber wird geschehen, wenn privates Unternehmertum und nationale Interessen um die Kontrolle unserer genetischen Zukunft wetteifern?

Wer weiß, wie viele Klone von Leinwandhelden und Sportgrößen, von Künstlern oder von Diktatoren wir heute unter uns hätten, wenn wir bereits über die erforderliche Technik verfügten?

Können und müssen wir uns Genome wie Produkte aus Wolfsburg vorstellen, mit jährlichem Modellwechsel, Einfuhrquoten und womöglich gar einprogrammiertem, geplantem Verschleiß?

Wird es zu Rückruf-Aktionen zur Behebung technischer Mängel kommen?» (1981, S. 11)

Naturwissenschaftler, die solche Auswüchse befürchten, überschätzen die «hardware» bei der vermeintlichen «Zukunftsmaschine Mensch» und unterschätzen die das Verhalten und die «Charaktereigenschaften» prägenden Teile der «software», die auf lebensgeschichtlichen und gesellschaftlichen Einflüssen beruhen.

2.4 Ansätze zur technischen Neukonstruktion des Menschen: Vermehrungsbiologie, Gentherapie

Der künstlich produzierte Mensch ist also ein imaginäres Kind der Medien, eine Fiktion. Die neueren Erkenntnisse, die in der Klonierungstechnik gewonnen wurden, haben die Hoffnungen jener Wissenschaftler zunichte gemacht, die menschlichen Mängelwesen «wertvolles Genmaterial» entgegensetzen wollten.

Eine Tendenz zur Aufhebung von biologischen Abhängigkeiten und zur steuernden Kontrolle der Prozesse, die Leben entstehen lassen, ist aber unverkennbar. Die von der Reproduktionstechnologie entwickelten Methoden (zum Beispiel Verhütungsmittel, hormonelle Steuerung der Ovulation, künstliche Befruchtung, Abtreibung usw.) haben Empfängnis, Schwangerschaft, Geburt und Stillen planbar, steuerbar und kontrollierbar gemacht.

Nun läuft die Forschung auf Hochtouren. Defekte und Unvollkommenheiten sollen durch Eingriffe in den frühesten Entwicklungsstadien (Zeugung, befruchtete Eizelle, Embryonalphase) gründlich beseitigt werden. Die Kontrolle über die Produktion des Lebendigen droht sich gar schon auf das Vorfeld des Prozesses auszudehnen: «Die Gentechnik eröffnet die Aussicht, vielleicht auch noch den letzten Bereich menschlichen Lebens zu beherrschen, in dem wir noch dem Zufall unterworfen sind – die genetische Lotterie» (Sinsheimer, 1981, S. 11).

Wir beginnen unsere Darstellung mit den Techniken der Vermehrungsbiologie, die unter evolutionären und biologischen Aspekten einen noch relativ geringen Eingriff in die Natur darstellt. Trotzdem hat ihre Anwendung weitreichende ethische und psycho-soziale Folgen. Unsere Ausführungen dazu münden in die weitaus schwerwiegendere Problematik gentherapeutischer Manipulationen und gendiagnostischer Beurteilungsverfahren. Hierin verbergen sich neue Potentiale zur wissenschaftlich abgesicherten Diskriminierung von Minderheiten, aber auch Potentiale zur maschinenförmigen Neukonstruktion des Menschen.

Die Techniken der Vermehrungsbiologie

Eine weitverbreitete Rationalisierungsmaßnahme in der Tierzucht ist die künstliche Besamung. Mit dem Samen eines einzigen prämierten Zuchtstieres werden Tausende von Kühen befruchtet. Eine Zuchtkuh hingegen kann während ihrer Lebenszeit auf natürliche Weise lediglich sechs bis acht Kälber austragen. Die Rationalisierung der Schwangerschaft stieß trotz größter Anstrengung auf die Grenzen der Natur. Umwege mußten beschritten werden. Einer davon besteht darin, künstlich besamten Hochleistungskühen ihre befruchteten Eier wieder zu entnehmen und sie

Kälber mit «Leihmüttern». Im Vordergrund: die biologische Mutter

weniger «wertvollen» Kühen einzusetzen. Diese übernehmen dann ersatzweise die zeitaufwendigen Schwangerschaften. Bald schon konnte durch eine neue Maßnahme die Effizienz des Verfahrens gesteigert werden. Unter hormonaler Beeinflussung läßt sich nun sogar eine Superovulation erreichen: Statt nur einem befruchtungsfähigen Ei wird eine vielfache Menge Eier auf einmal produziert. So gelang es zwei Hannoveraner Veterinärmedizinern nach einer einmaligen Superovulation einer Kuh und anschließendem Embryonentransfer dreißig Nachkommen zu erzeugen. Auf diese Weise also kann die Nachkommenschaft einer Zuchtkuh ums Hundertfache gesteigert werden (Mettler, 1980, S. 138).

Inzwischen werden befruchtete Eier von Rindern und Schafen per Flugzeug in alle Welt transportiert. Während des Fluges übernehmen Kaninchen die Funktion von Ersatzmüttern. Erst am Ankunftsort werden die Embryos auf «Muttertiere» der eigenen Art übertragen.

Wir sehen, die Rationalisierung und Manipulation ist längst bis in die letzten Räume des körperlichen Lebens vorgedrungen. Und warum sollte der Zugriff vor dem Menschen haltmachen? Auch die künstliche Besamung und Befruchtung des Menschen, genauer: der Frauen, ist bereits über die Anfänge hinaus.

Die Methode der künstlichen Besamung wird seit etwa 1950 bei Menschen angewandt. Ursprünglich war sie dazu gedacht, Männern mit mangelnder Spermienbeweglichkeit zur Fortpflanzung zu verhelfen.

Durch das Spektakel um das Retortenbaby ist diese Technik der künstlichen Befruchtung in den Hintergrund der Diskussion geraten.

Im Jahr 1978 gab es «rund eine Viertelmillion Amerikaner, die auf diese Weise gezeugt wurden, und auch in der Bundesrepublik wird die Zahl der so gezeugten Kinder auf einge Tausend geschätzt» (DER SPIEGEL, 31/1978, S. 129).

Die «Grenzen» für künstliche Besamung werden in der Bundesrepublik beim Ehestand angesiedelt; der Trauschein ist Voraussetzung (vgl. Frankfurter Rundschau, 17.4.1982). Daß die Verwendung von Forschungsergebnissen auf so formalistische Weise nicht begrenzbar ist, läßt sich an der Praxis leicht nachweisen: So gibt es in den USA bereits seit 1970 kommerzielle Samenbanken, in denen Spermien eingefroren werden. Bei Bedarf können sie zur künstlichen Besamung angefordert und benutzt werden. Dies verläuft ähnlich wie bei Rindern und Schafen. Die Technologie und ihr Fortschritt stellen damit auf neuer Stufe eine alte Gleichheit zwischen Mensch und Tier wieder her.

Vance Packard schreibt dazu: «Die Praxis der Besamung der Frau mit dem bezahlten Samen eines Spenders ist immer mehr an der Tagesordnung. Studenten verdienen sich einen Teil ihres Studiums damit, daß sie für den AID[17]-Markt masturbieren. Mit der Verbreitung von Samenbanken kann ein Mann heutzutage Hunderte von Kindern zeugen» (Packard, 1980, S. 262).

Die Motive der Beteiligten sind, wie jüngst am Beispiel der «Spender» zum Ausdruck kam, durchaus vielschichtig:

Nicht nur Hilfsbereitschaft ist es, was Männer dazu veranlaßt, ihren Samen zu spenden; vielmehr spielen dabei unterschwellige Motive eine erhebliche Rolle. Dies ist das Fazit einer kürzlich in dem französischen Medizinfachblatt ‹Cahiers médicaux› veröffentlichten Untersuchung des Lyoner Labors für Biologie und Reproduktion, das jährlich 250 Frauen, deren Männer zeugungsunfähig sind, durch künstliche Befruchtung mit Spendersamen zu einem Kind verhilft. Durch ihre Samengabe, so die Studie, ‹realisieren die Männer den Traum, die ideale Frau, deren Bild jeder Mann in sich trägt, zu befriedigen›. Viele Spender (die alle verheiratet sind und mindestens ein Kind gezeugt haben müssen) haben bei der Spende das befriedigende Gefühl, gleichsam mit medizinischer Vollmacht Ehebruch zu begehen.» (DER SPIEGEL, 31/1982, S. 153).

Inzwischen laufen Versuche, analog zu den Samenbanken auch Eierbanken einzurichten. Das Ei kann dann von jeder beliebigen Frau ausgetragen werden, da – wie bei den Tieren – gegen fremde Eier und Embryo-

17 AID = Artificial Insemination with Donor = künstliche Besamung mit «Spender».

Ein Wunschkind für 23 000 Mark

Skrupellose Geschäftemacher vermitteln Leihmütter an adoptionswillige Eltern ...

Nach einem Bericht über den Agenten und Heilpraktiker Alfred W. Hinzer in der «Bunten»-Illustrierten fühlte sich auch das Schweizer Ehepaar Räber-Limacher angesprochen. Es wählte in der Kartei des Vermittlers eine Leihmutter aus, die sich mit dem Samen des künftigen Adoptivvaters künstlich befruchten lassen und das Baby austragen wollte. In seiner Datenbank hat der Heilpraktiker unter anderem Angaben über Körpergröße, Gewicht, Familiengeschichte, Charaktereigenschaften und Augen- sowie Haarfarbe seiner Leihmütter gespeichert. Diese Frauen melden sich bei Hinzer auf Grund von Veröffentlichungen in der Presse oder Anzeigen.

Für seine Bemühungen – Vermittlungstätigkeit und Beratung – berechnet Hinzer meist eine Gebühr von rund 3500 Mark.

Die Mütter bekommen je nach Zahlungsfähigkeit der künftigen Adoptiveltern 5000 Mark und mehr. Die Honorare sind auf ein Festgeldkonto des Beraters Hinzer vorab zahlbar und werden bei Geburt und Übergabe des Kindes fällig.

Die Kosten für die künstliche Befruchtung und Entbindung werden den Adoptiveltern gesondert berechnet. Bei Fehlgeburten wird ein Ausfallhonorar von 1500 Mark pro Schwangerschaftsmonat verlangt (Engel, 1982, S. 228 f, Auszüge).

nen keine Abwehrreaktion besteht. In der Bundesrepublik herrscht noch Rechtsunsicherheit in der Frage der künstlichen Besamung. Geschäfte mit Samenbanken und Leihmüttern laufen «unter der Hand» auch heute schon.

Möglicherweise läßt sich das Problem bald schon ohne Einschaltung kommerzieller Agenturen lösen. Wieder dient sich hier die Technik an:

Mit Hilfe eines «Heiminseminators»[18] kann man(n) und Frau den Vorgang selber durchführen. Der Mann übergibt seinen Samen. Die Frau hat ihr eigenes Reagenzglas. Womöglich kann die Tiefkühltruhe Zwischenstation sein. Dann führt sie die Samen selbst ein. Die sexuelle Zeugung ist

18 Der «Heiminseminator» wurde 1980 auf der Welt-Konferenz: «Embryo-Transfer, In-vitro-Fertilization und Instrumental Insemination» in Kiel vorgestellt (vgl. Schultze, 1980, S. 622).

technisch eingefangen, in einer Maschine materialisiert und für jede Frau demokratisch verfügbar.

Evolutionäre, ethische und psycho-soziale Aspekte der Vermehrungsbiologie

Unter evolutionären Aspekten sind die neuen Fortpflanzungstechniken bedeutungslos. Nach wie vor wird das genetische Erbmaterial zweier Menschen miteinander verbunden. Die genetische Ausstattung wird also nicht künstlich verändert, wie beim Klonen, wobei entweder nur das männliche oder das weibliche Erbmaterial weitergegeben wird; oder wie in der Gentechnik, die die Erbsubstanz unterschiedlicher Arten kombiniert. Es sind lediglich einige Phasen des natürlichen Fortpflanzungsprozesses durch von außen und künstlich gesteuerte abgelöst worden: Die individuelle Begegnung zwischen den Geschlechtern wird der Maschine übergeben.

Biologisch gesehen verändert sich nichts – außer möglicherweise bei der In-vitro-Befruchtung. Bei der natürlichen Zeugung erreicht – so vermuten die Biologen – das «kräftigste» Spermium die Eizelle zuerst. Bei der Befruchtung im Reagenzglas könnte dies Samen gelingen, die unter natürlichen Bedingungen ausgeschaltet würden. Den Wettlauf kann also auch ein langsames Spermium gewinnen.

Die Anwendung dieser Zeugungstechniken ist ohnehin noch nicht sehr verbreitet. Selbst wenn die Anzahl der Kinder, die durch künstliche Besamung gezeugt wurden, bereits in die Millionen geht, so ist dies, gemessen an der gesamten Menschheit, eine winzige Minderheit.

Die Möglichkeiten, die durch die neuen Techniken geschaffen wurden, werden nicht schon deshalb allgemein «genutzt», weil sie verfügbar sind, sondern hierfür bedarf es außerdem der Veränderung ethischer Orientierungen, die ihrerseits abhängig sind von allgemein gesellschaftlichen und politisch-ökonomischen Bedingungen.[19] Allerdings läßt sich nicht übersehen, daß die ethische Sichtweise auch unter gemäßigten politischen Verhältnissen relativ rasche Veränderungen erfahren kann. Heftigen Debatten folgt in der Regel ein Gewöhnungsprozeß, der die Resultate der Forschung problemlos zu Bestandteilen des Alltags werden läßt. Ein Beispiel dafür ist die «Pille». Sie hatte sich bereits in einen Massenkonsumartikel verwandelt, als die Diskussionen um ihre Schädlichkeit noch in den Anfängen steckten.[20]

19 Versuche zum Nachbau eines künstlichen Uterus mußten wegen massiver Proteste der Öffentlichkeit aufgegeben werden (vgl. Rosenfeld, 1980, S. 34).

20 Diese schnelle Gewöhnung zeigt sich auch bei der Diskussion um das «Retortenbaby»: 1962 forderten Juristen in der Bundesrepublik in einem Entwurf zur Strafrechtsreform die Ahndung künstlicher Besamung mit einer Gefängnisstrafe bis zu drei Jahren (DER SPIEGEL, 31/1978, S. 130). Heute ist die

Was aber bedeuten diese Möglichkeiten für den psycho-sozialen Bereich? Sind die Eingriffe Ursachen für psycho-soziale Veränderungsprozesse oder einfach nur eine Ausdrucksform davon?

Viele Frauen früherer Generationen wußten, wie Schwangerschaften sich ohne chemische und technische Eingriffe verhüten lassen. Aber dieses Wissen ist verlorengegangen, durch die Professionalisierung der Medizin, durch die Inquisition, durch Verfolgung und Hinrichtung von Frauen. Die patriarchale Gesellschaft hatte der Frau massive Heirats- und Gebärzwänge auferlegt. Unter diesen Umständen wurden nicht nur sehr viel mehr Kinder geboren als heute, sondern auch sehr viel mehr ungewollte. Empfängnisverhindernde chemische Mittel (zum Beispiel die «Pille»), technische Hilfsmittel (zum Beispiel die «Spirale») und teillegalisierte Abtreibung haben hier Abhilfe geschaffen.

Wird der Mann für die Zeugung irgendwann einmal nicht mehr notwendig sein?!

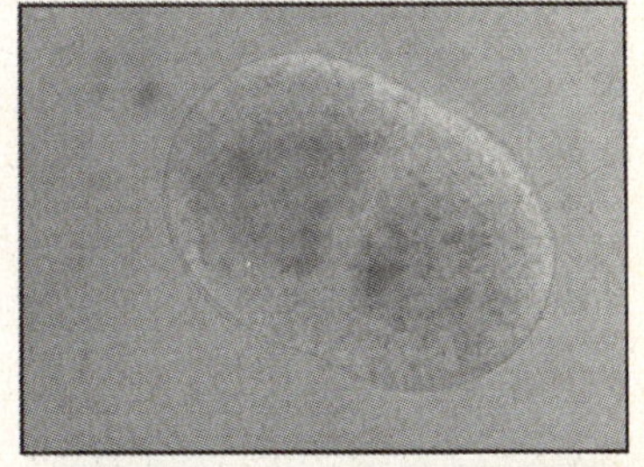

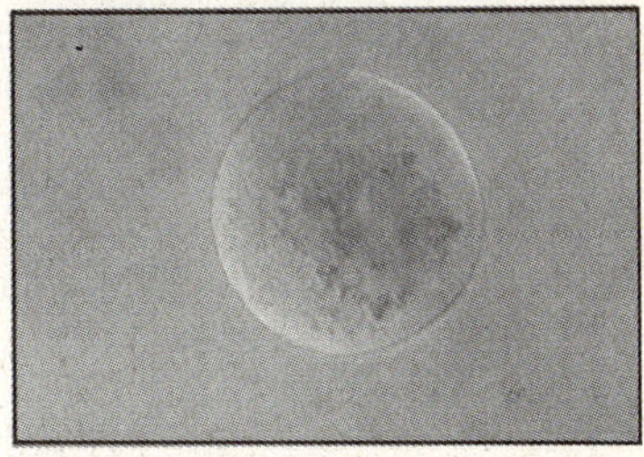

Zwei Eizellen von Mäusen samt den Zellkernen verschmelzen miteinander und befruchten sich dadurch. Ohne jegliche Beteiligung einer männlichen Geschlechtszelle wird so der Anstoß zu neuem Leben gegeben. Bei diesem Experiment, das Professor Pierre Soupart an der Vanderbilt University in Nashville im US-Staat Tennessee gelang, wurden zunächst Eier aus weiblichen Tieren freipräpariert. Danach brachte Soupart durch eine komplizierte biochemische Technik je zwei Eier dazu, sich zu vereinigen.

Blieb der «Schoß» der Frau aber unfruchtbar, so wurde sie nicht selten verflucht, verstoßen oder mußte unter den Bedingungen tabuisierter Scheidung ihr Leben lassen. Die Fähigkeit, Leben – vorzugsweise männliches Leben – zu gebären, war wesentliche Voraussetzung für die gesellschaftliche Anerkennung als Frau. Heute ist die Wissenschaft dabei, Techniken zu entwickeln, die dem Geschlechtswunsch bei der Befruchtung Rechnung tragen sollen.

Reagenzglasbefruchtung als Empfängnishilfe für Ehepaare legalisiert. Vgl. auch zur Entwicklung ethischer Debatten, Etzioni (1977).

Aber auch Kinderlosigkeit ist kein unabwendbares Los mehr. Die oben beschriebenen Techniken können in vielen Fällen Abhilfe schaffen.

Gleich welchen Geschlechts können sich selbst Singles und homosexuelle Partner den Wunsch nach einem Kind erfüllen. Eine Vermehrung ohne Sexualität wird möglich.

Verschiedene Personen könnten arbeitsteilig die «Zeugung», die Schwangerschaft und Aufzucht der Nachkommen übernehmen. Diese Arbeitsteiligkeit wäre allerdings nicht in allen Varianten völlig neu. So war in den herrschenden Klassen die Aufzucht häufig von der Geburt getrennt: Ammen und Kinderfrauen übernahmen die Erziehung.

Doch die Befreiung vom gemeinsamen Zeugungsprozeß markiert einen neuen Abschnitt in der Beschränkung biologischer Zwänge: Sexualität läßt sich von ihren Folgen trennen und daher auch lustvoller ausleben. Diese Möglichkeit der Annäherung kann zugleich die Trennung der Geschlechter vertiefen. Dies wird deutlich an den Männern, die in der Samenbank masturbieren und mit Mutter und Kind weiter nichts zu tun haben (wollen). Der «sozialen Emanzipation» der Frauen vom Erzeuger ihres Kindes folgt die «Befreiung» des Mannes von seinem Vaterdasein.

Wie in alten Zeiten ist die Frau Herrin über das Kind, aber mit allen Unannehmlichkeiten, die das auch mit sich bringt. Die Befreiung von biologischen Abhängigkeiten fördert also zugleich eine neue «Freiheit», die Freiheit von sozialen Beziehungen. Damit wächst die Tendenz zur Vereinzelung. Das soziale Zusammenspiel, das durch die Sexualität eines Paares mitgetragen wird, kann entfallen. Die Zeugung eines Kindes versachlicht sich: Zwischenmenschlichkeit, Liebe, verbindliches Sich-Einlassen auf langfristige Partnerschafts- und Familienbeziehungen werden unter dem Aspekt der Nachwuchsplanung tendenziell überflüssig, zumindest beliebig der freiwilligen Übereinkunft der Beteiligten überlassen.

Anstoß für die Hervorbringung von Vermehrungstechnologien haben vor allem die Entwicklungsprozesse der kapitalistischen Industrialisierung gegeben. Mit ihrem Fortschritt wurde die Frau auch als gewinnbringend verwertbare Arbeitskraft interessant. Der Produktionsprozeß erfordert seiner Maschinenlogik gemäß einen homogenen Menschentypus, der sich ohne großen Reibungsverlust in die Arbeitsorganisation einfügt. Die Biologie des Mannes entspricht den Bedingungen des Produktionsprozesses besser als die der Frau. Die zyklischen Bewegungen im Leben der Frau (Menstruation, Schwangerschaften) können im Hinblick auf einen kontinuierlichen linearen Produktionsprozeß eine ärgerliche und hemmende Unzuverlässigkeit darstellen. Die Gebärfähigkeit wird unter den Aspekten beruflicher und gesellschaftlicher Selbstentfaltung zur biologischen Bürde. Mit dem Hinweis auf die Biologie der Frau werden Leichtlohngruppen begründet und berufliche Aufstiegschancen verwehrt. «Was sie gegen

Frauen hätten, wurden die Berliner Philharmoniker, die gerade der ersten Frau den Zugang zu ihrem Orchester gewährt haben, von einem Journalisten gefragt. ‹Gar nichts›, lautet die Antwort, ‹aber was ist, wenn sie Mutterschutz in Anspruch nehmen, weil sie Kinder kriegen. Dann müssen ihre Kollegen ihren Dienst mitmachen» (Eckardt, 1981, S. 44).

Daß hier auch Einstellungen eine Rolle spielen, die aus dem Geschlechterkampf und der Konkurrenz resultieren, wird aus den anschließenden Bemerkungen deutlich: «Eine Frau im Frack, wie sieht das denn aus? Und auf den Reisen, das stiftet nur Unruhe, das kennt man doch. Dann kriegen die im Hotel natürlich zuerst ihre Zimmer, dann tragen die Herren ihre Koffer, dann ist die Demokratie dahin. Am Ende wollen die auch noch dirigieren!» (a. a. O.)

Die Wahrnehmung von beruflichen und sozialen Möglichkeiten setzt also häufig eine «Befreiung» von biologischen Bedingungen voraus, die im Arbeitsprozeß als «Störfaktoren», unter gesellschaftlichen Bedingungen als Zwänge begriffen werden. Diese Sichtweise haben sich Frauen angeeignet, um in der Konkurrenz bestehen zu können. Alles, was an die weibliche Zyklizität erinnert, wird kaschiert und nicht selten mit Selbstunterdrückung und Selbsthaß belegt. Scham und Ekel von Frauen über die eigene Menstruation finden hier eine ihrer Erklärungen. «Zum Glück» gibt es da Techniken, Slipeinlagen, Deodorants, Schmerzmittel und Hormongaben, die der Frau «Sicherheit für den ganzen Tag» bringen. Heirats- und Gebärzwänge, Behinderungen der beruflichen und gesellschaftlichen Entfaltung der Frau sind durch den Einsatz technischer Hilfsmittel reduziert worden. An ihre Stelle sind die neuen Sachzwänge getreten, vermittelt über den industriellen Produktionsprozeß und die Annäherung an die männliche Identität: Die neuen Bedingungen befreien die Frau von ihrer biologischen Bürde. Zunehmend kann sie von ihrem Körper abstrahieren und «Geist» werden wie der Mann. Sie kann arbeiten und leben wie er. Der Preis aber ist nicht selten der *Verzicht* auf die individuelle Verwirklichung ihrer *physischen* Möglichkeiten und der Verlust an körperlichem Gespür und körperlichen Erfahrungsfähigkeiten, mit denen die weibliche Identität viel stärker verknüpft ist als die des Mannes. Die neuen Bedingungen machen die Frau daher nicht nur «frei» für die Verfügbarkeit durch den Produktionsprozeß, zugleich «befreien» sie die Frau auch von einem Teil ihrer weiblichen Stärke.

Die Gentherapie und der Idealtypus der neukonstruierten Menschen

Die Forschung arbeitet mit großem Aufwand daran, vor Überraschungen und Risiken in der Fortpflanzung zu schützen: Auf die meisten schweren Erbkrankheiten (zum Beispiel cystische Fibrose, Thalassämie, Sichelzellanämie) kann heute noch kein wirksamer Einfluß genommen werden. Sie lassen sich nur unzureichend durch lebenslange medikamentöse Behandlung oder Diät eindämmen oder sie führen zum Tode. Zwei Verfahrensweisen werden gegenwärtig an Mäusen erprobt. Es ist zu erwarten, daß beide früher oder später zur kausalen Gentherapie auf den Menschen angewandt werden: der Ersatz defekter Gene in ausdifferenzierten Körperzellen und die Korrektur der Erbsubstanz unmittelbar nach der Befruchtung. Momentan bereitet es noch Schwierigkeiten, Ersatzgene so in den Organismus einzupassen, daß er selbständig die Tätigkeit der Gene kontrollieren kann. Bei Mäusen allerdings liegt es bereits «im Bereich des Möglichen, geklonte Gene so in ein Säugergenom zu bringen, daß sie korrekt arbeiten» (Naturwissenschaftliche Rundschau, 6/1982, S. 250). Eine so gewonnene genetische Information wäre jedoch nicht vererbbar, was ihren maschinellen Charakter unterstreicht. Die Nachkommen der Betroffenen müßten sich ebenfalls einer Gen-Reparatur unterziehen. Aber zweifellos geht die Tendenz in die Richtung der Konstruktion fehlerfreier Organismusprodukte.

Eine *vererbbare* Genkorrektur wird durch Manipulationen an der befruchteten Eizelle angestrebt. In Einzelfällen haben Experimente an Mäusen den Nachweis erbracht, «daß der Einbau von Genen tatsächlich so erfolgen kann, daß diese Gene über die Keimbahn an die folgenden Generationen weitergegeben werden» (a. a. O.).

Die Erfolgsrate beider Verfahren ist noch sehr gering, so daß die Anwendung der kausalen Gentherapie auf den Menschen noch auf sich warten lassen wird. Damit «verzögert» sich zwar die Nutzbarmachung eines humanitären Potentials im Kampf gegen Erbkrankheiten etc., aber auch eines Potentials zur mißbräuchlichen Manipulation menschlichen Verhaltens durch neuro-physiologischen Einsatz für zivile und militärische Zwecke (vgl. zum Beispiel Beckwith, 1981, S. 86).

Während sich die Forschungsresultate der Gentechnik in der kausalen Gentherapie beim Menschen erst in einigen Jahren oder Jahrzehnten auswirken mögen, haben sie bereits heute die Palette der Diagnosetechniken für menschliche Genanomalien erheblich erweitert.

Eine Bank, in der DNA-Muster zur Identifizierung jederzeit abrufbar gespeichert werden sollen, wird in den USA bereits errichtet (vgl. Yoxen, 1981, S. 95). Die Zahl der Diagnosezentren wächst sprunghaft.[21] Eine Reihe von Erbkrankheiten ist mit Hilfe der sogenannten Amniozentese im Frühstadium bereits diagnostizierbar geworden. Bei diesem Verfahren werden zu einem frühen Zeitpunkt der Schwangerschaft im Fruchtwasser schwimmende Zellen auf Erbanomalien untersucht. Voraussetzung hierfür ist die Kenntnis des abweichenden Genmusters und die Ermittlung

21 Zunahme von Diagnosezentren in den USA von 1968–1979 von 159 auf 439 (vgl. Herbig 1982, S. 138).

geeigneter Restriktionsenzyme, die die DNA so aufspalten, daß die spezifischen Muster in der ungeheuren Menge genetischen Materials auffindbar sind. Die Amniozentese wird in einem so frühen Stadium der Schwangerschaft eingesetzt, daß die Mutter sich noch, ohne rechtliche Folgen fürchten zu müssen, für einen Abbruch der Schwangerschaft entscheiden kann.

Die Diagnostizierbarkeit genetischer Abweichungen aber setzt die Festlegung von genetischen Normen voraus, die Festlegung einer Grenze zwischen «gesund» und «krank». In der Verallgemeinerung genetischer Normen und der Identifikation von «Abweichungen» sehen Kritiker die Gefahr eines biologischen Determinismus, der von sozialen Bedingungen abstrahiert. Die Wertungen gesund/krank, normal/anormal sind auch, was die körperliche Befindlichkeit des Menschen angeht, in Beziehung zu seinem sozialen Umfeld zu treffen. Gene determinieren – von wenigen schweren Krankheiten abgesehen – nicht das zukünftige biologische Schicksal des Menschen.[22] Diesen Eindruck muß aber eine einseitige biologische Sichtweise zwangsläufig erzeugen. Sie führt zu folgenreicher Stigmatisierung von Einzelnen oder Minderheiten und zu Verwechslungen von Ursache und Symptomen bei komplexen biologischen und sozialen Zusammenhängen. Der Biologismus legt die Sichtweise nahe, gesellschaftliche Probleme ließen sich mit biologischen Techniken lösen. Auf diese Problematik weist auch der amerikanische Genetiker J. King hin:

«Die Forscher werden sich der ganzen Vielfalt genetischer Abweichung bei Einzelmenschen gegenübersehen. Was macht einen genetischen Schaden und was eine genetische Abweichung aus. Der Wert zahlreicher genetischer Merkmale wie beispielsweise Hautfarbe und Beschaffenheit des Haars war, historisch gesehen, immer gesellschaftlich bestimmt. Was in einer Gesellschaft ein begehrenswertes Merkmal ist, gilt in einer anderen als Makel. Biologisch sehen Menschen in den Vereinigten Staaten das Sichelzellmerkmal[23] als genetischen Makel an – in Zentralafrika aber ist es zum Überleben in malariaverseuchten Gebieten notwendig, weil es die Blutzellen gegenüber dem Erzeuger der Malaria resistent macht.

Eine weitere Schwierigkeit ist die Verzerrung der wahren Ursachen für menschliche Krankheiten. Genetische Technik wird die Aufmerksamkeit auf die betroffenen Menschen und ihre Gene lenken. Das Ergebnis wird sein, daß man die Verursacher des Schadens aus dem Auge verliert, zum Beispiel keimverändernde und krebserregende Chemikalien und Strah-

22 Vgl. zur Relativität naturwissenschaftlicher Aussagen: Herbig, 1982, S. 151 ff
23 Trägern des Sichelzellmerkmals wurde der Zugang zu einer Reihe von Tätigkeiten verwehrt, und Krankenkassen wiesen sie ab oder stellten Risikosätze in Rechnung. Vgl. auch Beckwith (1981), Herbig (1982, S. 101 ff), Yoxen (1981).

Der XYY-Mann

Es sind Fälle bekannt, in denen Feten abgetrieben wurden, wenn sich nach einer Amniozentese herausstellte, daß es männliche Feten mit einem zusätzlichen Y-Chromosom waren – d. h. solche, bei denen eine Geschlechtschromosomenanomalie vorlag.

Der Grund dafür war die vollkommen falsche Vorstellung, die Ende der sechziger und Anfang der siebziger Jahre von Forschern in den Medien verbreitet worden war, Männer mit dieser Anomalie seien zu einem Leben in Kriminalität verdammt. Man weiß jetzt, daß diese Behauptungen unbegründet waren und daß die Erforschung dieser Chromosomenanomalie eines der traurigsten Kapitel in der neueren Geschichte der Genetik menschlichen Verhaltens ist. Die Ursprünge des XYY-Mythos haben mehr mit dem sozialen Klima gegen Ende der sechziger Jahre zu tun – der Besorgnis über die Zunahme von Verbrechen und das Verlangen nach biologischen Erklärungen gesellschaftlicher Probleme – als mit irgendwelchen wissenschaftlichen Daten. Dennoch haben sich Eltern, dem Rat von Ärzten folgend, dazu entschieden, männliche Feten mit dem XYY-Chromosom abtreiben zu lassen, eine unmittelbar auf die deterministischen Argumente der jüngsten Zeit zurückgehende eugenische Entscheidung (Beckwith, 1981, S. 84).

lung. Die meisten Probleme liegen nicht in unseren Genen. Problem ist, daß wir eine Gesellschaft wiederherstellen müssen, in der menschliche Gene vor unnötigem Schaden bewahrt werden» (King, 1981, S. 24f).

Gleichzeitig läßt sich sagen, daß hier eine schlichte Anwendung und Übertragung technischer Verfahren zur Herstellung standardisierter Waren stattfindet, zur Herstellung von menschlichen Maschinen. Es ist nur folgerichtig in der Sicht- und Handlungsweise, wenn sich Naturwissenschaftler entschlossen zu Technikern erklären und nun das, was sie erforschen, auch machen, planen, programmieren, konstruieren, handhabbar machen wollen. Es ist der Versuch, nicht nur den Organismus, die organische Natur innerhalb und außerhalb des Menschen an die Maschinerie anzupassen, sondern ihn selber zur Maschine zu machen, ihn der Unkontrollierbarkeit zu entziehen, und die Gesetzeskriterien der Berechenbarkeit, Planbarkeit, der Homogenisierung, der Machbarkeit, der Standardisierung zu unterwerfen, um den industriellen *Produktionsprozeß* endgültig und perfekt zum industriellen *Lebensprozeß* zu machen, zum maschinellen Lebensprozeß.

Die veränderte soziale Stellung der Geschlechter und die neuen Techniken zur Vermehrung und Diagnose haben die Einstellung den eigenen Nachkommen gegenüber verändert. Befruchtung, Schwangerschaft, Geburt werden zu wissenschaftlich exakt planbaren Angelegenheiten: Der Zeitpunkt der Fortpflanzung kann an persönlichen Interessen und beruflichen Notwendigkeiten beliebig orientiert werden. Wie weitgehend die zeitliche Planung heute in Menschenhand liegt, wird deutlich an dem extremen Beispiel, das die englische Karrikaturistin Kim Grove-Casali lieferte: Sie ließ einige Monate nach dem Tod ihres Mannes Samen auftauen, den er zu Lebzeiten hatte tieffrieren lassen und «zeugte» mit dem toten Vater einen Sohn (vgl. Rosenfeld, 1980, S. 31).

Aber auch aufs ökonomische Budget kann der Kinderwunsch genauestens abgestimmt werden. Dies führt sicherlich nicht selten dazu, daß Karriereabsichten, große Reisen, Auto, Farbfernseher und Stereoanlage mehr oder minder «gleichberechtigt» neben dem Kind ins Lebensprogramm aufgenommen werden. Jedenfalls hat das Kind heute durchaus nicht immer den Platz Nr. 1 auf der Rangliste der «Anschaffungen». Zeugung, Schwangerschaft, Geburt und schließlich das Kind selbst werden

Walter Pfaeffle

US-Firmen sichten vor Einstellung die Blaupause des Lebens

Unternehmen nutzen die Gentechnologie: Ohne geeignete Erbfaktoren gibt es keinen Job

Es genügt nicht mehr, daß Bewerber um einen Job in den USA seitenlange Fragebogen ausfüllen, die richtigen Schulen besucht haben, Tests bestehen und dem Betriebspsychologen die gewünschten Antworten geben. Jetzt müssen auch noch die Gene stimmen, und wer die falschen Erbfaktoren aufweist, kann gleich zu Hause bleiben – da nutzen auch die besten Qualifikationen nichts.

Diese Blaupause des Lebens sozusagen, mit der die Mikrobiologen manipulieren, gibt den Wissenschaftlern nicht nur das Handwerk, um Insulin, Hormone und Impfstoffe gegen Krebs im Labor herzustellen, sondern erlaubt auch einen Blick in die gesundheitlichen Auswirkungen von Umweltfaktoren. Und genau das ist es, was die Industrie sich jetzt zum Nutzen machen will. Eine ganze Reihe von Großunternehmen ist bereits dabei oder steht kurz davor, sowohl ihre Mitarbeiter als auch künftige Bewerber genetisch zu bewerten. Ziel ist es, die Personen auszusortieren, deren Gene ideale

Voraussetzungen aufweisen, alle Arbeitsplatzbedingungen zu meistern und widerstandsfähig gegen bestimmte Berufskrankheiten zu sein.

Der Abgeordnete Gore glaubt, daß diese Praktiken weitgreifende Folgen für den gesamten US-Arbeitsmarkt haben werden und zu Diskriminierungen von Frauen, Rassen und ethnischen Gruppen führen. So konzentrieren sich beispielsweise einige der Tests auf «Sickle-Cell-Anämie», eine Krankheit, die nur bei Schwarzen auftritt und deren Entdekkung durch den Arbeitgeber zu Rassendiskriminierung verleitet. Aus diesem bestimmten Grund haben inzwischen Bundesstaaten wie New York, New Jersey, Florida und North Carolina Gesetze verabschiedet, die eine Diskriminierung auf Grund genetischer Tests verbieten.

Doch abgesehen davon hat sich der Gesetzgeber bisher dem Fragenkomplex der genetischen Untersuchungen noch nicht angenommen. Auch gibt es noch keine Fallstudien, die grundlegend für eine Einschränkung der Testauswertung gelten können. Gerade Unternehmen der chemischen, gummi- und kunststoffverarbeitenden Industrien, die scharfen Gesetzen bezüglich eines giftfreien Arbeitsplatzes unterliegen, können sich die Tests zunutze machen, indem sie nämlich nur solche Leute anheuern, die besonders widerstandsfähig gegen bestimmte Giftstoffe sind.

Ein verführerischer Grund, die «saubere» Umwelt zu vernachlässigen (Frankfurter Rundschau, 14. 7. 1982; Auszüge).

insgesamt dem Bedürfnis nach Berechenbarkeit und Standardisierung unterworfen. Nichts darf mehr dem Zufall, oder gar dem Schicksal überlassen sein. An seine Stelle ist die Wissenschaft mit ihren exakten Methoden getreten. Naturwissenschaftliche Ergebnisse und ihre Bewertung erheben in der Regel den Anspruch auf Eindeutigkeit und Objektivität.

Die tatsächliche Relativität, die durch die oben angegebenen Beispiele deutlich wird, entzieht sich allgemeiner Reflexion. Das, was Naturwissenschaftler an Erkenntnissen gewinnen und an Techniken entwickeln, wird zunächst einmal allgemein als «richtig» und «wichtig» anerkannt – auch von den meisten Frauen. Immer mehr Menschen überlassen sich den Entscheidungen der Experten und verlieren darüber die Fähigkeit, ihren Körper selbst zu kontrollieren. In dem Maße, wie sie selbst Objekte von Planung werden, werden es ihre Nachkommen schon von Geburt an.

Schon geht es einigen nicht mehr allein um zeitliche und ökonomische Planung oder darum, Risiken und leidvolle Schicksalsschläge bei der Geburt des Kindes auszuschalten. Hoffnungen werden vielmehr gehegt, Kinder könnten in ihren Genzutaten auch nach gewünschten Qualitätsstandards geplant werden. Der Wunsch nach optimaler Vorprogrammierung der biologischen Ausstattung des Nachwuchses gipfelt wieder einmal in der Vorstellung, selbst Intelligenz oder gar «Genialität» ließen sich durch die richtige genetische Kombination produzieren. Der Partner wird dann nicht um seiner selbst willen ausgewählt, nicht mit der Zuneigung für ihn wird der Wunsch nach einem gemeinsamen Kind verknüpft, sondern wichtig wird die «Tauglichkeit» seines Genmaterials, die nach kulturell gerade gültigen Standards beurteilt wird. Zur Zeit scheint die «naturwissenschaftliche Intelligenz» – was immer das sei – hoch im Kurs zu stehen. Die Wunschrichtung ist deutlich: Statt eines Golfs einen Mercedes. Das Genmaterial von der «Samenbank für Nobelpreisträger» verheißt Stellenwert in der sozialen Rangleiter.

Nun läßt sich durch die gezielte Auswahl von Spendersamen weder die Unberechenbarkeit von Erbkombinationen aufheben noch die prägende Wirkung kultureller und sozialisatorischer Einflüsse auf Intelligenz, Verhalten usw. beseitigen. Unter biologischem Aspekt sind solche Erwartungen daher völlig unsinnig. Sie sind eher Hinweis dafür, daß sich das Modell der Maschine unbemerkt zum Vorbild verselbständigt hat, und dies zur Blindheit gegenüber biologischen Phänomenen führt.

Big Spender

Eine Samenbank in Kalifornien will das Erbgut von Nobelpreisträgern weitergeben – fragwürdiges Experiment mit ungewissem Ausgang

Joyce Kowalski, 39, Hausfrau aus Phoenix in Arizona, glaubt fest daran, vor fünf Monaten ein «Wunderkind» geboren zu haben. Victoria, so der Name des Säuglings, unterscheidet sich fürs erste zwar kaum von anderen Kleinkindern; doch Mutter Kowalski ist davon überzeugt, daß Victoria später einmal «zu einem Genie heranwächst». «Ich sehe sie schon komplexe mathematische Gleichungen lösen, schneller als ein Computer» – darin, prophezeit Joyce Kowalski, werde Victoria ganz der Papa sein. Denn der Vater, ein hochtalentierter Mathematiker, gilt trotz seines jugendlichen Alters bereits als Koryphäe auf seinem Fachgebiet.

Begegnet ist Joyce Kowalski dem jungen Gelehrten allerdings bis heute nicht: Victoria ist das Ergebnis einer Zeugung aus der Retorte. (...)

Sorge um das geistige Volkswohl hatte den Geschäftsmann Robert Klark Graham 1979 zur Gründung des Unternehmens bewogen (...).

Energisch verfolgte er sein Ziel, «qualifizierten Frauen die Möglichkeit zu bieten, sich unter den kreativsten Wissenschaftlern unserer Zeit einen Vater für ihre Kinder auszusuchen». Mit der Bitte um eine Samen-Spende wandte er sich zunächst an eine Auswahl von Nobelpreisträgern. Dabei kamen für ihn nur Naturwissenschaftler und Techniker in Betracht. «Für mich», so begründete er die Einschränkung, «ist die Erfindung der Glühbirne nützlicher als jedes Gedicht, das ich kenne.»

Immerhin, angeblich fünf Nobelpreistäger fanden sich bereit, dem Spendenaufruf Grahams zu folgen, unter ihnen der Standford-Gelehrte William B. Shockley, 72, der sich als einziger öffentlich zu seiner Tat bekannte. (Der Spiegel 37, 1982, S. 239f; Auszüge)

3. Entkörperlichung. Zur realen Identität von Mensch und Maschine

Wir hatten am Anfang des Buches gefragt, inwieweit Lebendiges und Maschine sich einander annähern, inwieweit sich die Grenzen zwischen Lebendigem und Totem verwischen. Die Hoffnung (oder die Befürchtung), daß die künstlichen Körper sich die Eigenschaften des Lebendigen aneignen, vielleicht sogar eine Symbiose mit dem Lebendigen eingehen könnten, Zwitterwesen zwischen Mensch und Maschine entstehen, ist grundlos. Die Maschine folgt einer völlig anderen Logik als das Lebendige. Selbst wenn sich zwei so verschiedene Systeme vermischen, verbleibt die Verbindung äußerlich.

Das in den menschlichen Körper hineintransplantierte künstliche Herz bleibt eine mechanische Pumpe, und der übrige menschliche Körper folgt weiterhin seiner eigenen lebendigen Funktionsweise.

Das umgekehrte Extrem stellt der Biocomputer dar: eine Maschine, in die tatsächlich biologische Elemente integriert sind. Um diese Integration leisten zu können, muß jedoch das biologische «Material» gezwungen werden, nach der Logik des Toten zu funktionieren. Gerade die Strukturen des Lebendigen müssen zerstört werden. Es wird zum toten Material, das sich nicht prinzipiell vom Silizium unterscheidet. Es soll nur deswegen benutzt werden, weil man sich davon eine weitere Miniaturisierung erhofft, soll aber genauso, nach genau derselben Logik funktionieren wie die Siliziumelemente. Auch hier ist eine neue körperliche Identität, ein Zwitterwesen, nicht in Sicht. Es dominiert uneingeschränkt die Logik der Maschine.

Daraus kann nun allerdings nicht geschlossen werden, daß eine Identität zwischen Menschen und Maschinen *nicht* existiert: *Sie existiert* – und nicht nur auf der Ebene der Analogien.

Fragen wir aber zunächst einmal, warum eine Annäherung von Mensch und Maschine immer auf der körperlichen Ebene gesucht wird. Dies hat zwei Gründe:

- Geist und Körper werden als getrennt wahrgenommen. Die «Identität» des – nach dem bürgerlichen Ideal – mit sich selbst identischen Menschen wird in seinem Geist gesucht. Das Herz zum Beispiel kann daher ruhig ausgetauscht werden; das betrifft lediglich den Körper, die geistige Identität wird hiervon nicht berührt. Wenn die menschliche Identität in seinem Geist zu suchen ist, kann der Körper folgerichtig nicht viel mehr als eine Versorgungsmaschine sein, die den Geist am Leben erhält. Damit unterscheidet er sich auch nicht mehr prinzipiell von der künstlichen Maschine. Das lebendige Herz kann durch ein künstliches ersetzt werden.
- Der Gedankengang geht weiter: Wenn man lebendige und künstliche Maschinen miteinander vergleicht, *als Maschinen*, schneidet die künstliche Maschine in vielen Punkten besser ab. Sie ist in vielem «perfekter». Die Maschine wird zum Vorbild, das vom Menschen erst eingeholt werden muß:

  So phantasiert Ernst Jünger, Goethe-Preisträger von 1982, bereits 1922 «einen neuen Menschen», eine Körpermaschine ohne Gefühlsballast.

«... Stahlgestalten, deren Adlerblick geradeaus über schwirrende Propeller die Wolken durchforscht, die in das Motorengewirr der Tanks gezwängt, die Höllenfahrt durch brüllende Trichterfelder wagen, die tagelang, sicheren Tod voraus, in umzingelten, leichenumhäuften Nestern halbverschmachtet hinter glühenden Maschinengewehren hocken ... Wenn ich beobachte, wie sie geräuschlos Gassen in das Drahtverhau schneiden, Sturmstufen graben, Leuchtuhren vergleichen, nach den Gestirnen die Nordrichtung bestimmen, erstrahlt mir die Erkenntnis: Das ist der neue Mensch» (Jünger, 1922, S. 74).

Und Mussolini verglich sich selbst gerne mit einer Maschine:

«Hinsichtlich der Arbeitsteilung habe ich mein Leben eingerichtet im Kampf gegen jegliche Energieverschwendung und jeglichen Zeitverlust. Vielleicht erklärt das die Fülle der Arbeit, die ich bewältige, ohne je zu ermüden. Ich habe meinen Körper zu einem ständig überwachten und kontrollierten Motor gemacht, der absolut regelmäßig arbeitet» (Mussolini, 1937, zit. nach Gendolla, 1982, S. 168).

Ein ähnliches Ideal im Umgang mit dem eigenen Körper dominiert im heutigen Leistungssport. Nichts an ihm soll mehr dem Zufall überlassen bleiben; Schutz vor Defiziten und Überraschungen bietet allenfalls der maschinisierte Körper. An dieser Zeitvorgabe orientiert sich das moderne Training.

So wie der Körper oft als Maschine erscheint, wird auch die künstliche Maschine als reiner Körper (miß-)verstanden. Alle *geistigen* Prozesse, die in ihre Entstehung eingehen, sind in dieser Vorstellung ausgelöscht.

Es ist wichtig, sich klarzumachen, daß die Identität zwischen Mensch und Maschine nicht auf der körperlichen Ebene liegt – gerade da besteht vor allem Ungleichheit –, sondern auf der geistigen.

Die Maschine ist zunächst ein abstraktes (Denk-)Modell – nur im Kopf vorhanden –, das materialisiert werden, das heißt, körperliche Gestalt annehmen kann, nicht muß. Umgekehrt hat die menschliche Identität, auch in ihren geistigen Anteilen, ihren wesentlichen Ursprung in der Körperlichkeit des Menschen. Nur die sehr radikale Abstraktion von dieser Körperlichkeit macht es möglich, ein abstraktes Maschinenmodell zu konstruieren. Daß diese Abstraktion nun wieder zu einem Körper materialisiert werden kann, ist nur der sekundäre Schritt.

Diese Denkweise, die Abstraktion vom *lebendigen* Körper des Menschen, macht die Identität zwischen Mensch und Maschine aus. Diese Identität ist real, keine Analogie, und sie ist vor allem eine geistige und keine körperliche.

Teil B

Die alte und die neue Maschine.
Vom klassisch-mechanischen zum transklassischen Maschinenbegriff

Die alte und die neue Maschine. Vom klassisch-mechanischen zum transklassischen Maschinenbegriff

Vorbemerkung

In den nächsten Kapiteln stellen wir die historischen und logischen Voraussetzungen für die neue Maschine dar. Dies geschieht lediglich im Überblick, da die neue Maschine selbst und ihre Folgen im Mittelpunkt des Buches stehen. Aber diese aktuellen Bewegungen werden erst verständlich vor dem Hintergrund der mechanistischen Denkweise und ihrer gegenwärtigen Krise. Der Überblick über die Entwicklung zur neuen Maschine bezieht sich auf eine Fülle von theoretischen Arbeiten. Der Lesbarkeit und der Kürze wegen verzichten wir darauf, im Text auf diese Literatur hinzuweisen. Dies wäre auch deswegen schwierig, weil nahezu jeder der hier vorgetragenen Gedanken – wenn auch nicht in demselben Kontext – auf eine ganze Reihe von Texten zurückgeführt werden kann, die ihn in der einen oder anderen Form, in dem einen oder anderen Zusammenhang formuliert haben. Statt dessen stellen wir an dieser Stelle die wichtigsten Texte vor, die zur Formulierung des in diesem Buch dargestellten Ansatzes geführt haben. Diese Hinweise stellen gleichzeitig eine Leseempfehlung dar; Lesbarkeit und Verständlichkeit der Texte haben bei der Auswahl eine Rolle gespielt. Die Auswahl erhebt keinen Anspruch auf Vollständigkeit. Die Texte sind nach inhaltlichen Schwerpunkten gegliedert, wobei sich Überschneidungen nicht vermeiden ließen.

Zur Darstellung bzw. Kritik der mechanistischen Denkweise:

Bernal, 1970; Feyerabend, 1981; Fuchs, 1965; Greiff, 1976; Havemann, 1964; Hertz, 1910; Hofmann, 1981; Kant, 1968; Lukács, 1970; A. Schmidt, 1971; Ullrich, 1979; Vahrenkamp (Hg.), 1973

Zu den Ansätzen, die tendenziell über die mechanistische Denkweise hinausgehen:

Ashby, 1974; Eigen, Winkler, 1975; Günther, 1976, 1978, 1979, 1980; Hegel, 1967; Irigaray, 1979; Vester, 1980; Wiener, 1963; Weizenbaum, 1978

Zum Zusammenhang von mechanistischem Denken und Gesellschaft:

a) allgemein: Lukács, 1970; Müller, 1977; Sohn-Rethel, 1970; Ullrich, 1979
b) gesellschaftliche Maschinen: Gendolla, 1980; Marx, ^{14}1967; Mumford, 1977; Weber, 1969 und ^{5}1976
c) bezogen auf das Individuum: Bammé, Deutschmann, Holling, 1976; Ottomeyer, 1974; Piaget, Inhelder, 1977

Zur Tendenz der Formalisierung:

Ashby, 1974; Fuchs, 1966; Günther, 1976, 1978, 1979, 1980; Hilbert, Ackermann, 1962; Hilbert, Bernays, 1968^{2}; Weizenbaum, 1978; Wiener, 1963

Um Mißverständnisse zu vermeiden, weisen wir darauf hin, daß es bei dieser Zuordnung von Texten zu inhaltlichen Bereichen lediglich darum ging, in welchem

Zusammenhang die Texte für die Argumentationsrichtung *dieses Buches* von Bedeutung waren, und nicht darum, welchen Stellenwert und welchen Inhalt sie überhaupt besitzen.

Für diejenigen unter den Lesern, die auf naturwissenschaftlichem Gebiet sich eher als Laien fühlen, seien die beiden Einführungstexte von Fuchs (1965 und 1966) empfohlen. Diese Bücher besitzen die seltene Qualität, schwierige Zusammenhänge einfach und gut lesbar darzustellen, ohne dabei flach und simplifizierend zu werden.

1. Technik, Mensch, Maschine

Die Beschäftigung mit dem Zusammenhang zwischen Mensch und Maschine ist unübersehbar Ausdruck der Zeit: Technikkritik ist gegenwärtig in Mode, und das hat seine guten Gründe. Das betrifft natürlich uns in besonderem Maße als Autorengruppe, die, wir erwähnten es bereits, innerhalb einer *Technischen* Universität, also gleichsam in der Diaspora, *Sozial*wissenschaft in Forschung und Ausbildung betreibt. Die Frage nach dem Verhältnis von Mensch und Technik stellt sich bei dieser beruflichen Situation fast automatisch. Nicht zuletzt erzwingen aber auch die persönlichen Berührungspunkte mit der Frauen- und Alternativbewegung sowie mit den verschiedenen Friedensinitiativen eine Auseinandersetzung mit der Technik. Alle diese Bewegungen beziehen einen Großteil ihrer Energie aus der Kritik an den Ursachen und Folgen der gegenwärtigen technischen Entwicklung.

In dem vorliegenden Buch geht es jedoch nicht so sehr darum, die zunehmende Abhängigkeit des Menschen von der Technik darzustellen oder die Zerstörung traditioneller Lebensbezüge und die Bedrohung durch die Selbstvernichtung der Menschheit. So sehr wir die bisher geleistete Kritik teilen: Eine wirkliche Auseinandersetzung mit dem Phänomen «Technik», eine Auseinandersetzung, die an die Wurzel des Problems vordringt, bzw. das Problem überhaupt erst neu formulieren muß, scheint uns noch auszustehen. Weder ist Technik per se des Teufels, und es ist nicht zu erwarten, daß der Verzicht auf alle Technik uns das Paradies zurückbringt (sofern wir es überhaupt jemals verloren haben), noch läßt sich das Problem auf eines der Anwendung reduzieren: Technik sei neutral und setzte man sie nur vernünftig ein, so würde sie sich als Segen für die Menschheit erweisen.

Es geht hier also nicht vordergründig um die Frage, wer schuld sei an der gegenwärtigen Malaise: die verhängnisvolle technische Entwicklung oder die Menschen, die eine vorgeblich unschuldige Technik für ihre gefährlichen Ziele und partiellen Interessen mißbrauchen. Das Problem ist komplizierter und der Schlüssel zu seiner Lösung ist viel tiefer vergraben, als die gegenwärtig modische Technikkritik anzunehmen bereit ist. An anderer Stelle (Projektgruppe Technologie und Sozialisation, 1982) haben wir den bisherigen Diskussionsstand zu drei Arbeitshypothesen systematisch verdichtet.

Die erste These besagt, daß der technische Entwicklungsprozeß, historisch erst einmal in Gang gesetzt, sich mit *natur*gesetzlicher Gewalt seine Bahn bricht. Maschinen entstehen und entwickeln sich entsprechend einer ihnen innewohnenden Sachnotwendigkeit, gleichsam eigendynamisch. Der Mensch muß sich ihnen anpassen, ist ihnen ausgeliefert. Er ist in die Situation eines Zauberlehrlings geraten, der nicht weiß, wie er die von ihm ausgelöste Entwicklung stoppen soll. Und ein Hexenmeister ist nicht in Sicht.

Die zweite These lautet: Technologie ist nichts anderes als die gegenständlich gewordene Widerspiegelung der menschlichen Seele in die Natur. Maschinen sind vom Menschen produziert. Sie sind nichts anderes als die Materialisierung dessen, was im Kopf, in der Psyche des Menschen bereits vorhanden ist. Maschinen können als materialisierte Projektionen von Wesensmerkmalen des Menschen begriffen werden. Nicht die Technik wäre dann das größte Problem des gegenwärtigen Menschen, sondern der Mensch selbst.

Die dritte These schließlich geht davon aus, daß es ein gemeinsames Drittes gibt, das sowohl den Menschen als auch die Maschine prägt. Dieses gemeinsame Dritte sind historisch-gesellschaftliche Strukturprinzipien, die, vermittelt über ständig sich wiederholende Interaktionen, zur Psychostruktur sedimentieren *und* sich in Maschinerie und Organisationsstrukturen vergegenständlichen. Psychostruktur, Organisationsstruktur und Maschinenstruktur sind versteinerte Formen sozialer Beziehungen.

Jede der angeführten Hypothesen hat einen ernst zu nehmenden Erklärungsgehalt. Zweifellos folgt die Entwicklung der Technik naturwissenschaftlich formulierbaren und formulierten Gesetzmäßigkeiten. Zweifellos auch ist Technik vom Menschen produziert. Und zweifellos gibt es Unterschiede in der Ausformung von Technologien entsprechend historisch unterschiedlicher Gesellschaftsformationen. Deshalb können jeder der drei Hypothesen bestimmte Relevanzbereiche im Verhältnis von Mensch und Maschine zugesprochen werden, die sie angemessen zu erklären vermögen. Allerdings werden sie in der Literatur in der Regel als einander ausschließend diskutiert.

Als Fazit und integrierendes Moment dieser Thesen läßt sich vorläufig formulieren: Technik und Mensch stehen sich nicht unvermittelt gegenüber, sondern die Technik, als menschliches Produkt, trägt *unsere* Denkstrukturen in sich. Oder anders herum: Unser Verhalten, unser Denken enthält zu einem wesentlichen Teil dieselben Strukturen wie das Technische. Deswegen ist es auch nicht so einfach, der «verhängnisvollen» technischen Situation zu entfliehen. Weder würde es ausreichen, die Verfügungsgewaltigen durch andere Personen auszutauschen, noch auf sämtliche technische Errungenschaften zu verzichten. Das technische Denken ist ein Teil von uns.

Eine solche Schlußfolgerung wirkt zwangsläufig beunruhigend, müssen doch viele Kritikpunkte an der Technik, wie sie in Bereichen der Frauen- und Alternativbewegung formuliert werden, viel grundlegender, viel radikaler und weitaus stärker bezogen auf den Menschen selbst reformuliert werden. Mit der «Gemütlichkeit» traditioneller Technikkritik jedenfalls ist es vorbei, sowohl in der Gestalt bloßer Anwendungskritik als auch in Form utopisch-phantastischer Träume von einem vorindustriellen Paradies.

Der Mensch selbst muß gleichrangig in die Technikkritik einbezogen werden. Nicht nur für das Alltagsgeschehen um uns herum, selbst in scheinbar ganz anders strukturierten Lebensbereichen, etwa in der Frauen- und Alternativbewegung, liegt das nahe. Hätten die modernen Technikkritiker auch nur einen Blick in die neuen Ansätze der Sozial- und Naturwissenschaften geworfen, so wäre ihnen vor Entsetzen wahrscheinlich jede vordergründige Kritik auf den Lippen erstorben. Sie hätten festgestellt, daß ihre Kritik sich wesentlich auf traditionelle, relativ allgemein vertraute Maschinenformen bezieht. Nicht entgangen wäre ihnen dann, daß es innerhalb verschiedener Disziplinen, die scheinbar wenig miteinander gemein haben, wie zum Beispiel Psychoanalyse, Mathematik, Soziologie, Biophysik, Ansätze gibt, Menschen und Maschinen fast identisch zu beschreiben. Es scheint eine Veränderung im Erscheinungsbild von Mensch und Maschine vor sich zu gehen, die nur verglichen werden kann mit der kopernikanischen Wende im Weltbild zu Beginn des Industriezeitalters.

Bevor wir diesen Tendenzen im einzelnen, im Alltagsgeschehen und in verschiedenen Wissenschaftsdisziplinen exemplarisch nachgehen, wollen wir darauf hinweisen, daß es uns hier um das Verhältnis von Mensch und Maschine geht und nicht mehr nur um das von Mensch und Technik. Zu letzterem gibt es eine umfangreiche Diskussion in den Sozialwissenschaften, überwiegend im deutschsprachigen Raum (Habermas, 1969). Die interessanteren und weiterführenden Forschungen, vor allem weil sie die Natur- und Sozialwissenschaften gleichermaßen betreffen, wurden aber im Problemzusammenhang von Mensch und Maschine gemacht, sie stammen wesentlich aus dem angelsächsischen und französischen Sprachraum.

Der Mensch kann sich der Technik als Objekt bedienen, und er kann sich technisch, das heißt instrumentell verhalten. Unterstellt bleibt dabei immer, daß er letztlich Subjekt seines Handelns sei. Viel bestürzender und radikaler aber ist die These, daß die Maschine zum Subjekt wird oder daß der Mensch zur Maschine wird. Mit dem neuen Maschinenbegriff, den wir in diesem Teil des Buches entwickeln, kann erst verstanden werden, daß das Verhältnis von Mensch und Maschine nicht äußerlich ist.

Wenn Sozialwissenschaftler (vor allem im deutschen Sprachraum) einwenden, hierbei handle es sich um bloße Analogien, um Metaphern, um mehr nicht, so scheinen sie auf den ersten Blick recht zu haben. Und doch irren sie. Denn ihnen schwebt, Folge deutscher Kulturtradition mit Berührungsängsten vor naturwissenschaftlichen und technologischen Entwicklungen, immer noch der klassisch-mechanische Maschinenbegriff vor, wie sie ihn im Physikunterricht der Schule gelernt haben. Entgangen ist ihnen, daß die Bedeutung des Maschinenbegriffs sich in der Zwischenzeit deutlich verändert hat – wie auch die Erscheinungsform der Maschine selbst. Der klassisch-mechanische Begriff orientierte sich eng an der Zweckbestimmung der einzelnen Maschine. Heute rückt die Kategorie des «Verhaltens» ins Zentrum der Diskussion. Diese Akzentverschiebung gegenüber dem klassischen Begriff wurde notwendig, um die materiellen und immateriellen Bestandteile, zum Beispiel eines Computers, als Maschine, was er zweifellos ist, erfassen zu können (siehe ausführlich Abschnitt 5).

Die alte Maschine

Maschine: (...) Vorrichtung, mit der eine zur Verfügung stehende Energieform in eine andere, für einen bestimmten Zweck geeignete Form umgewandelt wird (Energie- bzw. Kraftmaschinen, z. B. Dampf-M., Verbrennungskraft-M., Generator) oder mit der die von einer Kraft-M. gelieferte Energie in gewünschte Arbeit umgesetzt wird (Arbeitsmaschine, z. B. Werkzeugmaschine). (Meyers Lexikon [BRD], 1975, Bd. 15, S. 704)

Maschine: (...) Energie umformende (Kraft-M.) oder nützliche Arbeit verrichtende (Arbeits-M.), meist mechanische Einrichtung. ... Karl Marx definierte jede Maschine als aus einer Bewegungs-M. (Antriebs-M.), einem Transmissionsmechanismus (Übertragungsmechanismus) und der eigentlichen Werkzeug- oder Arbeits-M. bestehend. (Meyers Lexikon, [DDR], 1974, Bd. 9, S. 180)

Offensichtlich können die Bezüge zwischen dem Menschen und einem mechanischen Räder- und Hebelwerk aus Blech und Stahl, also einer Maschine im klassisch-mechanischen Sinn, nur analogiehaft sein. Zu dieser Feststellung gehört nicht viel Scharfsinn. Aber es ist unerheblich, denn der klassisch-mechanische Maschinenbegriff ist durch die Realentwicklung im Maschinenbereich längst überholt. Dieser Entwicklung entspricht auf der Ebene der Begriffe eine Realabstraktion, die zu einem abstrakteren universellen Maschinenbegriff führt. Der Begriff «Realabstraktion» verweist dabei auf die Tatsache, daß der «neue» Maschinenbegriff keine bloße Erfindung ist, sondern genau dem entspricht, was in der gesellschaftlichen Realität *real* vor sich geht.

Der Wandel in der Begrifflichkeit wird deutlich, wenn man die folgende Definition mit den vorhergehenden vergleicht:

Die neue Maschine

Maschine: (...) jedes Gerät, jede Vorrichtung, jedes (...) →System, das einen bestimmten →Input (bzw. bestimmte Typen von Inputs) zu einem bestimmten →Output (bzw. bestimmten Typen von Outputs) verarbeitet.

Unter diesem Gesichtspunkt ist jede Maschine identisch mit dem materiellen →Modell einer bestimmten →Transformation. Diese Verallgemeinerung des klassischen Maschinenbegriffs ist notwendig, wenn stoffbearbeitende und -verarbeitende Maschinen, Maschinen zur Gewinnung bestimmter Energieformen aus anderen Energieformen und zur Übertragung usw. von Energie sowie Maschinen zur Erzeugung, Übertragung, Speicherung von →Information unter einen Oberbegriff gebracht werden sollen.

Den modernen Begriff der Maschine darf man nicht mechanisch-materialistisch, als Verallgemeinerung der Maschinenwelt der Physik des 18. und 19. Jahrhunderts, ansehen. (Klaus, 1971, Bd. 1, S. 380)

Es hat sich gezeigt, daß eine Maschine nicht an eine bestimmte materielle Form gebunden ist.

Eine bestimmte Maschine kann auf völlig unterschiedliche Weise technisch realisiert werden, zum Beispiel einmal mechanisch, ein andermal elektronisch. Sie sind miteinander austauschbar, denn sie stellen unterschiedliche Ausprägungen derselben Maschine dar.

Am Beispiel der Bürorechenmaschine sei das verdeutlicht. Vor wenigen Jahrzehnten noch ratterten in sämtlichen Büros handgetriebene Maschinen. Die Ausgangswerte, zum Beispiel 15×6, wurden hier per Hand eingegeben. Anschließend wurde mit Hilfe einer Handkurbel ein mechanisches Rechenwerk in Bewegung gesetzt, und als Ergebnis wurde «90» ausgewiesen.

In der jüngeren Vergangenheit dominierten dann *elektrische* Rechenmaschinen in den Büros. Sie besaßen ein ähnliches mechanisches Rechenwerk wie die handbetriebenen, nur wurde dieses nicht durch die

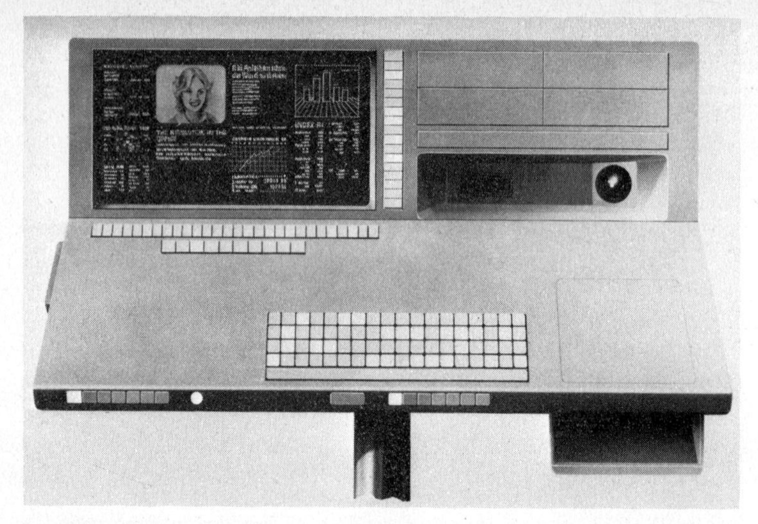

Der Schreibtisch von morgen
Wer an diesem elektronischen Schaltpult arbeitet, bekommt die notwendigen Nachrichten via Bildschirm und tippt seine Informationen für den Computer über Tasten ein.

Kraft des Armes, sondern durch einen eingebauten Elektromotor in Bewegung gesetzt. Inzwischen haben sich *elektronische* Rechenmaschinen durchgesetzt. In ihnen bewegt sich kein einziges mechanisches Teil mehr.

Würden wir nun diese Maschinen beschreiben, indem wir ihre technischen Bau- und Funktionsweisen darlegten, so hätten die Beschreibungen der mechanischen und der elektronischen Rechenmaschine kaum noch etwas miteinander gemein. Es würden völlig verschiedene Maschinen beschrieben.

Das wesentliche für uns ist jedoch, daß dies alles *Rechen*maschinen sind. Wenn wir 15×6 eintippen, erhalten wir bei sämtlichen Maschinen als Resultat 90, nicht 91 oder 89 oder irgend etwas anderes.

Der kybernetische Maschinenbegriff abstrahiert von der technischen Lösungsform und stellt in den Vordergrund, daß in all diesen Maschinen dieselbe formale Struktur verwirklicht ist.

Es ist ein formaler Weg angebbar, der die Behandlung der Eingangswerte, zum Beispiel 15×6, eindeutig vorschreibt, so daß am Ende mit

Sicherheit 90 herauskommt. Dieser Algorithmus[1] liegt sämtlichen Rechenmaschinen zugrunde. *Man kann ihn selbst als abstrakte* (Rechen-) *Maschine bezeichnen.* Erst wenn ein solcher Algorithmus vorliegt, kann man darangehen, ihn zum Beispiel in Form einer körperlichen Maschine zu realisieren. Die beschriebenen Rechenmaschinen sind allesamt nur unterschiedliche *Realisierungsformen* der abstrakten Rechenmaschine. Die jeweilige Form hängt von vielem ab, zum Beispiel von dem technischen Kenntnisstand, von den Kosten oder vom persönlichen Geschmack etc. Wir könnten die Rechenmaschine auch realisieren, indem wir einen Menschen mit Papier und Bleistift in einen Raum setzen, die Eingabewerte hineingeben und die Resultate nach angemessener Zeit zurückerhalten. Insoweit sich dieser Mensch auf die *Abarbeitung des formalen Algorithmus* beschränkt, wird er selbst zur Rechenmaschine oder genau gesagt, zu einem Teil von ihr.

Umgekehrt kann ein und dasselbe technische Gerät ganz unterschiedliche Maschinen darstellen. So gibt es bereits «Personal Computer» (Persönliche Computer), die zum Beispiel im eigenen Kleinbetrieb die Buchhaltung erledigen und sich unter anderem nach Feierabend als Schachpartner empfehlen. Oder die als «Einer-für-Alles» da sind.

Wesentlich für die Definition der Maschine ist also *nicht* ihre körperliche Gestalt, eine Einsicht, die auf Grund des bis dahin erreichten Standes der Maschinenentwicklung im 19. Jahrhundert noch nicht möglich war. Das Programm der Maschine, also das, was die Maschine real tut, und ihre materielle Gestalt waren eins. Das Programm beschrieb gleichzeitig die körperliche Gestalt ebenso wie durch den Maschinenkörper ihr Programm definiert wurde. Das Programm war der Bauplan. Heute werden Maschinen angemessener durch ihr *Verhalten* definiert. Daraus folgt, daß der Zusammenhang zwischen Mensch und Maschine sich keineswegs mehr nur auf die Ebene von Analogien und Metaphern beschränken muß. In Abschnitt 5 kommen wir ausführlich darauf zurück.

Wenn auch der von seiner körperlichen Form gelöste Maschinenbegriff erst das Resultat der technischen Entwicklung des 20. Jahrhunderts ist, so hat es doch bereits vorher eine Reihe von Hinweisen auf immaterielle Realisierungen von Maschinen gegeben. So beschreibt zum Beispiel Marx sehr ausführlich, wie die Fabrikmaschinerie, bevor sie als materielle, als körperlich im Raum stehende realisiert wurde, bereits in Gestalt der Manufaktur aus «Menschen-Material» zusammengesetzt wurde (1967, S. 341–390; ähnlich argumentiert Mumford, 1977). Die einzelnen Bestandteile sind nicht Rädchen oder Hebel aus Stahl, sondern Menschen, deren Tätigkeiten auf die Spannweite eines Maschinenteilchens reduziert wurde. Auch wenn die Tätigkeit der einzelnen Mitarbeiter im

1 Algorithmen sind detaillierte Verhaltensmuster zur automatischen Lösung von Problemen.

Wortsinn Hand-Werk bleibt, unterscheidet sich diese neue Tätigkeitsform doch radikal von der des traditionellen Handwerks: Auf der einen Seite wird die Tätigkeit des einzelnen extrem reduziert und vereinfacht, im Extremfall bis auf denselben immer wieder auszuführenden Handgriff. Damit verliert der einzelne zugleich die Übersicht über den Gesamtprozeß. Seine Tätigkeit muß somit von außen gesteuert werden, damit die Einzelarbeiten sich zu einem sinnvollen Ganzen ordnen können. Es ist somit nicht nur vorgeschrieben, *was* der einzelne tut, sondern auch *wie* er dies zu tun hat, *wann* und *in welcher Zeit*. Es geht zum Beispiel nicht an, vormittags etwas langsamer zu arbeiten, weil man sich schlecht fühlt, um dann am Nachmittag das Versäumte auszugleichen. Dies würde zu Engpässen bei den nachfolgenden Arbeitsgängen führen.

Es muß also regelmäßig gearbeitet werden und nach einem vorgegebenen Zeitplan, unabhängig von den Bedürfnissen der einzelnen Arbeitskraft. Es hat sich eine übergeordnete Struktur etabliert, die unabhängig ist von den einzelnen Besonderheiten der arbeitenden Individuen. Ob an einem bestimmten Arbeitsplatz das Individuum Müller oder Schulze sitzt, ist gleichgültig. Das, was die beiden als Individuum unterscheidet, ist hier nicht gefragt. Weder sind besondere Fähigkeiten und Qualifikationen des einen hier zu gebrauchen, noch kann auf die besonderen Schwierigkeiten des anderen Rücksicht genommen werden. Auch das momentane Befinden, spontane Bedürfnisse usw. sind aus dem Arbeitsprozeß herauszuhalten. Alles, was den einzelnen als *Individuum* ausmacht, muß unterdrückt werden. Nur das *gleichmäßige* Funktionieren im Sinn des Produktionsplans zählt. Diese unsichtbare Struktur, die in der Manufaktur alles regelt und steuert, ist das Wesentliche. Nicht nur jedes Individuum kann ausgetauscht werden gegen ein beliebiges anderes, sondern auch ein Mensch gegen eine Maschine, sofern sie die vorgegebene Struktur ausfüllt. Innerhalb der Manufaktur ist der Mensch bereits zum Maschinenteil geworden. Und die Manufaktur zeigt gleichzeitig, daß er ein *unzulängliches* Maschinenteil ist. Die Abstraktion von aller Individualität und Sinnlichkeit, die Reduktion auf reine Zweckerfüllung, gelingt den meisten Menschen trotz deutlicher «Fortschritte» immer nur unzureichend. Der Mensch droht immer wieder zum Störfaktor im Produktionsablauf zu werden. Die Produktion drängt deshalb zwangsläufig zur Mechanisierung. Sie schafft dadurch aber keine *neue* Struktur, sondern es ist lediglich die konsequentere Umsetzung der der Manufaktur zugrundeliegenden Struktur (vgl. ausführlich Bamme, Deutschmann, Holling, 1976, S. 29–70).

Die Manufaktur macht die Mechanisierung erst möglich. Die handwerklich-ganzheitliche Form des Arbeitsprozesses war der Mechanisierung prinzipiell nicht zugänglich. Erst die Zerlegung der komplexen handwerklichen Arbeitsgänge in einfache Einzelschritte schafft die technischen Voraussetzungen hierfür. Gleichzeitig macht sie die Arbeit vieler kontrollierbar und beherrschbar. Die einzelnen Arbeitsschritte werden nun nicht mehr durch das individuelle Geschick und die berufliche Erfahrung des jeweiligen Handwerkers zu einem harmonischen Ganzen, sondern sie werden jetzt nach durchsichtigen und überprüfbaren Verfahren zusammengefügt. Die Ganzheitlichkeit wird von den arbeitenden Individuen abgelöst und verselbständigt sich als eine übergeordnete Struktur. Damit geht aber auch die Beherrschung des Arbeitsprozesses vom Arbeiter über auf denjenigen, der diese Struktur nach seinen Interessen organisiert, und das ist das Kapital.

Technische Voraussetzung für diese Entwicklung war die Uhr. Eine übergeordnete, von den Besonderheiten einzelner Menschen unabhängige Struktur bedarf einer allgemeinen, vom Einzelnen unabhängigen Zeit. Der komplex arbeitende Handwerker konnte sich noch nach seinen ganz persönlichen Rhythmen orientieren, nach seiner subjektiven Zeit. Das komplizierte Zusammenspiel vieler Individuen erlaubte dies nicht mehr. An die Stelle einer subjektiv empfundenen und damit individuell unterschiedlichen Zeit mußte eine objektiv für alle geltende treten, die durch die Uhr gewährleistet wurde.

Das Prinzip, das hier verwirklicht ist, und das gleichermaßen auch für die metallenen Maschinen gilt, ist, aus einfachen, vollständig kontrollierten und beherrschten Einzelbestandteilen ein komplexes Ganzes zu konstruieren. Die Erbauer haben somit beides entworfen: die Einzelteile und das sie integrierende Prinzip. Das Einzelteil ist hierbei nicht der arbeitende Mensch, sondern die Funktion, die er jeweils im System wahrnimmt. In der Manufaktur stellt der Mensch diese Funktion nur dar, besser oder schlechter. Solange er in der Lage ist, diese Funktion über die Arbeitszeit hinweg auszufüllen, seine Persönlichkeit auf diese Funktion zu reduzieren, ist es für die «Gesamtmaschine» gleichgültig, ob ein Mensch oder ein Maschinenteil diese Funktion ausfüllt. Eine solche Konstruktion, wenn sie funktioniert, verhält sich berechenbar und fügt sich vollständig der reinen Zweckerfüllung, wie sie ihr von den Erbauern zugedacht ist.

Dieses Bauprinzip, realisiert mit Menschen als Baumaterial, hat eine Jahrtausende alte Geschichte (Mumford, 1977, erläutert dies am Pyramidenbau im alten Ägypten). Am deutlichsten läßt sich dieses Prinzip erkennen am Beispiel des Militärs. Der Drill der Soldaten hat keinen anderen Sinn, als die individuellen Bewegungsformen aufzulösen und durch minutiös gesteuerte und kontrollierte zu ersetzen, die dann nach Belieben der militärischen Führung neu zusammengesetzt werden, zum Beispiel zum Gleichschritt ganzer Kompanien.

Um eine gewaltige und fügsame, kontrollierte Macht entstehen zu lassen, mußten die individuellen Lebensäußerungen zerstört werden. Dies gelingt beim Menschen in der Regel nur partiell. Stets besteht die Gefahr, daß die Menschen aus ihrer Funktion ausscheren, sei es, daß es ihnen schwerfällt, die Persönlichkeitsreduktion durchzuhalten, sei es, daß sie sich bewußt gegen diese Verhaltenszumutungen wehren, sie sabotieren.

In den Elementarschulen wird die Zeiteinteilung immer strenger; die Tätigkeiten werden aus nächster Nähe von Befehlen umdrängt, denen unmittelbar zu entsprechen ist: «Am Ende der Stunde schlägt ein Schüler die Glocke, und beim ersten Schlag knien alle Schüler nieder, kreuzen die Arme und schlagen die Augen nieder. Nach dem Gebet gibt der Lehrer ein Zeichen, um die Schüler aufstehen zu heißen, ein zweites, um sie den Gruß Christi sprechen zu heißen, und ein drittes, damit sie sich setzen.» Zu Beginn des 19. Jahrhunderts schlägt man für die Schule mit wechselseitigem Unterricht folgenden Stundenplan vor: «8^{45} Eintritt des Monitors, 8^{52} Ruf des Monitors, 8^{56} Eintritt der Schüler und Gebet, 9 Uhr Einrücken in die Bänke, 9^{04} erste Schiefertafel, 9^{08} Ende des Diktats, 9^{12} zweite Schiefertafel usw.» Die fortschreitende Ausweitung der Lohnarbeit führt ebenfalls zu einer zunehmenden Verengung des Zeitgitters: «Sollten die Arbeiter über eine Viertelstunde nach dem Glockenschlag erscheinen ...»: «wer während der Arbeit gefragt wird und mehr als fünf Minuten verliert ...»; wer zur festgesetzten Stunde nicht bei seiner Arbeit ist ...». Man sucht aber auch, die Qualität der Zeitnutzung zu gewährleisten: ununterbrochene Kontrolle, Druck der Aufseher, Vermeidung aller Quellen von Störung und Zerstreuung. Es geht um die Herstellung einer vollständig nutzbaren Zeit. (Foucault, 1976, S. 193)

Dieser Störgröße wurde arbeitsorganisatorisch Rechnung getragen, indem das Ventil «Freizeit» geschaffen wurde, in der man noch «Mensch sein darf». Die Trennung von Arbeit und Privatleben erfährt hier ihre Begründung. Allerdings ist diese Trennung nur begrenzt. Denn die im Dienst aufgestauten Bedürfnisse beeinflussen das Freizeitverhalten radikal. Auch hier gibt es gattungs- und lebensgeschichtlich unterschiedliche Entwicklungen. So wurde im Krieg, sozusagen im Dienst, den aufgestauten Bedürfnissen durch Raub, Plünderungen und Vergewaltigungen oft freier Lauf gelassen. Im Ideal des Beamten, wie auch bei den heutigen «Führungskräften» besteht dagegen eher die umgekehrte Erwartung, die Normen des Arbeitsprozesses weitgehend auch im Privatleben zu erfüllen und solcherart «persönliche Integrität» zu demonstrieren.

Diese Versuche, Natur neu zu konstruieren und dadurch verfügbar zu machen, haben zwar eine Jahrtausende alte Geschichte. Doch der eigentliche Durchbruch gelang erst in der Neuzeit. Hier erst brach das Maschinenzeitalter wirklich an. Grundlage hierfür waren die Erfolge in der Naturbeherrschung mit Hilfe einer neuen Art von Naturwissenschaft. Mit ihr wurde es möglich, sich zunehmend vom menschlichen «Material» zu lösen, es durch Kolben, Zahnräder und Hebel zu ersetzen, bei denen von vornherein feststand, daß sie nichts über die reine Zweckbestimmung hinaus darstellen.

2. Das mechanistische Weltbild

Was ist nun das Besondere an dieser neuen Naturwissenschaft, die im Verein mit der dynamischen Gesellschaftsstruktur des Kapitalismus unsere Lebensbedingungen so nachhaltig veränderte? Die Beantwortung dieser Frage ist für uns in doppelter Hinsicht von Bedeutung: Sie ist grundlegend für die Erklärung des Wesens der klassisch-mechanischen Maschine und der ihr zugrundeliegenden Denkweise. Und sie ist zugleich hilfreich, um die gegenwärtige *Krise* des mechanistischen Denkens und die Ursachen der aktuellen gesellschaftskritischen Bewegungen besser zu verstehen.

Insbesondere Kant hat die Grundlagen dieser gänzlich neuen Denkungsart untersucht. Ein Schlüssel zu ihrem Verständnis und damit auch zum Verständnis der Maschinen ist das Experiment. Mit dem Experiment entwickelt der Mensch ein aktives Verhältnis zur Natur. Er beobachtet sie nicht nur, sondern er stellt Fragen an sie. Er geht davon aus, daß sich hinter der bunten Vielfalt der Naturerscheinungen einfache, ewige Gesetzmäßigkeiten verbergen. Über diese vermuteten Gesetzmäßigkeiten bildet er Hypothesen und zwingt dann im Experiment die Natur, auf die Hypothesen zu antworten, sie zu bestätigen oder zu widerlegen. Die Gesetzmäßigkeiten existieren zunächst also nur im Kopf des Menschen. In der Wirklichkeit sind sie nirgendwo in unmittelbarer Form zu beobachten. Eine Ausnahme schien es zu geben: die ewigen Bewegungen der Gestirne. Und in der Tat kommen die Planetenbahnen dem Ideal der Newtonschen Dynamik sehr nahe. Es ist kein Zufall, daß der Astronomie eine Schlüsselstellung bei der Geburt der neuen Wissenschaften zukam. Daß auch die Bewegungen der Gestirne nicht unveränderlich und ewig sind, wurde erst sehr viel später entdeckt.

Die von Newton aufgestellten Gesetze, beispielsweise, daß Kraft und Richtung der Bewegung eines Körpers unendlich beibehalten werden, wenn nicht andere Kräfte darauf einwirken, lassen sich an den Planetenbahnen noch hinreichend veranschaulichen. Die Bewegungen der Planeten finden unter Bedingungen statt, die es ermöglichen, daß ihr reales Verhalten den Newtonschen Gesetzen nahezu genau entspricht. Doch die Bedingungen auf der Erde sind nicht so. Wenn sich hier Gegenstände annäherungsweise gemäß den von Newton formulierten Gesetzen verhalten sollen, müssen im Experiment erst die entsprechenden Bedingungen geschaffen werden. Hierzu bedarf es zum Teil ungeheuer aufwendiger

Die Wurfkurve in der aristotelischen Physik. Wird ein Körper geworfen oder abgeschossen (ein Stein etwa oder eine Kanonenkugel), so wird ihr nach Aristoteles eine künstliche Bewegung aufgezwungen. Sobald der Körper die Hand oder Kanone verläßt, wird er von der Luft weiterbewegt, die ihrerseits vom Beweger in Bewegung versetzt wurde. Ist die Bewegung der Luft erschöpft, so folgt der Körper seiner natürlichen Bewegung, die auf den Erdmittelpunkt gerichtet ist, und fällt senkrecht herab. Philoponos (6. Jh.) und Jean Buridan (14. Jh.) entwickelten eine «Impetus-Theorie», nach der die Kraft oder der Schwung (impetus) der Bewegung nicht an das umgebende Medium des geworfenen Körpers weitergegeben wird, sondern in den Körper selbst übergeht. Niccolò Tartaglia findet dann um 1540, daß die Wurfkurve überall gekrümmt ist

Versuchsanordnungen. Denn sämtliche Faktoren im Ablauf eines Ereignisses, die nicht dem postulierten Gesetz entsprechen, werden zu Störfaktoren erklärt und müssen eliminiert werden, und zwar unabhängig davon, welche Rolle sie in den normalen Prozessen haben, die nicht unter Experimentalbedingungen ablaufen.

Der Erfolg der Naturwissenschaft geschah um den Preis einer radikalen Vereinfachung der natürlichen Gegebenheiten. Nur auf dieser Basis war es möglich, gesicherte und allgemeingültige Erkenntnisse zu erzielen. Die undurchschaubare Fülle subjektiver Eindrücke wurde ersetzt durch die «Eiswelt» einfacher und «ewiger» Gesetzmäßigkeiten. Im Gegensatz zu den komplexen und dynamischen Alltags-Ereignissen waren diese einfachen Gesetzmäßigkeiten meßbar, waren nicht mehr auf das interpretierende subjektive Urteil angewiesen. An die Stelle trügerischer menschlicher Sinne traten die Meßinstrumente. Mochte jemand die Temperatur in einem Raum warm, ein anderer sie als kalt empfinden, nichts gab es mehr zu deuteln, wenn das Thermometer 19°C anzeigte. Damit wurde der Unterschied der Empfindung in keiner Weise aufgehoben, aber er wurde aus dem Gegenstandsbereich der Wissenschaft verbannt. Es galt ja die *objektive* Welt, die hinter dem bunten Schein liegt, zu entdecken. Subjektivität war nicht nur überflüssig, sie war geradezu ein *Stör*-Faktor.

Nun kann man die Frage stellen, auf welcher Grundlage eigentlich die Meßvorgänge objektive Gültigkeit beanspruchen und auch zugebilligt bekommen. Kant hat diese Frage gestellt und auf die *jenseits der Erfahrung* liegenden Kategorien eines sich kontinuierlich ausdehnenden Raumes und einer kontinuierlich verlaufenden Zeit verwiesen. Erst diese Kontinuität macht den Meßvorgang sinnvoll. Aber sie widerspricht unseren natürlichen Erfahrungen. Eine Sekunde kann uns zur «Ewigkeit werden», Stunden vergehen «wie im Fluge». Die Zeiterfahrung eines Kindes ist eine völlig andere als bei alten Menschen. Wie wir Zeit empfinden, hängt davon ab, wie wir uns fühlen, was wir erwarten, was wir tun. Auch unsere natürlichen Raumerfahrungen sind nicht homogen. So scheinen uns Gegenstände, die sich über oder unter uns befinden, etwa wenn wir von einem Turm nach unten schauen, wesentlich weiter entfernt und kleiner zu sein, als wenn wir sie auf ebener Erde aus der gleichen Entfernung betrachten. Jeder hat schon die Erfahrung gemacht, daß der Mond oder die Sonne, wenn sie gerade aufgegangen sind und eben über dem Horizont stehen, wesentlich größer erscheinen als zu Zeiten, wenn sie hoch am Himmel stehen. Meßbar besteht dieser Unterschied nicht.

Unsere Wahrnehmung ist durch die Erfahrung beeinflußt, daß Gegenstände, die vertikal von uns entfernt sind, einfach *tatsächlich* deswegen weiter von uns weg sind, weil sie sehr viel langsamer und schwieriger zu erreichen sind, wenn überhaupt. Am leichtesten können wir uns auf ebener Erde bewegen.

Auch für die Raumerfahrung gilt, daß Kinder entsprechend ihrer körperlichen Möglichkeiten andere Raumerfahrungen machen als Erwachsene: Ihnen erscheint alles viel größer. Ebenso haben die heutigen Möglichkeiten, mit Hilfe moderner Verkehrsmittel riesige Entfernungen zurückzulegen, unsere Raumerfahrungen, verglichen mit denen unserer Groß- und Urgroßeltern, verändert und damit auch unsere Raumvorstellungen.

Offensichtlich war die Subjektivität zum Beispiel der Zeiterfahrung mit individueller Handwerksarbeit noch einigermaßen vereinbar. Für einen Handwerker mochte es ausreichen, festzulegen: «Nach dem Essen arbeite ich weiter.» Für das Zusammenwirken einer Vielzahl bewußtloser Einzelarbeiten muß das subjektive Zeitempfinden ersetzt werden durch eine allgemeine, abstrakte Zeit, die von jeglicher Individualität ungestört verläuft.

Als Folge dieser Entwicklung hat sich *Zeit* für unser Bewußtsein «verdinglicht», das heißt, wir gehen von der Vorstellung aus, daß die Zeit als Strom linear und in exakten Zeitabschnitten aus der Vergangenheit kommt und in die Zukunft fließt. Dieser gewissermaßen «stofflichen» Auffassung entspricht jedoch nichts in der Realität. Das Zeitphänomen erschließt sich vielmehr, wenn man von Ereignissen ausgeht. Gehen wir zum Beispiel von einem Ereignis A (in Berlin wird Andreas geboren) und dem Ereignis B (in Amerika wird eine Atombombe gezündet) aus. Wenn wir nun feststellen wollen, ob Andreas vor oder nach dem oder zur gleichen Zeit wie der Atombombenversuch geboren wurde, so können wir dies nur, wenn wir einen von *uns* entworfenen Zeitmaßstab anlegen. Daß dieser Maßstab ausschließlich unseren speziellen Interessen folgt, wird daran deutlich, daß wir die Ereignisse auch rein inhaltlich interpretieren können. Etwa als religiöse Menschen, die ihr Zeitbewußtsein ausgeschaltet haben und die oben erwähnten Ereignisse als Offenbarung eines göttlichen Willens sehen. Ebenso hat die Natur «an sich» kein Interesse an einer linearen Zeiteinteilung, jedenfalls gibt es hierfür keine Anhaltspunkte (vgl. hierzu: Wagner, 1980).

Eine wichtige Rolle fiel dabei der Erfindung der Uhr zu. Durch ihren Takt werden Einzelbewegungen zu einem beziehungsreichen Ganzen geformt, so wie früher die Trommelschläge in den Galeeren die Einzelbewegungen der Rudersklaven vereinheitlichte. Die Zeiteinheiten des Rudertaktes waren lediglich die allgemeine Zeit *eines* Schiffes und galten nur dort, während die Uhrzeit weltweit koordiniert.

W. Schivelbusch hat eindrucksvoll beschrieben, wie im England des 19. Jahrhunderts durch die Eisenbahn eine allgemeine, überregionale Zeit eingeführt wird. Er schreibt:
«Die Landschaften verlieren ihr Jetzt in einem ganz konkreten Sinne. Es wird ihnen durch die Eisenbahnen ihre lokale Zeit genommen. Solange sie voneinander isoliert waren, hatten sie ihre individuelle Zeit. Londoner Zeit war vier Minuten früher als die Zeit in Reading, siebeneinhalb Minuten früher als in Cirencester, 14 Minuten früher als in Bridgewater. Diese buntscheckige Zeit störte nicht, solange der Verkehr zwischen den Orten so langsam vor sich ging, daß die zeitliche Verschiebung darin gleichsam versickerte. Die zeitliche Verkürzung der Strecken durch die Eisenbahn konfrontiert nun nicht nur die Orte miteinander, sondern ebenso ihre verschiedenen Lokalzeiten. Unter diesen Umständen ist ein überregionaler Fahrplan unmöglich, da Abfahrts- und Ankunftszeit jeweils nur für den Ort gelten, um dessen Lokalzeit es sich handelt. Für die nächste Station mit ihrer eigenen Zeit gilt diese Zeit schon nicht mehr. Ein geregelter Verkehr erfordert eine Vereinheitlichung der Zeit, ganz analog wie die technische Einheit von Schiene und Wagen den Individualverkehr desavouierte und das Transportmonopol erzwang» (1979, S. 43).

Mit Hilfe der homogenen Raum- Zeitvorstellungen konnten die Experimente gemessen und damit objektiviert werden. Experimente werden dadurch wiederholbar und überprüfbar – eine wichtige Voraussetzung für ihre intersubjektive Gültigkeit.

Die Naturgesetze wurden also nicht in freier Natur bewiesen, sondern die Natur wurde im Labor gezwungen, diese Gesetze zu bestätigen oder zu verwerfen. Stimmten die experimentellen Gesetze nicht mit den Gesetzeshypothesen überein, konnte es daran liegen, daß die Hypothesen falsch, waren oder aber, daß die Natur noch nicht in genügend gereinigtem Zustand war, das heißt befreit von «Störfaktoren». Folglich mußten noch raffiniertere Versuchsanordnungen ersonnen werden.

In den Experimenten funktioniert zum erstenmal die Natur hinreichend genau nach den ihr zugeschriebenen Gesetzen. Was die moderne Naturwissenschaft geleistet hat, besteht nicht so sehr in einem tieferen Verstehen oder Erkennen der Natur. Ihre Bedeutung liegt vielmehr darin, die Möglichkeiten *geschaffen* zu haben, eine *neue* Natur zu schaffen, die einfach strukturiert und durchschaubar ist, die sich determiniert, also berechenbar und eindeutig verhält. Dieses Verhalten der Natur, das ihr im Experiment abgezwungen wurde, konnte dann in den nützlichen Maschinen seine dauernde Anwendung finden. Die neue, künstliche *Wirklichkeit* der Experimente wurde durch Kombination mehrerer analytisch ermittelter Naturgesetze als Maschine zu einem komplexeren Ganzen synthetisch zusammengesetzt. Nach und nach entstand eine ganze Maschinen*welt*, die nach einfachen Gesetzen funktioniert und von Menschen entworfen und kontrolliert wird. Auch für den Menschen bestehen seither *zwei* Welten, analog den beiden Zeiten, die nebeneinander bestehen: die *Uhrzeit*, die für das Leben der Menschen immer bestimmender wird, und die *subjektive Zeit*, die immer mehr ihren eigenständigen Charakter verliert und eigentlich nur noch festlegt, wie die von der Uhr vorgegebenen Zeiträume empfunden werden. Die beherrschten Naturgesetze sind zwar primitiv, aber sie können gewaltige Naturkräfte in Bewegung setzen, bis hin zur Atombombe. Somit war der Siegeszug der «zweiten», der künstlichen Welt nicht mehr aufzuhalten. Die tote Welt des mechanistischen Zeitalters setzte sich an allen Fronten gegen die bisherigen Lebensformen durch (Leithäuser, 1957). Was sich an diese Bedingungen nicht anzupassen vermochte oder wollte, wurde unterworfen, ausgerottet oder in Reservate abgeschoben.

Diese Macht setzte sich auf zweierlei Weise durch: Einmal konnte durch die ungeheure Produktivitätssteigerung eine Warenfülle produziert werden, die jede andere Machtposition auf dieser Erde ökonomisch erschlug. Zweitens wurden und werden die weitaus größten Forschungsenergien in die Waffentechnologie gesteckt. Wenn Uneinsicht die kapitalistische Expansion bedrohte, wurde der «freie Markt» mit Waffengewalt hergestellt.

Dieser Durchsetzungsprozeß war zugleich ein Prozeß der Homogenisierung. Qualitative Unterschiede wurden eingeebnet, das Besondere, die jeweilige inhaltliche Bedeutung wurden zurückgedrängt, im Idealfall völlig aufgehoben. Zeit ist nur als Uhrzeit für jeden gleich, nicht in der jeweiligen Bedeutung für das Individuum. Raum nur als Entfernungsangabe, nicht in der inhaltlichen Bedeutung einer bestimmten Landschaft etwa.

100 m sind 100 m, ob in einem fruchtbaren Tal oder in der Wüste. Für die klassisch-mechanische Naturwissenschaft existiert Zeit und Raum nur als berechenbare Quantität, losgelöst von jeder Qualität, jeder inhaltlichen Bestimmung.

Die Durchsetzung einer zweiten, künstlichen Welt war nur möglich um den Preis der Vereinfachung, die darin bestand, komplexe Verhältnisse auf ihre quantitative Seite zu reduzieren. Zu Beginn nur eine Anschauungsweise in der Naturwissenschaft wurde sie als Maschine in reiner Form bald zur handgreiflichen Wirklichkeit. Und da alle Maschinen nach denselben quantitativen Prinzipien funktionieren, bilden sich aus Maschinen über kurz oder lang Maschinensysteme.

Eine derart umwälzende Entwicklung hätte sich jedoch nicht so radikal durchsetzen können, wenn sie den Menschen selbst nicht auch verändert hätte. Auch für ihn blieb die Homogenität von Zeit und Raum keine bloße Anschauungsweise. Die Abstraktion von Qualitäten wurde an ihm real vollzogen, am krassesten im Arbeitsprozeß. Arbeitszeit ist heute für die Masse der Berufstätigen ungelebte Zeit; nur die Tatsache, daß sie verrinnt, ist für die Arbeitskraft noch von Bedeutung. Es ist die Uhr, die die Pausen anzeigt und das ersehnte Ende, den Feierabend. Um die inhaltliche Leere aushalten zu können, muß der ganze Mensch in seiner Erlebnisfähigkeit reduziert sein. Bedürfnisse werden unterdrückt und weggedrängt, bis sie auch in der Freizeit nicht mehr zur Verfügung stehen.

Die Reduktion von Vielfalt und Komplexität auf einfache quantitative Verhältnisse ist zugleich die strukturelle Basis des Kapitalismus. Der Aufschwung der neuen Naturwissenschaft und der Aufschwung des Kapitalismus gehen nicht zufällig zeitlich Hand in Hand. Die quantifizierende Betrachtung unterschiedlicher Qualitäten ist charakteristisch für die kapitalistische Ökonomie. «Zeit ist Geld» lautet die prägnanteste Formulierung dieses Sachverhaltes (Weber, 1969, S. 40–61, S. 166–182).

Die Verwertung des Kapitals erfolgt proportional zur Zeit. Wenn sich das Kapital in sieben Jahren verdoppelt, so hat es sich in vierzehn Jahren vervierfacht – von Konjunkturschwankungen abgesehen. Oder anders herum: setze ich meine Ware in der Hälfte der bisherigen Zeit um, so verdoppelt sich mein Profit. So einfach ist das!

Die quantitativen Momente einer Ware sind für das Kapital zusammengefaßt in dem (Tausch-)Wert dieser Ware. Und nur dieser ist von Bedeutung. Jeder inhaltlichen Bestimmung gegenüber verhält sich das Kapital gleichgültig. Die Wertgröße setzt sämtliche Waren miteinander in Beziehung, unabhängig von ihrer inhaltlichen Bestimmung. Schmierseife läßt sich gegen ein Bild von Picasso eintauschen, Atomraketen gegen Getreide. Als Mittler dient das Geld, die allgemeinste und abstrakteste Ware der kapitalistischen Welt.

Die Abstraktion vom Inhalt ist die gemeinsame Basis von mechanistischer Naturwissenschaft und Kapitalismus. Die Naturwissenschaft hat dem Kapital die Mittel in die Hand gegeben, ökonomische wie militärische, um die Welt in einen einzigen kapitalistischen Markt zu verwandeln.[2]

Das Kapital hat die quantitativ-mechanische Denkweise weltweit etabliert. Gleichgültigkeit gegen *jeden* Inhalt, kannte es keine religiösen, sittlichen oder kulturellen Schranken. Für das Kapital sind alle gleich, ob schwarz, ob weiß, ob Freund, ob Feind. Bedeutung hat nur das quantative Vermögen als Kaufkraft. Es vermarktet Sexualität oder Krieg genauso wie neuerdings alternative Umwelttechnologien. Damit hat es eine einheitliche Weltkultur geschaffen. Fremden Kulturen blieb nur die Alternative der Anpassung oder des Untergangs.

Es hat eine weltweite Vereinheitlichung gegeben. Damit einhergehend hat sich der Raum weitgehend auf seine quantitative Dimension reduziert. Wenn wir 16000 km nach Melbourne fliegen, dann erwartet uns eine Stadt, die sich in nichts wesentlich von Hamburg oder Frankfurt unterscheidet. Und der weite Weg dazwischen ist nur eine lästige Überbrükkung der Entfernung, die man möglichst schnell hinter sich bringt. Die Fahrt selbst gerät «zum bloßen Unwohlsein des Wartens auf die Ankunft» (Virilio, 1978, S. 25). Ob wir dabei über Afrika oder Asien fliegen, ist bedeutungslos. Es werden lediglich 16000 km überwunden. Ob wir nach Australien oder nach Amerika fliegen, unterscheidet sich lediglich in der *Dauer* des Fluges.

Die Welt wächst tendenziell zu einem einzigen homogenen System zusammen, deren Einzelteile sich gleichen wie ein Ei dem anderen. Diese Gleichheit ermöglicht es, die Einzelteile über Technik wiederum miteinander zu vernetzen. Die ursprüngliche Vielfalt wird immer weiter reduziert.

Die ungeheure Dynamik, mit der sich der technische Wandel vollzog – immer neue Erfindungen wurden gemacht, immer schneller änderten sich die Lebensbedingungen der Menschen – fegte jede Kritik beiseite. Zwar war sämtlicher Fortschritt mit sehr kräftigen Schattenseiten verbunden, aber er schien grenzenlos und unaufhaltsam. So haben sich zum Beispiel in den sechziger Jahren zahlreiche Amerikaner nach ihrem Tode tieffrieren lassen, weil sie hofften, eine zukünftige medizinische Technik könne die Todesursache beseitigen und sie wieder zum Leben erwecken. Es schien also nur eine Frage der Zeit zu sein, bis die Technik sämtliches Elend dieser Welt beseitigt haben würde. So ließ es sich auch moralisch rechtfertigen, andere Kulturen mit Waffengewalt zu ihrem Glück zu zwingen und sie an dem Fortschritt teilhaben zu lassen.

Selbst die Sozialwissenschaften, die es von ihrem Gegenstand her, der sich den schlichten Erkenntnismethoden der klassisch-mechanischen Naturwissenschaft systematisch entzieht, eigentlich hätten besser wissen müssen, konnten sich der zwingenden Dynamik dieser Naturwissenschaft

2 Zur real-sozialistischen Modifikation dieses Problems vgl. Bahro (1977).

nicht entziehen. Sie kopierten blind die klassisch-mechanischen Standards.

Noch heute leiden sie unter dem Dilemma, entweder diese Standards nicht zu erreichen oder aber, wenn sie sie erreichen, nichtssagende Ergebnisse zu erzielen. Die Ironie besteht darin, daß die Sozialwissenschaften noch den Standards der Naturwissenschaft des 19. Jahrhunderts hinterherlaufen, während deren Grundlagen innerhalb der *theoretischen* Diskussion der Naturwissenschaften des 20. Jahrhunderts längst überwunden sind.

3. Die Grenzen der mechanistischen Denkweise

Der unaufhaltsame Aufstieg des mechanistischen Weltbildes und des ihm zugrundeliegenden Gesellschafts- und Wirtschaftssystems ist ins Stocken geraten. Es knirscht an allen Ecken und Enden. Für jeden ist offensichtlich, daß der Fortschritt seine Versprechungen nicht einhalten kann. Die bislang ungebrochene Fortschrittsgläubigkeit der Bevölkerung hat sich fast über Nacht verflüchtigt. «Seit Mitte der sechziger Jahre hat der Anteil der Bundesbürger, die in der Technik einen ‹Segen für die Menschheit› sehen, dramatisch von 72 auf 30 Prozent abgenommen. (...) Dies sei, sagte Frau Noelle-Neumann vor Journalisten in Stuttgart, eine Umwertung von Werten, wie sie innerhalb einer halben Generation außerordentlich selten vorkomme» (Frankfurter Rundschau, 6. 3. 1982). Die Lebensbedingungen verschlechtern sich dramatisch und eindeutig auf der ganzen Welt. Eindeutig ist auch die Alternative: Entweder wir zerstören dieses System oder es zerstört sich selbst und reißt uns dabei mit in den Abgrund.

Inzwischen ist jedoch nicht nur der Glaube an dieses System verloren gegangen; sondern die Zahl derer, die sich aktiv oder passiv widersetzen, wird ständig größer. Das «ungelebte Leben» veranlaßt vor allem jüngere Menschen, ohne Rückversicherung und Rentenansprüche, auszusteigen und alternative Lebensformen zu erproben. An einzelnen Punkten ansetzend, aber umfassend gemeint, breiten sich Widerstandsbewegungen aus gegen das Militär, die Umweltvernichtung und den «Männlichkeitswahn». Das durch die gesellschaftliche Homogenisierung Verlorengegangene wird versucht zu rekonstruieren: Mystizismus, Hausrezepte, biologische Anbauweise und Ernährung, alternative Medizin werden neu entdeckt. Frauen entwickeln ein neues Bewußtsein, weil die Logik der Männer offensichtlich am Ende ist. Die Sozialwissenschaften sind in der Krise, weil ihre traditionellen Methoden nicht mehr ernst genommen werden. Neue Methoden werden zwar diskutiert, sind aber noch nicht so weit entwickelt, daß sie ein selbstverständliches Alltagswerkzeug des Durchschnittswissenschaftlers sein könnten.

Bezeichnend ist, daß alles, was heute an Kritik am System vorgebracht wird, keineswegs neu ist. Erst die reale und offensichtliche Verschlechterung der Lebensbedingungen hat diese Kritik auf fruchtbaren Boden fallen lassen; ein eindrucksvolles Beispiel dafür, daß die herrschenden Wissenschaftstheorien nur ein Reflex der aktuellen Lebensbedingungen sind. Erst veränderte Lebensbedingungen vermögen überholte wissenschaftliche Positionen zu stürzen und neue, zeitgemäße zu etablieren.

Die naturwissenschaftlichen Grundlagen des mechanistischen Weltbildes, wie wir sie noch von der Schule her kennen, sind schon seit Jahrzehnten von der neueren theoretischen Naturwissenschaft zerstört worden, ohne daß dies bisher allerdings gesellschaftliche Konsequenzen gehabt hätte.

Weitgehend unbemerkt vom öffentlichen Bewußtsein haben sich Theoriesysteme entwickelt, die mit der klassisch-mechanischen Wissenschaft ebenso radikal brechen wie die Frauen-, die Alternativ- oder die Ökologiebewegung mit überkommenen Lebensformen. Wir stehen heute vor dem Paradoxon, daß aus den Reihen dieser Bewegungen wissenschaftliche Kritik an der traditionellen Wissenschaft geübt wird mit wissenschaftlichen Mitteln, die gerade dieser kritisierten Wissenschaft entstammen. Vielen ist dieses Dilemma inzwischen bewußt geworden, und sie wenden sich von der Wissenschaft überhaupt ab. Sie kritisieren Wissenschaft als solche und meinen doch nur das mechanistische Weltbild und seine Konsequenzen.

Und das heißt zum Beispiel, daß die Mittel der Kritik eher der Relativitätstheorie als der Mechanik entstammen müssen, eher der Ethnosoziologie als der traditionellen Rollentheorie. Und, bezogen auf unser Thema, muß der Gegenstand der Kritik nicht so sehr die klassisch-mechanische, sondern die transklassische Maschine sein, die unsere Lebenswelt viel stärker verändern wird als die mechanische es je vermocht hat, in einem Ausmaß, das in seinen Auswirkungen auf die Identität des Menschen noch kaum abzusehen ist. In den nächsten beiden Abschnitten geht es darum, die erkenntnistheoretischen Grundlagen und die historischen Voraussetzungen der transklassischen Maschine zu erläutern.

Während der Zeit der naturwissenschaftlichen Revolution des 17. und 18. Jahrhunderts war die Stimmung unter den Wissenschaftlern euphorisch. Man glaubte, den Schlüssel in der Hand zu haben, um die Geheimnisse dieser Welt restlos entschleiern zu können. Die ganze Welt wurde als mechanische begriffen, einschließlich sämtlicher Lebewesen. Und wenn die Funktionsweise erst einmal bekannt wäre, so dachte man, dann könnte man auch diese Maschine kontrollieren und steuern. Sämtliche Probleme dieser Welt erschienen prinzipiell lösbar.

Inzwischen ist nicht nur handgreiflich erfahrbar geworden, daß die mechanistische Denkweise die Probleme der Welt nicht lösen kann, sondern gleichzeitig auch, daß diese Denkweise nicht *die* Gesetze der Welt und Natur widerspiegelt. Der Geltungsbereich dieser Gesetze mußte immer stärker relativiert werden. Heute hält in der theoretischen Naturwissenschaft niemand mehr die Naturgesetze für das wirkliche Wesen der Natur, sondern nur noch für ein Denk*modell*: eine idealisierte Vorstellung von der Natur, die in Wirklichkeit nicht existiert. Dessen ungeachtet spielt die überholte Vorstellung noch nahezu ungebrochen ihre Rolle in der Alltagsdiskussion, im Physikunterricht der Schule usw. Auch die Sozialwissenschaften, vor allem einige Bereiche der Psychologie orientieren sich an diesem von der Naturwissenschaft selbst schon lange nicht mehr akzeptierten Weltbild. Die Naturwissenschaftler sind inzwischen sehr vorsichtig geworden. Zu oft mußten sie ihre liebgewonnenen Erklärungsmodelle «über den Haufen werfen». Den Anspruch, *die Natur* zu erklären, stellen sie deshalb kaum noch. Es genügt ihnen, Modelle zu entwickeln, die Prognosen über einzelne Abläufe innerhalb der Natur möglich machen. Heinrich Hertz erläutert in seinen «Prinzipien der Mechanik» das Denken der theoretischen Physik in Modellen: «Wir machen uns innere Scheinbilder oder Symbole der äußeren Gegenstände, und zwar machen wir sie von solcher Art, daß die denknotwendigen Folgen der Bilder stets wieder die Bilder seien von den naturnotwendigen Folgen der abgebildeten Gegenstände» (1910, S. 1). Was heißt das?

Das reale Verhalten von natürlichen Objekten ist im Normalfall so komplex, daß es sich der Berechenbarkeit entzieht. Deshalb machen wir uns ein vereinfachtes Bild, ein «Scheinbild» von diesem Objekt und stellen Überlegungen an, wie sich dieses vereinfachte Objekt verhalten *könnte*. Anschließend vergleichen wir das imaginäre Verhalten des Objekts mit dem realen Verhalten entsprechender Objekte, versuchen das imaginäre Verhalten im realen wiederzufinden. Im Normalfall wird beides nicht miteinander übereinstimmen. Wir nehmen dann nicht an, daß das imaginäre Verhalten ein unbrauchbares Bild des realen sei, sondern vermuten, daß Störfaktoren den realen Ablauf beeinträchtigt haben. Es ist dann Aufgabe der Experimentaltechnik, diese Störfaktoren so weit auszumerzen, bis ein Ergebnis erreicht wird, das als hinreichende Annäherung an das imaginäre Modell interpretiert werden kann.

Das für die mechanistische Denkweise grundlegende Modell der Newtonschen Mechanik beginnt zum Beispiel mit folgender Setzung: «Jeder Körper verharrt in seinem Zustand der gradlinigen und gleichförmigen Bewegung, wenn er nicht durch eine einwirkende Kraft gezwungen wird, diesen Zustand zu ändern.» Niemand hat jemals einen Körper sich derart bewegen sehen. Diese Aussage ist nicht beweisbar. Das macht jedoch nichts, solange nicht das Gegenteil bewiesen werden kann. Und das kann *auch* niemand. Die Aussage «Alle Schwäne sind weiß» gilt so lange als richtig, bis jemand zum Beispiel einen schwarzen Schwan gefunden hat. Die Bedeutung eines solchen Modells ist weniger darin begründet, daß es ewige Wahrheiten vermittelt, sondern darin, daß es für die Bearbeitung bestimmter Probleme einfach zweckmäßig ist. Solange mein Auto fährt, kann es mir gleichgültig sein, ob sich ein Gott in der Pleuelstange entäußert. Wichtig ist, daß die einwirkenden Kräfte in einem angemessenen Verhältnis zueinander stehen, so daß sie nicht bricht.

Im ersten Abschnitt hatten wir gesehen, daß die «Naturgesetze» nur in aufwendigen Versuchsanordnungen funktionieren. Und die Welt, in der diese Gesetze unumschränkt herrschen, mußte vom Menschen erst künstlich geschaffen werden, als Maschinenwelt. Das bedeutet, ein Modell der Welt, wie das der Newtonschen Mechanik, ist auf der einen Seite *nicht* real, erfaßt die Natur nicht wie sie ist. Auf der anderen Seite werden mit diesem Modell Aussagen über die Natur gemacht, die sehr reale Folgen haben. Die Natur kann immerhin gezwungen werden, sich entsprechend dieser Gesetze zu verhalten. *Also können sie nicht nur phantasiert sein.*

Tatsächlich ist der Geltungsbereich der Newtonschen Mechanik sehr begrenzt. So läßt sich zum Beispiel die voraussichtliche Bahn eines geworfenen Steines einigermaßen genau berechnen, wenn Größe, Gewicht, Abflugwinkel und -geschwindigkeit bekannt sind, aber nie genau, weil auch hier Störfaktoren, wie zum Beispiel Seitenwind, die Bahn beeinflussen. Aber immerhin kommt ein Stein der idealisierten punktförmigen Masse der Newtonschen Körper beachtlich nahe. Die Bahn einer geworfenen Gänsefeder etwa hat mit den genannten Gesetzen überhaupt nichts mehr zu tun. Der Störfaktor «Windverhältnisse» würde die Bahn dominieren, wäre somit real nicht Störfaktor, sondern der wesentliche Faktor . Die Newtonschen Bewegungsgesetze könnte man hier getrost vergessen. Da nützt auch die Feststellung nichts, daß im Vakuum Feder und Stein gleich schnell fallen würden.

Dennoch gibt es Anwendungsbereiche genug für das Denkmodell der mechanischen Naturwissenschaft. Sie haben ausgereicht, um unsere Welt völlig zu verändern. Wenn schon nicht die Welt schlechthin nach mechanischen Naturgesetzen funktioniert, so kann man sich doch jene Bereiche heraussuchen, die diesem Modell mehr oder weniger nahekommen. Die Geschosse einer Kanone zum Beispiel sind in ihrer körperlichen Beschaffenheit und ihrem Flugverhalten einem Stein viel näher als einer Feder. Aber selbst die Bahn einer Feder kann noch mit dem Modell der klassischen Physik, wenn auch sehr notdürftig, in Einklang gebracht werden. Wir könnten sagen, wenn wir die genaue Windrichtung und -stärke, ihre Veränderungen in jeder hundertstel Sekunde und, und, und ... genau kennen *würden*, ließe sich diese Bahn *im Prinzip* berechnen, wenn auch niemals praktisch.

In anderen Bereichen der Natur greift auch der Rettungsanker des Prinzipiellen nicht mehr. Das ist der Bereich des Mikrokosmos, die Welt der «Atomteilchen», dann der Bereich der ganz großen, der kosmischen Dimension und schließlich der Bereich des Lebendigen. In allen diesen Bereichen sind die ehernen Grundlagen der bisherigen Naturwissenschaft vollkommen ins Wanken geraten. Die Kausalität, das Ursache-Wirkung-Schema, die Annahme einer kontinuierlich fließenden Zeit und eines sich gleichmäßig ausdehnenden Raumes gelten hier bestenfalls partiell, als Extremfall.

Die Bewegungen der kleinsten Teilchen im Mikrokosmos sind nicht berechenbar, und zwar prinzipiell nicht. Es ist keine Frage der Information, wie etwa im Beispiel der Gänsefeder: «Wenn die Ursachen genau bekannt wären, dann ...» *Es gibt keinen* Ursache-Wirkung-Zusammenhang bei den Teilchenbewegungen, jedenfalls nicht bei der Bewegung eines einzelnen Teilchens. Berechenbar ist dagegen die Durchschnittsbewegung einer großen Zahl von Teilchen. Wir wissen zum Beispiel, daß 15 % einer bestimmten Art von Teilchen in eine bestimmte Richtung sich bewegen werden. Oder umgekehrt, daß die Wahrscheinlichkeit 15 % beträgt, ob sich ein bestimmtes Teilchen in diese Richtung bewegen wird. Bei zehn beobachteten Teilchen mögen es drei gewesen sein oder auch null, die das tun. Bei 10000 werden es ziemlich genau 15 % sein; das heißt, je größer die Anzahl, desto genauer das Resultat.

Die Berechnung erfolgt hier nach den gleichen Verfahren der Wahrscheinlichkeitsberechnung, wie sie in statistischen Untersuchungen, beispielsweise bei Wahlprognosen, angewandt werden. Während wir zum Beispiel nicht berechnen können, wie Herr Meier stimmen wird, läßt sich doch mit verblüffender Genauigkeit feststellen, daß ungefähr 48 % der wahlberechtigten Bevölkerung die Partei X wählen würden.[3]

Die Welt unserer natürlichen Wahrnehmung ist jedoch nicht die des Mikrokosmos. Die vom Zufall regierten Einzelbewegungen im Mikrokosmos nehmen wir nur als Durchschnittsbewegung wahr. Erst die millionen- oder milliardenfachen zufälligen Einzelbewegungen erscheinen uns als *eine* berechenbare Gesamtbewegung, für die dann die klassischen Naturgesetze mehr oder weniger praktische Bedeutung besitzen. So kann die Ausbreitung des Lichts eindeutig und präzis nach dem Wellenmodell berechnet werden. Die wellenförmige Ausbreitung des Lichts sagt allerdings nichts aus über die Bewegung und die Verteilung der einzelnen materiellen Elementarteilchen, der Photonen des Lichts. Aus dem Wellenmodell ergibt sich nur ihre durchschnittliche quantitative Verteilung, die auf Grund ihrer ungeheuer großen Anzahl entsprechend präzise ist (vgl. Havemann, 1964, S. 91f).

Die klassischen Naturgesetze bilden also *in ihrem Relevanzbereich* die Naturverhältnisse ausreichend ab, weil das zufällige Verhalten der Einzelteilchen in der großen Zahl berechenbare Durchschnittsbewegungen ergibt. Auch wenn wir statt in den Mikrokosmos in die ganz großen, in die kosmischen Dimensionen blicken, zeigt sich die Begrenztheit des mechanistischen Weltbildes. Insbesondere die grundlegenden Annahmen einer kontinuierlich verlaufenden Zeit und eines gleichmäßig sich ausdehnen-

3 Wir werden später sehen, daß nach solchen Prinzipien die stochastische Maschine funktioniert.

den Raumes können dann nicht mehr aufrechterhalten werden. Seit Einstein herrscht Einmütigkeit darüber, daß die Zeit relativ verläuft, das heißt, daß die Eigenzeit unterschiedlich sein kann. So würde für einen Körper bei Annäherung an die Geschwindigkeit des Lichts (ca. 300000 km/sec.) die Zeit immer langsamer verlaufen, gemessen am Zeitverlauf auf der Erde.

Ebenso wie die Krümmung des Kosmos, die im Widerspruch zur Annahme eines kontinuierlich ausgedehnten Raumes steht, hat auch die Relativität der Zeit keine praktische Bedeutung für unseren Alltagshorizont. Die gewaltigen Entfernungsdimensionen und Zeithorizonte sind für unser praktisches Handeln unerreichbar.

Eine weitere Relativierung des mechanistischen Weltbildes ist vorzunehmen: Es handelt sich bei ihm um eine «Logik des Toten». In seinem Zentrum stehen die Bewegungsgesetze toter Materie, und zwar ist nicht nur die Materie in diesem Denkmodell «tot», auch ihre Bewegungen. Wie zum Beispiel bei dem Idealbild der bis in alle Ewigkeit auf gleichmäßigen Bahnen verlaufenden Planetenbewegungen folgt alles Geschehen scheinbar endlosen, berechenbaren Kausalketten, einem gewaltigen Uhrwerk gleich. Eine solche Denkweise enthält keine Zukunftsdimension; ihr fehlt der Begriff des «Werdens». Die Vergangenheit bestimmt, «determiniert» die Zukunft. In der kausalen «Wenn-dann-Abfolge» ist das «Wenn» durch die Vergangenheit immer schon gegeben und damit auch das «Dann» der Zukunft. Das «Dann» ist wiederum das «Wenn» des nächsten Kausalzusammenhangs usw. Der Unterschied zwischen Vergangenheit und Zukunft ist lediglich eine Frage des gleichmäßig vorausschreitenden Zeit*punktes* «Gegenwart».

Wir haben schon erwähnt, daß die Funtionsweise von Maschinen, wie wir sie aus unserem Alltag kennen, solchen Kausalketten entspricht. Ihr Verhalten ist durch «Wenn-dann-Ketten» festgelegt, ist daher in der Zukunft «determiniert». Wenn sich eine Maschine tatsächlich einmal anders verhalten sollte, dann ist sie «kaputt».

Wir hatten bereits mehrfach darauf hingewiesen, daß Kausalketten außerhalb von wissenschaftlichen Experimenten und von Maschinen, wie wir sie aus unserem Alltag kennen, nur durch eine Isolierung von anderen Faktoren gedacht werden können, wobei diese Isolierung in einigen Fällen sinnvoller erscheint als in anderen. Wenn mir ein Hammer auf den Kopf fällt, habe ich eine Beule – mindestens. Das scheint eine klare Beziehung zu sein. Aber der Vorgang ist in Wirklichkeit komplexer. Warum ist der Hammer gefallen? Wer hat ihn aus welchem Grund dort, wo er fiel, hingelegt? Warum ist er gerade jetzt gefallen? Usw., usw.

Auch im Mikrokosmos gibt es, wie schon erwähnt, zwar Ursache-Wirkung-Zusammenhänge, aber sie sind nur auf einer statistischen Ebene, bei großen Zahlen, eindeutig. Bei Lebewesen kompliziert sich dies noch weiter. Nehmen wir einen einfachen Fall: Herr Meier stößt Herrn Schulze mit dem Fuß. Herr Schulze schlägt darauf Herrn Meier auf die Nase. Eine klare kausale Folge, so scheint es. Tatsächlich ist sie ein Resultat unserer Betrachtungsweise: Zwingend ist die Folge nur im *nachhinein. Nachdem* Herr Meier mit dem Fuß gestoßen hatte, war ja noch gar nicht klar, was folgen würde. Herr Schulze hätte zum Beispiel lächelnd einen Vortrag über schlechtes Benehmen halten können; er hätte auch hinfallen und liegenbleiben können; wir hätten auch dazwischen treten und den Streit schlichten können. Die Zukunft enthält sehr viel mehr als das, was dann tatsächlich passiert, nämlich alles das, was passieren könnte, das Mögliche. Vergangenheit und Zukunft ist hier ein qualitativer Unterschied. Es stehen in der Zukunft mehrere, qualitativ voneinander verschiedene Möglichkeiten offen. Ist die Handlung erfolgt, so hat sich die Vielfalt der Möglichkeiten reduziert *auf das, was ist.* Bei der klassisch-mechanischen Maschine ist zum Beispiel das, was möglich ist, und das, was passieren wird, immer schon identisch, sofern die Maschine funktioniert. Hier gibt es keinen Freiheitsspielraum, keine «Freiheitsgrade».

Für die herrschende Denkweise ist akzeptiertes Wissen reduziert auf das, was ist, nicht auf das, was *möglich* wäre. Eine solche «positive» Wissenschaft ist in ihren praktischen Möglichkeiten notwendig begrenzt, wenn auch *innerhalb* dieser Begrenzung ungeheuer erfolgreich. Das macht sie relativ kritikfest. Ihr Nachteil besteht darin, daß, wenn etwas *ist*, es häufig schon zu spät ist, etwas daran zu ändern. Die Medizin zum Beispiel greift normalerweise erst dann ein, wenn jemand nachweislich krank ist. Und die Industrie und die Politiker verlangen schon sehr eindeutige «Beweise» dafür, daß der «saure Regen» am Baumsterben schuld ist, bevor sie etwas unternehmen wollen. Das Ziel der chinesischen Medizin, um ein Gegenbeispiel zu nennen, besteht nicht so sehr darin, Krankheiten *zu heilen*, sondern eher darin, sie zu *verhindern*, also den Menschen gesund zu erhalten.

Die Zukunft enthält nicht feste, determinierte Ereignisse, die wir in der Gegenwart nur noch nicht kennen, sondern sie enthält verschiedene Möglichkeiten, zum Beispiel, daß jemand erkrankt oder nicht erkrankt. Die Freiheit des Handelns besteht darin, die Bedingungen der Möglichkeiten zu verändern, das heißt, noch nicht eingetretene Ereignisse zu beeinflussen, zum Beispiel die Möglichkeit der Erkrankung unmöglich zu machen (Havemann, 1964, S. 84 ff).

Alles, was tatsächlich eintritt, war zuvor nur ein mögliches Ereignis und hätte nicht eintreten müssen, wenn wir einmal von Ereignissen absehen, die sich generell außerhalb der Reichweite menschlicher Handlungsmöglichkeiten befinden. Die Haltung unserer Wissenschaft, nur «positiv» existierende Dinge[4] zur Kenntnis zu nehmen, erinnert manchmal an den

4 Es soll aber nicht unterschlagen werden, daß die «positive» Wissenschaft historisch durchaus einen Fortschritt darstellte, weil sie Phänomene handhabbar und Aussagen, im Gegensatz zu Aberglaube und Spekulation, beweispflichtig machte.

Witz von den zwei Handwerkern, die vom Dach eines 20stöckigen Hochhauses stürzen. Als sie etwa am dritten Stock vorbeistürzen, sagt der eine verärgert zum anderen, der ständig jammert: «Ich weiß nicht, warum du dich so aufregst, bis jetzt ging doch noch alles gut.»

Die Dimension des Werdens, die Kategorien des Möglichen sind mit der logischen Struktur, die der klassischen Naturwissenschaft zugrunde liegt, prinzipiell nicht erfaßbar. Ebenso ist das reflektierende Subjekt aus dieser Denkweise systematisch ausgeschlossen. Die Logik dieser Wissenschaft ist zweiwertig: Sie kennt nur die Werte «wahr» oder «falsch». Etwas ist, oder es ist nicht. Differenziertere Betrachtungsweisen haben in diesem Modell keinen Platz. Damit ist dieses Denkmodell prinzipiell nicht geeignet, die komplexen lebendigen Vorgänge der Realität angemessen abzubilden. Es vermag Lebendiges im Grunde nur als Totes abzubilden.

Wir wollen diesen Gedankengang hier nicht weiterverfolgen, weil er das bisher Gesagte noch mehr kompliziert. In den «Anmerkungen zur Diskussion um eine andere, mehrwertige Logik» am Schluß des Buches werden wir noch einmal darauf zurückkommen, insbesondere auf die für das bisher diskutierte Modell konstitutiven Prinzipien des ausgeschlossenen Dritten, der Identität und der Widerspruchsfreiheit. Statt dessen wollen wir kurz skizzieren, worin die wesentlichen Unterschiede zwischen toter und lebendiger Materie bestehen und warum das mechanistische Weltbild im Umgang mit Lebendigem versagt.

Lebendiges und Totes bestehen beide aus derselben Materie, aus denselben chemischen Elementen. Die organische Welt assimiliert ständig anorganische Stoffe, um leben zu können; sie verwandelt tote Materie in lebendige. Lebewesen existieren durch Austausch; sie sind dynamisch. Ein Stein zum Beispiel ist aus sich heraus stabil; seine atomaren Kräfte befinden sich im Gleichgewicht, weil die Atome oder Moleküle, aus denen er besteht, eine stabile Verbindung miteinander eingegangen sind. Dieser «konservativen» Anordnung der Materie, die auf statischen Kraftwirkungen beruht, steht die «dissipative», die prozeßhafte, dynamische Struktur des Organischen gegenüber. «Dissipativ» deswegen, weil zur Aufrechterhaltung eines Lebewesens ständig Energie dissipiert, das heißt zugeführt werden muß. Anderenfalls löst sich die Struktur auf; das Lebewesen verhungert.

Lebewesen setzen sich aus denselben Stoffen zusammen wie tote Körper, ja sie leben letztlich von toter Materie, wir erwähnten es bereits. Wo liegt also der Unterschied? Er liegt in der räumlichen Anordnung der Materie, in der Art, *wie* sie zusammengesetzt ist. Ein toter Stoff, Eisen etwa oder Glas, setzt sich aus lauter gleichen Atomen oder Molekülen zusammen, die im festen Aggregatzustand eine kristalline Struktur bilden. Metall aus Molekülen der Sorte A: AAAAAAAAA ..., Glas aus Molekülen der Sorte B: BBBBBB ... (vgl. Vester, 1980, S. 152ff). Schaut man sich dagegen die Struktur von Eiweißmolekülen oder gar die Struktur der Erbsubstanz (DNA) an, die den «Bauplan» des jeweiligen Lebewesens enthält, so entdeckt man eine äußerst komplexe Struktur in der Zusammensetzung. Die DNA zum Beispiel ist zwar nur aus vier verschiedenen Basen (Adenin, Guanin, Cytosin, Thymin) zusammengesetzt, aber diese sind nach einem ganz bestimmten Muster angeordnet. Statt AAAAA ... wie bei der toten Materie, heißt es hier zum Beispiel A-G-G-C-C-C-T-T-T, wobei jeweils drei Basen eine Einheit bilden. Man kann die einzelnen Basen mit Buchstaben, die Dreierkombinationen mit Worten vergleichen. Daraus ergeben sich $4^3 = 64$ verschiedene Buchstabenkombinationen, 64 «Wörter». Aus diesen Wörtern ist nun ein langer «Text» aneinandergereiht. So besteht zum Beispiel der DNA-Strang des 0X 174 Bakterien-Virus aus 5375 Buchstaben (vgl. Herbig, 1982, S. 55).

Diese Vielfalt ermöglicht es, eine ungeheure Menge an Informationen zu speichern. Der Informationsgehalt einer monotonen Aneinanderreihung des Typs AAAAA ... ist gleich Null. Die molekulare Zusammensetzung der unbelebten Materie bedarf keiner besonderen Information, weil sie einfach den atomaren Kräftebedingungen folgt und in stabilen Zuständen verharrt. Lebewesen bilden eine instabile Struktur, die nur durch Energiezufuhr aufrecht erhalten werden kann. Es bedarf also sehr genauer Anweisungen, wie Energie gewonnen und verarbeitet wird, wie die Struktur erhalten wird und sich fortpflanzt. Denn um ständig Energie zu erhalten, um sich ernähren zu können, müssen die Lebewesen auf Umweltbedingungen reagieren können. Ein Lebewesen besteht nicht aus derselben, immer mit sich selbst identischen Materie, wie es etwa bei einem Stein der Fall ist. Solange der Stein existiert, besteht er immer aus denselben Atomen bzw. Molekülen, die sich einmal zusammengefunden haben. Bei einem Lebewesen wird dagegen die Materie ständig ausgetauscht. Kein einziges Atom unserer ursprünglichen Eizelle ist in uns noch enthalten. *Identisch ist nicht die Materie, sondern die Struktur, die diese Materie immer wieder organisiert.*

Wir werden später sehen, daß dieser Sachverhalt von zentraler Bedeutung für die Definition der neuen transklassischen Maschine wird.

Zusammenfassend können wir feststellen, daß für tote Materie Eigenschaften der Gleichförmigkeit, Starrheit und Stabilität kennzeichnend sind, während Lebewesen Vielfalt, Dynamik und Flexibilität verkörpern. Die klassische naturwissenschaftliche Logik ist auf die Eigenschaften toter Materie bezogen, hat aber auch dort nur einen begrenzten Relevanzbereich. Innerhalb der modernen Naturwissenschaften ist man sich zum Beispiel der begrenzten Aussagefähigkeit des Newtonschen Weltbildes zunehmend bewußt geworden. Während die dort formulierten «Naturgesetze» anfangs für das *Wesen* der Natur gehalten wurden, werden sie heute nur noch als Denk*modell* begriffen.

4. Die formalen Voraussetzungen der neuen Maschine

Das Wesen der modernen Maschinen, die heute bereits unseren Alltag beherrschen, läßt sich nicht begreifen, wenn nicht vorher die Funktionsweise und Bedeutung formaler Systeme begriffen ist. Erfahrungsgemäß ist der Umgang mit solchen Systemen vielen Lesern ungewohnt und bereitet ihnen Schwierigkeiten. Wir haben daher versucht, ihre Funktionsweise in sehr einfachen Beispielen zu beschreiben und uns dabei auf das wirklich Notwendige zu beschränken. Nur vor dem Hintergrund solcher Minimalkenntnisse formaler Systeme kann heute überhaupt noch sinnvoll über Technik diskutiert werden.

Dem Leser, dem die folgende Problematik gänzlich unvertraut ist, und dem auf den ersten Seiten nicht deutlich wird, was dies alles für einen Sinn haben soll, empfehlen wir, dennoch einfach weiter zu lesen, da sich der Sinn nach und nach erschließt.

Der Charakter der naturwissenschaftlichen Theorien hat sich deutlich verschoben. Nicht mehr Erklärungen, sondern Beschreibungen stehen im Zentrum ihrer Bemühungen. Damit einher ging eine ungeheure Formalisierung theoretischer Aussagen. Es ist ein typisches Kennzeichen formaler Systeme, daß sie von qualitativ strukturierten Inhalten abstrahieren – und in sich widerspruchsfrei sein müssen. Das schematische Operieren mit Zahlen ist jedem aus der Schule vertraut: In die jeweilige Formel werden die entsprechenden Zahlen eingesetzt und können dann – völlig schematisch und ohne nachzudenken – nach den Angaben der Formel behandelt werden. In der formalen Logik geht es ebenfalls um ein schematisches Operieren; nur mit dem wichtigen Unterschied, daß dies nicht mit Zahlen passiert, sondern mit inhaltlichen Aussagen, mit Sätzen. Diese Sätze müssen die Eigenschaft besitzen, eindeutig entweder wahr oder falsch zu sein. So ist der Satz, «Es regnet gerade» nachprüfbar wahr oder falsch, je nachdem, ob es tatsächlich gerade regnet oder nicht. Einer Aufforderung hingegen wie «Stehn Sie hier nicht so herum!» kommt diese Eigenschaft nicht zu. Die Frage, ob dieser Satz wahr oder falsch ist, ist sinnlos; er ist daher auch keine Aussage im Sinne der formalen Logik.

Ein sehr einfaches Schema der Aussagen-Logik wäre das folgende:

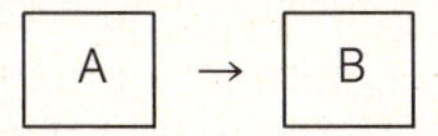

Es handelt sich um eine Verknüpfung von zwei Aussagen. Wobei A und B jeweils für eine beliebige Aussage im obengenannten Sinn steht. Wir können zum Beispiel für A einsetzen «Es regnet» und für B «Die Straße ist naß». Dann hieße das Schema:

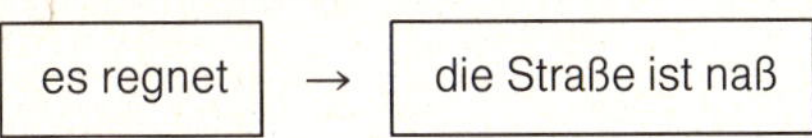

Das Verknüpfungszeichen (→) bedeutet eine «Wenn ... – dann ... – Beziehung». Der ganze Ausdruck in Worten ausgedrückt hieße dann:

Wenn [es regnet] dann [ist die Straße naß]

Auch diese zusammengesetzte Aussage hat im konkreten Fall die Eigenschaft, wahr oder falsch zu sein. Wenn es zum Beispiel in diesem Augenblick regnet und die Straße tatsächlich naß ist, dann ist die Gesamtaussage richtig. Wenn es im Augenblick gerade regnet, die Straße aber nicht naß ist, weil sie überdacht ist, ist die Gesamtaussage genauso eindeutig falsch.

Weil die Aussagenlogik eine zentrale Bedeutung für die Entwicklung der neuen Maschine hat, etwa in der Computertechnologie, wollen wir an ihrem Beispiel die Strukturen eines formalen Systems etwas genauer ansehen.

Der Sinn der Aussagenlogik liegt nun darin, inhaltliche «Aussagen» oder «Sätze» miteinander zu verknüpfen, mit ihnen operieren zu können, ohne auf den spezifischen *Inhalt* der Sätze irgendeine Rücksicht zu nehmen. Sie hat damit ähnliche Eigenschaften wie die Mathematik, und sie wurde bezeichnenderweise auch wesentlich von Mathematikern entwikkelt. Die Formeln der Mathematik sind ebenfalls gültig, unabhängig davon, mit welch konkreten Werten sie jeweils besetzt werden. Der entscheidende Unterschied der Aussagenlogik zur Mathematik besteht, wie gesagt, jedoch darin, daß hier nicht Zahlen, also quantitative Verhältnisse bearbeitet werden, sondern inhaltliche Aussagen der automatischen Bearbeitung zugänglich gemacht werden. Es geht um beliebige Aussagen, und immerhin werden sie nach den Kriterien *wahr* oder *falsch* beurteilt. Somit befassen sich Computer keineswegs nur mit *quantitativen* Verhältnissen, ebenso mit *qualitativen* Strukturen. Dadurch wurde die Entwicklung von der Rechenmaschine zum Computer überhaupt möglich. Deswegen auch ist der Computer keineswegs, wie man immer wieder hört, nur ein Rechenautomat; gerade daß er es nicht ist, erklärt seine universelle Anwendbarkeit.

Die Aussagenlogik arbeitet, ähnlich wie zum Beispiel die Algebra, mit Buchstaben. Der Ausdruck

[A] ∧ [B]

bedeutet zum Beispiel die verallgemeinerte «Und»-Verknüpfung (∧) von zwei Sätzen. Sowohl «A» als auch «B» stehen hier für jeden beliebigen Satz. Ein spezieller konkreter Fall dieser allgemeinen Form wäre z. B.

[Es regnet] und [In dreißig Tagen ist Weihnachten]

oder

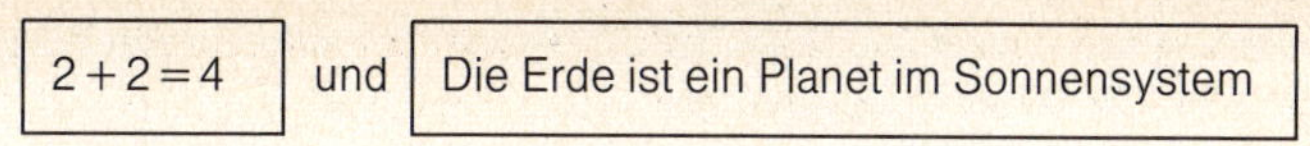

Die Aussagenlogik untersucht, unter welchen Bedingungen diese kombinierte Gesamtaussage wahr ist und wann sie falsch ist. Offensichtlich hängt die Wahrheit der Gesamtaussage von dem Wahrheitsgehalt der Einzelaussagen ab. Nehmen wir einmal an, beide Aussagen, A wie B, träfen jeweils für sich zu, wären also wahr. Dann ist unmittelbar einsichtig, daß beide Sätze, mit «und» verknüpft, eine neue Aussage geben, die ebenfalls wahr ist:

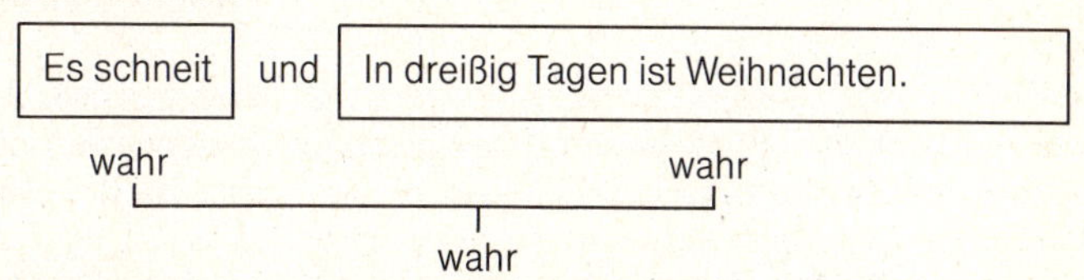

Nehmen wir an, es seien zwar noch dreißig Tage bis Weihnachten, aber es schneit gerade nicht.

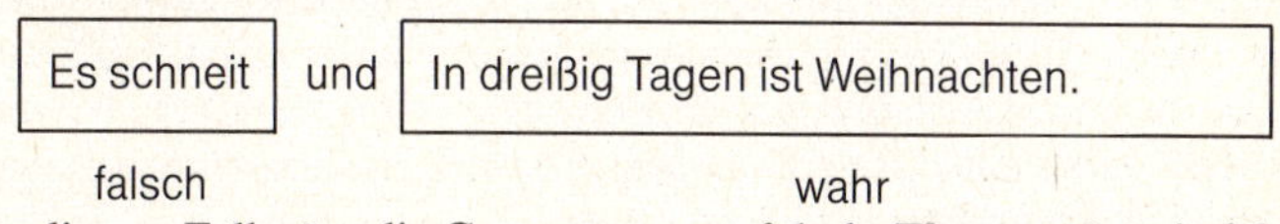

In diesem Fall wäre die Gesamtaussage falsch. Ebenso wäre sie falsch, wenn es zwar schneite, aber Januar wäre. Und erst recht wäre sie falsch, wenn beide Einzelaussagen falsch sind, wenn es zum Beispiel gerade Sommer ist, und die Sonne scheint. Wir können die Wahrheitseigenschaften einer «Und-Verknüpfung» (Konjunktion) in einer «Wahrheitstafel» zusammenfassen:

Es schneit	In 30 Tagen ist Weihnachten	Es schneit *und* in 30 Tagen ist Weihnachten
w	w	w
w	f	f
f	w	f
f	f	f

Hierbei handelt es sich um sämtliche möglichen Kombinationen des Wahrheitsgehaltes von zwei Einzelaussagen. Nur im obersten Fall ergibt sich eine Und-Verknüpfung, die wahr ist. Das alles ist trivial und leuchtet jedem sofort ein. Was ist nun damit gewonnen? Das Entscheidende daran ist, daß wir eine Struktur gefunden haben, die gültig ist, unabhängig von jedem Inhalt der jeweiligen Sätze. In *allgemeiner* Form lautet die Wahrheitstafel für die «Und-Verknüpfung»:

A	B	$A \wedge B$
w	w	w
w	f	f
f	w	f
f	f	f

Natürlich brauchen wir keine Wahrheitstafel, um herauszufinden, daß zwei mit «und» verknüpfte Einzelaussagen nur dann wahr sind, wenn jede der Einzelaussagen für sich wahr ist. Das ist trivial. Hierbei handelt es sich jedoch nur um eine besonders einfache Verknüpfung, die sich gerade deswegen besonders gut eignet, um einige prinzipielle Fragen zu klären.

Es gibt verschiedene Formen der Verknüpfung, die alle wiederum miteinander kombiniert werden können; und natürlich sind diese Verknüpfungen nicht auf jeweils nur zwei Aussagen beschränkt, sondern können auf eine beliebige Anzahl von Sätzen bezogen werden. Darüber hinaus ist die Logik nicht auf die Verknüpfung der Aussagen beschränkt; es gibt noch andere Unterzweige.

So wird zum Beispiel durch die «Prädikatenlogik» das *Innere* der Sätze untersucht. Durch die «Klassenlogik» ist es möglich, Logik und Mathematik miteinander zu verbinden. Beide Bereiche sind heute eng miteinander verflochten. Dies alles zu entwickeln, würde den Rahmen des vorliegenden Buches sprengen. Statt dessen wollen wir uns exemplarisch auf die «Und»-Verknüpfung und auf eine weitere, die «Oder»-Verknüpfung beschränken und uns dann die Eigenschaften formaler Systeme genauer ansehen. Ein konkretes Beispiel für die Oder-Verknüpfung wäre:

Es schneit gerade	oder	Es regnet gerade

Während bei der «Und-Verknüpfung» sich die Wahrheitstafel unmittelbar mit unseren spontanen Anschauungen deckt, tauchen bei der «Oder-Verknüpfung» bereits erste Schwierigkeiten auf. Offensichtlich reicht es in dieser Verknüpfung aus, daß nur eine der beiden Aussagen zutrifft, damit auch die Gesamtaussage als wahr bezeichnet werden kann. Wenn es im Moment gerade schneit, würden wir die Gesamtaussage als richtig bezeichnen; würde gerade die Sonne scheinen, wäre sie falsch. Nehmen wir an, wir haben Schneeregen, das heißt, beide Einzelaussagen wären wahr, dann könnte auch die Gesamtaussage nicht falsch sein.

Die Wahrheitstafel für die «Oder»-Verknüpfung sieht in allgemeiner Form folgendermaßen aus:

A	B	$A \vee B$
w	w	w
w	f	w
f	w	w
f	f	f

Bei der Erläuterung dieser Wahrheitstafel haben wir es uns ein bißchen leicht gemacht und die Beispiele so gewählt, daß die Tafel auf Anhieb plausibel wirkt. Das System ist nämlich ohne Zweifel aus unserer Umgangssprache entstanden, deckt sich jedoch keineswegs mit ihr, zum Beispiel wenn es heißt:

$2 \times 2 = 4$ oder $1 + 1 = 2$

Umgangssprachlich benutzen wir das ausschließende «oder» und würden im Falle, daß beide Aussagen richtig sind, die Verknüpfung «und» wählen. Bei diesem Gebrauch wäre jedoch ein Fall unserer «Oder-Verknüpfung» nicht definiert. Aus Gründen der Zweckmäßigkeit korrigieren wir die Umgangssprache und schaffen per Definition Eindeutigkeit: Wenn beide Aussagen wahr sind, ist auch die «Oder»-Verknüpfung zwischen beiden Aussagen wahr.

Auch der Ausdruck:

Der Mond ist aus grünem Käse oder $2 \times 2 = 4$

erscheint uns umgangssprachlich betrachtet, reichlich dubios. Nach der Wahrheitstafel jedoch kann es keinen Zweifel daran geben, daß diesem Ausdruck der Wert «wahr» zukommt. Bereits hier lassen sich Unterschiede zwischen unserem Alltagsdenken und einem formalen System zeigen. In der alltagslogischen Bewertung der letzten beiden Beispielaussagen gehen verschiedene Maßstäbe gleichzeitig ein: Fragen der Konvention («unüblich», «merkwürdig»), inhaltliche Bedenken («sinnlos», «was soll das?») und formale Aspekte. Das formale System ist eindeutig. Einmal formuliert und definiert, sind sämtliche inhaltlichen Bedenken unerheblich. Die Frage ist nur noch: Erfüllt dieser Ausdruck die für die Eigenschaft «wahr» definierten Bedingungen? Ja oder nein? Die Entscheidung ist rein formal und eindeutig. Unsere Alltagseinschätzung könnte zum Beispiel zu einem unklaren Ergebnis kommen, wie: «Direkt falsch ist die Aussage ja nicht, aber so ganz richtig auch nicht, irgendwie merkwürdig!» Wenn solche Unklarheiten bereits bei einer einfachen Grundverknüpfung auftreten können, dann läßt es sich leicht ausmalen, daß bei einer hochkomplexen Zusammensetzung von Ausdrücken die Verwirrung unauflösbar wird.

Die bisherige Argumentation wirkt vielleicht wie eine müßige Spielerei. Und seit Hegel hält ein großer Teil der Sozialwissenschaftler und Philosophen eine Auseinandersetzung mit formalen logischen Problemen für überflüssig. Aber es gibt zwei Gründe, derentwegen auch Hegel die formale Logik heute nicht als «leeren» Formalismus abtun könnte und würde: Einmal hat Hegel nur äußerst primitive Vorläufer der heutigen Logik gekannt. Die entscheidenden Entwicklungsschritte fallen sämtlich ins ausgehende 19. und in das 20. Jahrhundert. Zweitens hat erst die ungeheure Entfaltung, die die Logik innerhalb der letzten 100 Jahre erfahren hat, den Bau der «logischen Maschine», des Computers, ermöglicht. Weil diese neue Maschine sich anschickt, unseren Alltag zu beherrschen, ist unsere persönliche Meinung über die Logik ohnehin unerheblich; wir sind gezwungen, uns mit ihr auseinanderzusetzen.

Logische Verknüpfungen wie die «Und»- bzw. «Oder-Verknüpfung» lassen sich unmittelbar in elektronische Schaltungen umsetzen. Die Werte «wahr» und «falsch» werden dann durch «1» und «0» symbolisiert.

Der Sinn der Aussagenlogik liegt in der Denk*ökonomie.* Wir können eine Vielzahl von Aussagen zu einer hochkomplexen Gesamtaussage miteinander verknüpfen. Wir können dann, ohne an den Inhalt denken zu müssen, eindeutig entscheiden, ob diese Aussage «richtig» oder «falsch» ist. Voraussetzung ist lediglich, daß die Regeln der formalen Logik eingehalten worden sind.

Wie schon erwähnt, sind dies Eigenschaften, die auch dem formalen System der Mathematik zukommen. Da die Kenntnisse der Mathematik durch die Schulbildung bei den meisten Lesern vermutlich genauer sind als die der Aussagenlogik, wollen wir einige Aspekte der Anwendung formaler Systeme anhand eines Rechenbeispiels diskutieren.

Wir haben ein konkretes Problem. Beispielsweise wollen wir wissen, wieviel Tapetenrollen wir kaufen müssen, um ein bestimmtes Zimmer tapezieren zu können. Wir müssen dazu einen passenden mathematischen Kalkül finden, ein Verfahren, durch das Begriffe und Begriffsverhältnisse durch Zeichen ausgedrückt und nach dem Muster der Algebra berechnet werden. Andernfalls müßten wir Rolle für Rolle auseinanderrollen und an die Wand halten. Aufgrund unserer Schulbildung wissen wir, daß die Regeln der Flächenberechnung für unser konkretes Problem angemessen sind, bei normalgeschnittenen Zimmern zum Beispiel die Regel für Rechtecke ($a \times b$). Wir brauchen jetzt nur noch zu entscheiden, was in unserem konkreten Fall «a» bedeutet und was «b» (Höhe und Breite der jeweiligen Wand). Wir messen die Werte und setzen sie in die Formel ein: Statt «a» zum Beispiel 3m und «b» 5m und erhalten so $3\,m \times 5\,m$. Ohne an unser konkretes Problem, ohne an Tapeten, Wände etc. denken zu müssen, können wir stur nach den Regeln das Ergebnis berechnen. Wir können es auch von der Maschine berechnen lassen. In jedem Fall erhalten wir als Ergebnis $15\,m^2$. Dieses Ergebnis muß von uns

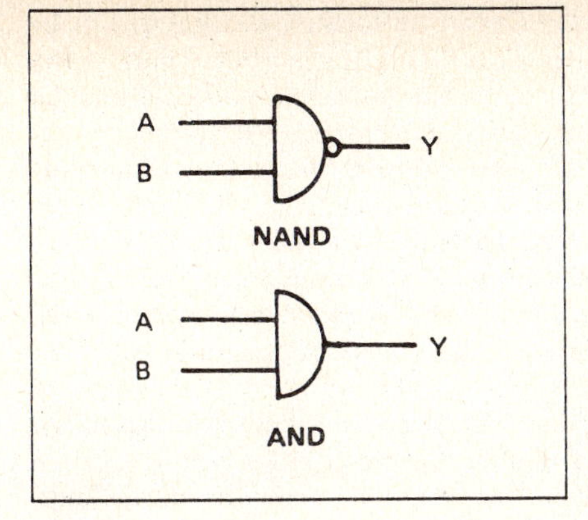

Bild 1. Die Schaltungssymbole für das NAND-Gatter (oben) und das AND-Gatter. Die beiden Typen unterscheiden sich durch den Kreis am Ausgang.

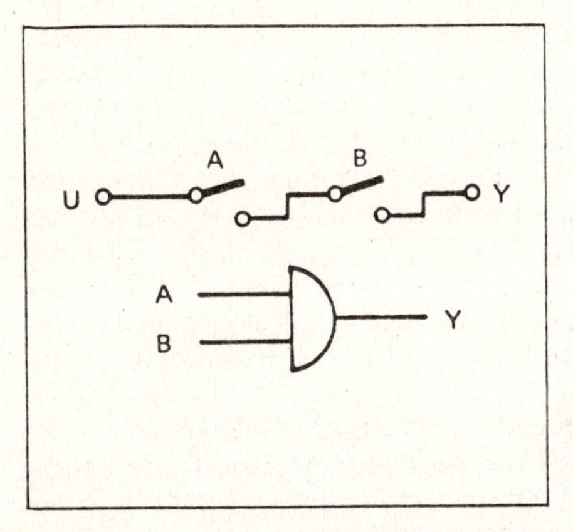

Bild 2. Ein AND-Gatter mit einzelnen Schalterkontakten aufgebaut. Das Signal U wird nur dann durchgeschaltet, wenn Kontakt A und B geschlossen sind.

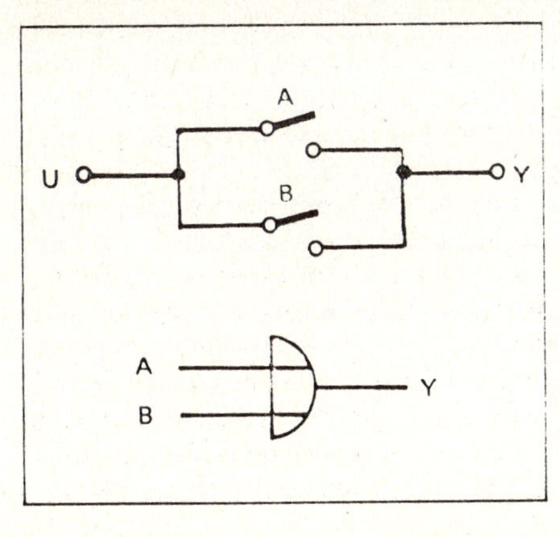

Bild 3. Das Schalterbeispiel zeigt den Unterschied zwischen AND und OR. Wenn A oder B oder beide geschlossen sind, erscheint Signal U am Ausgang.

interpretiert werden. Es ist der Bedarf an Tapeten für eine Wand. Im nächsten Schritt, den wir hier nicht mehr ausführen wollen, müßten wir dieses Resultat noch einmal beziehen auf die Tapetenrollen, wobei wir vorher wissen müssen, wie breit und wie lang jeweils eine Rolle ist.

Das Beispiel zeigt, wo die Probleme eines formalen Kalküls liegen. Die Schwierigkeiten liegen vor und nach der Anwendung. Vorher ist zu entscheiden, welcher Kalkül das jeweilige konkrete Problem hinreichend abbildet; hinterher ist zu entscheiden, was die Ergebnisse wiederum für das reale Problem bedeuten. Die formale Abwicklung selbst ist problemlos. Sie ist so eindeutig festgelegt, Schritt für Schritt, daß sie maschinell erledigt werden kann (Algorithmus).

Das Problem der Anwendung formaler Systeme besteht also darin, festzustellen, ob sie geeignet sind, bestimmte Aspekte der Realität zu simulieren. In unserem Beispiel wird die Anwendung der mathematischen Formeln zu brauchbaren Ergebnissen führen. Um den Flug einer Feder zu berechnen, werden sich im mathematischen «Maschinenpark» kaum Formeln finden lassen. Eine Formel könnte man erst im nachhinein aufstellen, wenn man den Flug einer Feder genau ausgemessen hätte. Nur würde eine solche Formel für den nächsten Flug nichts nützen, weil er völlig anders verlaufen würde. Die klassische Naturwissenschaft hat daraus die Konsequenz gezogen, sich mit dem Flug von Federn nicht zu befassen, sich also nur mit solchen realen Ereignissen auseinanderzusetzen, für die ihr mathematischer Apparat brauchbar ist.

Das ist eine durchaus sinnvolle Entscheidung. Nur darf man daraus nicht folgern, damit erschöpfe sich der Anwendungsbereich von Wissenschaft schlechthin.

Wie sehen nun die Bedingungen der Anwendung von Kalkülen in der Aussagenlogik aus? Ebenso wie bei den algebraischen Kalkülen besteht auch hier die Frage: Welche Probleme der Realität lassen sich durch den logischen Kalkül angemessen bearbeiten? Wir haben vorhin ein wenig lax von Aussagen oder Sätzen gesprochen, die in der Logik miteinander verknüpft werden. Diese Sätze sind jedoch nicht mit den umgangssprachlichen Sätzen identisch; sondern es ist genau definiert, was ein Satz im Sinne der Logik ist. Entscheidend ist, daß jedem Satz der Wert «wahr» oder «falsch» eindeutig zugeordnet werden kann.

Damit sind aber wesentliche Einschränkungen getroffen: Der gesamte Bereich der Subjektivität, der Reflexion, die Frage nach den Grundlagen unseres Verstehens und Denkens sind systematisch ausgegrenzt. Relative Wahrheiten und Widersprüche sind durch die entsprechenden Grundsätze, wie das Verbot des Widerspruchs, der Satz der Identität etc., nicht möglich. Es handelt sich um eine zweiwertige Logik, das heißt, ein Satz ist «wahr» oder «falsch» und dies für jedes Individuum und für alle Zeiten.

Wir haben gesagt, daß in den zeitgenössischen Naturwissenschaften immer deutlicher zu Tage tritt, wie wenig wir wirklich wissen, wie oft sich «sichere» Erkenntnisse als sehr relative Wahrheiten entpuppen. Die Naturwissenschaftler haben deswegen begonnen, sich auf das Denken in Modellen zurückzuziehen. Dieser Reflexionsprozeß ist zum Beispiel in der vorgestellten Logik selbst nicht abbildbar.

Diese Beschränkungen sind bekannt und es gibt eine Reihe von Bemühungen, die Zweiwertigkeit zu überwinden. So sind Kalküle entwickelt worden, die zwischen «wahr» und «falsch» ein Wahrscheinlichkeitskontinuum aufspannen. Doch handelt es sich hierbei nicht um eine echte Mehrwertigkeit. Es sind in dieser Logik ja keine zusätzlichen Werte enthalten. Sondern «wahr» und «falsch» werden in der gleichen alten Bedeutung benutzt; es wird nur gefragt, wie groß die Wahrscheinlichkeit ist, daß eine Aussage wahr oder falsch ist.

Der wohl wichtigste Versuch, eine mehrwertige Logik auch inhaltlich zu begründen, stammt von Gotthard Günther. Er versucht, die Selbstreflexion des Subjekts in das formale System einzubeziehen. Formale Systeme sind historisch in der Regel aus der menschlichen Anschauung und Lebenspraxis entstanden. Aber um der Kriterien der Eindeutigkeit und Widerspruchsfreiheit willen haben sie sich in vieler Hinsicht von naturwüchsigen Denkweisen entfernt. Es sind Denkmodelle, und sie gehorchen den Regeln, die explizit formuliert sind, keinen anderen. *Reale* Prozesse können sie dabei mehr oder weniger gut simulieren. Und es geht ihnen auch nur um Simulation, nicht um Erklärung. Sie sind nicht nur eindeutig; sie sind auch einfacher als die Realität. Wenn wir einen Bereich der Wirklichkeit untersuchen und beschreiben, kommen wir nicht darum herum, ihn isoliert zu betrachten, von den Verflechtungen mit allen möglichen anderen Bereichen zu abstrahieren. Damit geht notwendig einher, daß unsere Vorstellungen von dem Untersuchungsgegenstand immer wieder verworfen werden müssen.

Ein *formales* System hingegen ist geschlossen, in ihm sind keine anderen Einflüsse möglich als die durch die definierten Regeln. Ein formales System gleicht einem Spiel, das nach bestimmten Regeln abläuft. In jeder Situation des Spiels muß eindeutig definiert sein, was erlaubt ist, was nicht. Wichtig ist, daß alle Spieler die Regeln gleich verstehen, daß keine unterschiedlichen Interpretationen möglich sind.

Joseph Weizenbaum (1977) vergleicht formale Systeme mit dem Schachspiel. Und es ist ja keineswegs zufällig, daß Computer zunehmend lernen, dieses Spiel zu beherrschen. Es ist nur eine Frage der Zeit, keine prinzipielle, bis auch die Weltmeister dieses Spiels keine Chance gegen den Computer mehr haben.

In jeder Situation des Spiels ist genau vorgegeben, was die einzelnen Figuren dürfen und was nicht. Das heißt, die Regeln, nach denen der Spielzustand jeweils verändert werden kann, liegen im einzelnen fest. Ebenso gibt es einen festgelegten Ausgangszustand. Auch die Figuren und das Brett sind vorgegeben. Man kann solch ein Spiel natürlich auch anders spielen. Das setzt voraus, daß sich die Spieler auf eine andere verbindliche und eindeutige Version einigen.

Ebenso kann ein beliebiges formales System entworfen werden. Auch hier gilt: Die Bestandteile und die Regeln des Umgangs mit diesen Bestandteilen müssen eindeutig, vollständig und widerspruchsfrei definiert werden. Allerdings bleibt in beiden Fällen die Frage, ob es sinnvoll ist, so etwas zu tun. Im Fall des Spiels wäre wohl entscheidend, ob das Spiel amüsant ist, im Fall des formalen Systems, ob es für irgendwelche Zwecke brauchbar ist, ob man es zum Beispiel benutzen kann, um ein vereinfachtes Bild von realen Vorgängen zu erhalten oder um die Verständigung zwischen Menschen oder zwischen Menschen und Maschinen zu erleichtern etc.

Formale Systeme sind aus den gleichen Elementen zusammengesetzt wie Spiele, die nach eindeutigen und festen Regeln funktionieren. Auch bei ihnen gibt es Figuren, die bewegt werden, seien es nun die Buchstaben, die zu Wörtern und Sätzen einer formalen Sprache geformt werden; seien es die Sätze in der Aussagenlogik, die zu neuen Formen kombiniert werden können; seien es die Zahlen der Mathematik, die umgeformt werden. Dann gibt es eine Reihe von Regeln, die festlegen, wie, auf welche Weise, diese Umformungen zu erfolgen haben, oder anders ausgedrückt, welche Umformungen erlaubt sind und welche nicht. Ein solches System wird auch Kalkül genannt. Jeder Zustand kann darauf untersucht werden, ob er nach den «Spielregeln» möglich ist oder nicht, das heißt, ob er regelgemäß zustande kam oder nicht.

Wenn ein Kind, oder vielleicht ein Ausländer, sagt: «Heute Wetter heiß», dann ist dies kein regelgemäß gebildeter Satz. In der Umgangssprache verursacht er kein Problem, wir wüßten trotzdem, was gemeint ist. Die *Form* ist für uns nur *ein* Element der Interpretation neben anderen. Anders in einer formalen Sprache. Hier wäre dieser Satz absolut sinnlos. Nur die Form zählt. Umgekehrt würde ein inhaltlich sinnloser Satz, wie «Das Wasser hupt», im formalen System akzeptiert, in der Umgangssprache nicht.

Erinnern wir uns an das Beispiel von «Eliza» im ersten Teil des Buches! Wie «gnadenlos» die Form in einem formalen System dominiert, wird einem bewußt, wenn man Eingaben in einen Computer macht. Wenn im gesamten Text nur ein Punkt oder eine Klammer fehlt, wird entweder die gesamte Eingabe nicht akzeptiert oder, wenn dieses Fehlen keine definierte Regel verletzt, bekommt sie einen anderen Sinn. Die Maschine interpretiert nicht.

Wir kommen jetzt zu der Frage, warum die Entwicklung formaler Systeme für die Möglichkeit, Maschinen zu konstruieren, so bedeutungsvoll ist. Maschinen sollen ja bestimmte Aufgaben erfüllen, bestimmte Probleme lösen, bestimmte Tätigkeiten ausführen usw. Würden wir dieselben Aufgaben einem Menschen übertragen, so könnte man mit wenigen

Angaben erläutern, worauf es ankommt. Der angesprochene Mensch würde dann diese Angaben verstehen, interpretieren und darauf sein Verhalten und Handeln ausrichten.

Die Maschine versteht nicht, jedenfalls nicht in der umgangssprachlichen Bedeutung des Wortes, was sie tun soll und warum. Sie interpretiert auch nicht. Ihre Handlungsweise ist die Imitation, allerdings in einer anderen Bedeutung als es das Wort «Imitation» für den Menschen hat. Wir imitieren von der Bedeutung her, wir interpretieren, versuchen nachzuempfinden und setzen das Resultat unserer Anstrengung dann erst in imitierende Handlung um.

Die Interpretationsleistung muß der Maschine vom Menschen abgenommen werden. Die zu erfüllende Handlung muß so durchgearbeitet werden, daß Interpretationen weder nötig noch möglich sind. Die Handlung wird zerlegt in eine Reihe von genau definierten Schritten, die hintereinander auszuführen sind. Es muß gewährleistet sein, daß die Ausführung dieser Schritte automatisch zum gewünschten Resultat führt, unabhängig davon, ob der Ausführende irgend etwas von dem Sinn seiner Tätigkeit begreift. Eine solche Abfolge von Schritten nennt man Algorithmus oder «effektives Verfahren».

Es läßt sich nun nachweisen, daß prinzipiell jede Handlung, die sich durch einen Algorithmus beschreiben läßt, auch durch eine Maschine realisiert werden kann. Man könnte den Entwurf eines Algorithmus bereits als Konstruktion einer Maschine bezeichnen, einer abstrakten Maschine, die dann in sehr unterschiedlichen Formen auch körperlich hergestellt werden könnte. Mit anderen Worten: *Der Algorithmus ist die Maschine*. Darauf haben wir oben bereits hingewiesen. Auf diese umstürzende Erkenntnis gehen wir im siebenten Abschnitt näher ein. Ein Algorithmus ist eine so präzise Vorschrift, daß er materiell bzw. stofflich haargenau imitiert werden kann.

Der wichtigste Schritt bei der Maschinisierung irgend eines Vorganges ist nicht die materielle, die stoffliche oder körperliche Konstruktion, sondern, daß dieser Vorgang zerlegt wird in eine Abfolge von völlig determinierten, eindeutigen Einzelschritten. Wenn das geschehen ist, dann ist auch die Frage der Maschinisierbarkeit bereits entschieden. In der Konstruktion des Algorithmus liegt das Definitionsproblem der Maschine, *nicht in ihrer körperlich-materiellen Erscheinung*. Ganz sicher gibt es eine Vielzahl von Fragen, die von Maschinen prinzipiell nicht gelöst werden können, das heißt, die nicht in Form eines Algorithmus abgeleitet werden können. Oder aber der Vorgang selbst muß so stark verändert werden, daß er seinen ursprünglichen Charakter verliert. Wenn zum Beispiel eine elektronische «Schildkröte» «lernt», sich in einem Irrgarten zurechtzufinden, so haben die Erbauer, entgegen ihrem eigenen Glauben, noch nichts über das menschliche Lernen gelernt. Ebenso wie Descartes den menschlichen Körper als mechanische Maschine interpretierte, wird heute der

Mensch als kybernetisches System interpretiert. Solche Projektionen sind unmittelbar vom jeweiligen Stand der Technik abhängig, wobei die kybernetische Projektion durchaus einen Fortschritt darstellt.[5]

Die Leistungsfähigkeit der Maschine für sich ist begrenzt durch die Möglichkeit, Vorgänge durch Algorithmen zutreffend zu beschreiben.

Die Herstellung eines effektiven Verfahrens muß allerdings in einer Sprache erfolgen, die eindeutig ist, widerspruchsfrei, die keine Interpretationsspielräume zuläßt. Kurz, ein Algorithmus läßt sich nur im Medium eines formalen Systems ausdrücken. Jede umgangssprachliche Version könnte zu unterschiedlichen Interpretationen führen und zu Widersprüchen.

Die Beziehung zwischen Algorithmus und formalem System wollen wir am Beispiel von Brettspielen diskutieren. Solche Spiele sind formale Systeme. Es gibt genau definierte Figuren oder Elemente, und es ist durch Regeln exakt vorgeschrieben, wie die jeweiligen Zustände verändert werden dürfen, von der Ausgangsstellung bis zum Ende des Spiels.

Nehmen wir zunächst ein einfaches Würfel-Brettspiel, eines, wobei es darum geht, daß eine bestimmte Folge von Feldern durchlaufen werden muß. Wer von den Spielern als erster das Zielfeld mit seiner Figur erreicht, hat gewonnen. Die Zahl der Felder, die jeweils vorgerückt werden darf, wird durch die jeweils gewürfelte Zahl bestimmt. Zusätzlich sind solche Spiele gewöhnlich dadurch bereichert, daß bestimmte Felder Zusatzvorschriften enthalten. Wenn eine Figur ein solches Feld belegt, dann darf diese zum Beispiel fünf Felder vorrücken, oder sie muß eine Runde aussetzen, vielleicht sogar zurück bis zum Ausgangspunkt. Das Verhalten der Spieler bei diesem Spiel ist vollkommen determiniert, festgelegt. Alles, was sie tun, ist so klar und eindeutig definiert, daß ihre Tätigkeit unmittelbar von einer Maschine ausgeübt werden könnte, als «Partner» für einsame Spieler. Die Spielregeln selbst sind bereits ein Algorithmus. Formales System und Algorithmus fallen in diesem Fall zusammen.

Hier müssen wir uns allerdings präzise ausdrücken: Bei jedem Zustand des Spiels ist exakt vorgeschrieben, was der Spieler tun muß, um zum nächsten Zustand zu gelangen. Es ist damit jedoch *nicht* festgelegt, *welcher* neue Zustand jeweils daraus resultiert. Und dies liegt einzig und allein am Würfel, dem einzigen unberechenbaren Element. Es liegt fest, wann gewürfelt wird und was die gewürfelte Zahl für Folgen hat; aber *welche* Zahl im Einzelfall erwürfelt wird, diktiert der Zufall. Darin liegt der einzige Reiz des Spiels. Eine Maschine, die dieses Spiel spielen sollte, benötigte eine Art eingebauten Würfel, einen Zufallsgenerator, ein Zu-

5 Anders stellt sich natürlich die Frage in einer Mensch-Maschinen-Symbiose. Insbesondere, wenn die maschinelle Denkweise dominiert und das Maschinensystem durch einige Fähigkeiten, die nur der Mensch besitzt, komplettiert wird.

satzgerät, das in irgendeiner Form aus den Zahlen Eins bis Sechs eine zufällige Auswahl treffen kann.

Beim *Schachspiel* hingegen sind Algorithmus der Spielertätigkeit und formales System *nicht* identisch. Auch hier definiert das formale System eindeutig die Figuren und ihre Ausgangsstellung. Ferner ist exakt festgelegt, *wie* der jeweilige Spielzustand jeweils verändert werden kann, das heißt, unter welchen Umständen die einzelnen Figuren in jeweils welche Richtung bewegt werden dürfen. Anders jedoch als beim eben genannten Würfelspiel setzt das formale System beim Schachspiel nur einen *Rahmen*. Bei jedem Zug, von einigen bestimmten Spielkonstellationen einmal abgesehen, kann vom Spieler *eine* von jeweils verschiedenen Möglichkeiten realisiert werden. Es ist ihm nicht vorgeschrieben, welche Figur er setzt, und bei vielen Figuren gibt es auch verschiedene Bewegungsrichtungen zur Auswahl.

Das heißt für die schachspielende Maschine zweierlei: Ihre Handlungs*möglichkeiten* sind identisch mit dem formalen System. Sie kann nur das tun, was den Regeln des Schachspiels entspricht. Zweitens benötigt sie darüber hinaus eine Strategie, einen Algorithmus, der ihr in jeder möglichen Situation des Spiels exakt vorgibt, *welchen* der jeweils möglichen Züge sie auszuführen hat. Sie muß sich im konkreten Fall für einen einzigen Zug entscheiden. Der Algorithmus muß also in exakt festgelegten Schritten vorgeben, wie die Spielsituation zu analysieren sei, und muß ebenso vorgeben, nach welchen Kriterien die einzelnen möglichen Spielzüge zu bewerten seien. Der am günstigsten bewertete Spielzug wird dann ausgeführt. Die Entwicklung eines derartigen Algorithmus ist ungeheuer kompliziert, und es hat Jahrzehnte gedauert, bis die Programme so perfektioniert worden sind, daß ein Hobbyschachspieler gegen eine solche Maschine keine Chance mehr hat. Aber sie funktioniert, und das ist grundlegend, auf der Basis eines eindeutigen Algorithmus.

Um eine «Verständigung» zwischen Mensch und Maschine zu erreichen, muß das *Medium* der Verständigung erst geschaffen werden. Es ist ein formales System, eine Sprache, die den «Gesetzen des Toten» folgt und deswegen auch von der Maschine verstanden wird, und zwar in dem Sinne, daß die gegebenen Anweisungen in Handlungen umgesetzt werden. In dem Maße, in dem der Mensch gelernt hat, die Sprache des Toten zu beherrschen und damit verbunden die überaus erfolgreiche Manipulation von toter Materie, kam den formalen Systemen eine ungeheuer wichtige Bedeutung zu, und zwar zunehmend auch als Verständigungsmedium zwischen den Menschen selbst. Besonders folgenreich hierbei ist, daß die genannten Sprachen von vornherein als Mittel der Einweg-Kommunikation konzipiert wurden. Mit solch formaler Sprache sollte das «Verhalten» der toten Materie, als Maschine, determiniert werden. Es ist nicht vorgesehen, daß hierbei ein Dialog entsteht.

Der große Fortschritt bei der Konstruktion von Maschinen, der mit den Computern erreicht wurde, besteht darin, daß es sich um eine universelle Maschine handelt, die zum erstenmal nicht nur auf dem Papier existiert, sondern handgreifliche Wirklichkeit geworden ist. Der Computer ist die materielle Umsetzung eines sehr allgemeinen formalen Systems. Wir haben gesehen, daß formale Systeme neben Eigenschaften wie Eindeutigkeit, Widerspruchsfreiheit etc. den Vorteil besitzen, inhaltlich nicht gebunden zu sein. Alle Operationen werden mit Symbolen ausgeführt, die beliebig inhaltlich interpretiert werden können. Daher ist es möglich, mit einem einzigen Computer völlig unterschiedliche Probleme zu bearbeiten. Auf die in «hardware» vorhandene logische Grundstruktur lassen sich wiederum alle möglichen anderen formalen Systeme abbilden. Die universelle Potenz des Geräts kann zum Beispiel darauf reduziert werden, nur noch Handlungsmöglichkeiten realisieren zu können, die durch die Regeln des Schachspiels festgelegt sind, solange das dafür vorgesehene Programm läuft.

Durch die Entwicklung universeller Maschinen hat es sich als notwendig erwiesen, den Maschinenbegriff neu zu definieren. Der Begriff mußte sich lösen von der konkreten Beschaffenheit der Maschine, wie auch von ihrem konkreten Vermögen. Die Gebundenheit der Maschinenkonstruktion an Algorithmen hat zur Folge, daß sich das Maschinen*verhalten* als eine geregelte Folge von Zustandsveränderungen beschreiben läßt. Die jeweilige Zustandsveränderung folgt eindeutig und determiniert aus dem jeweils existierenden Zustand. Wenn also ein Schachautomat einen bestimmten Spielzustand vorfindet, folgt daraus *ein* bestimmter, von vornherein feststehender Zug, das heißt, der Spielzustand geht von einem bestimmten Zustand in einen anderen über, der sich zwingend aus dem ersten ergibt. Das ist die allgemeinste Form, in der Maschinen beschrieben werden können.

5. Die transklassische Maschine – keine bloße Metapher

Man kann die alte, die klassische Maschine als einen Spezialfall der transklassischen Maschine betrachten. In den letzten Jahrzehnten hat sich der Maschinenbegriff von dem starren, mechanischen Maschinenkörper aus Blech und Stahl abgelöst. Nach dem neuen Begriff ist letzterer nur *eine* der möglichen Realisierungsformen einer bestimmten Maschine.

Die klassische, mechanische Maschine ist die Verkörperung eines bestimmten Algorithmus. Dieser Algorithmus ist in Stahl geronnen und erstarrt. Bis zum Verschleiß kann die mechanische Maschine immer wieder nur denselben Algorithmus abarbeiten. Die modernen Computer hingegen sind die materielle Umsetzung eines formalen Systems. Aus diesem Grund haben wir uns im letzten Kapitel etwas länger mit der Darstellung von Eigenschaften formaler Systeme aufgehalten. Eine dieser Eigenschaften war, daß formale Systeme nicht inhaltlich gebunden sind, sondern mit allgemeinen Größen, mit Leerstellen arbeiten, die jeweils mit beliebigen Inhalten belegt werden können.

Damit sind folgende Möglichkeiten gegeben: Einmal kann das sehr allgemeine formale System des Computers eingegrenzt werden auf ein engeres und inhaltlich bestimmtes. Die denkbaren Handlungs- und Verhaltensweisen des Geräts können zum Beispiel reduziert werden auf jene, die in einem Schachspiel erlaubt sind, oder auf jene der Geschäftsbuchführung. Mit einem Gerät kann also jedes bestimmte formale System abgebildet werden. Zweitens können in diesem System Algorithmen formuliert werden, die vom Computer ausgeführt werden. Die Zahl der Algorithmen, die ausgeführt werden können, ist nicht begrenzt.

Die alte Maschine ist die Verkörperung *eines* Algorithmus. Algorithmus und materielle Beschaffenheit des Gerätes fallen zusammen. Eine Unterscheidung ist nicht notwendig. Heute jedoch ist diese Unterscheidung zwingend. Denn was ein bestimmtes Gerät, ein vor uns stehender Computer macht, was er kann, hängt ab von dem Algorithmus, nach dem er gerade arbeitet. Der Algorithmus *ist* die Maschine, und das Gerät «Computer» kann eine unbegrenzte Anzahl verschiedener Maschinen darstellen.

Ein Algorithmus aber, eine genau festgelegte Reihenfolge von Zuständen, ist jedoch etwas, was man durchaus sinnvoll auf menschliches Verhalten beziehen kann. Insofern wir uns tatsächlich regelhaft, eindeutig und determiniert verhalten, ist dies auch durch Algorithmen adäquat beschreibbar.

Bereits im gewöhnlichen Alltagsgebrauch erfuhr der Maschinenbegriff eine Ausdehnung seines Bedeutungsumfanges, etwa wenn von der «Justiz-» oder der «Kriegsmaschine» die Rede war, und zwar vor allem in zwei Richtungen.

Einmal wird das wesentliche Kennzeichen einer Maschine in

deren unbarmherziger Regelmäßigkeit gesehen, in dem blinden Gehorsam gegenüber einem Gesetz, dessen Verkörperung sie darstellt. Diese Regelmäßigkeit aber muß nicht unbedingt etwas mit der Bewegung von Materie zu tun haben. Deshalb kann man auch von einer Bürokratie oder von einem Rechtssystem wie von einer Maschine sprechen. Zum anderen wird daran zugleich deutlich, daß ein wesentlicher Aspekt der Maschine mit der Übertragung von Informationen und nicht so sehr mit der von materiellen Kräften zu tun hat. Das Aufkommen aller Arten von elektronischen Maschinen, insbesondere des Computers, hat die Vorstellung von einer Maschine als Medium der Umwandlung und Übertragung von Kraft ersetzt durch das Bild eines Umwandlers von Information (Weizenbaum, 1978, S. 67f).

Dieser Alltagsbegriff der Maschine ist abstrakter als der wissenschaftlich formulierte klassisch-mechanische Begriff. Er orientiert sich weniger an der Zweckbestimmung als an den Kriterien des Funktionierens. Eine Maschine ist dann nichts anderes als eine spezifische Form der Organisation von Dingen, Menschen, Handlungszusammenhängen. Eigentlich exisitert diese Maschine gar nicht materiell, zumindest ist es unerheblich. Wichtiger ist vielmehr die Form der Beziehungen zwischen ihren einzelnen Komponenten und der Außenwelt. Durch die Systematik der Integration zu einem Ganzen werden die Teile zu Teilen einer Maschine, die in ihrem Kern immateriell ist, unsichtbar bleibt, aber in erkennbarer und abzugrenzender Weise sich zu ihrer Umwelt verhält. Das kann im Einzelfall ein flexibel angreifender Fliegerverband sein oder eine straff organisierte Sklavenmasse beim Pyramidenbau. Ein solches Alltagsverständnis von Maschine ist übrigens hervorragend geeignet, bestimmte Phänomene, wie sie von den Sozialwissenschaften untersucht werden, zu beschreiben, etwa das von Max Weber idealtypisch entfaltete Modell bürokratischer Herrschaft (1976, S. 551ff).

Und in der Tat haben wir unter der Hand, zwar noch auf der Ebene von Alltagssprache, aber doch schon sehr genau, den neuen transklassischen Maschinenbegriff eingeführt, wie er von Naturwissenschaftlern, Mathematikern und Technikern konzipiert wurde.

Einer sozialwissenschaftlichen Verwendungsfähigkeit kommt dieser Begriff deswegen sehr entgegen, weil die Kategorie des «Verhaltens» ins Zentrum der Definition gerückt ist. Diese Akzentverschiebung gegenüber dem klasssich-mechanischen Begriff ist nicht Ausdruck akademischer Spinnerei, sondern hatte ganz handfeste Gründe. Die Neuformulierung des Maschinenbegriffs wurde unausweichlich, um sowohl die materiellen als auch die immateriellen Bestandteile des Computers angemessen als Maschine erfassen zu können.

Wir wollen jetzt den neuen, bislang auf der Ebene von Alltagssprache eingeführten Maschinenbegriff präzisieren. Wir schließen uns hierbei den Überlegungen Ashbys an. Er definiert zunächst ganz allgemein: Eine

«Maschine» ist im wesentlichen ein System mit einem so gesetzmäßigen und sich wiederholenden Verhalten, daß wir in der Lage sind, gewisse Voraussagen darüber zu machen, wie es sich weiterhin verhalten wird (1974, S. 325). Dabei ist es völlig unerheblich, ob dieses System eine materielle Ausprägung erfahren hat oder nicht und wenn ja, von welcher Art sie ist.

Dem neuen Maschinenbegriff geht es nicht primär wie noch dem klassischen um Gegenständliches, sondern um Verhaltensweisen. Die Kernfrage lautet nicht: Was *ist* dieses Ding? Sie lautet: Was *tut* es? Letztlich geht es, Ashby folgend, um die Voraussage zukünftigen Verhaltens. Dabei lassen sich zwei Maschinentypen unterscheiden: die *determinierte* und die *stochastische*. Die exakte Definition der ersteren lautet folgendermaßen:

Eine *determinierte Maschine* ist definiert als etwas, das sich genau verhält wie eine *geschlossene eindeutige Transformation.*

Eine *Tranformation* ist eine Menge von *Transitionen* verschiedener *Operanden.*

Der *Operand* ist das, worauf eingewirkt wird, etwa menschliche Haut. Der *Operator* ist der einwirkende Faktor, etwa Sonnenstrahlen. Das *Transformierte* ist das, was unter Einwirkung des Operators auf den Operand entsteht.

Der Übergang, der sich eindeutig darstellen läßt durch «blasse Haut» – «gebräunte Haut», ist die *Transition.*

Die einzelnen Transitionen, die eintreten können, bilden zusammengefaßt die *Transformation.*

Also zum Beispiel:

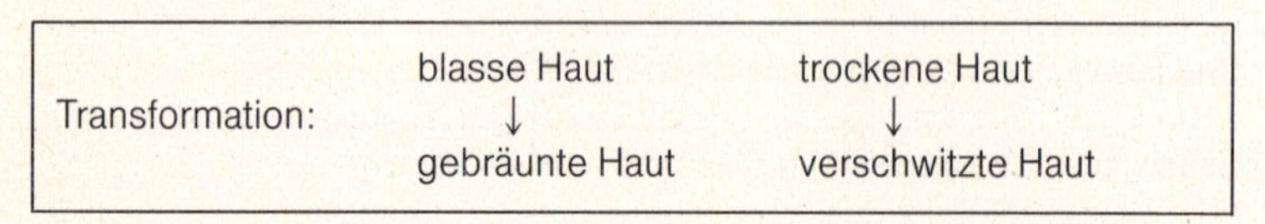

Abstrakt formuliert ergibt sich die folgende Darstellung:

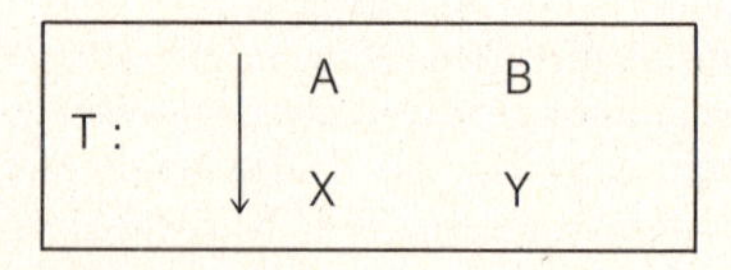

Lies: Die Transformation T überführt den Zustand A in den Zustand X, den Zustand B in den Zustand Y.

Geschlossen ist eine Tranformation, wenn die Elemente der Transformierten bereits in der Menge der Operanden enthalten sind. Das heißt durch die Transformation wird kein neues Element erzeugt.

Stellen wir uns als einfaches Beispiel vor, wir wollten einen Text verschlüsseln. An Stelle der richtigen Buchstaben setzen wir jedesmal den im Alphabet folgenden Buchstaben ein. Für jedes A ein B, für jedes B ein C usw., für jedes Z dann wieder ein A. Die Transformation sähe dann folgendermaßen aus:

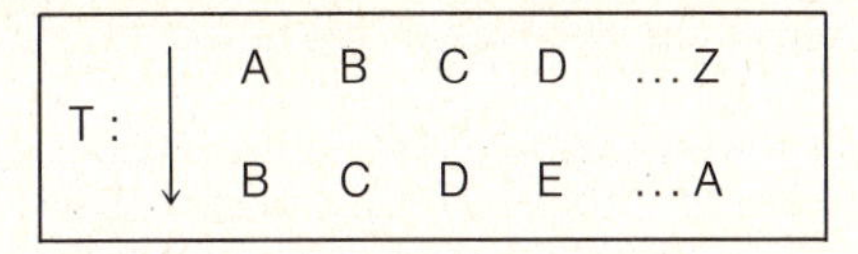

Die Menge der Ausgangszustände ist in der Menge der Eingangszustände bereits enthalten; beide Mengen sind identisch. Gleichzeitig haben wir damit ein Beispiel für eine *eindeutige* Transformation. Eindeutig ist eine Transformation dann, wenn jedem Operanden nur eine Transformierte zugeordnet ist. Ein Beispiel für eine mehrdeutige Transformation wäre folgende:

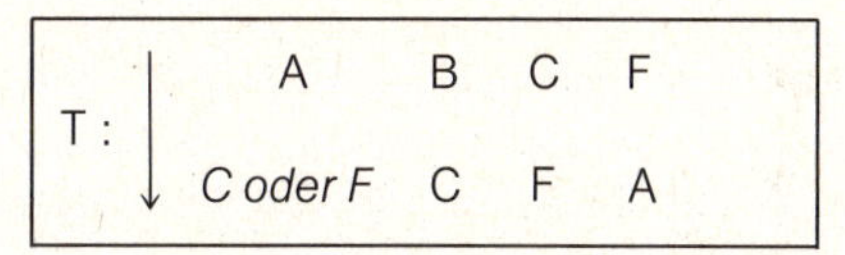

Das heißt, die Transition von A ist nicht eindeutig festgelegt.

Lebewesen, speziell Menschen, verhalten sich oft nicht mit der Eindeutigkeit, wie sie im eben dargestellten Maschinenbegriff gefordert ist. Aber wie zum Beispiel Wahlprognosen zeigen, ergibt sich im Durchschnittsverhalten einer großen Anzahl von Menschen eine oft geradezu verblüffende Eindeutigkeit und Berechenbarkeit. Sämtliche statistischen Verfahren arbeiten auf dieser Grundlage. Es ist häufig nicht vorhersehbar, was eine Person in einer bestimmten Situation tun wird, wohl aber ist die Wahrscheinlichkeit einer bestimmten Verhaltensweise oft sehr genau berechenbar.

In diesem Zusammenhang ist der Begriff der *stochastischen* Maschine von Bedeutung. Sie entspricht weitgehend der eben beschriebenen determinierten Maschine. Sie unterscheidet sich jedoch in einem Punkt: Während bei der determinierten Maschine *eindeutig* bestimmt ist, welcher neue Zustand auf einen jeweils erreichten folgt, ist dies bei der stochastischen Maschine nicht der Fall. Der jeweils folgende Zustand ist jedoch auch bei ihr nicht beliebig, sondern die Wahrscheinlichkeit, mit der die verschiedenen möglichen folgenden Zustände jeweils eintreten, ist festgelegt.

Das Verhalten der stochastischen Maschine liefert somit eine erstaunlich exakte Beschreibung durchschnittlichen menschlichen Verhaltens.

Wichtig hieran ist, daß beide Maschinentypen, der determinierte wie der stochastische, die Eigenschaft besitzen, Vielfalt zu begrenzen. Dadurch wird ihr Verhalten vorhersehbar. Und zwar hundertprozentig bei der determinierten Maschine. Tritt ein nicht vorgesehener Zustand ein, gibt es nur eine mögliche Erklärung, die Maschine ist defekt. Bei der stochastischen Maschine hingegen kann immerhin vorher berechnet werden, wie groß die Wahrscheinlichkeit ist, daß die verschiedenen möglichen Zustände eintreten.

Auch im menschlichen Verhalten sind entsprechende Einschränkungen vorhanden.[6] Durch Normen, Regeln, Gewohnheiten usw. ist unser alltägliches Verhalten praktisch auf relativ wenige Alternativen beschränkt. Unsere Vorstellungen vom korrekten bzw. angemessenen Verhalten sind uns dabei so selbstverständlich, daß uns dessen Begrenzung selten bewußt wird. Wenn sich dennoch jemand einmal ungewöhnlich verhält, «ausrastet» oder «verrückt spielt», klassifizieren wir dieses Verhalten genauso wie ein nicht vorgesehenes Verhalten der Maschine als Defekt.

Im folgenden wollen wir uns schwerpunktmäßig mit der Reduzierung der Vielfalt im menschlichen Verhalten und seinen gesellschaftlichen Bedingungen beschäftigen.

Bei der Verwendung des neuen Maschinenbegriffs für sozialwissenschaftliche Tatsachen handelt es sich nicht mehr, wie noch beim klassisch-mechanischen Maschinenbegriff, um eine bloße Metapher; eine Tatsache, die der Forschung im angelsächsischen und im französischen Sprachraum viel früher bewußt war, und die durchaus unterschiedliche Gründe hat. Sie drückt sich unter anderem auch darin aus, daß *zentrale Begriffe* der zeitgenössischen Naturwissenschaften, der Maschinentheorie und Mathematik, der Geistes- und Sozialwissenschaften weitgehend identisch sind: «Funktion», «Struktur», «Ordnung», «Reflexion», «Relevanzbereich» usw. (Günther, Band 2, 1979, S. 168; Elias, Bd. I, 1980 S. XLII). Zwei Gründe vor allem scheinen uns für diese Entwicklung verantwortlich: Einmal ist die Existenzform der modernen Maschine, die unser Zeitalter charakterisiert, tatsächlich abstrakter, formaler als die der alten Maschine. Mikroprozessoren sind winzig klein, und doch bewirken sie Großes; im Computer bewegen sich fast keine Teile, und doch bewegt er Welten.

6 An diesem Punkt unterscheiden sich zwei moderne soziologische Ansätze, die beide mit dem Anspruch auftreten, Alltagshandeln zu erklären. Während der *Symbolische Interaktionismus* sich dem Problem zuwendet, welchen Sinn die Interaktionspartner, auf der Basis dessen sie ja handeln, ihrem Verhalten zuschreiben, beschäftigt sich die *Ethnomethodologie* mit den formalen Strukturen des Alltagshandelns, der Frage also, wie die Mitglieder einer Gesellschaft es zuwege bringen, daß sie sich wechselseitig verstehen (Weingarten u. a., 1979, S. 20).

Die Geistmaschine hat die Körpermaschine abgelöst. Im Computer ist formale logische Struktur materialisiert.

Auf der anderen Seite, Folge zunehmender Vergesellschaftung ehemals getrennter Bereiche, findet eine immer stärkere Realmaschinisierung menschlichen Verhaltens und menschlicher Lebensbereiche statt. Formalisierte Theorien, wie die transklassische Maschinentheorie, können diese Verhaltensbereiche angemessen abbilden. So stellt etwa die kybernetische Pädagogik einen angemessenen ideellen Reflex *derjenigen* pädagogischen Handlungsfelder dar, die in der Realität bereits maschinisiert sind. Es scheint, daß sich Mensch und Maschine aufeinander zubewegen.

6. Mensch-Maschine-Schnittstellen

Üblicherweise wird die Schnitt- bzw. Berührungsstelle zwischen Mensch und Maschine als ein Verhältnis interpretiert, in dem beide sich einander äußerlich gegenüberstehen, hier der Mensch, dort die Maschine.

Nun ist unverkennbar, daß sich diese Schnittstelle im Zuge zunehmender Vergesellschaftung, Vernetzung und Vermaschung ehedem getrennter Lebensbereiche in den Menschen selbst hineinverlagert hat. Das hatte zur Folge, daß sich heute zwei wissenschaftliche Positionen gegenüberstehen. Auf der einen Seite wird ein hehres Ideal vom Menschen als autonomem, schöpferischem und unberechenbarem Wesen postuliert, auf der anderen Seite, so kann man ohne Übertreibung sagen, steht der Maschinenmensch, dessen algorithmisches Verhalten eine Wissenschaft vom Menschen als exakte überhaupt erst möglich machte. Unseres Erachtens stellen beide Auffassungen zutreffende Abbildungen realer Phänomene dar. Ihr ideologischer Gehalt besteht nicht so sehr in den Aussagen selbst, sondern vielmehr in ihrem universalistischen Erklärungsanspruch und ihrer mangelnden und einseitigen Begründung. Der Perspektivenwechsel, den wir in dieser Fragestellung einleiten wollen, führt zu einem fruchtbareren Erklärungsansatz. Dabei gehen wir von folgendem vereinfachtem Persönlichkeitsmodell[7] des industrialisierten Menschen aus, um unsere Aussagen zu verdeutlichen:

7 Der Leser wird bemerken, daß es sich hierbei um die graphische Darstellung eines formalen Modells handelt, das mit unterschiedlichen Inhalten gefüllt wer-

Maschinisierter Anteil der Persönlichkeitsstruktur	Nichtmaschinisierter Anteil der Persönlichkeitsstruktur

t_i

Das Gesamtgebilde soll die individuelle, gesellschaftlich durchschnittliche Persönlichkeitsstruktur des Menschen zum Zeitpunkt t_i darstellen, zum Beispiel im Jahr 1982.

Die Schnittstelle zwischen maschinisierten und nicht-maschinisierten Persönlichkeitsanteilen wird durch den Querstrich markiert. Dieser Strich kann sowohl im historischen Maßstab nach links als auch nach rechts wandern. Im ersten Fall bedeutet es eine Abnahme maschinisierter Strukturanteile, im zweiten eine Zunahme. An verschiedenen Beispielen wollen wir diesen Vorgang etwas näher erläutern.

6.1 Die Abnahme maschinisierter Persönlichkeitsanteile beim Menschen – die Geburt der neuen Maschine

Die Computertechnologie ist in zweifacher Weise falsch eingeschätzt worden. Einmal wurde sie maßlos *über*schätzt. Sie wurde als Bedrohung empfunden. Es bestand und besteht die Angst, daß scheinbar genuinmenschliche Fähigkeiten, also solche, die den Menschen von anderen Lebewesen oder Dingen unterscheiden, wie zum Beispiel die Fähigkeit zu denken, dem Menschen entzogen und in die Maschine hineinverlagert werden. Ohne Zweifel zeigt dieser Maschinentyp Eigenschaften, die das menschliche Bewußtsein bisher ausschließlich dem beseelten Leben zugerechnet hat. Es mag beunruhigend klingen, aber es führt kein Weg an der Tatsache vorbei, daß Computer Differentialgleichungen lösen, algebraische und logische Theoreme prüfen, Entscheidungen treffen können, daß sie Gedächtnis haben, lernfähig sind, Spielstrategien entwickeln und mathematische Beweise entdecken (Günther, Band 3, 1980, S. 226).

Wenn auch, wie wir im ersten Kapitel von Teil I gesehen haben, die

den kann. Soziologen zum Beispiel könnten dieses Diagramm auch als Interaktionsszene interpretieren, wobei der linke Teil des von der Situation abgeforderten Verhaltens hochstandardisiert ist (Erklärungsbereich der traditionellen Rollentheorie und der Ethnosoziologie), während der rechte Teil Freiheitsgrade beläßt (Erklärungsbereich des Symbolischen Interaktionismus). Der linke Teil ließe sich zudem noch weiter differenzieren in einen determinierten und einen stochastischen.

Fähigkeiten der «Denkmaschine» eindeutige Grenzen besitzen[8], und die diffuse Angst, daß objektive, physische Prozesse die Rolle der Seele übernehmen könnten, unbegründet ist, so handelt es sich doch um die Aneignung gerade jener geistigen Prozesse durch die Maschine, die als kennzeichnend für das menschliche Vermögen überhaupt, zum Beispiel im Vergleich zum Tier, angesehen wurden. Rationale Vernunft, abstraktes Denken wurden und werden von vielen als die höchste Stufe des Denkens, ja, des Menschseins angesehen. Gerade in diesem Bereich ist die Maschine außerordentlich erfolgreich.

Die Umwälzungen, denen wir gegenüberstehen und die durch die neue Maschine ausgelöst wurden, verursachen daher verständlicherweise Angst. Denn entweder muß man zugeben, daß die neue Maschine denkt, oder der traditionelle Begriff von «Denken» muß radikal neu definiert werden (Günther, Band 1, 1976, S. 87f; Lacan, 1980, S. 44ff, S. 98ff, S. 383ff).

Neben dieser *Über*schätzung der Möglichkeiten des Computers – der Angst des vollständigen Ersatzes des Menschen durch die Maschine – ist die *Unter*schätzung dieser Möglichkeiten ebensoweit verbreitet. Der Computer wird als Rechenautomat, nur zur quantitativen Datenverarbeitung fähig, unterschätzt. Auch wenn die quantitative Verarbeitung von Daten zur Zeit das Hauptanwendungsgebiet von Computern sein mag, sind seine Möglichkeiten damit in keiner Weise erschöpft.

Seine Bedeutung liegt vielmehr, wie bereits gesagt, darin, daß bestimmte Eigenschaften und Verhaltensweisen, die vormals nur dem lebendigem Vermögen des Menschen zugeordnet wurden, nun als materielle Maschine objektive Gestalt angenommen haben, sich als Teilbereich menschlichen Denkens verselbständigt haben.

Dieser Vorgang läßt sich als eine zunehmende Entmythologisierung geistiger bzw. psychischer Qualitäten des Menschen begreifen, so wie vorher durch die klassisch-mechanischen Wissenschaften Erscheinungen der toten Natur entmythologisiert wurden, wie zum Beispiel das Phänomen eines Gewitters, also Blitz und Donner.

Schon die Schriftzeichen stellten ja einen, wenn auch primitiven Ob-

8 Ein zentrales Unterscheidungskriterium zwischen Mensch und Maschine, das immer existieren wird, besteht darin, daß eine Maschine potentiell zwar über Bewußtsein verfügen, nie jedoch die Stufe von Selbstbewußtsein erreichen kann. Es gibt unterschiedliche Begründungen hierfür. Günther verweist auf sprachtheoretische Überlegungen, die auf Tarski zurückgehen. Tarski unterscheidet vier Sprachebenen. Auf der höchsten, der vierten Ebene definierte Sprachen verfügen über Ausdrucksvariablen beliebig hoher Ordnung. Das sei Voraussetzung für Selbstbewußtsein. Eine Maschine könne allenfalls eine Sprachebene erreichen, auf der die Ausdrucksvariablen begrenzt sind, die dritte Ebene, auf der zwar Bewußtsein, aber nicht Selbstbewußtsein, Selbstreflexion möglich sei (vgl. Günther, Bd. 1, 1976, S. 98f; 1978, S. 142f).

jektivierungsprozeß des Geistes dar. In ihnen gibt sich der Geist gleichsam eine äußere Gestalt. Aber die Erfindung der Schrift war nur ein erster, sehr vorläufiger Schritt. Heute zeigt sich, daß viel umfangreichere Bereiche des Geistes, der Psyche objektiviert werden können, daß sie sehr wohl losgelöst vom einzelnen Menschen in der Maschine existieren können.

Die Annahme, daß abstraktes, rationales Denken das eigentlich Menschliche sei, führt letztlich zur Konsequenz, daß es das Maschinenhafte sei, was den Menschen ausmache, sonst müßten die Spezifika des Menschen auf ganz anderen Gebieten gesucht werden.

Was aber heißt das nun alles, bezogen auf unser obiges Schema? Es bedeutet, daß der Querstrich, der die Mensch-Maschine-Schnittstelle innerhalb des Menschen selbst anzeigt, sich nach links verschiebt, weil Qualitäten, die einmal als genuin menschlich angesehen wurden und sich nun tatsächlich als maschinell herausstellen, aus dem Menschen ausgelagert werden und so Platz machen für eigentlich menschliche Qualitäten, was immer dies für konkrete Folgen haben mag. Die Persönlichkeitsstruktur des Menschen, die schon immer beide Aspekte beinhaltet, menschliche und maschinelle, wird von Maschinenstrukturen befreit, entlastet. Die Mensch-Maschine-Schnittstelle für diesen Bereich verlagert sich tendenziell nach außen. Auf der anderen Seite verselbständigen sich die objektivierten Bereiche des menschlichen Geistes und gewinnen erhebliche Macht über ihre Urheber.

Der Prozeß der Abtrennung von Anteilen aus dem Bereich menschlicher Subjektivität hat seine Grenzen: Es wird nur soviel in die Kybernetik, in die neue Maschine überführt, wie mit den dort zur Verfügung stehenden statistischen und anderen logisch-mathematischen Methoden bearbeitet werden kann. Diese Abspaltung von maschinisierbaren Denkfunktionen beinhaltet durchaus befreiende Momente. Sie zwingt uns, unsere Wertmaßstäbe zu verändern; präzises, eindeutiges, abstraktes Denken können wir getrost der Maschine überlassen. Günther formuliert diesen Zusammenhang etwas pathetisch, aber eindrucksvoll: Aus dem Bereich einer bis heute für unverletzlich und unberührbar gehaltenen Subjektivität werden zwar bestimmte Schichten eines angeblich Innerlichen abgespalten und als nicht-innerlich und als scheinsubjektiv entlarvt, aber «die Kritiker, die beklagen, daß die Maschine uns unsere Seele ‹raubt›, sind im Irrtum. Eine intensivere, sich in größere Tiefen erhellende Innerlichkeit stößt hier mit souveräner Gebärde ihre gleichgültig gewordenen, zu bloßen Mechanismen heruntergesunkenen Formen der Reflexion von sich ab, um sich selber in einer tieferen Spiritualität zu betätigen» (Günther, Band I, 1976, S. 90; Band 3, 1980, S. 224; 1963, S. 34f).

Der Mensch verliert dadurch substantiell nichts von seiner Persönlichkeit; er entlastet sich von historisch überflüssigem Ballast. Dieser

Aspekt wird von der konservativen Kritik ebenso wie von denen, die eine diffuse Angst vor den Fähigkeiten der Computer empfinden, immer übersehen.

6.2 Die Zunahme maschinisierter Persönlichkeitsanteile beim Menschen – die Geburt des vergesellschafteten Menschen

In diesem Abschnitt geht es darum, Gegentendenzen, also die Maschinisierung des Menschen und seines Verhaltens, zu beschreiben und Gründe hierfür anzuführen.

Bezogen auf die Graphik S. 156 geht es darum zu zeigen, daß und warum der Querstrich, der die Mensch-Maschine-Schnittstelle innerhalb des Menschen selbst anzeigt, sich nach rechts verschiebt, wenn Verhaltensmuster, die als genuin maschinell, nicht menschlich angesehen wurden, zunehmend in den Menschen selbst hineinverlagert werden, zur Psychostruktur verhärten.

Wie kann man sich die (Teil-)Maschinisierung der menschlichen Persönlichkeit vorstellen? Was hat sich verändert? Sehen wir uns dazu noch einmal die Eigenschaften der modernen, logischen Maschine an. Sie ist universell, im Gegensatz zur alten, mechanischen Maschine ist sie nicht mehr an einen *bestimmten* Inhalt gebunden. Die Befreiung von einem bestimmten Inhalt bedeutet die Möglichkeit, *jeden* Inhalt anzunehmen.

Inhaltliche Festlegung ist gewesene Freiheit. Die verschiedenen Möglichkeiten, die der Konstrukteur gehabt hatte, sind vergeben, wenn die klassische Maschine konstruiert ist. Von den vielen Möglichkeiten ist nur eine übrig geblieben, die, für die sich der Konstrukteur entschieden hat.

Die Formalisierung der Maschine hingegen bedeutet Verallgemeinerung; Leerstellen, die beliebig ausgefüllt werden können. Die inhaltlich nicht festgelegte, moderne Maschine verkörpert also Freiheit. Freiheit für wen? – Sicher nicht für die Maschine. Wohl aber für den, der sie nutzt, der über sie verfügt.

Formalisierung, Verregelung und die «Befreiung» von festgelegten Inhalten betreffen nun nicht allein die Maschinenentwicklung. Hierbei handelt es sich um Prozesse, die für die gesellschaftliche Entwicklung insgesamt kennzeichnend sind. Formale Regelsysteme, maschinelle Verhaltensweisen, vermitteln zunehmend den gesellschaftlichen Zusammenhalt. Was bedeutet das für den Menschen? Auch er muß sich aus inhaltlichen Bindungen lösen. Aus regionalen Bindungen, religiösen Bindungen, Bindungen an bestimmte Gegenstände und Vorlieben. Er wird welt*offen* und mobil.

Zum Beispiel die Arbeitskraft: die konkreten Arbeitsanforderungen ändern sich permanent. Konjunkturelle Zyklen, technische Innovationen und Rationalisierungen, internationale Konkurrenz erzeugen eine ständige Bewegung der Kapitale. Die Arbeitskräfte sind dabei Verfügungsmasse; sie können nur akzeptieren, was ohnehin geschieht. Sie müssen «frei» sein, um sich diesen Bewegungen anpassen zu können. Die Arbeitskraft, die ein Leben lang in Bergkamen wohnen und arbeiten möchte, die Freunde und Verwandte, Haus oder Garten nicht verlassen möchte, oder jene, die ihr Arbeitsleben der Tischlerei verschrieben hat, haben auf Dauer schlechte Karten. Solche inhaltlichen Bindungen müssen überwunden werden. An die Stelle je spezifischer inhaltlicher Bindungen treten allgemeine, intersubjektive Orientierungen und Verhaltensweisen.

Für die Maschine «Fabrik» bedeutet die Bindungslosigkeit ihrer Elemente, der Arbeitskräfte, Beweglichkeit. Freiheit für den, der über die Fabrik verfügt. Für die Maschine selbst jedoch und ihre Einzelteile bedeutet die Freiheit immer nur die Freiheit, sich anpassen zu können.

Die freie Verfügbarkeit des Menschen erfordert einerseits die Lösung von bestimmten Inhalten. Andererseits aber die Einordnung in intersubjektive und formale Strukturen. Das sind zum Beispiel ein und dieselbe Hochsprache, allgemeinverbindliche Sitten und Gebräuche, normierte Denk- und Verhaltensweisen und die Reglementierung durch das Leben in einer Umgebung von körperlichen Maschinen.

Im letzten Jahrhundert hat es in dieser Hinsicht dramatische Veränderungen gegeben. Elias beschreibt, wie sich in dieser Zeit das individuelle Verhalten verändert, wie sich allgemeinverbindliche Regeln des Verhaltens durchsetzen, und vor allem, wie diese Verhaltensregeln immer mehr in das Individuum hineingenommen werden, immer mehr zum Selbstzwang werden, nachdem sie anfangs gar nicht beachtet oder mit äußerer Gewalt durchgesetzt werden mußten. Im Verlauf zunehmender gesellschaftlicher Vernetzung bilden sich Nationalstaaten heraus, setzen sich einheitliche und vereinheitlichende Hochsprachen durch und etabliert sich ein öffentliches Schulwesen, das diese vereinheitlichenden Tendenzen noch verstärkt. Interaktionssituationen und Verhaltensrepertoires werden standardisiert. Das ist notwendig, weil sie sich auf der einen Seite als Folge zunehmender Arbeitsteilung ständig ausdifferenzieren, auf der anderen Seite aber zu einem funktionierenden Ganzen wieder integriert werden müssen.

Zugleich wandeln sich die Individualstrukturen. Die Affektkontrollen differenzieren sich gleichfalls und festigen sich. Individuelle Affektimpulse werden von der motorischen Apparatur abgesperrt. Spontaneität und unreflektierte Selbstzentriertheit des Denkens, wie wir es nur noch von kleinen Kindern kennen, machen einer distanzierteren Betrachtungsweise Platz. Äußere Fremdkontrolle wird durch individuelle Selbstkontrolle ersetzt. Distanz zu sich selbst, Selbstkontrolle, all das führt zur Entstehung eines autonomen Ich und einer ihm äußeren Gesellschaft, zumindest wird es so erlebt. Gegenseitige Rücksichtnahme wird zusehends wichtiger und Höflichkeit ohne affektive Beteiligung. Der Druck, den die Menschen aufeinander ausüben, wird sanfter, rücksichtsvoller, aber um vieles wirksamer.

Die Aussonderung «natürlicher» Verrichtungen aus dem öffentlichen Leben, das stetige Anheben der Peinlichkeitsschwelle und die entsprechende Regelung bzw. Modellierung des Trieblebens wird erleichtert, weil mit der wachsenden Empfindlichkeit zugleich ein technischer Apparat entwickelt wird, der dieses Problem der Ausschaltung solcher Funktionen aus dem gesellschaftlichen Leben und ihre Verlegung hinter die Kulissen einigermaßen befriedigend löste. Der Prozeß der seelischen Veränderung, das Vorrücken der Schamgrenze und der Peinlichkeitsschwelle ist zwar nicht mit der Entwicklung der Technik zu erklären, aber nachdem einmal mit der Veränderung der menschlichen Beziehungen eine Umformung der menschlichen Bedürfnisse in Gang gesetzt war, bewirkt die Entwicklung einer dem veränderten Standard entsprechenden technischen Apparatur eine außerordentliche Verfestigung der veränderten Gewohnheiten. Diese Apparatur dient zugleich der ständigen Reproduktion des Standards und seiner Ausbreitung (Elias, 1980, Band 1, S. 189f).

Eine solche Ummodellierung des Menschen, ähnlich wie Elias sie beschreibt, findet gegenwärtig in einem noch kaum abzusehenden Ausmaß statt. Gerade gegenwärtig wird in aller Deutlichkeitkeit sichtbar, wie durch lebensgeschichtlich frühe Sozialisationsprozesse die Psychostruktur automatengerecht geformt wird. Computer dringen in das Kinderzimmer, in den Kindergarten und in die Vorschulerziehung ein. Schon früh bringen sie den Kindern logisches Denken bei und erziehen sie zu einem Verhalten, das durch Algorithmen beschreibbar ist. So stellt der Informatiker Dr. Peter Schnupp seinen Kindern zu Hause als Lebenshilfe den Tisch-Computer «Hewlett Packard 85» zur Verfügung. Mit dem fragen sie sich zum Gaudium der Familie unter anderem ihre lateinischen Vokabeln ab (Brügge, 1982, S. 110).

An anderer Stelle lesen wir, wie die fünfjährige Erika Kreuziger mit ihrem dreijährigen Freund Peter an einem Computer im Kindergarten ein Reimspiel probt. Die beiden lernen dabei lesen und erweitern ihren Wortschatz. An einem anderen Computer lernt Julia indessen Logo. Das ist eine Programmier-Sprache, die der Bostoner Professor Seymour Papert speziell für Kinder vom dritten Lebensjahr an entwickelt hat. Indem sie eine kleine Schildkröte über den Bildschirm lenkt, lernt Julia mit allen Tasten des Geräts umzugehen. Sie lernt Graphiken entwerfen und sie eignet sich, ohne es zu merken, im Kinderspiel alle wichtigen Operationen der sogenannten «algorithmischen Logik» an. Das ist die Denkmethode, nach der alle, auch die schwierigsten Computer-Programme gemacht werden. Dazu meint die Kindergärtnerin: «Diese Kinder müssen im 21. Jahrhundert leben und arbeiten. Sie werden keinen Job bekommen, wenn sie nicht in der Schule gelernt haben, mit dem Computer so selbstverständlich umzugehen wie die Kinder des 19. Jahrhunderts mit der Schiefertafel.»

Auf die Frage, ob denn das kalte elektronische Gerät nicht etwas Unkindliches sei, ob es den Kleinen nicht Angst mache, schüttelt sie den Kopf: «Wir haben hier schon ein Angst-Problem. Aber nicht mit den Kindern, sondern mit den Eltern.» Nicht die Kinder haben Angst vor dem Computer, sondern die Erwachsenen (Zander, 1982, S. 57f).

Offenbar sind wir hier Zeuge, wie sich langfristig die Psychostruktur des durchschnittlichen Menschen unserer heutigen Zeit verändert.

Die Intersubjektivität unseres Handelns und Denkens ist verborgen hinter der individuellen Fülle von Verhaltensweisen und -möglichkeiten. Obwohl sich jedes Individuum in unverwechselbarer Weise vom anderen unterscheidet, gibt es gleichwohl grundsätzliche Gemeinsamkeiten im Verhalten aller Mitglieder einer Gesellschaft. Diese Gemeinsamkeiten sind uns gewöhnlich so selbstverständlich, daß wir sie gar nicht mehr bemerken. Die individuellen Unterschiede drängen viel stärker ins Bewußtsein. Erst der Vergleich mit anderen Kulturen und Geschichtsepochen macht das Ausmaß dieser Gemeinsamkeiten innerhalb einer Kultur deutlich.

Eine andere Möglichkeit, sich dieses Ausmaßes an Gemeinsamkeiten innerhalb einer Kultur bewußt zu machen, besteht darin, Selbstverständlichkeiten nicht mehr als selbstverständlich zu behandeln. Diese Methode wurde von dem Soziologen Harold Garfinkel angewandt, um die Regeln, die unseren Alltag strukturieren, zu erforschen. Gerade im privaten, zwischenmenschlichen Bereich glauben wir, uns besonders spontan und individuell zu verhalten. Die von Garfinkel initiierten «Krisenexperimente» machten sehr schnell die tatsächliche Regelhaftigkeit unseres Verhaltens auf drastische Weise deutlich (1967, S. 35–75; sinngemäße Übersetzung durch uns).

In den Krisenexperimenten wurden Studenten angeleitet, Freunde oder Bekannte in gewöhnliche Gespräche zu verwickeln und dann, ohne darauf hinzuweisen, daß irgendeine Absicht dahinter stecke, Unwissen über alltägliche Ausdrücke und Routinen vorzugeben: etwa wenn ein Bekannter aufgeregt berichtete, seine Freundin habe einen Platten und brauche Hilfe, zu fragen, was das heiße, sie habe einen «Platten»?[9] Oder die Studenten erhielten die Aufgabe, sich bei ihren Familien aufzuhalten und sich dort die ganze Zeit so zu benehmen, als seien sie Fremde in ihrem eigenen Zuhause. Andere wiederum wurden dazu ausgebildet, irgend jemanden in ein Gespräch zu verwickeln und dabei zu unterstellen, diese

9 Dieses Beispiel haben wir aus sprachlichen Gründen etwas abgewandelt. Es geht auf Fall 1 bei Garfinkel (1967, S. 42) zurück.

andere Person versuche, sie zu hintergehen oder zu betrügen. Oder sie wurden dazu angeleitet, mit Leuten zu sprechen und sich ihnen dabei soweit zu nähern, daß sich ihre Nasen fast berührten.

Beispiel 1 (Fall 5)
Mein Freund sagte zu mir: «Beeile dich oder wir kommen zu spät.» Ich fragte ihn, was er mit ‹zu spät› meine und von welchem Blickwinkel aus er von ‹zu spät› sprechen wolle. Ein Ausdruck von Verwirrung und Zynismus lag auf seinem Gesicht: «Warum stellst du mir solche blöden Fragen? Eine solche Feststellung brauche ich wohl nicht zu erklären. Was stimmt denn heute mit dir nicht? Warum sollte ich mich damit aufhalten, solch eine Feststellung zu analysieren? Jeder versteht meine Darlegungen, und du solltest da auch keine Ausnahme machen.»

Beispiel 2 (Fall 6)
Das Opfer winkte freundlich.
(VP) «Wie steht's?»
(E) «Wie steht es mit was? Meiner Gesundheit, meinen Geldangelegenheiten, meinen Aufgaben für die Hochschule, meinem Seelenfrieden, meinem ...»
(VP) (rot im Gesicht und plötzlich außer Kontrolle) «Hör zu! Ich unternahm gerade den Versuch, höflich zu sein. Offen gesprochen, kümmert es mich einen Dreck, wie es mit dir steht.»

Auf den ersten Blick erscheinen diese Demonstrationen wie College-Albernheiten, aber das Bild vom «harmlosen Spaß» verblaßt, wenn man die Reaktionen der «Opfer» sieht: Sie wurden nervös und ängstlich, ihre Gesichts- und Handbewegungen ... unkontrolliert. – Streitsüchtige, zänkische und feindliche Motivationen wurden in verwirrender Form sichtbar. – Es gab Erbitterung und wütende Gereiztheit, es kam häufig zu scheußlichen Entwicklungen. – Sie bekamen nun wirklich das Gefühl, irgendwie gehaßt zu werden.[10]

Versuchte Vermeidung, äußerste Verlegenheit und Ausweichversuche waren typische Reaktionen; und neben all diesen Verunsicherungen noch die des Ärgers, der Hoffnung, der Furcht.

Geläufige Routinen und Rituale werden plötzlich zum Problem. Die gequälten Reaktionen der Opfer zeigen das ganz deutlich. Ihr Verständnis von sozialer Realität wurde verletzt, ihre Fähigkeit, damit umzugehen, eindeutig überfordert. Verkehrsformen und die ihr entsprechenden Kommunikations- und Interaktionsqualifikationen, die bisher fraglos, selbstverständlich und der Situation und Rollenerwartung angemessen verwendet werden konnten, passen plötzlich nicht mehr zusammen. Man verfügt über das falsche Werkzeug für die gestellte Aufgabe.

10 Auszüge in deutscher Übersetzung finden sich bei Steinert, 1973, S. 280–293.

In solchen Szenen wird deutlich, daß Interaktions- und Kommunikationsqualifikationen letztlich nicht selbstverständlich, gleichsam anthropologische Grundkonstanten sind. Vielmehr bedarf es eines enormen Sozialisationsaufwandes, um sie dauerhaft in den Individuen zu verankern. Man stelle sich einmal vor, diese Fähigkeiten müßten jedesmal neu erzeugt werden, etwa in einer kritischen Situation innerhalb des Produktionsprozesses, wo jeder sich auf den anderen verlassen können muß und davon ausgeht, daß alle Beteiligten über weitgehend identische Interaktionsqualifikationen verfügen, die keinen Anlaß zu Mißverständnissen geben. Die Auswirkungen wären katastrophal.

Unser Denken und Verhalten ist in einem weitaus stärkeren Maß normiert und regelhaft, als wir gemeinhin bereit sind zuzugestehen. Hierbei handelt es sich um einen realen Prozeß, der unter anderem auch in den Wissenschaften vom Menschen seinen Niederschlag findet.

In den verschiedenen Wissenschaftsdisziplinen werden Theorien und Modelle zunehmend in einer formalen Sprache formuliert, die es tendenziell gestattet, sie von einem Bereich auf den anderen zu übertragen. Im Rahmen dieses Buches können wir auf diesen Sachverhalt nur Hinweise geben. Dabei werden wir den einzelnen Ansätzen natürlich in keiner Weise gerecht. Trotzdem scheint ein solches Vorgehen uns gerechtfertigt. Wir meinen, daß es von allgemeinem Interesse sein muß, Zusammenhänge, die sich hier abzuzeichnen beginnen, unter maschinentheoretischem Aspekt weiter zu verfolgen und eingehender zu untersuchen. Die folgenden Ausführungen haben lediglich Hinweis- und Beispielcharakter.

Wenn ein Mensch eine bestimmte Rolle übernimmt, muß die Umwelt sich darauf verlassen können, daß er sich in den entscheidenden Situationen rollengemäß verhält, als Chirurg zum Beispiel nicht anfängt, mit uns zu beten, statt uns zu operieren, oder kurz vor dem Eingriff sagt, er hätte heute doch keine Lust, weil das Wetter so schön sei.

Rollenvorschriften lassen sich als Algorithmen formulieren. Wie Algorithmen haben sie Entlastungsfunktion. Sie reduzieren und strukturieren (soziale) Komplexität. Gerade deshalb eignen sie sich hervorragend zur Beschreibung und Analyse maschinisierter (menschlicher) Verhaltensweisen.

Wir wollen den Zusammenhang zwischen Algorithmus und Rollenvorschrift etwas näher ausführen. Als Grundlage unserer Argumentation dient das folgende verallgemeinerte Modell des konventionellen Rollenkonzepts[11]:

11 Hierbei handelt es sich um ein sehr rigides Rollenmodell. Zwischenzeitlich hat es in der soziologischen Theorie Ausdifferenzierungen gegeben bis hin zu den aktuellen Interaktionstheorien. Wir meinen jedoch, daß mit dieser Entwicklung die älteren, rigiden Modelle historisch nicht überholt sind. Wir würden die

- Die Rolle enthält eindeutige Verhaltensanweisungen für zentrale Tätigkeitsbereiche.
- Die Rollennorm und die Interpretation dieser Norm durch den Rollenträger stimmen überein.
- Jeder Situation ist eine Rollennorm eindeutig zugeordnet.
- Die Interpretationsfolien der Interaktionspartner stimmen überein.
- Stabilitätskriterium für die Institution ist, daß der Handelnde die Rolle automatisch erfüllt. Im Extremfall spielt er nicht die Rolle; er ist die Rolle.

Wir haben bereits darauf hingewiesen, daß Menschen sich in vielen Situationen ihres Alltags eindeutig, vorhersehbar und regelhaft verhalten. Diese Tatsache ist unbestritten. Sie erleichtert uns das Zusammenleben, hilft uns, Alltagssituationen problemloser zu bewältigen. Nehmen wir an, zwei *Personen* (Rollenträger) treten in einer bestimmten (definierten) *Situation* in eine *Interaktion* (wechselseitig verschränkte Handlung) zueinander ein. Ihr Verhalten wird sich danach richten, wie sie die Situation definieren und welche Erwartungen sie gegeneinander hegen. Die sich daraus entwickelnde Szene spielt sich nach bestimmten Gesetzmäßigkeiten ab, die von der Rollentheorie modellhaft, das heißt formal, unter Absehung der personalen Ganzheiten, etwa Max Meier oder Frieda Schulze, abgebildet wird. Einfaches Beispiel: Ein Mann betritt das Behandlungszimmer eines Arztes. Er inszeniert die Rolle «Patient» (R_1), unabhängig davon, was er privat und sonst noch alles darstellen mag. Die Situation ist, schon auf Grund der örtlich-zeitlichen Gegebenheit (Behandlungszimmer, Sprechstunde), eindeutig, ebenso die Erwartungen. Das Rollenspiel kann beginnen. Er trägt seinem Gegenüber die Leiden vor, die ihn in eine Arztpraxis getrieben haben. Sein Gegenüber inszeniert komplementär dazu die Rolle «Arzt» (R_2), nicht etwa die vielleicht auch mögliche «Ehemann», «Liebhaber seiner Sprechstundenhilfe», «Baseballspieler» oder «Zeuge Jehovas».

Bezogen auf die oben dargestellten Eigenschaften einer determinierten Maschine (Transformation, Eindeutigkeit, Geschlossenheit), entspricht dem Rollenrepertoire die Menge der Operanden einer Transformation. Es weist die Eigenschaft der *Ein*deutigkeit auf, denn auf eine bestimmte Situation wird mit einer entsprechenden Rollenvorschrift reagiert. Und

unterschiedlichen Modelle eher verschiedenen sozialen Relevanzbereichen zuordnen. Einen Überblick über die soziologischen Rollen- und Interaktionstheorien gibt Joas (1980).

es weist die Eigenschaft der Geschlossenheit auf, denn es werden nicht spontan völlig neue Rollen erzeugt, generiert. Das Transformationsmuster ließe sich dann schreiben in der Form:

$$R : \begin{array}{c} R_1 \\ \downarrow \\ R_2 \end{array}$$

oder in verallgemeinerter Form, zum Beispiel, wenn die Situation die Aktualisierung verschiedener Rollen erfordert:

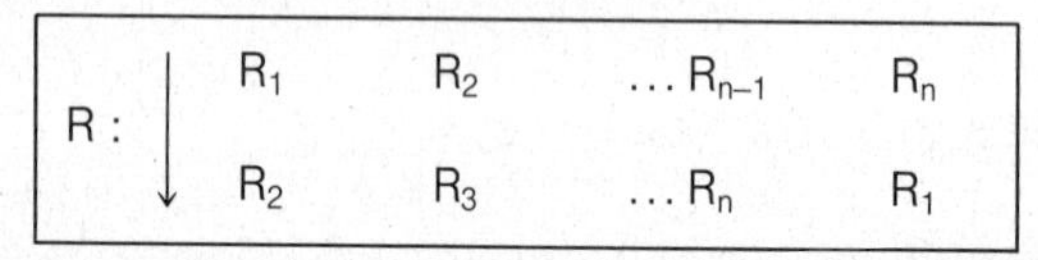

In unserem Beispiel war die Situation eindeutig. Sie muß es aber nicht sein. Daraus können sich dann durchaus schwerwiegende Interaktionsprobleme ergeben, etwa wenn der Patient ebenfalls ein Arzt, ein Kollege ist und partout nicht von seiner Arztrolle lassen will. Diese Situation wäre in unserem obigen Modell nicht abbildbar. Es diente ja auch nur zu Demonstrationszwecken.

Die Transformation stellt also die Mechanik des maschinisierten Interaktionsprozesses dar oder, wenn man so will, den Code industrialisierter Handlungsmuster zwischen einzelnen Gesellschaftsmitgliedern in ihrer Funktion als Rollenträger, etwa in der Form: «Wenn du eine Situation als X-Situation interpretierst, deren Bestandteil die Rolle R_i (Patient) ist, dann hast du die dazu komplementäre Rolle R_j (Arzt) zu generieren, unabhängig davon, welche Rolle du gerade innehaben solltest.»

Eine Regel, eine Rollenvorschrift verbindet, wie das Beispiel gezeigt hat, eine Situation mit einer Handlung. Die Rollenvorschrift läßt sich dabei maschinentheoretisch als Algorithmus interpretieren. Ohne großen Aufwand ließen sich solche Algorithmen auch ethnosoziologisch formulieren, zum Beispiel als Alltagshandlungen mit den Eigenschaften von Uniformität, Reproduzierbarkeit, wiederholtem Auftreten, Standardisierung, wobei sie in diesen abstrakten Eigenschaften unabhängig sind von den Gruppen, von denen sie konkret produziert werden, das heißt, obwohl sie praktische, situationsbezogene Leistungen dieser Gruppen sind (Garfinkel und Sacks, 1979, S. 133).

Der Vorteil routinisierter, maschinenhafter Verhaltensstrategien besteht darin, die Komplexität des Alltagsgeschehens zu reduzieren, Verhalten prognosefähig und antizipierbar zu machen und dadurch das jedesmalige, zeitaufwendige Aushandeln situationsangemessenen Verhaltens zu umgehen bzw. abzukürzen. In hoch vergesellschafteten, arbeitsteiligen und dadurch anonymen Beziehungs- und Interaktionsstrukturen muß ich mich einfach darauf verlassen können, daß der andere sich so verhält, wie ich erwarte, daß er sich verhält, und wie er erwartet, daß ich weiß, wie er sich zu verhalten hat, damit wir beide handlungsfähig bleiben, ohne über langwierige Diskussionen unser gegenseitiges Verhalten erst auszuhandeln und aufeinander abzustimmen (Berger, Luckmann, 1977, S. 31 ff, S. 56 ff, S. 163).

Handlungen werden in geordneter, methodischer Form durchgeführt, ohne daß einem das jedesmal bewußt ist. Die Ethnosoziologie hat diesen Tatbestand zum zentralen Objekt ihrer Forschungen gemacht. Nicht von ungefähr gerät sie dadurch in die Nähe der modernen Sprachwissenschaft und der für sie typischen Regeldefinitionen[12]:

«Soziale Handlungen ... bedürfen in analoger Weise wie eine Sprache für ihr geordnetes, verstehbares, interaktionsfähiges Zustandekommen einer Grammatik. Die Ethnomethodologie sieht ihre Aufgabe darin, die den Handlungen zugrunde liegende Struktur aufzuzeigen, die Kategorien und Regeln, aus denen sie besteht, zu entwickeln ... Die Parallele dieser Sichtweise zur modernen Grammatiktheorie, der Erzeugungsgrammatik im Sinne der von N. Chomsky, ist natürlich keineswegs zufällig. Die Art und Weise der Problemdefinition ist vielmehr nahezu identisch» (Weingarten u. a., 1979, S. 15). Diesen Aspekt von Sprache, der sich auch als Ausdruck von Maschinisierung definieren läßt, haben wir ausführlicher, aber wiederum exemplarisch im zweiten Teil des Buches behandelt.

Ähnliche Entwicklungen scheinen sich in der Psychoanalyse abzuzeichnen.[13] Ganz besonders deutlich wird dieser Trend, der bezeichnenderweise mit einer zunehmenden Formalisierung psychoanalytischer Aussagen einhergeht, in den Schriften Lacans, von dem sein deutscher Übersetzer und Herausgeber Norbert Haas sagt, daß er bereits im «Mythe individuel» so etwas wie eine «Entscheidungsmaschine konstruiert habe, deren Funktionieren all die Zwangsbedenklichkeiten, diese Bureaukratie der Gedanken, wie sie für den Rattenmann[14] kennzeichnend ist, regiert, und die nach mathematischer Behandlung verlangt» (Haas, 1980, S. 9). Unseres Erachtens hat es die bisherige Kritik versäumt, diesen Aspekt der

12 Vgl. etwa Strecker, 1974, S. 111–132; Öhlschläger, 1974, S. 88–110.

13 Einerseits gibt es Versuche, soziologische Rollenmodelle in die psychoanalytische Theorie zu integrieren (Richter, 1969; 1976; Stierlin, 1977), andererseits wird versucht, die Psychoanalyse als (symbolische) Interaktionstheorie, als Sprachtheorie zu reformulieren und damit überhaupt erst zur Wissenschaft zu machen (Lorenzer, 1972; 1974; Lacan, 1975; 1980). Gemeinsamkeiten und Unterschiede im Vorgehen Lorenzers und Lacans werden unter dem Aspekt der Maschinisierung des Subjekts diskutiert von Breuer (1978).

14 Berühmter Fall von Freud. Die Krankengeschichte ist hier nicht von Bedeutung.

symbolischen Ordnung in der neueren psychoanalytischen Forschung als theoretischen Reflex realer Maschinisierungstendenzen der menschlichen Psyche in ihre Erwägungen einzubeziehen. Sie hat vorschnell, und in vertraute Klischees einrastend, diese Bemühungen, und zum Teil sicher berechtigt, als anthropologisch überhöht und unhistorisch abgetan. Wenn aber die Normierung der menschlichen Psyche bis in die intimsten Bereiche und tiefsten Schichten des Unbewußten hineinreicht, so stellt sich zwangsläufig die Frage, *wie* diese Vereinheitlichung sich durchsetzt, trotz der doch nach wie vor offensichtlichen Unterschiede in der Sozialisation der einzelnen Menschen.

Das Denken, Fühlen und Handeln der Menschen ist dreifach bestimmt: Auf der allgemeinsten Ebene ist es gebunden an die menschliche Natur, das heißt, an die Funktionsweise des lebendigen Wesens mit seinen Bedürfnissen nach Nahrung, Nähe, Sexualität usw.

Auf einer mittleren Ebene werden diese Bedürfnisse und, damit im Zusammenhang stehend, die Denk- und Handlungsweisen modifiziert durch den jeweiligen gesellschaftlichen Rahmen, in den die Menschen hineingeboren werden. So unterscheidet sich unser Denken und Handeln erheblich von dem der Menschen im Mittelalter oder etwa von dem der Indianer in Peru.

Auf der dritten und konkretesten Ebene wird der einzelne Mensch zu einem einmaligen, unverwechselbaren Individuum. Die konkreten Umstände der «Menschwerdung» des einzelnen sind so komplex und so von Zufällen abhängig, daß sie weder wiederholbar noch steuerbar sind. Zwar gibt es genügend Versuche, die Erziehung zu lenken und zu kontrollieren. Aber die Erfahrung zeigt immer wieder, daß das Produkt sich letztlich der Kontrolle entzieht. Auch aus den Zöglingen von Klosterschulen haben sich Revolutionäre entwickelt.

Die dritte Ebene drängt sich uns als Problem förmlich auf. Mit den verschiedenen Ansichten, Erlebensformen und Verhaltensweisen unserer Bekannten, Nachbarn, Kollegen usw. *müssen* wir uns ständig auseinandersetzen. So ist es nur allzu verständlich, daß die moderne, positivistische Wissenschaft ihr Hauptproblem darin sieht, zu Urteilen zu gelangen, die nicht nur von Einzelnen in dieser Gesellschaft akzeptiert werden, sondern die für alle Individuen, trotz ihrer jweiligen Besonderheiten, gelten. Die Frage der *Intersubjektivität* bestimmte in den letzten Jahrzehnten die wissenschaftstheoretischen Auseinandersetzungen. Glücklich, wenn sie es schaffte, Ergebnisse zu erzielen, die an die individuelle Zufälligkeit nicht mehr gebunden waren, stellte die naive wissenschaftstheoretische Position die Frage danach, warum und worin denn eigentlich die intersubjektive Übereinstimmung bestehe, gar nicht erst.

Zwar war immer klar, daß die Frage der historischen Entwicklung und des gesellschaftlichen Rahmens eine Rolle spielt, daß zum Beispiel in anderen Kulturen die Selbstverständlichkeiten unserer Gesellschaft keineswegs akzeptiert werden würden. Doch diesen Sachverhalt konnte man damit abtun, daß die anderen Denk- und Orientierungsmuster rückständig seien. Die gewaltigen Fortschritte der abendländischen Naturwissenschaft schienen die Überlegenheit der eigenen Position zu beweisen. Ihre Wahrheit bzw. die in *unserer* Gesellschaft akzeptierte Wahrheit wurde als Wahrheit schlechthin, als objektive Wahrheit angesehen.

Erst durch die Einsicht, daß die bisherige Fortschritts- und Wissenschaftsgläubigkeit der Menschheit nicht das Paradies, sondern auf lange Sicht eher das genaue Gegenteil bescheren könnte, ist die Zuversicht in die Überlegenheit der abendländischen Denkweise in Frage gestellt. Bis vor wenigen Jahrzehnten herrschte weitgehend Konsens darüber, daß es zum Besten der Indianer und Schwarzen in den «unterentwickelten» Ländern wäre, sie aufzuklären, sie zum wahren und richtigen Denken zu erziehen, ihnen zu helfen, ihre rückständigen Gewohnheiten und Denkweisen zu überwinden. Heute stellt sich das Problem eher umgekehrt: Was können wir von den Indianern lernen?

Die naive positivistische Denkweise läßt sich heute nicht mehr aufrechterhalten. Die Bedingungen und Grundlagen unserer intersubjektiven Erkenntnisse sind in keiner Weise geklärt. Die (noch) herrschende wissenschaftliche und gesellschaftliche Denkweise hat metaphysische Voraussetzungen, über die sie sich selbst keine Rechenschaft ablegt. Dabei stellt sich heute die Frage nach den metaphysischen Grundlagen des Positivismus dringender denn je.[15] Über die Bedingungen und Grundlagen intersubjektiv verstehbaren Verhaltens bestand in früheren Zeiten ein wesentlich geschärfteres Problembewußtsein als heute.[16]

Wir haben oben beschrieben, daß die Übertragung von Aufgaben, die vormals von Menschen gelöst wurden, auf Maschinen durch *Imitation* erfolgt. Maschinen, jedenfalls die heutigen, können nicht interpretieren. Im Alltagsverständnis und bezogen auf Menschen geht in den Begriff «Lernen» eine Menge an Interpretationsleistungen ein.

15 Als Beispiele mögen so unterschiedliche Autoren gelten wie Charon (1982) und Günther (1978).

16 So findet sich in den nachgelassenen Schriften Fichtes der Satz «*Ich* denke nicht, sondern in meinem Denken denkt ein anderes» (Fichte, N.W., III, S. 399). Und bei Schelling lesen wir: «*Es denkt in mir, es wird in mir gedacht ist das reine Faktum*, gleich wie ich auch mit gleicher Berechtigung sage: Ich träumte und: Es träumte mir» (Schelling, WW., V, S. 81 f; zitiert nach Günther, 1978, S. 47, S. 52). Allerdings ist dieses «andere» bei Fichte auch wieder absolut, ein allgemeines, absolutes Subjekt: Gott. Auch Kant thematisiert dieses Problem, indem er intersubjektive Kategorien konstatiert, die nicht aus der Erfahrung stammen («apriorische» Kategorien). Er macht allerdings keinen Versuch, die Entstehung dieser Anschauungen zu erklären. Sohn-Rhetel zum Beispiel behandelt diese Kategorien als Realabstraktionen, als Abstraktionen, die sich aus der Praxis des Warentausches ergeben.

Nachahmungstrieb bei Neugeborenen

Nicht erst im Alter von mehreren Monaten, wie bislang angenommen, sondern schon im Alter von 36 Stunden ahmen Kleinkinder nach, was Erwachsene ihnen vormachen. Das haben Kinderärzte und Psychologen der University of Miami jetzt nachgewiesen. Eine Frau mußte dazu insgesamt 74 Neugeborenen verschiedene Gesichtsausdrücke vorspielen: Im Abstand von 25 Zentimetern von den Säuglingen suchte sie das Kind durch Zungenschnalzen erst auf sich aufmerksam zu machen, lächelte es dann an, zog anschließend die Augenbrauen zusammen und mimte schließlich mit weit geöffnetem Mund Staunen. Video-Kameras zeichneten die mimische Zwiesprache auf: Entsprechend dem Ausdruck des Vorbilds verzogen die gerade anderthalb Tage alten Kinder Nase, Mund und Augenbrauen.

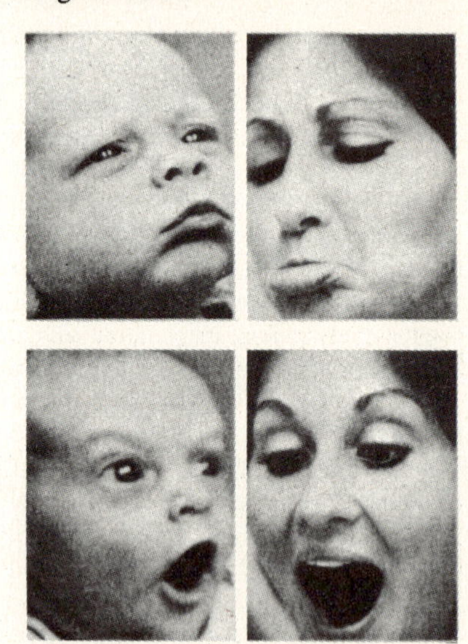

Mimik-Experiment in Miami

Aber wo hat der Mensch seinen Interpretationsrahmen her? Es gibt zu denken, daß Menschen anderer Kulturen oder Epochen über andere Interpretationsrahmen verfügten bzw. verfügen. Der Mensch wird nicht mit einer bestimmten Interpretationsfolie geboren.

Es ist keine Frage, daß die Aneignung unserer Welt durch das kleine Kind ganz entscheidend auch durch Imitation[17] vermittelt wird. Es «versteht», in der umgangssprachlichen Bedeutung des Wortes, zunächst

17 Imitationsprozesse beim Menschen sind selbstverständlich nicht von Bedürfnissen und Motivationen zu trennen. Psychologisch wird dieser Zusammenhang im allgemeinen als Identifizierung behandelt. Die «Motive» bei der Maschine kommen von außen als Anweisung vom Menschen. Maschinen haben aus sich selbst heraus keine Motive.

überhaupt nichts. Es handelt trotzdem. Und diese Handlungen, die zum großen Teil *uninterpretierte* Imitation des Erwachsenenhandelns sind, bilden die Grundlage der späteren Interpretationsmuster.[18] Später erst funktioniert Verständigung vermittels Interpretation, aber eine Interpretation, die im imitierten Verhalten ihre Basis hat. Intersubjektivität entsteht durch gleiche Handlungsbedingungen. Dazu gehören nicht nur gesellschaftliche Faktoren, sondern auch natürliche, wie zum Beispiel gleiche Bedürfnisse nach Wärme, Nähe, Nahrung, Sexualität.

Das Verhalten der Eltern bzw. Bezugspersonen, das vom Kind imitiert wird, ist zwischen verschiedenen Bezugspersonen weitgehend identisch, teilweise aber auch verschieden. Ebenso sind die Denk- und Verhaltensmuster der entstehenden Individuen immer allgemeine und individuelle zugleich. Der Prozeß zunehmender Maschinisierung menschlichen Verhaltens wird deshalb einerseits als Belastung empfunden und mit Angst registriert. Schränkt doch diese Entwicklung Handlungsmöglichkeiten, die bislang als autonom generiert, erzeugt, zumindest empfunden wurden, stark ein. Andererseits haben sie durchaus Entlastungsfunktion und werden ebenso oft als nützlich akzeptiert, machen sie den Alltag doch durchschaubarer und weniger anstrengend.

Vergesellschaftungstendenzen, maschinentheoretisch als Vermaschung bzw. Vernetzung interpretierbar, führen zu einer strukturellen Annäherung von Persönlichkeit, Interaktion und Maschine, zu einer «strukturellen Affinität». Dabei bilden Interaktionsprozesse das Scharnier innerhalb der «soziotechnischen Figuration» von Mensch und Maschine (Elias, 1971; Borries, 1980). An ihm und durch es prägt sich die Art und Weise der Bindung, der Bindungstyp zwischen den Figurationselementen aus.

Der Prozeß der Interaktion kann nun prinzipiell zwei Charakteristika

18 «Da das Kind gezwungen ist, sich ständig an eine Gesellschaft von Älteren anzupassen, deren Interessen und Regeln ihm fremd bleiben, und ebenso an eine physische Welt, die es noch kaum versteht, gelingt es ihm nicht wie uns, die affektiven und sogar intellektuellen Bedürfnisse seines Ich in diesen Anpassungen zu befriedigen, die bei den Erwachsenen mehr oder weniger vollständig sind, aber bei ihm noch um so unvollendeter bleiben, je jünger es ist» (Inhelder, Piaget, 1977, S.49). – Als *einen* Versuch, auf menschheitsgeschichtlicher Ebene, die Herkunft und Intersubjektivität «apriorischer» Kategorien zu erklären, haben wir weiter oben den von Sohn-Rethel erwähnt. Hier haben wir nun einen *weiteren*, auf lebensgeschichtlicher Ebene, den von Piaget.

Gegen Kant gewendet, bemerkt Elias: Die Fiktion des homo philosophicus, der nie ein Kind war und gleichsam als Erwachsener auf die Welt kam, führte zwangsläufig in eine erkenntnistheoretische Sackgasse, in irgendeinen Positivismus oder in irgendeinen Apriorismus. Der einzelne Mensch als Prozeß im Heranwachsen, die Menschen zusammen als Prozeß der Menschheitsentwicklung, beides wird in Gedanken auf einen Zustand reduziert, auf einen Erkenntnisakt (Band 1, 1980, S. XLVIIf).

annehmen. Ein Beispiel mag dies verdeutlichen: An einer Kreuzung wollen drei Autos, aus verschiedenen Richtungen kommend, die Straße überqueren. Unter der Annahme, daß sie den Konflikt friedlich lösen wollen, bieten sich zwei Lösungsstrategien an:

1. Die Autofahrer steigen aus, verhandeln, definieren in einem Prozeß offener symbolischer Interaktion ein Verhaltensmuster, auf das sich alle beziehen können und überqueren dann die Kreuzung;
2. Die Autofahrer aktualisieren verinnerlichte standardisierte Verhaltensmuster, die eindeutig interpretiert werden können, und überqueren zum Beispiel nach der Regel «rechts vor links» die Kreuzung. Subjektive Interpretationsspielräume (Freiheitsgrade) gibt es nicht.

Gemessen an der zweiten Lösungsstrategie, verursacht die erste unter ökonomischen Gesichtspunkten «Aushandlungskosten». Überträgt man diesen Sachverhalt auf industrielle Arbeitsprozesse, so ist leicht festzustellen, daß ausschließlich Lösungsstrategien vom Typ 2. dem Primat der zeitökonomischen Strukturierung von Arbeitsprozessen gerecht werden. Die Organisation des durch die Arbeitsteilung in Teilarbeiter aufgespaltenen Gesamtarbeiters vollzieht sich in dem Maße unter geringeren «Aushandlungskosten», wie es gelingt, *eindeutige* und *geschlossene* Interaktionsmuster zu verankern. Während sich die Lösungsstrategie 1. prinzipiell einer Maschinisierung entzieht, läßt sich die Lösungsstrategie 2. direkt in Hard- und Software objektivieren, zum Beispiel in Form eines Ampelsystems. Der Grund liegt darin, daß das angesprochene Regelsystem selbst schon geeignet ist, eine Maschine zu beschreiben. Am Ampelbeispiel lassen sich zudem Entwicklungsstufen zunehmender Eindeutigkeit und Geschlossenheit aufzeigen:

Stufe 1: Offenes Aushandeln
Stufe 2: Verkehrspolizei auf der Kreuzung; es bestehen immer noch, wenn auch in eingeschränktem Ausmaß, Möglichkeiten, die Situation auszuhandeln bzw. unterschiedlich zu interpretieren («Meint er mit seinem Winken mich? Bei dem Rumfuchteln soll ich nun wissen, ob ich fahren darf oder nicht!»)
Stufe 3: «Rechts-vor-links»-Regel
Stufe 4: Verkehrszeichen
Stufe 5: Ampelanlage

Der Maschinisierung gehen also reale Prozesse mit der Tendenz zur Eindeutigkeit und Geschlossenheit von Interaktionsmustern voraus. Die Maschinisierung stellt dann die Stufe der Objektivierung oder, wenn man so will, Materialisierung dieser Interaktion dar. Das Interaktionsmuster kann durch subjektive Interpretationsakte nicht mehr verändert werden.[19]

19 Dieser Prozeß läßt sich dann rückgängig machen, wenn es gelingt, zum Beispiel

Die als Verhaltensroutine in der Psychostruktur repräsentierte Maschine ist komplementär zu der außen befindlichen Hard- und Software bzw. zu den Verhaltensroutinen der anderen an der Situation beteiligten Personen.

Wie der Prozeß maschineller Durchstrukturierung bestimmter Interaktionssituationen schließlich den Menschen durch die Maschine ersetzbar macht, zeigen wir am Beispiel des Lernens an der Maschine in Teil II des Buches.

mit Hilfe von Mikroprozessoren, das Ampelsystem selbst, jede einzelne Ampel flexibel zu gestalten, so daß sie sich gleichsam als Roboter nach Verkehrsaufkommen selbst regeln kann (Günther, Band 1, 1976, S. 94).

Teil II

Verhaltensmuster menschlicher Maschinen

Verhaltensmuster menschlicher Maschinen

1. Mann-Frau-Natur. Eine Skizze

Die weltweite Ausbreitung des Maschinensystems kann als Versuch des Menschen gewertet werden, sich von der Natur zu emanzipieren. Das Maschinensystem ist nicht so sehr eine Ergänzung der Natur; es ist eines, daß die Natur *ersetzen* soll, die unberechenbare, vorgefundene austauschen soll gegen eine neue, künstliche und kontrollierte. Das ursprüngliche Machtverhältnis, die Abhängigkeit des Menschen von der Natur, hat sich umgekehrt; das ist jedenfalls die fortschrittsgläubige Interpretation dieser Entwicklung. An die Stelle des Ausgeliefertseins des Menschen an die Natur ist die Beherrschung der Natur getreten. Der Angreifer ist jetzt der Mensch. Erst in den letzten Jahren wird zunehmend deutlicher, daß er nicht Sieger geblieben ist. Mit der Kolonialisierung der Natur vernichtet der Mensch nur allzu oft die eigene Lebensgrundlage. Die Abhängigkeit des Naturwesens Mensch von der Natur tritt wieder in sein Bewußtsein. Das Erschrecken darüber ist noch nicht verarbeitet. Die Hilflosigkeit ist größer als vordem, mit der Folge einer selbstzerstörerischen Jetzt-erst-recht-Haltung.

Als Motiv, die Natur zu beherrschen bzw. eine neue, «bessere» zu schaffen, kann Angst vor Unwägbarkeiten, vor einem Ausgeliefertsein an unbegriffene Mächte vermutet werden. Je größer die Angst, desto größer der Wunsch, die Natur zu unterwerfen.

Der Wunsch, *Natur zu beherrschen*, setzt bereits voraus, daß Natur als etwas Fremdes erlebt wird, etwas vom eigenen Selbst unterschiedenes. Es spricht einiges dafür, daß nur der *Mann* zu einer solchen Weltinterpretation in der Lage war. Denn Frauen waren mit ihrer zyklischen Menstruation, ihrer Gebär- und Stillfähigkeit näher an der Naturkraft, Leben zu geben und zu nehmen – auch dichter daran gebunden. Auch sie, wie die Natur, produzierten und verausgabten Leben. Sie hatten mit ihren Fähigkeiten Teil am göttlich-dämonischen Machtsystem, das Angst machte, und hatten eine eigene kulturelle Lebensart. Ihre kulturelle Eigenart wurde daher in fließenden Zusammenhängen mit dem Natursystem entwickelt. Die Macht der Natur über die Menschen mag für die Männer auch gleichzeitig die Macht der Frau über den Mann geheißen haben. Die Teilhabe der Frau an den Kräften der Natur, ihre Fähigkeit, Leben zu geben, war die Grundlage des Matriarchats, der vorherrschenden Gesellschaftsform der frühen Geschichte. Die Natur zu beherrschen, hatte daher für den Mann eine doppelte Bedeutung: Sie war immer auch die Beherrschung des Naturwesens «Frau». Die natürliche Fähigkeit der Frau, Leben zu gebären, die Quelle ihrer ursprünglichen Macht, ist inzwischen zum Störfaktor in der vom Mann organisierten Produktion geworden. Von ihren natürlichen Fähigkeiten bleibt nur die «Unzuverlässigkeit» ihrer naturbestimmten Zyklen übrig, die für den Mann ihre untergeordnete Funktion in der Produktion begründet. Gebärfähigkeit und Menstruation aber führten ursprünglich unmittelbar zu der Frau als Mutter, als der mächtigen Mutter.

Der kulturelle Kampf, der Kampf gegen die Natur, der Geschlechterkampf, geht gegen sie und um ihre Macht. Hieraus entsteht der Vater; der Patriarch, der sich ihre Maske aufsetzt und das Mutterprinzip aneignet, usurpiert. Folgerichtig wird die Tochter, die alte Erbin der mütterlichen Macht, bis zur Demütigung, Verleugnung und Ablehnung vom Sohn verdrängt.

Das alte Prinzip wird nach männlichen Vorstellungen umgedeutet zu einem eigenen Systemzusammenhang, in dem die Frau zunehmend den Platz des Feindes einnimmt.[1] Der Mann übernimmt äußerst mühsam die verschiedenen Merkmale des Mutterprinzips. Das Prinzip der Herrin, der Herrschaft, ist ihm gewiß das nächste und wird auch am vollkommensten entwickelt, denn nur in der Machtübernahme kann er wirklich die Frau imitieren; aber ihre Fähigkeiten bleiben ihm fremd und verschlossen.

In diesem System patriarchaler Herrschaft sind jetzt die Frauen die Angegriffenen. Das männlich-menschliche System wird für sie zum beherrschenden Lebenszusammenhang. So entfaltet es seine Wirkung in ihnen. Von außen, von männlicher Herrschaftsseite erhalten sie keinen inhaltlichen, sinnvollen, bedeutungsvollen, sondern nur einen funktionalen Ort zugewiesen – und zwar im Sinne des männlich-menschlichen Systems als die, die notgedrungen den Sohn austragen, als die, die sexuell funktionieren, und als die, die in diesen Beziehungen zu sexuellen Gegnerinnen werden. Nicht zuletzt aber, das ist klassenspezifisch, werden die Frauen billige Arbeitssklavinnen.

Schließlich muß sich die Frau zum eigenen Schutz mit dem Angreifer identifizieren. Dadurch ergeben sich widersprüchlich gespaltene Rollen von Mann und Frau. Der Mann ist Krieger, phallisch angreifender Mann, der die Bedrohung durch Natur und Leben abwehrt, sie beherrschen will. Und er ist Vater, hat die Funktion der Mutter in seine Gewalt genommen,

1 Siehe hierzu: Hays (1978). Als Herrin, als Göttin, bleibt nur die demütige, in vielen Bildnissen den Kopf beugende und entvitalisierte Maria übrig, die die katholische Kirche übernehmen mußte, weil in vielen Gegenden noch die große Göttin angebetet wurde. Nur so konnte sich die Kirche durchsetzen.

und damit muß er über die phallischen Prinzipien hinauskommen, was ihm stets die größte Mühe macht. Deshalb übergibt er der Frau auch nur allzugern die Vaterrolle zurück, die sie als Mutter übernimmt, aber jetzt als untergeordneter Bestandteil des männlich-menschlichen Gesamtsystems.

Die Frau wird dadurch im Laufe der Zeit zur negativen Spiegelung des Kriegers, der synthetische Ersatz für das phantasierte, vorgestellte Natursystem, das Angst macht. Und die Gestalten der Angst werden in der Frau bekämpft und unterworfen. Sie wird von dem Mann in dieser Funktion gebraucht, damit er Wünsche und Bedürfnisse und Schuldgefühle und mannigfache Ängste an dieser Figur abarbeiten, die Angst stets von neuem besiegen kann. Im *double bind* der Angreifenden, die ihre Unterlegenheit will, agiert die Frau ihr neues Maskendasein aus, extrem im männlichen Prinzip der Hure.

Gleichzeitig aber ist sie weiblicher Vater. Sie setzt sich, wie gesagt, ebenso die Maske des bedrohlichen Angreifers auf, das heißt des Repräsentanten des Systems, des angreifenden, strafenden, Gewalt ausübenden und Prinzipien einübenden Vaters. Sie wird seine Stellvertreterin und übernimmt Erziehungsfunktionen neben den Funktionen, die er, zu seiner Kränkung, erst mittelbar und unvollkommen beherrscht – immerhin, er arbeitet heftig daran; am Gebären (das Reagenzglas berechtigt ja schon zu Hoffnungen!), am Stillen (hier hat Nestlé längst abgeholfen!); und die Menstruation wird tunlichst verborgen, unsichtbar gemacht, steril; der zyklische Reinigungsvorgang der Frau im alten Sinne des Wortes wird in sein Gegenteil verkehrt, als etwas Schmutziges betrachtet, so daß sich die Frau schließlich in Abwehr ihrer eigenen Natur in Krämpfen windet. Anläßlich eines naturwissenschaftlichen Kongresses über die Frau werden Überlegungen formuliert, die Menstruation wegen der Verschwendung an Blut, Blut, das dem Gemeinwohl verlorengeht, hormonell abzuschaffen (siehe Suillerot, 1978, S. 206). Das weibliche Blut, das so ungeplant und unverwaltet der männlichen Gesellschaft davonfließt, ließe sich ja gefällig in sachliches Geld verwandeln! Eines auf jeden Fall ist der männlichen Gesellschaft gelungen: die feinen und differenzierten Kenntnisse und Fähigkeiten der Frauen zur eigenen selbstgewählten und selbstbewußten Geburtenregelung sind in der Hexenverfolgung des Mittelalters mit einem hohen Einsatz an Gewaltmitteln zerstört worden.

Also: nun werden diese Frauen funktional eingesetzt, lassen sich einsetzen, übernehmen diese Funktion aktiv, für Gebär- und Erziehungsaufgaben im Sinne des männlich-menschlichen Systems, im wesentlichen als Hausarbeit zur unmittelbaren Produktion, zur Ernährung. Da sie die Funktionen in der männlich-väterlichen Maske ausüben, stützen sie in mühseliger alltäglicher Arbeit die Verhältnisse, in denen sie Objekt und niedriges, fremdes Element bleiben; stellen den Zusammenhang in emsiger Aktivität mit her (siehe Bataille, 1978, S. 14ff). Und bleiben gleichzeitig immer Repräsentantinnen eines unterworfenen und Angst machenden Natursystems; Angst, die längst auch viele Frauen haben, vor der Natur, vor sich selbst und ihren eigenen Fähigkeiten.

Erst die Frauenbewegung, oder besser, die Krise des männlichen Systems, haben vieles in Bewegung gebracht.

Vor allem gegenüber den Söhnen funktioniert die Frau. Hier bietet sich ein glatter ebener Übergang zum Dienst an dem System, zur reibungslosen anerkannten Anpassung. Hier erhält sie den Anteil an einer imperativen Aufgabe und hier kann sie besonders aktiv tätig sein an dem Zusammenhang, in dem sie Objekt ist und bleibt, kann entschieden aktives Objekt werden. Die stolze Sohnesmutter bildet den späteren Krieger, Helden und Vater heran, für das System. Und es sind die mühsam angeeigneten Fähigkeiten und Prinzipien des fremden Systems, die sie hier auslebt. Denn hier kommt sie dem Angreifer am nächsten, und hier lebt sie ihre ganze Ambivalenz aus. Der Knabe wird eine wie auch immer geartete Herrschaftsfunktion innehaben; zumindest über Frau und Kinder und Tiere und Pflanzen, zuletzt auch über sie. Aber die Aufgabe ist imperativ; sie bietet Raum für den eigenen Ehrgeiz, auch für die eigene Grenzsetzung, die eigene Rache, die sich unbewußt vollzieht.

Der Knabe darf nicht weinen; im Namen des männlich-menschlichen Systems versagt auch sie es ihm. Und die Frau weiß, wie entspannend und entlastend fließende Tränen sind; sie weiß, daß Weinen eine Kraft ist.

Der Knabe darf nicht empfindsam sein; alle Kräfte der Empfindungen werden ihm versagt; fast alle. Auch darf er Empfindungen nicht nach außen tragen.

Aber Kräfte wollen sich verausgaben, seelisch produktiv werden. Er muß sie stauen, unterdrücken, abdrängen, einkerkern. Bis auf die kriegerisch funktionale Aggression, die nun auf Kosten aller anderen Empfindungskräfte einseitig ausgebildet und hochgezüchtet wird, werden dem Knaben die Wurzeln in sich selbst, seiner eigenen Natur, abgeschnitten. Im Natursystem wurzelt er nur am Strang seiner hochgezüchteten Aggression. Alles andere wird dem Prinzip nach verborgen, erstickt, getötet und bietet wiederum nur dem Haß, der Aggression, Nahrung. Es ist der Preis, den Männer für ihr Herrschaftsgebaren, ihre Machtausübung zahlen, die Verhinderung ihres Lebens. So sind sie stets auf der Suche nach einem Ersatzleben.

Neben der aktiven Teilnahme am männlich-menschlichen Herrschaftssystem gestaltet sich in der Sohneserziehung die unbewußte gallenbittere Rache der Frau an dem Knaben, der kraft seines Geschlechts dem herrschenden Teil des Systems angehört und dem sie nun ihrerseits entschieden als Vertreterin dieses Systems begegnet, mit all den entsprechenden Verhaltensprinzipien. Das Ergebnis ist nicht nur der Vietnamkrieg.

Die Tochter dagegen wird zu dem Schutz, der selbst gewählt wurde, zu dem Schutz vor diesem männlich-menschlichen System erzogen. Sie soll sich verhalten wie die Mutter, weil diese als Frau ihren besten Selbstschutz erprobt hat in der gespaltenen Identifizierung mit der angreifenden Männergesellschaft und in der Tarnung unbewußt gegen sie.

Was aber macht jetzt der Knabe, der kraft des männlich-menschlichen Systems nur als eine hochgezüchtete Pflanze im Blumentopf leben darf? Anders gesagt, was macht dieser kleine von Empfindungen entwurzelte Maschinenmensch, wenn er zum Mann wird? Denn Maschinenmensch wird er, und zwar den eigenen Interessen gemäß und nach eigenem Bekunden. Denn Männlichkeitskriterien kommen den Maschinenkriterien sehr nah.[2]

Der Mann wird zur «Arbeitsmaschine», zur «Kriegsmaschine». Er hat es gelernt, Teilbereiche seiner selbst zu instrumentalisieren, nicht benötigte abzuspalten. Lebensgeschichtlich ist das ein Resultat seiner Erziehung, gattungsgeschichtlich eine Folge seines Lohnarbeiterdaseins. Anders die Frau. Ihre Erfahrungen sind noch ganzheitlicher, befähigen sie eher, sich selbst ganz, und nicht nur Teile von sich, zu instrumentalisieren. Im Beruf der Hostess, der Kindergärtnerin, der Krankenschwester werden diese Fähigkeiten marktgerecht verwertet. Auch sie sind ein Resultat ihrer Erziehung. Im Umgang mit ihren Puppen, als Mädchen, im Einhüten ihrer Geschwister, später in der «Wartung» ihres Mannes und ihrer Kinder, prägt sie Fähigkeiten aus, die dem Mann weitgehend fehlen. Extreme Beispiele finden sich im mittelständischen Milieu nordamerikanischer Vorortfamilien. Der Mann, die «Kriegs- und Arbeitsmaschine», wird zur Maschine der Frau, von seinem Ehrgeiz angetrieben, von ihrem unterstützt, den sie auf ihn projiziert. Die Frau ihrerseits wird vom Mann nur noch in Teilfunktionen wahrgenommen, als «Haushaltsmaschine», als «Liebesmaschine», als «Erziehungsmaschine» – oder, in vereinzelten Situationen und oft bedrohlich, als die alte mächtige Mutter. Was passieren kann, welcher Terror und Gegenterror entsteht, wenn der Mann als Maschine der Frau nicht erwartungsgemäß funktioniert, etwa die verheißenen beruflichen und sozialen Karriereerwartungen nicht erfüllen und so den verschiedenen ehelichen Pflichten nicht nachkommen kann, wird recht eindrucksvoll in Albees Theaterstück «Wer hat Angst vor Virginia Woolf?» geschildert (1963). Die Frau ist enttäuscht. Sie hat ihr Leben, ihre Zukunft am falschen Objekt verschwendet, in die falsche Maschine investiert.[3]

Beim Mann als Maschinenmensch besteht die Gefahr, daß sich doch

2 Siehe Hofstätter (1979, S. 65 ff). Er ermittelt in einer Umfrage, daß im Alltagsverständnis der von ihm Befragten die Attribute stark, kühl, streng, robust, nüchtern, klar, aktiv, geordnet und herrisch mit den Vorstellungen von Technik und Fortschritt zusammenfallen.

3 Zur sozialpsychologischen Interpretation vlg. Watzlawik u. a. (1974, S. 128–170). Bleibt anzumerken: Das Stück bezieht sich auf US-amerikanische Verhält-

wieder Wurzeln regen und bilden. Er bleibt ja allen Anstrengungen zum Trotz ein Naturwesen. Und die Natur ist ein riesiges Kraft- und Kraftverschwendungssystem. Wird ein Zweig abgeschnitten, bilden sich gleich mehrere neue, ebenso starke. So wollen auch Empfindungen, wo sie nicht vollends getötet sind, immer wieder wachsen. Aber sie dürfen es nicht. Die Angst davor, bestraft zu werden, aus der Herde ausgestoßen zu werden, ist zu groß. Und die Herde besteht aus Männern und ihren Bünden und Institutionen, aus Vätern und väterlichen Müttern und Frauen mit ihren rachsüchtigen Erwartungen.

Doch das Unterdrückte will immer wieder wachsen. Also wird ein Ersatzsystem, ein ideales Wunschsystem geschaffen, ein Schutzsystem, das entlasten soll, Abhilfe schaffen soll, ein vollkommen männliches System, endlich eine eigene Schöpfung des Halbgottes, die perfekt ist, von keinen Empfindungen bedroht, die wachsen wollen, von allen lebendigen Anfechtungen befreit. Das männlich-menschliche System wird sachlich, wird materiell erhärtet und erst wahrhaft erschaffen: in der Weltanschauung, die als materialistisch naturwissenschaftlich, als «Logik des Toten» die Existenz und Gegenwart von Seele, Empfindung und eigenbeweglicher Natur nicht zuläßt. In dem sachlichen Ergebnis des Industrie- und Techniksystems, in der perfekten, männlich erträumten und produzierten Maschine findet die Entwicklung ihren vorläufig höchsten Ausdruck; in dem eigenen System, das nach innen und nach außen in ständiger Expansion begriffen ist und nur noch an den Rändern angreifbar scheint, vor allem an seinen natürlichen und menschlichen Teilen, in den Ereignissen wie Geburt, Sterben und Tod, den großen unabwendbaren Kränkungen, die das Natursystem dem männlich-menschlichen Selbstverständnis ständig bereitet. Die Natur bleibt unangefochten darin imperativ, Leben zu geben und Leben zu nehmen; denn der Held ist nicht unsterblich. Um so wichtiger wird es für ihn, daß er selber, eigenhändig, Sterben und Tod aktiv zufügt. Und an diesem Punkt entwickelt sich auch das Selbstschutzverhalten besonders perfekt: Als großer Krieg zwischen den Armeen und als alltäglicher gegen die Natur und alles, was ihr zugeordnet wird.

Aber es gibt auch Widersprüche.

Daß so aggressiv-patriarchale Gesellschaften, wie etwa die iranische, destruktiv abwehrend auf das Industrie- und Techniksystem reagieren, hängt zweifellos mit dessen neuen befreienden Möglichkeiten zusammen, die in ihm enthalten sind. Denn das Industrie- und Maschinensystem treibt die männlich-menschlichen Herrschaftsprinzipien auf eine noch vor Jahrzehnten kaum erahnte Spitze; und das Bild ist wörtlich zu nehmen. Wir sind an einen Aussichtspunkt gelangt, an dem sich offenbart, daß der Weg sein Ziel nie erreichen kann, daß Naturwelt und Naturprozesse doch

nisse; es bezieht sich auf Verhältnisse der sozialen Mittelschicht und es wurde von einem Mann geschrieben.

stets auf neue Weise, selbst noch in der abwehrenden Aktion des männlich bestimmten Menschen, imperativ bleiben. In der Hochentwicklung dieses Systems wird an allen Ecken und Enden deutlich, daß der Mensch nur gegen sich selbst lebt, wenn er sich mit der umgebenden Natur, wie mit seiner eigenen, nicht versöhnt, sondern sie bekämpft; so eben im Krieg, der unerhörte Ausmaße anzunehmen droht, so in den ökologischen Katastrophen, so in den hartnäckigen Krankheiten, heute vor allem im Krebs, der geradezu eine deutlich sprechende Metapher für den kolonialistischen Zusammenhang zwischen menschlicher Gesellschaft und Natur darstellt: ein eigenes, aggressiv wucherndes Zellensystem, das sich kurzfristig dominant und lebensfähig zeigt, aber nur auf harte und hohe Kosten des wirklichen Lebens, das am Ende zerstört wird.

Der klebrige Zusammenhang dieses selbstgeschaffenen Systems besteht nun darin, daß jede und jeder gezwungen wird, *aktiv* daran zu arbeiten und zugleich Objekt dieses Systems zu bleiben. Mit jeder Tat wird der Zusammenhang verdichtet, in dem auf rätselhafte Weise jeder ohnmächtig scheint, das Subjekt zum Objekt wird. Denn das System, das da dichter und dichter geknüpft wird, bestimmt das Leben der Menschen immer mächtiger, engt sie ein, zwingt sie in Abhängigkeiten, die ihnen als Sicherheit und Geborgenheit verkauft, die ihnen schließlich aber zur Hölle der Verhinderung werden. Es passiert genau das, was Angst macht: Leben wird verhindert. Denn das männlich-menschliche System, das dem Lebenssystem der Natur übergestülpt wird, trägt die Züge des vorgestellten Angreifers als eigene funktionierende Schöpfung und muß sie gleichzeitig negieren, auslöschen; es muß sich systematisch abgrenzen mit Hilfe der in wissenschaftlichem Fleiß und alltäglicher Arbeit mühsam herausgelesenen, herausgepreßten Prinzipien des Natursystems. Gleichzeitig muß es sich immer dichter und vollkommener realisieren, muß fortschreiten, expandieren, erobern und die Grundlagen des bekämpften Prinzips zerstören: Lebendigkeit, Kraftverausgabung und Kraftverschwendung, Ungeplantes, Andersartiges, Heterogenes, menschliches Versagen – und in den Menschen: die Wurzeln in ihren Empfindungen. Die Maschine ist der vollkommene Ausdruck dieses gewünschten Ziels, und sie übernimmt einen großen, einen wachsenden Teil dieser zwanghaften Erziehungsaufgabe, vollzieht vorbildlich und stellvertretend für die Individuen den alltäglichen Zweck des Systems. Sie wird der Sohn des perfekt planenden und schaffenden Vaters, trägt die gewünschten Charakterzüge, hart und empfindungslos, rücksichtslos, bewußtlos, und wird der Kriegs- und Arbeitsheld: jedes Stückchen Naturbeherrschung innen wie außen ein Fortschritt.

Und die Natur zu beherrschen, dazu sind sie ausdrücklich angetreten, die Abhängigkeit von der Natur zu reduzieren. Doch wenn auch die Beherrschung der Natur triumphal von Stufe zu Stufe gehoben wurde, so war die Naturabhängigkeit schon wieder da, schärfer und gebieterischer.

Eine verpestete Großstadt wie Berlin ist heute vom Westwind so abhängig wie die Griechen, als sie nach Troja aufbrachen. Damals opferte Agamemnon seine Tochter Iphigenie, die matriarchale Priesterin. Wen opfern wir heute, damit der Westwind die notwendige Atemluft nach Berlin hereinweht?

Es wiederholt sich das historisch kulturelle Spielchen auf verwandelte Weise und neuer Grundlage. Die Maschine, das ist der wahrhaft mächtige produktive Anteil des Mannes an seinem eigenen System, das jetzt beherrschend wird. Der Wunschsohn des Mannes, die Maschine, übernimmt nun vieles von den imperativen Aufgaben, entlastet zunehmend die in ihrer Machtausübung gestreßten Männer. Sie können sich bis zum Knopfdruck zurückziehen. Aber damit geschieht das Merkwürdige: es verliert sich der Herr im System, er verschwindet, wird nur ein Teilchen des selbstgebastelten Systems der Maschine, seine Macht geht abhanden. So erwähnt Weizenbaum das wachsende Ohnmachtsgefühl vieler sogenannter Mächtiger (1978). Und die höchste Entscheidung über den Einsatz der «Kriegsmaschine» trifft der Computer, wie im Falle des Koreakrieges (vgl. hierzu Abschnitt 3.3 in Teil II).

Es ist wohl folgerichtig, daß das erste Mal seit mythischen Zeiten Helden gefeiert werden, die keine Söldner sind und im Namen der natürlichen Lebensordnung das männlich-industrielle System zu stören, zu verändern suchen, gegen das traditionelle Herrschaftsgebaren antreten. Etwa die Mitglieder von Green Peace, die sich vor Harpunen gestellt haben, um Wale zu schützen, und vor Pelzjäger, um Robbenbabys zu retten. Eine merkwürdige Neuausgabe des alten Heraklesmythos, des Halbgottes, der für die Göttin, die Natur, kämpfte. Eine merkwürdige Spiralform der kulturellen Menschheitsgeschichte.

Bleiben die Frauen und ihre Reaktion. Mit der deutlichen Ohnmacht der Männer gegenüber ihrem eigenen System verliert sich stellenweise und zunehmend dessen imperative Anziehungskraft auf die Frauen, und es verliert sich die Bedeutung der Sohneserziehung. Die Anpassung der Frau an das männliche System wird lächerlich, aber auch die Rache gegenstandslos. Die Frau benötigt und will den Mann als Maschine, als ihre Maschine, nicht mehr. Für sie kann die Stunde der Verweigerung eintreten; sie stellt die traditionellen Funktionen in Frage (Frauenbewegung). Aber die neue Situation zeitigt zumindest zwei Möglichkeiten. Die Frauen können versuchen, in der Männlichkeitsmaske aufzusteigen (der Thatcher-Effekt) und damit am herrschenden Objektzusammenhang aktiv und bestimmend mitzuarbeiten. Oder unterhalb, außerhalb und innerhalb dieses groben und ja eigentlich in der Denkweise überaus simplen Maschinensystems, in dem die Macht des einzelnen und seine Eigenart in Schräubchen verdreht ist, ein anderes Lebenssystem zu entwickeln, das der Naturordnung näher kommt. Die Frauen als unterdrückte, andersartige Elemente haben die Chance, den Naturprozessen näher zu sein, tragen stärkere Keime der Verwandlung in sich, können sich, wie lebensfähig auch immer, distanzieren.

Denn in den Frauen ist das männliche Maschinensystem nie so vollkommen realisiert worden, weil sie die Stellvertretung für die bekämpften Naturprinzipien einnehmen mußten, wie verballhornt die auch immer

Lokomotive – Frau

«Zweifellos: die alte Faselliese hat jetzt die nachsichtige Bewunderung der wahren Künstler verwirkt, und der Augenblick ist gekommen, da sie in allem, wo es nur irgend möglich ist, durch das Künstliche ersetzt werden muß.

Und vor allem jenes ihrer Werke, das am köstlichsten sein soll, dessen Schönheit nach aller Ansicht am ursprünglichsten und vollkommensten ist: die Frau. Hat der Mann nicht seinerseits ganz allein ein lebendiges künstliches Wesen geschaffen, das ihr hinsichtlich plastischer Schönheit reichlich ebenbürtig ist? Gibt es hienieden ein in den Freuden des Fleisches erzeugtes und aus den Schmerzen der Gebärmutter entstandenes Wesen, dessen Modell, dessen Typ glänzender und blendender ist als jener der beiden Lokomotiven, die auf den Linien der Nordbahn fahren?

Die eine ist die ‹Crampton›, eine herrliche Blondine mit schriller Stimme, von hohem, rankem Wuchs, in ein funkelndes Kupferkorsett gepreßt, mit geschmeidigen und nervösen Katzenbewegungen, eine geputzte und vergoldete Blondine, deren außerordentliche Anmut erschreckt, wenn sie ihre Stahlmuskeln spannt, die lauen Flanken zur Transpiration zwingt und die gewaltige Rosette ihres feinen Rades bewegt und lebendig an der Spitze der Eil- und Blitzzüge dahinrast! Die andere ist die ‹Engerth›, eine stattliche und düstere Brünette mit dumpfen, rauhen Schreien, mit untersetzten Lenden, die in einen gußeisernen Küraß gepreßt sind, ein Monstrum, ein Tier mit entfesselter, schwarzer Rauchmähne und sechs niedrigen gekuppelten Rädern – welch hinreißende Gewalt, wenn sie schwer und langsam die Schlange der Güterwagen hinter sich her schleppt und die Erde erzittern macht!

Unter den zerbrechlichen blonden und den majestätischen brünetten Schönheiten gibt es sicherlich keine ähnlichen Beispiele zarter Schlankheit und erschreckender Kraft. Man kann mit Bestimmtheit behaupten: in seiner Art hat der Mensch etwas ebenso Gutes geschaffen wie der Gott, an den er glaubt.» (Huysmans, 1981 [1884], S. 84 ff) im menschlichen Denken erschienen sein mögen. So haben sie es erheblich leichter, den Ausgang aus diesem geometrischen Irrgarten zu finden, denn sie werden nicht von der gängigen männlichen Vorstellung behindert, einen Abstieg zu vollziehen, in die Niederungen der Sümpfe zu geraten, «in den Schmutz», wie es ein Student genannt hat.

2. Der Ingenieur und seine Maschine – eine Liebesbeziehung?

Wir haben oben das Problem der Mensch-Maschinen-Symbiose angeschnitten. Im vorigen Abschnitt haben wir in recht vorläufiger Weise auf Unterschiede zwischen männlichem und weiblichem Umgang mit der Natur hingewiesen. Diesen Zusammenhang wollen wir hier noch einmal etwas ausführlicher anhand verschiedener Beispiele erläutern[4], bevor wir dann endgültig zur Erörterung der neuen, transklassischen Maschine übergehen.

Wir beginnen mit der Schilderung von Problemen, die der Siemens-Ingenieur Volker Jung in seiner gegenwärtigen Arbeits- und Lebenssituation zunehmend drückender verspürt. Wir folgen den Aufzeichnungen des «Spiegel»-Reporters Peter Brügge (1982, S. 74):

In seiner Firma ist Herr Jung mit der Entwicklung einer neuen Computer-Generation beschäftigt. Sensibel registriert er, daß seine Verwandten und Bekannten ihn in dieser Zeit zunehmend als merkwürdig empfinden. Es ist wahr, geht es ihm durch den Kopf, ihre Interessen und Vergnügungen berühren ihn befremdlich wenig. Alles um ihn her pflegt im alltäglichsten Gesprächsstoff zu baden, Rezepte, Fahrzeuge, ein Krimi aus dem Fernsehen, das ist es, was zählt. Dem nächsten Urlaub gilt die Anteilnahme oder einem aufblühenden Klatsch in der Nachbarschaft.

Volker Jung hat Mühe, da noch mitzuhalten. Ratlos fühlt er das Wachsen des Abstands. Namen und Begriffe, den anderen vertraut, sagen ihm nichts mehr, dringen an sein Ohr wie Lebenszeichen einer ihm fremden Gattung.

In seinem Kopf behauptet ein endloser Aufmarsch von Daten den Vorrang. Die begleiten ihn von seinem Arbeitsplatz in der Computerforschung der Firma unerledigt überall hin. Um Rechenprogramme handelt es sich von hochgetürmter Folgerichtigkeit. Das ist es, was ihn antreibt und erhebt. Es bestärkt ihn, versorgt ihn mit Unruhe.

Die Alltäglichkeiten nach Dienstschluß ermüden ihn mit ihrer Unschärfe, der ihnen eigenen Ziellosigkeit, während er im Umgang mit Mi-

4 Dem aufmerksamen Leser wird nicht entgehen, daß wir dabei die in Teil B, Kap. 1 angeführte Hypothese II abarbeiten und zusehends präzisieren.

kroprozessoren und ihrem grenzlosen verläßlichen Angebot die Klarheit eindeutiger Antworten wie eine Gnade genießt. Da gibt es nur ein ‹richtig› oder ‹falsch›, und Milchstraßen von Möglichkeiten ergeben sich aus der Reihung von Nullen und Einsen, diesen einzigen Signalen, die ein Mikroprozessor entgegennimmt und mit Dienstleistungen erwidert.[5]

Befehle richtig zu erteilen, ist die Kunst, in die Volker Jung kettenrauchend sich verliert. Über Zahlengebirge bahnt er sich seinen Weg, baut an einem titanischen Rechner, gegen den, natürlich, alles bisherige verblaßt, einer, wie Jung sagt, «wunderbaren Maschine».

Nun ließe sich einwenden, die Probleme, die Volker Jung im außerberuflichen Bereich hat, *seine* Sichtweise der Probleme sowie sein Verhalten insgesamt wären Resultat der Erfahrungen, die er an seinem Arbeitsplatz gemacht hat. Nicht er in seiner lebensgeschichtlichen Gewordenheit präge die Maschine, sondern vielmehr: die Maschine präge ihn. Vor seinem Job in der Computer-Industrie sei er sicherlich ein ganz anderer Mensch gewesen. Erst die Situation an seinem Arbeitsplatz habe ihn derart verändert, daß er Probleme im außerberuflichen Bereich bekomme. Die zitierte Geschichte des Volker Jung gibt hierzu leider keine nähere Auskunft. Aber es lassen sich zahlreiche andere Darstellungen finden, aus denen hervorgeht, wie bestimmte Persönlichkeitsstrukturen, die bereits in früher Kindheit erzeugt wurden, eine gewisse Affinität zu hochtechnisierten Arbeitsplätzen entfalten, die durchaus ein hohes Maß an Sensibilität und Kreativität sowie die Fähigkeit zu produktiver Selbstverwirklichung besitzen, diese jedoch nicht in menschlichen Beziehungen «verschwenden», sondern auf die Lösung technischer Probleme lenken.

An zwei Beispielen, Josh Rosen und Ludger Cramer, wollen wir dem im einzelnen nachgehen. Auch Josh Rosen ist in der Computer-Entwicklung tätig. Ludger Cramer hingegen widmet sich intensiv der experimentellen Erzeugung eines Hoch-Vacuums.

5 Anmerkung der Autoren: Seit mehreren Semestern bieten wir Lehrveranstaltungen zum Thema «Mensch und Maschine» an. In den Projektkursen arbeiten sowohl Studenten der Natur- als auch der Sozialwissenschaften mit. Beeindrukkend ist immer wieder das Bemühen von Studenten der Naturwissenschaften, bei Problemen selbst sozialwissenschaftlicher Art zu eindeutigen Lösungen zu kommen. Es bereitet ihnen offensichtlich Schwierigkeiten, mehrdeutige Lösungen zuzulassen oder es nach befriedigender Problemformulierung mit dem Aufzeigen alternativer Lösungsmöglichkeiten bewenden zu lassen.

Hingegen zeigen sich die Studenten der Sozialwissenschaften immer wieder beeindruckt von der Präzision naturwissenschaftlichen Vorgehens bei der Problemlösung, wenngleich dessen Angemessenheit in der Regel in Frage gestellt wird. Beides weist auf unterschiedliche Sozialisationsverläufe in natur- und sozialwissenschaftlichen Studiengängen hin, deren persönliche Voraussetzungen, die sich in der Wahl unterschiedlicher Studiengänge ausdrücken, allerdings schon vorher angelegt sein mögen.

«Wie andere Jungen auch war Josh Rosen mit vier Jahren Ingenieur geworden. Wenn die Eltern nicht aufpaßten, zerlegte er Lampen, Uhren und Radios. Aber der unsportliche Bläßling aus Chicago blieb beim Fach; nur hielt er sich nicht lange mit Opas Technik auf. Nach der frühpubertären Schwarzpulver- und Raketenphase belegte er auf dem College, weil er billig im Eigenbau zu einer Stereoanlage kommen wollte, einen Kurs in Elektronik. Sein Examen machte er dann schon in Physik ‹magna cum laude› mit der Konstruktion eines Gleitkomma-Prozessors.

Noch während des Studiums entwarf er für die Fermi-Laboratories einen Bildmuster-Analysator, für den Fairchild-Konzern einen Signal-Prozessor. Auch an einem Satelliten arbeitete er mit.

Den ersten festen Job fand das Chip- und Transistor-Wunderkind gleich bei der richtigen Firma, Data General in Westborough (Massachusetts). Dieser Hersteller von Minicomputern war binnen zehn Jahren vom Vier-Mann-Betrieb in einem leerstehenden Friseursalon zu einem der 500 größten Unternehmen Amerikas mit mehr als einer halben Milliarde Dollar Jahresumsatz aufgestiegen.

Dort tüftelte Rosen spezielle elektronische Bauteile nach Kundenwünschen aus. ‹Im Bereich Sondersysteme war ich der Star›, berichtete er später. ‹Ich bekam alle Aufträge mit Pfiff.›

Er war gerade 22 und kaute noch Nägel, als ihm die, wie er meinte, Chance des Lebens zufiel – eine Aufgabe beim Projekt ‹Eagle›[6]. Da erlag er völlig dem irritierenden Reiz von Boolescher Algebra und Mikroschaltkreisen. Für regelmäßig achtzig Stunden in der Woche verschwand er in einer engzelligen Katakombe, wurde Teil einer mönchischen Gemeinschaft, die nur mehr Interesse an einer selbstauferlegten Quälerei hatte: Wie macht man einen noch schnelleren, noch leistungsstärkeren, noch preisgünstigeren Computer?» (DER SPIEGEL, 39/1982, S. 242 ff)

Am Beispiel des Josh Rosen wird besser deutlich als an dem des Volker Jung, daß bestimmte Vorlieben und Neigungen bereits vorhanden sein müssen, lebensgeschichtlich bereits erzeugt, um in der Konstruktion von Maschinen überhaupt eine persönliche Befriedigung finden zu können. Zweifellos verstärkt der Beruf diese Persönlichkeitseigenschaften; sie müssen aber in der Persönlichkeitsstruktur bereits angelegt sein, um an Boolescher Algebra Spaß zu haben und Erfolg, um sich achtzig Stunden in der Woche in Klausur zu begeben, einzig zu dem Zwecke, sich logischen Kalkülen zu widmen. Das technische Interesse, so lesen wir, hat Josh Rosen mitgebracht. Es war bei ihm schon früh entwickelt. Mit vier Jahren bereits war aus dem Kind ein Ingenieur geworden.

6 Anmerkung der Autoren: Unter der Code-Bezeichnung «Eagle» (Adler) war bei Data General im Herbst 1978 die Entwicklung eines «Super-Minis» angelaufen, der im April 1980 auf den Markt kam. Die Geschichte dieses Gerätes, das schließlich auf den Namen «Eclipse MV/8000» getauft wurde, ist im einzelnen nachzulesen bei Tracy Kidder (1982).

Den extremen Fall einer solchen Karriere, vor allem ihren Beginn, haben wir in der Geschichte des kleinen Joey nachlesen können, am Anfang des Buches. Und auch, wie Joey durch die therapeutische Tätigkeit eines Psychologen zur Umkehr gezwungen wird. Ähnlich verläuft die Karriere des Josh Rosen. Wie Joey, allerdings viel später, wird auch er eines besseren belehrt. Obwohl sein Schlüsselerlebnis von ganz anderer Art ist:

«Josh Rosen, dem der Ruhm zukam, dem neuen Computer das zentrale Rechenwerk verpaßt zu haben, erlebte seinen Triumph nicht mehr am alten Arbeitsplatz. Zunächst war ihm die Nervenbelastung bei der langwierigen Fehlersuche auf den Magen geschlagen, so daß er sich ständig mit Schmerzen plagte. Dann ... habe ihn eine Art Erleuchtung überkommen.

Eines Tages sei er an einer Öko-Farm von Alternativlern vorübergeschlendert und einer jungen Frau mit nacktem Oberkörper begegnet. ‹Ein Wunderwerk an biologischer Technik›, so habe sein Kopf registriert; und diese Erscheinung aus einer ihm längst fernen Welt habe ihn derart verwirrt, daß er gegen eine Tür lief und sich die Nase blutig schlug.

Den Kollegen hinterließ er auf seinem Computer-Terminal nur die Nachricht, er wolle nicht länger mit einer Maschine verheiratet sein, die im Nano-Sekunden-Takt arbeitet: ‹Ich fahre zu einer Kommune in Vermont und will nichts mehr von Zeiteinheiten wissen, die kürzer sind als eine Jahreszeit›» (a. a. O., S. 246). Tatsächlich landete er dann bei einer anderen Computerfirma.

Man mag es für übertrieben halten, das Schicksal des offensichtlich kranken Joey mit dem von Josh Rosen zu vergleichen. Doch wie, wenn der manifeste Autismus des kleinen Joey nur die Extremform eines latenten Autismus des modernen Menschen unserer Zeit ist, der sich von der durchschnittlichen und eben darum «normalen» Form nicht qualitativ, sondern nur im Maß seiner Ausprägung unterscheidet? Anzeichen für eine solche Sicht der Dinge finden sich in der sozialpsychologischen Literatur in Hülle und Fülle. So stellt Erich Fromm[7] in seiner Abhandlung über die Nekrophilie und ihre historischen Wandlungen fest: ein augenfälliges Merkmal des heutigen Industriemenschen, den er übrigens als kybernetischen Menschen bezeichnet, bestehe darin, daß im Brennpunkt seines Interesses nicht mehr Menschen, Natur und lebendige Strukturen stehen, sondern daß mechanische, nichtlebendige Kunstprodukte eine immer größere Anziehungskraft auf ihn ausüben. Überall in unserer industrialisierten Welt gebe es Männer, die für ihren Wagen zärtlichere Gefühle und ein größeres Interesse hegen als für ihre Frau. Sie sind stolz auf ihren Wagen; sie pflegen ihn; sie waschen ihn eigenhändig,

7 Im folgenden stützen wir uns weitgehend auf den Text von Erich Fromm (1977, S. 366–414). Wir hätten uns aber trotz aller theoretischen Unterschiede ebenso auf Deleuze und Guattari oder auf Laing beziehen können.

und in manchen Ländern geben viele ihrem Wagen einen Kosenamen; sie beobachten ihn ständig und sind besorgt, wenn er die geringsten Anzeichen einer Fehlfunktion erkennen läßt. Das Leben ohne Wagen kommt manchem unerträglicher vor als das Leben ohne Frau. Ähnliches gilt für Musikfreunde, denen das Anhören von Musik nur ein Vorwand dafür ist, mit der Technik ihres Plattenspielers oder ihrer Stereoanlage zu experimentieren. Das Anhören von Musik verwandelt sich unter der Hand zur Manipulation hochtechnisierter Aggregate.

Entsprechend seiner nekrophilen Neigung kann der kybernetische Mensch seinen Körper nur noch als Instrument wahrnehmen. Er verwandelt alles Leben in Dinge, einschließlich seiner selbst. Die Sexualität wird zu einer technischen Fertigkeit, und viel von der Liebe und Zärtlichkeit, die ein Mensch besitzt, wendet er seinen Maschinen zu. Die Welt wird zu einer Summe lebloser Kunstprodukte. Von der synthetischen Nahrung bis hin zu den synthetischen Organen wird der ganze Mensch ein Bestandteil der totalen Maschinerie, welche er kontrolliert (und die gleichzeitig ihn kontrolliert). Sein Streben gilt der Herstellung von Robotern, und es gibt Spezialisten, die uns versichern, der Roboter werde sich kaum vom lebendigen Menschen unterscheiden. Ein solcher Satz erregt um so weniger Erstaunen, je weniger der Mensch selbst von einem Roboter zu unterscheiden ist.

Im Verlauf seiner Analyse zählt Fromm verschiedene Charaktereigenschaften des kybernetischen Menschen auf, die auch für unsere Betrachtung des Josh Rosen und Ludger Cramer im Verhältnis zum kleinen Joey von Bedeutung sind. Auffällig für den kybernetischen Menschen seien seine narzißtischen, seine schizoiden und autistischen Eigenschaften, seine Selbstbezogenheit, die Spaltung von Denken und Fühlen.

Der Narzißmus des kybernetischen Menschen macht das eigene Ich, seinen Körper und seine Fähigkeiten zum Objekt, zum Instrument. Der kybernetische Mensch ist so sehr Teil der Maschinerie, die er gebaut hat, daß seine Maschinen ebenso sehr Objekt seines Narzißmus sind wie er selbst. Symbolisch gesehen, sagt Fromm, ist nicht mehr die Natur die Mutter des Menschen, sondern die Maschinen, die er sich konstruiert hat, sind es. Diese zweite Natur ist jetzt seine Mutter. Sie ernährt und beschützt ihn. Denken wir nur an Joey.

Die Neigung, sich auf routinemäßige, stereotype, unspontane Weise zu verhalten, ist ein weiterer Wesenszug des kybernetischen Menschen. Er findet sich in besonders drastischer Ausprägung bei den als schizophren etikettierten Menschen. Zwischen dem schizophrenen Menschen, als Extremform, und dem schizoiden kybernetischen Menschen, als Normalform, bestehen auffallende Ähnlichkeiten. Fromm erläutert das am Beispiel der Bomberpiloten über Dresden und Hiroshima.

Vielleicht noch auffälliger aber ist die Ähnlichkeit mit dem Bild, das autistische Kinder bieten (vgl. Mahler, 1968):

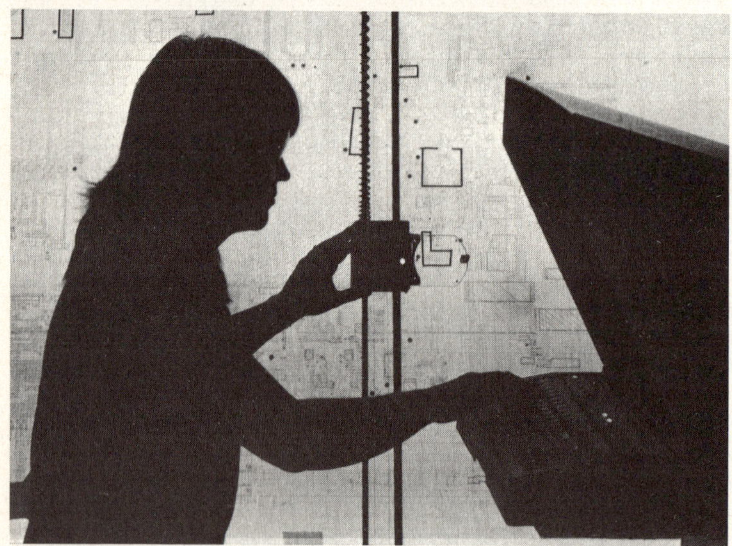

Großentwurf für Mikroprozessoren: «Gehirnkanäle einer wunderbaren Maschine»

- keine Differenzierung zwischen lebender und lebloser Materie;
- Bindung an leblose Objekte;
- keine Fähigkeit bzw. Bereitschaft, sich auf lebende Personen innerlich zu beziehen;
- ein geradezu neurotischer Zwang, immer wieder das gleiche zu beobachten;
- der intensive Wunsch, in Ruhe gelassen zu werden;
- die Benutzung der Sprache (wenn überhaupt) zu manipulativen Zwekken und nicht als Mittel zur interpersonalen Kommunikation; autistische Kinder befehlen dem Erwachsenen mit Signalen und Gesten, als ausführendes Organ halbbelebter oder unbelebter mechanischer Art zu fungieren, etwa wie ein Schalter, ein Hebel oder eine Maschine;
- eine relativ geringe libidinöse Besetzung der Körperoberfläche.

Diese Wesenszüge sind, wenn auch nicht in solch extremer Ausprägung, für den kybernetischen Menschen charakteristisch. Auch er durchbricht nur selten die Schale autistischer Selbstgenügsamkeit, die Schale seines Narzißmus.

Der kybernetische Mensch ist überwiegend zerebral orientiert. Seine Einstellung zur gesamten Umwelt und zu sich selbst ist intellektuell. Er möchte wissen, wie die Dinge beschaffen sind, wie sie funktionieren und wie sie konstruiert sind. Die Wissenschaft hat diese Einstellung gefördert, und sie ist seit dem Ende des Mittelalters dominant geworden. Hand in Hand mit dieser zerebral-intellektuellen Einstellung entwickelt sich ein Mangel an affektiver Reaktionsfähigkeit. Es scheint, daß die Gefühle eher absterben, als daß sie verdrängt werden.[8]

Wenden wir uns vor dem Hintergrund der soeben angestellten Erörterungen nunmehr im einzelnen dem Naturwissenschaftler Ludger Cramer zu. Dabei geht es uns nicht so sehr um ihn als Einzelpersönlichkeit mit eigenem, unverwechselbarem Lebensschicksal – dazu wissen wir zuwenig über ihn – sondern, ebenso wie bei Joey, bei Volker Jung und Josh Rosen, um ihn als Verkörperung sich verallgemeinernder Persönlichkeitsstrukturen.

In einem Interview (Ästhetik und Kommunikation, 48/1982, S. 35–40) wird Ludger Cramer gefragt, ob sein Verhalten als technischer Wissenschaftler gegenwärtig nicht anfange, brüchig zu werden. Er verneint: «Was du da erzählst von Brüchigkeit und Verhalten, Verhalten als Naturwissenschaftler, das kann ich irgendwie nicht feststellen, weder bei mir noch bei irgendeinem meiner Kollegen ... Ich kann nicht finden, daß da wirklich jemand, mit dem, wie er arbeitet und was er arbeitet, irgendwo

8 In diesem Zusammenhang stellt sich die weitergehende Frage, inwieweit die Hypothese einer latent autistischen oder einer schizoiden Persönlichkeit hilfreich sein kann, um die wachsende Tendenz zu affektloser Gewalttätigkeit, wie wir sie im Kapitel über Lieben und Strafen andeuten, zu erklären.

gebrochen hat. Das ist in uns allen drinnen, das ist wie eine Sucht. Es gibt Leute, die sagen, ich mache nie wieder Physik, ich gehe nie wieder da rein. Ich mache nie wieder Wissenschaft. Und auch, wenn sie selbst in der Institution nicht drin sind, sie sind weiter Wissenschaftler, sie argumentieren, sie verhalten sich so weiter.»

Erinnern wir uns! Josh Rosen hatte selbst seinen «Ausstieg» aus der Computer-Technologie noch technisch begründet, mit dem Wunderwerk an biologischer Technik, das er gesehen hatte (Frau mit entblößtem Oberkörper), und daß er sein Leben von nun an in anderen Zeitquanten gestalten wolle, nicht mehr orientiert am Nano-Sekunden-Takt, sondern in größeren Zeiteinheiten. Doch wenden wir uns wieder dem Interview zu:

«Und nachdem sie 14 Tage als Drucker gearbeitet haben, oder ein halbes Jahr in einem alternativen Projekt gearbeitet haben oder irgend etwas gemacht haben über Humanisierung der Arbeitswelt, die arbeiten wieder in ihrem Job, die kommen nicht davon los. Sie sitzen vollkommen drin und kommen nicht davon los. Diese Kritik, das kommt nicht aus der Sache selber, sondern das kommt eher von außen, daß die Leute sagen, das will ich nicht mehr machen. Das sind alles Außenstehende, die sagen, das solltest du besser nicht mehr machen, oder man überlegt sich das selber, daß das nicht mehr funktioniert, daß man das eigentlich nicht mehr machen kann, aber das ist total von außen. Er könnte glücklich sein mit seinen Maschinen, wenn sie nicht kaputt wären. Das einzige, was passieren kann, ist, daß es nur nicht richtig funktioniert bei der Arbeit, daß etwas kaputt ist, daß ein Ersatzteil nicht kommt, oder daß irgend etwas nicht läuft und ich weiß nicht, woher das kommt. Aber das macht mir keinen Streß erst einmal.»

Im Verlauf des Gesprächs wird deutlich, wie wichtig ihm die Arbeit ist, daß ihm das Geld, welches er dafür bekommt, fast gleichgültig ist. Wichtig ist ihm, daß er in seiner Arbeit erfolgreich ist, daß er an der Spitze der Forschung steht:

«Die Tätigkeit ist mir überhaupt nicht gleichgültig, in keiner Spur, keinem, der da arbeitet. Es ist eine unheimliche Faszinationskraft, mit diesen Maschinen umzugehen, Sachen zu machen, die sonst kein anderer kann. Ich kann meine Anlage so leer machen, daß da pro cm^3 ein Atom pro Sekunde nur auftritt, denn wir haben sonst Trillionen von Atomen, die da ankommen. Das macht mir unheimlichen Spaß. Ein Vacuum und solche Sachen zu machen, diese ganzen Technologien, die damit ablaufen, das zu handhaben, das zu können, das zu beherrschen und wirklich etwas zu sehen und etwas neues herauszufinden, das noch keiner weiß, das fasziniert mich. Das ist mir überhaupt nicht egal.

Andererseits sind das Frustsituationen, wenn ich sehe, daß ich ziemlich viele Grundlagen habe, ich könnte unheimlich viel nützliche Sachen auf der Welt machen. Das ist eher ein Faktor von außen, den ich sehen kann, was könnte ich eigentlich gutes machen, und ich quäle mich da in dieser

Scheiß Max-Planck-Gesellschaft. Ich sehe, was insgesamt bei uns abläuft. Das sind also von außen herangetragene Momente an mich. Ich glaube, daß es den anderen Leuten genauso geht. Das ist 'ne unheimlich radikale Position, zu sagen, Wissenschaft und Technik und dieser ganze wissenschaftliche Betrieb, dies sei dazu da, diese Strukturen, die alle Leute unterbuttern, aufrecht zu erhalten. Du bist ganz abstrakt. Über den Kopf kann man sich das klarmachen. Aber man kommt mit seiner eigenen Identität und Psyche nicht davon los von dieser ganzen Scheiße, überhaupt nicht! Selbst der Radikalste bleibt darin verhaftet.

In Frankreich ist es ja so, daß schon sehr viele Leute aufgehört haben, so vor drei Jahren, es gab eine ähnliche Zeitung wie die Wechselwirkung, die haben einen Entschluß gefaßt und gesagt, wir gehen alle aus Wissenschaft und Technik heraus. Das können wir nicht mehr machen. Die haben sich das im Kopf klargemacht, und jetzt nach drei Jahren arbeiten sie fast alle wieder da drinnen. Aber natürlich nicht da, wo es so unmittelbar und direkt mit der Verwertung zu tun hat, mehr so in wissenschaftlichen Idyllen, aber im Prinzip in derselben Sache.»

Ludger Cramer hat wie viele seiner Kollegen eine halbe Stelle. Er könnte sich also noch mit anderen Dingen, außerhalb seiner Arbeit, beschäftigen. Darauf angesprochen, erwidert er:

«Ja, um das noch einmal richtig zu untermauern, damit das richtig klar wird. Zum Beispiel bei Max Planck haben die meisten Leute eine halbe Stelle, aber man erwartet von einem, das wird aber nirgendwo gesagt, die Leute machen das selber, full time zu arbeiten. Über die Arbeitszeit hinaus. Die kommen früher und gehen später, arbeiten am Wochenende Samstag und Sonntag, jeder hat einen Hausschlüssel, damit er das kann.» Die Kollegen, sagt Ludger Cramer, verdienen hier ein Drittel von dem, was sie in der Industrie bekommen würden. Dafür sind sie in der Grundlagenforschung tätig und weit weg von der Verwertung. «Das ist gut für das eigene subjektive Befinden in diesem Genre, möglichst weit weg von irgendwelchen ekeligen Anwendungen. Das ist also der Grund dafür, warum so viele Leute sagen, da gehen wir hin, sie wollen unbedingt dahin ... Die Vorteile des Instituts liegen darin, daß man in seinem geliebten Beruf arbeiten kann, dafür genügend Geld bekommt, um zu überleben, und wunderbar ausgestattet ist mit dem letzten Schrei der Experimentaltechnik. In meiner Abteilung kann die Forschung zum Beispiel zu korrosionsbeständigen Materialien führen und bei unserer Nachbarabteilung zu Sonnenkollektoren mit erheblich besserem Wirkungsgrad. Das sind doch irgendwie ganz nützliche und neue Perspektiven. Sehr wahrscheinlich werden die gegen Verrottung beständigen Werkstoffe aber dann so teuer sein, daß damit nur die in den Arsenalen eingemotteten Panzer und in ihren Bunkern vor sich hinrottenden Atomraketen beglückt werden, dieweil dir dein Auspuff immer noch regelmäßig abfällt. Aber das ist so eine Sache, mit der man umgehen kann, mit der man leben kann.»

Dann kommen die am Interview beteiligten Personen darauf zu sprechen, wie es denn sei, wenn man mit einer, gemessen an beruflichen Problemen, scheinbar läppischen Situation konfrontiert werde, etwa, wenn man einer Frau gegenübersteht und es ihr völlig schnurz ist, ob man gerade das Weltall am Wickel habe. Wenn die einfach fragt, muß man da nicht doch ein eigenes Leben entwickeln, weil das ja tatsächlich läuft und man es nicht wegfiltern kann? Für Ludger Cramer haben sich solche Probleme inzwischen erledigt:

«Das ist an sich ziemlich einfach! So habe ich auch gedacht, so vielleicht vor zwei Jahren. Es hat immer wieder Widersprüche gegeben, ich wurde mehr und mehr Physiker im Laufe meiner Ausbildung, es wurde mehr und mehr meine Arbeitsrealität, in der ich da arbeitete. Vorher war es, daß ich mehr linke Stellvertreterpolitik gemacht habe. Physik zu betreiben, wurde immer mehr Rauminhalt meiner Tätigkeit und auch seit der Zeit datieren natürlich solche Konflikte, auch mit Frauen, gerade, die entsetzt waren, über welche Sachen ich mich auseinandersetze und wie ich das dann tue. Daß ich alles gleich zerlege in die Atome, und der Regenbogen ist nicht einfach schön, sondern wird darauf getestet, ob die Reihenfolge der Farben mit meinem Wissen vom Kosmos übereinstimmt.

Komplexere Erscheinungen wie meine Freundin, die entziehen sich dann natürlich dieser Betrachtungsweise, ihr anfänglicher Unglaube, ob solcher Sicht der Dinge, wandelt sich regelmäßig und abrupt in helle Empörung – bis wir das Thema erfolgreich meiden.»

Auf die Frage, was es denn nun sei, was denn der Beruf so Tolles zu bieten habe, daß der Wunsch zu reisen, Probleme mit der Frau und den Kindern etc. so an den Rand gedrückt werden, antwortet Ludger Cramer: «Weil gerade diese Berufe eins gemeinsam haben, weil das Berufe sind, in denen man die Selbstverständnisgrundlage hat, daß man damit alles erfassen kann und alles durchdringen kann von der Basis aus. Und daß man damit alles in den Griff kriegen kann, alles beherrschen kann. Dieser Allmachtsanspruch, dieses Alles-Durchdringen, alles beherrschen, genau zu durchschauen, warum das so ist, und damit auch umgehen zu können, das ist das ganz wesentliche Fundament. Das heißt bei uns Einstein-Syndrom ... daß alle Leute meinen, genau bis in die grundlegenden Festen vorzudringen, um zu sehen, wie funktioniert diese Welt im Innersten. Daran irgendwie herunterzukommen und sich an die Spitze hochzuarbeiten, nicht also diesen ganzen Wissenschaftsbetrieb, wo man nur Scheiße machen muß, Handlangerarbeit für irgendwelche dummen Veröffentlichungen, sondern auch in die entscheidenden Posten in den Institutionen hinein, wo wirklich an den Grundfundamenten der Welt gearbeitet wird. Und dann gucken, was da los ist, wie setzt sich alles zusammen, wie funktioniert alles, das ist ein unheimlicher Produzent von innerer Sicherheit und Zufriedenheit.»

Kommen wir zu unserer in Teil B, Kap.1 formulierten Hypothese II zurück, Technologie sei nichts anderes als die gegenständlich gewordene Widerspiegelung der Psyche des Menschen in die Natur, so müssen wir einsehen, daß sie so abstrakt formuliert nicht haltbar ist. Wir müssen sie präzisieren, eingrenzen. Offensichtlich können Maschinen nicht als materialisierte Projektionen von Wesensmerkmalen *des Menschen schlechthin* begriffen werden, sondern allenfalls als Projektionen einer besonderen Subspezies der Gattung Mensch.

Frauen zum Beispiel, so scheint es, haben ein völlig anderes Verhältnis zur Maschine als Männer. Maria Mies (1980) hat darauf hingewiesen, daß für die Existenz der Maschine in ihrer heutigen Form im wesentlichen Männer verantwortlich sind. Diese Einsicht bedeutet eine erste Eingrenzung und Präzisierung der zweiten Hypothese.

Aber nicht nur Frauen sind Opfer der «männlichen» Maschine. Daß Männer für die gegenwärtige Maschine verantwortlich sind, auch das ist noch eine grobe Verallgemeinerung. Es sind vor allem die Naturwissenschaftler, die Ingenieure und die Techniker unter den Männern, die sich narzißtisch in der Maschine, ihrem liebsten Kind, spiegeln. Und auch nur solche Naturwissenschaftler, Ingenieure und Techniker, die in der privilegierten Position sind, den Akt der Maschinenschöpfung bewußt als Gestaltung und Veränderung der Welt des Menschen zu leben. Das kann zum Beispiel nicht gelten für den Techniker, der wie am Fließband Schaltpläne nach Vorgabe anfertigt. Hier ist nichts Kreatives, nichts Schöpferisches.

Am Beispiel des Volker Jung, des Josh Rosen und des Ludger Cramer sollte deutlich werden, daß in der Seele, in der Psyche des Technikers, des Ingenieurs oder des Naturwissenschaftlers Strukturen angelegt sind, die ihn gleichsam zwingen, selbst gegen ökonomische Vernunft, die Welt nach seinen Ideen zu formen.

In der Maschine liebt der Techniker sich selbst. In der Maschine sieht er sich im Spiegel. Sie ist Gegenstand gewordener Narzißmus. Also erklärt sie ihrerseits den Techniker. Er ist einer, der außer seiner Maschine, seinem Problem, nichts braucht. Das ist der Punkt, wo Narzißmus in Autismus umschlägt.

Wie das Beispiel des kleinen Joey deutlich macht, sind autistische Menschen nicht gefühllos. Im Gegenteil! Sie verfügen über ein hohes Maß an Sensibilität, nur daß sie es nicht in zwischenmenschlichen Beziehungen verschwenden. Das wiederum ist der schizoide Aspekt, auf den Erich Fromm verwies.

Der technische Mensch, der Techniker, der Ingenieur und Naturwissenschaftler verwirklicht sich selbst in der Maschine, in seiner Maschine. Wie die Frau sich im Kind, das sie zur Welt bringt, reproduziert, so der Techniker in der Maschine, die er gebiert. Er ist kreativ, schöpferisch, Gestalter, auf seine Art. «Die Maschine ist das männliche Fantasma einer Sache. Diese Sache ist ungeboren, aber sie gebiert, und zwar männlich, ohne weiblichen Körper: Ideal männlicher Zeugung... Jede Maschine, sie sei noch so primitiv, hat die Doppeldeutigkeit: Nachahmung weiblichen Gebärens, in zweifelsfrei männlicher Form, nämlich: gradlinig, eindeutig, berechenbar, gefühllos, sprachlos. Mehr Glück ist, hat man einmal auf Glück verzichtet, nicht möglich» (Hoffmann-Axthelm, 1982, S. 33).

3. Gesellschaftliche Maschinen und menschliche Einzelteile

Lewis Mumford (1977, S. 219ff) berichtet von einer Megamaschine, die bereits von den Königen der frühen Periode des Pyramidenzeitalters in Gang gesetzt wurde. Es handelte sich dabei um einen Vorläufer jener gewöhnlichen mechanischen Maschinen, die dann Jahrtausende später im Stahlgewand das Bild der Industrialisierung geprägt haben. Die Megamaschine selbst war nur schwer als dieser Vorläufer erkennbar, denn sie war unsichtbar und entging so der Aufmerksamkeit. Trotzdem muß sie als Arbeitsmaschine über eine enorme Energie und Produktionskraft verfügt haben. Denn ihre Arbeitsleistung dokumentierte sich an ihrem Produkt: der Großen Pyramide von Gizeh.

Unsichtbar geblieben ist die Megamaschine, weil sie nicht wie gewöhnliche mechanische Maschinen aus Einzelteilen bestand, die stofflich miteinander verbunden waren. Jede der einzelnen Komponenten der Megamaschine war räumlich von den anderen getrennt. Und dennoch standen sie in einem gut strukturierten Zusammenhang, der die exakte Koordination der Kräfte und Bewegungen der maschinellen Einzelteile erzwang. Nicht zuletzt war es die Peitsche des Aufsehers, die dafür sorgte, daß die menschlichen Einzelteile jener Maschine als ein «völlig integriertes Ganzes» funktionierten. Denn das Gewaltverhältnis ist der unsichtbare Transmissionsmechanismus, der die Einzelteile gemäß den Regeln des abstrakten Bauplans zur Megamaschine zusammenfügt: «Der König allein besaß die gottähnliche Macht, Menschen in mechanische Objekte zu verwandeln und diese Objekte zu einer Maschine zu vereinen» (a. a. O., S. 230). Ohne diese Macht der Zusammenfügung blieben die Menschen einfach Menschen, so wie ein Maschinen-Bausatz ohne weiteres Zutun immer nur ein Bausatz bleibt, so gut der entsprechende Konstruktionsplan auch sein mag.

Die Weiterentwicklung der Megamaschine vollzog sich in der Zwecksetzung einer Arbeitsmaschine, die, auf stoffliche Produkte ausgerichtet, über die Manufaktur, über tayloristische Arbeitsgestaltung und Fließband lief und vordem isolierte Gebietskörperschaften und selbstgenügsam vor sich hinwerkelnde Einzelne systematisch miteinander vernetzte. Und sie vollzog sich im Gewande von gesellschaftlichen Maschinen, deren Produk-

Ein steinerner Stierkoloß wird von Kriegsgefangenen der Assyrer auf einem Holzschlitten über einen Fluß auf eine Anhöhe gezogen. Nach einer alten Zeichnung eines heute nur in Bruchstücken erhaltenen Reliefs aus Ninive

tionszweck die Erhaltung, Durchsetzung und Ausdehnung von zentralen gesellschaftlichen Gewaltverhältnissen ist.

Zunächst wären da Institutionen wie die Rechtsprechung und die Bürokratie. Beide werden im alltagsbewußten Sprachgebrauch mit «Apparaten» oder «Maschinerien» identifiziert. Dies zeigt bereits ein feines Gespür für das Wesentliche der Dinge. Die Identifizierung von Übereinstimmungen orientiert sich nicht an der Aufmachung, der äußeren Gestalt eines technischen oder sozialen Gebildes, sondern ganz unabhängig davon an den Merkmalen ihrer Funktionsweise.

Uneingeschränkt regelhaft und gleichgültig gegenüber den subjektiven und sozialen Situationsmerkmalen der Betroffenen würde demnach die Justitia ihre Waagschalen bedienen:

«Wenn wir sagen, die Gerechtigkeit sei blind, so bringen wir damit ein Lob zum Ausdruck, das aus ihr so etwas wie eine Maschine macht, die ihre Funktion erfüllt, ohne auf irrelevante Tatsachen Rücksicht zu nehmen – aber nichtsdestoweniger Tatsachen. Für die blinde Gerechtigkeit ist es ohne Bedeutung, ob der Angeklagte vor den Schranken des Gerichts arm oder reich, ein Mann oder eine Frau ist. Für die Stanzpresse ist es irrelevant, ob das zu bearbeitende Material aus Blech oder aus der Hand des Arbeiters besteht. Wie alle Maschinen führen die blinde Gerechtigkeit und die Stanzpresse nur das aus, wozu sie gemacht sind – und beide tun es perfekt» (Weizenbaum, 1978, S. 65f).

Eine ähnliche Vorstellung von maschinenhaftem Verhalten hatte auch Max Weber, als er den Idealtypus bürokratischer Herrschaft konstruierte:

«Der entscheidende Grund für das Vordringen der bürokratischen Organisation war von jeher ihre rein *technische* Überlegenheit über jede andere Form. Ein voll entwickelter bürokratischer Mechanismus verhält sich zu diesen genau wie eine Maschine zu den nicht mechanischen Arten der Gütererzeugung. Präzision, Schnelligkeit, Eindeutigkeit, Aktenkundigkeit, Kontinuierlichkeit, Diskretion, Einheitlichkeit, straffe Unterordnung, Ersparnisse an Reibungen, sachlichen und persönlichen Kosten sind bei streng bürokratischer, speziell: monokratischer Verwaltung durch geschulte Einzelbeamte gegenüber allen kollegialen oder ehren- und nebenamtlichen Formen auf das Optimum gesteigert ...

Vor allem aber bietet die Bürokratisierung das Optimum an Möglichkeit für die Durchführung des Prinzips der Arbeitszerlegung in der Verwaltung nach rein sachlichen Gesichtspunkten, unter Verteilung der einzelnen Arbeiten auf spezialistisch abgerichtete und in fortwährender Übung immer weiter sich einschulende Funktionäre. «Sachliche» Erledigung bedeutet in diesem Fall in erster Linie Erledigung «ohne Ansehen der Person» nach *berechenbaren Regeln*. (...)

Aber auch für die moderne Bürokratie hat das zweite Element: die ‹berechenbaren Regeln›, die eigentlich beherrschende Bedeutung. Die Eigenart der modernen Kultur, speziell ihres technisch-ökonomischen Unterbaues aber, verlangt gerade diese ‹Berechenbarkeit› des Erfolges. Die Bürokratie in ihrer Vollentwicklung steht in einem spezifischen Sinn auch unter dem Prinzip des ‹sine ira ad studio›. Ihre spezifische, dem Kapitalismus willkommene Eigenart entwickelt sie um so vollkommener, je mehr sie sich ‹entmenschlicht›, je vollkommener, heißt das hier, ihr die spezifische Eigenschaft, welche ihr als Tugend nachgerühmt wird: die Ausschaltung von Liebe, Haß und allen rein persönlichen, überhaupt allen irrationalen, dem Kalkül sich entziehenden Empfindungselementen aus der Erledigung der Amtsgeschäfte, gelingt. Statt des durch persönliche Anteilnahme, Gunst, Gnade, Dankbarkeit bewegten Herrn der älteren Ordnungen verlangt eben die moderne Kultur, für den äußeren Apparat, der sie stützt, je komplizierter und spezialisierter sie wird, desto mehr den menschlich unbeteiligten, daher streng ‹sachlichen› Fachmann» (Weber, 1976, S. 561 [660]–563 [662]).

Entmenschlicht, wie jene Stanzpresse, die nach der Hand des Arbeiters greift, wenn diese die Stelle des zu verarbeitenden Materials einnimmt, produziert auch die Bürokratie ihre «Vorgänge». Streng hält sie sich an die Regeln, die ihre Effizienz verbürgen sollen. Es ist eine Effizienz im Dienst dessen, der die Institution auf seiner Seite hat, der über sie verfügt, sie in Gang hält. In der restlos durchgeführten Bürokratie verfestigt sich, Max Weber zufolge, eine unzerbrechliche Form von Herrschaftsbeziehungen: «Der einzelne Beamte kann sich dem Apparat, in den er eingespannt ist, nicht entwinden» (a. a. O., S. 570 [669]). Doch ebenso fremd wie Gunst, Gnade, Abneigung etc. gegenüber ihrer Klientel, kennt sie auch keine Verbundenheit, keine Treue gegenüber der Macht, der sie dient: «Ein rational geordnetes Beamtensystem funktioniert, wenn der Feind das Gebiet besetzt, in dessen Hand unter Wechsel lediglich der obersten Spitzen tadellos weiter ...» (a. a. O., S. 570 [669]). Fast drängt sich der Vergleich mit einer vollautomatisierten Fabrik auf.

In der Praxis ist die Maschinisierung der Bürokratie allerdings weit weniger entwickelt als in der idealisierten Konzeption. Mehr noch gilt dies für die Rechtsprechung. Urteilsvergleiche lassen an der Gleichheit vor dem Gesetz, an der sachlich-formalen Unpersönlichkeit des Verfahrens Zweifel entstehen.

Die beiden gesellschaftlichen Maschinen Justiz und Bürokratie arbeiten unpräzise – als Maschinen sind sie unvollkommen. Diese Unvollkommenheit lokalisiert sich wesentlich in der Schwäche der Transmissionsmechanismen, mit denen die Maschinenteile Mensch miteinander verbunden sind. Es sind zum Teil sehr flexible Verbindungen mit unkontrollierten Freiheitsgraden. Was fehlt, ist die minutiöse Verkoppelung und Einpassung der Einzelteile in den Gesamtmechanismus. Dadurch ist das Einzelteil Mensch nur zu einem geringen Bruchteil seiner Existenz Teil einer gesellschaftlichen Maschine. Der «Rest» bleibt «wild», ist für die Maschine unbenutzbar und als potentieller Störfaktor gar eine Bedrohung. So hat sich ein beträchtlicher Teil der Beschäftigten in bürokratischen Organisationen der totalen Vereinnahmung des praktischen Arbeitshandelns vom kleinlichen Regelwerk der Organisation zu entziehen gewußt. Der Effizienz hat es nicht geschadet. Im Gegenteil. Denn die oft geäußerte Drohung mit der Streikform eines «Dienstes nach Vorschrift» ist eine Drohung mit der Ineffizienz eines zwar noch vorgeschriebenen, aber schon längst veralteten Modells einer bürokratischen Megamaschine. Die menschlichen Einzelteile des Modells haben sich klammheimlich verselbständigt und zu einer neuen Kombination zusammengefunden – vielleicht einfach nur zu einer anderen, fortgeschritteneren Megamaschine.

Gemessen am Konstruktionsplan einer spezifischen gesellschaftlichen Maschine hängt ihr realer Perfektionsgrad davon ab, wie intensiv die Einzelteile unter die Herrschaft des Ganzen gezwängt sind. Das exakte und reibungslose Funktionieren im Großen setzt voraus, daß das Konstruktionsprinzip und die Arbeitsweise der Maschine bis in ihr kleinstes Einzelteil hinein verwirklicht sind. Für die maschinellen Einzelteile Mensch heißt dies, daß ihre innere Organisation, das heißt, ihre psychische Struktur, den äußeren Verhaltensansprüchen des maschinellen Kooperationszusammenhangs angepaßt sein muß. Erst durch diese detaillierte Anpassung und Feinabstimmung des Menschen wird er zu einem zuverlässigen, berechenbaren, Kontinuität verbürgenden Faktor innerhalb der Gesamtmaschine.

Hieran wird zugleich deutlich, daß der Mensch nicht wie im so beliebten Vergleich mit dem «Rädchen im Getriebe» ein einfaches Maschinenteil ist oder sein kann. Egal, welche Funktion er innerhalb eines maschinellen Gebildes erfüllt, und wie simpel sie auch sein mag, nie bewegt sich ein für den maschinellen Zusammenhang wichtiges Einzelteil des Menschen isoliert vom «Rest» seiner physisch-psychischen Ausstattung. Das menschliche Maschinenteil muß, wenn es exakt funktionieren soll, ein teilmaschinisierter Mensch, eine menschliche Teilmaschine sein.

Dazu bedarf es vielleicht einer größeren Intensität in der Bearbeitung des Menschen, als dies in der Sozialisation zum Juristen oder Bürokraten unbedingt der Fall ist. Sowohl dem System der dort gültigen Regeln als auch der Einbindung der einzelnen in dieses Regelsystem mangelt es an Totalität.

3.1 Militär – Die perfektionierte Megamaschine

Der Grad, in dem Menschen von einer gesellschaftlichen Maschine vereinnahmt, in sie integriert werden können, hängt davon ab, in welchem Umfang *sämtliche Aspekte der Existenz* dieser Menschen unter die Herrschaft dieser Maschine gezwungen werden können. Die zentrale Beherrschung sämtlicher Lebensbereiche hat in totalen Institutionen wie Asylen, Gefängnissen, Klöstern, Konzentrationslagern bereits eine lange Tradition und folgt eindeutigen Funktionsprinzipien:

«1. Alle Angelegenheiten des Lebens finden an ein und derselben Stelle, unter ein und derselben Autorität statt. 2. Die Mitglieder der Institution führen alle Phasen ihrer täglichen Arbeit in unmittelbarer Gesellschaft einer großen Gruppe von Schicksalsgenossen aus, wobei allen die gleiche Behandlung zuteil wird und alle die gleiche Tätigkeit gemeinsam verrichten müssen. 3. Alle Phasen des Arbeitstages sind exakt geplant, eine geht zu einem vorher bestimmten Zeitpunkt in die nächste über, und die ganze Folge der Tätigkeiten wird von oben durch ein System expliziter formaler Regeln und durch einen Stab von Funktionären vorgeschrieben. 4. Die verschiedenen erzwungenen Tätigkeiten werden in einem einzigen rationalen Plan vereinigt, der angeblich dazu dient, die offiziellen Ziele der Institution zu erreichen» (Goffman, 1977, S. 17).

Am radikalsten und konsequentesten hat sich die Vereinnahmung von Menschen durch einen Maschinenzusammenhang in der totalen Institution Militär verwirklicht – und zwar durchgängig von den Anfängen bis zur Gegenwart.

«Tatsächlich besteht eine jede Armee wie ein mechanischer Körper aus beweglichen, Druck ausübenden, stoßenden und bewegten Teilen, die entweder einzeln oder zusammengesetzt eine ihnen entgegenwirkende Kraft überwinden. Denn dies ist das Ziel aller mechanischen Operationen, gleichviel, ob sie nun Gewichte fortbewegen oder einen Körper antreiben; dies ist also auch das Ziel, das der Rechnende annehmen kann, wenn er zunächst versucht, die Kriegserfolge zu erklären, die oft aus unzureichenden Gründen dem Glück oder dem Zufall zugeschrieben werden; indem er daraus ein wenig gewissere Prinzipien zu exponieren trachtet, und endlich in einer nur zu oft als Vermutung betrachteten Kunst nahezu unanfechtbare Schlüsse zieht, da sie also aus mathematischen Wahrheiten stammen.

(...) Das einfache Element militärischer Körper ist der Mensch.

Jeder militärische Körper auf dem Feld oder in der Schlacht ... ist also der Zusammenschluß oder die Vereinigung einfacher Körper oder Menschen, deren Denken, deren Kraft und deren Bewegungen selbst in gleicher Art und Form ausgerichtet sind» (Jacques Antoine Révérony de Saint-Cyr, 1804).

Wir haben hier die Beschreibung einer Militärmaschine, die der heutigen äußerlich kaum mehr in irgendeinem Aspekt ähnlich sieht. Der wohl wesentlichste Unterschied besteht in der Reichweite des Destruktivpotentials. Es war geradezu unmittelbar mit den menschlichen Leibern der Militärmaschine verknüpft. Sie mußten sich hautnah in das organisierte und vom Zweck her ihrem Interesse fremde Kampfgeschehen begeben. Ein Zurück sollte es auch dann nicht geben, wenn der massenhafte Tod absehbar war, aus taktischen oder sonstwelchen Gründen aber in Kauf genommen werden sollte. Das Hauptproblem des Militärs bestand und besteht darin, Menschen unabhängig von oder im Gegensatz zu ihren Interessen und Gefühlen dazu zu bringen, dem eigenen Tod gleichgültig ins Auge zu sehen und den anderer ebenso gleichgültig zu bewirken.

«Sie sind hier, um das zu lernen, was ihrem Leben erst die letzte Bedeutung verleiht. Sie sind hier, um Sterben zu lernen ... Dies zu lernen, fangen wir jetzt, zu dieser Stunde an. Wir fangen ganz von vorne an. Alles, was Sie bisher erlebten, sahen und begriffen, haben Sie zu vergessen. Alles, was Sie nun erleben, sehen und begreifen, geschieht, Sie würdig zu machen für das Ziel, das Sie sich vorgesetzt haben. Sie haben von nun an keinen freien Willen mehr; denn Sie haben gehorchen zu lernen, um später befehlen zu können. Sie haben von nun an nichts anderes zu wollen, als was Sie zu wollen haben» (v. Salomon, 1933, S. 28f, nach Zabel, 1979, S. 35).

Eine Armee oder eine selbständig operierende, teil-autonome Gruppe innerhalb dieser Armee kann die ihr übertragene Aufgabe nur dann erfolgreich lösen, wenn der einzelne Soldat nicht jedesmal mit Gewalt in seine Aufgabe getrieben werden muß. Er muß automatisch funktionieren. «Militärisches Verhalten ist kein Ausnahmeverhalten, es ist Teil der gesellschaftlichen Regulierungsmechanismen und ebenso Teil unseres Bewußtseins» (Raestrup, 1981, S. 15). Das Militär ist Gegenstand gewordenes Formalprinzip.

«Aus einem wilden Haufen mit innerer Kompliziertheit wird eine starre Maschine geformt, deren oberstes Ideal ein gleichförmiger Takt ist ... Hier werden nicht mehr bloße Leistungen abverlangt, die in ihrer Durchführung beliebig sind, sondern die Durchführung selber wird zum innersten Prinzip. Einmal verinnerlicht und gelungen, erscheint das Ergebnis beliebig einsetzbar und in seiner Zweckstruktur offen» (ebd.).

Verallgemeinert ausgedrückt, handelt es sich um ein Problem der Ausübung absoluter Herrschaft über Menschen. Trotz einer völlig veränderten technologischen Kriegssituation stellt sich dieses Problem auch noch den heutigen Militärs. So haben sich denn auch die Methoden, diese Herrschaft auszuüben, bis heute im wesentlichen nicht geändert. Es sind dieselben Methoden, womit auch die anderen totalen Institutionen arbeiten – nur sind sie beim Militär besonders hoch entwickelt. Kern dieser Methode ist die möglichst lückenlose Einzwängung des einzelnen in eine möglichst umfassende Megamaschine.

Voraussetzung dafür ist die Zerschlagung der Grundlagen einer eigenständigen, von der Institution unabhängigen Existenz. Die Institution wird zur Nabelschnur ihrer menschlichen Bestandteile.

Eine Schlüsselrolle in diesem Prozeß spielt die Aufnahmeprozedur und Anfangsphase in der totalen Institution. Ob für die Neulinge im Königlich Preußischen Kadettenkorps (Zabel, 1979, S. 35f), für Neuzugänge in Gefangenenlagern, Klöstern etc., immer ist es ein Kampf gegen die Reste des alten Selbstverständnisses, gegen die alte «Identitäts-Ausrüstung» und die persönliche Fassade (Goffman, 1977, S. 30ff). Immer auch ist es eng verbunden mit Formen der Degradierung, Entwürdigung, Uniformierung.

Philip Rosenthal schildert dies eindringlich am Beispiel seiner Aufnahme in die Fremdenlegion:

«Zwei ... Unteroffiziere übernahmen den Befehl und führten uns hinunter durch den Tunnel über die Brücke bis zum schmalen und steinigen Sandstreifen am Fuß des Festungsfelsens. Dort erhielten wir den Auftrag, große Steine aufzusammeln, und trugen bis zum Ende des Morgens in einer endlosen schwitzenden Prozession diese Steinklumpen zum Fort empor, stapelten sie dort und gingen wieder runter, um mehr zu holen.

Als zum Mittagessen geblasen wurde, fragte ich den Legionär, der die Suppe ausgab: ‹Wollt ihr denn mit denen eine neue Baracke bauen?› ‹Mein Gott, nein›, sagte er, ‹wenn ihr fort seid, müssen wir sie wieder über die Mauer schmeißen, damit die nächste Gruppe sie nach oben schleppt. Andere Arbeit gibt es hier nicht› (1981, S. 27f).

Anschließend ging es dann unmittelbar an die Fassade der Identität, zum Friseur: «Ich war jetzt dran. Die Maschine war ein bißchen stumpf, sie ziepte. Dann fühlte ich die Luft oben auf meinem Schädel. Das soll gut fürs Wachstum sein, dachte ich, verschiebt wahrscheinlich die Glatze um ein Jahr.

‹So, jetzt kannst du deinen Kamm wegschmeißen›, sagte der Coiffeur, ‹nächste Schönheit.›

Ich rannte zum nächsten Spiegel in einer der Hütten und sah mich an: Mein Gott, das ... das kannst du nicht sein: dieser Galgenvogel mit der brutalen Fratze, Schweinsaugen, sinnlichem Mund und vorstehenden Backenknochen. Ich hatte keineswegs geglaubt, ätherisch auszusehen, aber dieser Bursche, der mich aus dem Spiegel anstarrte, das konnte ich ganz bestimmt nicht sein; ganz sicher hatte dieser Mann nie ein Stück Dichtung gelesen oder in seinem Leben eine gute Tat getan. Ich ergriff meine Kappe, die auf einem Bett in der Nähe lag, und setzte sie mir auf: Ach doch, das war ich.

Ich nahm sie wieder ab: Ja, es war dasselbe Gesicht. Was für einen Unterschied das Haar macht; kurz oder lang, ist es der wichtigste Teil des menschlichen Gesichts. Nimmt man's weg, treten auf einmal die Gesichtszüge hervor. Sie scheren einem das Haar ab, wenn man in die Legion eintritt, angeblich, um Läuse zu vermeiden, aber tatsächlich ist das eins ihrer wirksamsten Mittel, die Individualität zu zerbrechen; ohne Haar verliert man seine Selbstsicherheit, als hätte jemand einem die ganze Kleidung weggenommen» (a. a. O., S. 28f).

Jetzt erst kann sich der stumme Zwang der Megamaschine frei entfalten. Die einzelnen beginnen in und mit ihr zu funktionieren:

«Denn die Legion ist ein großer Gleichmacher und prägt in hohem Maße einen Typ. Da die normale Routine ein Übermaß an Marschieren und Arbeiten ist, die einem die Fähigkeit raubt, etwas anderes als Müdigkeit und Hoffnungslosigkeit zu fühlen, gefolgt von übermäßigem Trinken, um sich besser zu fühlen, gefolgt von einem betäubten Schlaf, aus dem einen nur die Trompete und die Furcht vor dem Sergeanten hochreißen kann; und da diese Routine wenig Platz für Lesen, Gespräche oder die eigentliche Voraussetzung der Individualität, Sauberkeit und Einsamkeit läßt, macht es bald wenig Unterschied, ob man zuvor ein neapolitanischer Kellner, ein russischer Aristokrat, ein polnischer Bauer oder schließlich auch ein Student in Oxford gewesen ist. Man ist Legionär geworden, ein Mann, der unendlich lange marschieren und arbeiten kann, der aber sonst kein anderes Interesse kennt, als Schwulitäten zu vermeiden und reichlich saufen zu können» (Rosenthal, 1981, S. 72f).

Das Funktionieren der Menschen in maschinellen Zusammenhängen hat, wie zuvor bereits beschrieben, eine Makro- und eine Mikrodimension.

Die Makrodimension umfaßt die grobkörnige Eingliederung des Menschen in den raum-zeitlich strukturierten Mechanismus der totalen Institution. Im wesentlichen geschieht dies über eine nahezu lückenlose Reglementierung des gesamten Tagesablaufs.

So begann im preußischen Kadetten-Korps am Montag, Dienstag,

Das Aufnahmeritual im KZ Sachsenhausen – Oranienburg

Wir Neueingelieferten wurden nun zur Arbeitsleistung im Blockrevier eingeteilt und sollten für die Sauberkeit rund um den Block sorgen. So zumindest sagte es uns unser Arbeitskommandoführer. In Wirklichkeit sollte durch unsinnige, aber sehr schwere Arbeit das letzte Fünkchen eines eventuell noch vorhandenen Eigenwillens bei den Neuhäftlingen gebrochen und das bißchen Menschenwürde, das man noch in sich hatte, vernichtet werden. Diese Arbeit mußte so lange durchgeführt werden, bis wieder ein neuer Trupp Häftlinge mit rosa Winkel in unserem Block eingeliefert wurde und uns dann ablöste.

Unsere Arbeit war nun folgende: wir mußten den Schnee vor unserem Blockgelände vormittags von der linken Straßenseite unserer Lagerstraße auf die rechte Seite schaffen. Nachmittags den gleichen Schnee wieder von der rechten Seite auf die linke zurücktragen. Nicht mit Schubkarren und Schaufeln konnten wir unsere Schneearbeit verrichten, denn das wäre für uns «Schwule» doch viel zu einfach gewesen. Nein, nein, die Herren von der SS hatten sich da schon etwas besseres einfallen lassen.

Wir mußten unseren Mantel verkehrt herum, mit der aufknöpfbaren Seite am Rücken, anziehen, zuknöpfen und in den zusammengerafften Mantelschößen dann den Schnee wegtragen. Einschaufeln aber mußten wir den Schnee mit den Händen, mit den bloßen Händen, da wir ja keine Handschuhe hatten. Je zwei Mann waren ein Team, das zusammenarbeiten mußte. Abwechselnd zwanzigmal den Schnee wegtragen, dann zwanzigmal mit den Händen Schnee einschaufeln und so wechselseitig fort bis zum Abend und alles im Laufschritt!

Sechs Tage lang dauerte diese seelische und körperliche Qual und Fron der Blödsinnigkeit, bis endlich wieder neue Gefangene mit dem rosa Winkel in unseren Block eingeliefert wurden und uns ablösten. Unsere Hände waren vom Frost und Schnee ganz aufgerissen und halb erfroren, und wir waren abgestumpfte und gleichgültige Sklaven der SS geworden (Heger, 1980, S. 11f).

Donnerstag und Freitag der Tag um 6 Uhr, danach gab es Frühstück, dann bis 7.15 Uhr eine Arbeitsstunde, anschließend Reinigen der Kleidungsstücke bis 7.35 Uhr, worauf sich die Kadetten am Stellplatz der Kompanie einzufinden hatten. Hier wurde der Anzug revidiert. Danach ein Morgengebet im Betsaal abgehalten, und um 8 Uhr begann dann der

Tageslauf im KZ Sachsenhausen-Oranienburg

Der Tag begann regelmäßig mit Wecken um 6 Uhr, im Sommer um 5 Uhr, und in einer knappen halben Stunde mußte man sich gewaschen, angekleidet und sein Bett militärisch ausgerichtet «gebaut» haben. Wem noch Zeit blieb, der konnte noch frühstücken, das heißt, er schlürfte rasch die heiße bis lauwarme dünne Mehlsuppe hinunter und aß sein Stück Brot. Dann ging es ab in Achterreihen formiert zum Appellplatz, wo der Morgenappell stattfand. Anschließend war Arbeitsdienst, im Winter von 7.30 Uhr früh bis 17 Uhr und im Sommer von 7 Uhr früh bis 20 Uhr, mit einer halbstündigen Mittagspause am Arbeitsplatz. Nach der Arbeit Einrücken ins Lager und sofortige Aufstellung zum Abendappell, dem Zählappell (Heger, 1980, S. 11).

Ein weiterer, ausführlicher Bericht findet sich bei Gerhard Seger: Tageslauf im KZ Oranienburg (1933).

Tageslauf hinter Klostermauern

Jeder Augenblick des Tages ist festgelegt. Man betet, liest, ißt, geht im Garten spazieren, alles zu der bestimmten Stunde. (...) Sobald die Kreuzgangglocke als Zeichen für einen Wechsel der Beschäftigung ertönt, müssen alle das, was immer sie gerade tun, mit der äußersten Schnelligkeit im Stich lassen. (...) Auch ist man nicht frei bezüglich der Weise, in der man seine Sache tut. Alles ist vorgeschrieben bis herab zu der richtigen Art zu sitzen, sich zu bewegen oder die Hände zu halten. (...) Man sieht bald ein, daß im Ordensleben das, was man tut, verhältnismäßig unwichtig ist; worauf es aber ankommt, ist, daß es zu der bestimmten Zeit und auf die Art und Weise getan wird, die die Regel vorschreibt (Baldwin, 1952, S. 84 ff, zitiert nach Treiber, Steinert, 1980, S. 63).

Unterricht, der jede Stunde für 8 Minuten zur Bewegung der Kadetten auf dem Spielhofe unterbrochen wurde ... (Zabel, 1979, S. 36).

Während also die Makrodimension militärischer oder vergleichbarer Maschinen darauf abzielt, ihre menschlichen Maschinenteile äußerlich in einem Raum-Zeit-Schema zu verkoppeln, richtet sich die Mikrodimension auf die innere Maschinisierung dieser Maschinenteile. Sie werden zu Teilmaschinen modelliert, zu Mikromaschinen innerhalb der Makromaschine.

Zu diesem Zweck geht die Mechanik der Herrschaftsorganisation über die Äußerlichkeit körperlicher Plazierungen und Verhaltenszwänge hinaus. Die Mechanik des Großen setzt sich bis ins Kleinste hinein fort. Nicht mehr nur der gesamte Körper in der Masse, en gros, wird Gegenstand der Bearbeitung, vielmehr erstreckt sich der Zugriff auf den einzelnen mit infinitesimaler Gewalt auf kleine Bewegungen, Gesten, Haltungen, Schnelligkeit (Foucault, 1976, S. 175). Ein Beispiel für diese «Mikrophysik der Macht» ist das militärische Exerzieren. Jede Körperregung ist im Detail instrumentell codiert, minuziös mit dem manipulierten Objekt zusammengeschaltet. Foucault erläutert, wie sich die verzahnte Gesamthandlung in zwei parallele Reihen zerlegt. Einerseits die Reihe der Körperelemente (rechte Hand, linke Hand, verschiedene Finger, Knie, Auge, Ellenbogen) und andererseits die Reihe der manipulierten Objektelemente (Lauf, Kerbe, Hahn, Schraube). Beide Reihen werden schließlich in einem minuziös festgeschriebenen Ablauf einfacher Gesten (stützen, beugen) miteinander verzahnt:

«Die gesamte Berührungsfläche zwischen dem Körper und dem manipulierten Objekt wird von der Macht besetzt: die Macht bindet den Körper und das manipulierte Objekt fest aneinander und bildet den Komplex Körper/Waffe, Körper/Instrument, Körper/Maschine. Damit ist man denkbar weit entfernt von jenen Formen der Unterwerfung, die dem Körper nur Zeichen und Produkte, Ausdrucksformen oder Arbeitsleistungen abverlangen. Die von der Macht durchgesetzte Reglementierung der Tätigkeit ist zugleich deren inneres Konstruktionsgesetz» (Foucault, 1976, S. 197).

Durch die systematische Ausnutzung jedes Augenblicks, durch die Zwangsbindung noch so minimaler Körperbewegungen an die Herrschaft und Mechanik des Ganzen drängt sich die Maschinenfunktion und ihre Logik in die Psyche der menschlichen Maschinenteile. Zur Teilmaschine geworden, ist dem Soldaten die Eingliederung in den äußeren Mechanismus nicht mehr fremd. Das dort abverlangte total-regulierte und reduzierte Verhaltenspotential wird zunehmend zum Spiegelbild seiner um Empfindungen, Gefühle und Triebe beraubten inneren Eingestelltheit. Er ist zu jenem «neuen Menschen» geworden, der, zur reinen Körpermaschine gewandelt, keine Psyche mehr braucht und hat, die ihm beim Funktionieren störend im Wege steht. Er kennt kein Mitleid mehr, keine Angst, Skrupel oder Moral, sondern ist «lediglich der Maschine verpflichtet, die ihn geboren hat» (Theweleit, 1978, Bd. 2, S. 185). Zur äußersten Betäubung und Ablenkung eigener Impulse greift er zu Alkohol, Drogen und Frauen. Beim Exerzieren, dem Drill auf dem Kasernenhof, kann sich der Soldat als integraler Teil der gewaltigen und beeindruckenden Makromaschine erleben:

«Der Oberst hob die Hand an den Helm. Das Regiment trat auf der Stelle, viertausend Beine hoben sich auf einen Zug und stießen wieder auf den Boden, frei weg, die erste Kompanie schnellte los, die Beine wie an

Militärisches Exerzieren, aus: H. F. von Fleming, Der vollkommene deutsche Soldat, Leipzig 1726

der Schnur gezogen vor und hieb sie nieder auf Gras und Grund, achtzig Zentimeter Spanne von Fuß zu Fuß – die Fahne kommt heran. (...)

Hoch schnellt der Degen, blitzt und senkt sich tief zur Erde, die Erde stäubt vom hundertfältigen Schritt, die Erde dröhnt und stöhnt, zweihundertfünfzig Mann vorbei, Tuchfühlung Vordermann, zweihundertfünfzig Gewehre auf den Schultern, eine schnurgerade Reihe von Strichen über einem schnurgeraden Strich von Helmen, Schultern, Tornistern, zweihundertfünfzig Hände sausen vor und zurück, zweihundertfünfzig Beine reißen in grausamem, unaufhaltsamem Rhythmus die Leiber vor» (v. Salomon, 1933, S. 114).

In dieser und durch diese Maschine gerät der einzelne Soldat in einen neuen, übermächtigen Körperzusammenhang:

«Die einzelnen Glieder der Soldaten sind wie von ihrem Leib abgetrennt und zusammengefügt zu neuen Ganzheiten. Das Bein des einzelnen hängt funktionell mehr mit dem Bein des Nebenmannes zusammen, als mit dem Rumpf, an dem es sitzt. Dadurch entstehen innerhalb der

Maschine neue Ganzheitsleiber, die nicht mit einzelnen menschlichen Leibern identisch sind» (Theweleit, 1978, Band 2, S. 179).

Getrennt von der Ganzheitsmaschine Truppe wäre die maschinisierte Physis des einzelnen Soldaten eine leere, ziel- und orientierungslose Fassade, alsbald dem Zerfall preisgegeben. Die Ganzheitsmaschine stabilisiert sich selbst, indem sie fortwährend läuft. Zunehmend wird der Soldat davon entlastet, sich immer wieder bewußt in sie einzufügen, die Verbindung von Befehl und Ausführung herzustellen. Er funktioniert automatisch, das heißt *unbewußt.*

Gerade in der Bewußtheit über sich selbst und sein Tun liegt eine fundamentale Trennungslinie zwischen Mensch und Maschine. Die Maschine ist moralisch indifferent, gänzlich gleichgültig gegenüber den Konsequenzen ihres Verhaltens. Der maschinisierte Soldat soll so sein wie sie, niemand und nichts verpflichtet, außer der Maschine selbst. Die Verhältnisse, innerhalb derer er zu funktionieren hat, stoßen dann auf seine blinde Anerkennung.

Der Drill, wie er auch heute noch praktiziert wird, wirkt über das Militär hinaus. Unbewußtheit wird zur Eigenschaft der Gesamtperson, ist nicht sachlich auf eine bestimmte, abgeschlossene Sphäre ihrer Existenz begrenzt. Die «gesellschaftliche Produktion von Unbewußtheit», hinter der Erdheim (1982) eine zentrale Funktion des Militärs sieht, dient zugleich der Konservierung außermilitärischer gesellschaftlicher Strukturen:

«Das Wesentliche am Drill ist die Einübung von Verhaltensweisen, deren Sinn nicht einsichtig ist: Warum so und nicht anders marschiert, das Gewehr präsentiert, das Bett gemacht oder die Schuhe geputzt werden müssen, darf nie gefragt werden. Der Drill dient dazu, den Leuten die Frage nach dem «Warum» abzugewöhnen und damit die Realitätsprüfung als Ich-Funktion abzubauen» (Erdheim, 1982, S. 64).

Daß dem unverändert so ist, schildert Eissler (1982) am Beispiel institutionalisierter Psychopathologien in der US-Armee. Der streng reglementierte und gleichsam monotone Alltag macht es den Soldaten schwer, ein Identitätsgefühl zu bewahren. Denn es «wird alles, was der Soldat tut, gleichzeitig von einer Reihe anderer Soldaten ebenfalls getan. Er sieht sich einer unbestimmten Anzahl von Spiegelbildern gegenüber, die dieselben Bewegungen wie er selbst ausführen» (a. a. O., S. 13). Unablässige Wiederholungen und Monotonie führen schließlich zum Verlust des Zeitgefühls und zum Gefühl der Selbstauflösung. Der Soldat verliert damit seine Eigenständigkeit und Unverwechselbarkeit. Er droht, in seiner Umwelt spurlos aufzugehen, von ihr geschluckt zu werden. Und, was für uns interessant ist, diese Umwelt wird als eine Maschine empfunden, die ihrerseits Maschinen erzeugt. Mensch-Maschinen.

«Es dominiert die Angst, zur Maschine oder zum Automaten zu werden.

Auf der Ebene der Realität ist diese Angst nicht ungerechtfertigt, denn innerhalb des Armeeapparates gibt es zahlreiche Tendenzen, den Menschen in einen Automaten zu verwandeln. Aus vielen Gründen hängt die Gefahr, zum Automaten zu werden, wie ein Damoklesschwert über dem Soldaten, und wenn er dieser beängstigenden Aussicht entgehen will, muß er sich gegen die Gefahr des Ich- und des Selbst-Verlustes zur Wehr setzen. Der Schmerz scheint hier eine ungemein brauchbare und wirkungsvolle Form der Abwehr zu liefern. Es gibt kaum eine Lebenslage, in der sich der Mensch selbst so intensiv spürt wie im Zustand des Schmerzes» (a. a. O., S. 24f).

Das verbreitete Phänomen der Schmerzsucht, der Drang zum Schmerz, der das psychische Wohlergehen wiedergewinnen will, bringt die Militärmaschinerie nicht zum Erliegen. Im Gegenteil. Die Schmerzsucht der Soldaten ist eine von vielen denkbaren Abwehrformen (wie zum Beispiel Angstlust, Zerstörungswut, Blutdurst) gegen die maschinelle Vereinnahmung, ohne die eine solche Vereinnahmung gar nicht durchgeführt werden könnte. Sie würden unmittelbar daran zugrunde gehen. Ihre Abwehr macht ihnen die Vereinnahmung erst erträglich.[9] Und dies nicht nur begrenzt auf den Erlebnisbereich des Militärs. Die hier vorfindbaren Vereinnahmungsformen und Abwehrstrategien sind lediglich eine Intensivierung und Vertiefung dessen, was das Individuum in vorgelagerten Sphären (Schule) gelernt hat und auch andernorts gut gebrauchen kann (Arbeit).

Mit unserer Darstellung der Menschen-Maschine Militär wollen wir nicht darüber hinwegtäuschen, daß die maschinelle Entwicklung in sämtlichen Bereichen, auch im Militär, nicht stehengeblieben ist. Die Zerstörungskraft hat sich erheblich vom Körper des Soldaten entfernt und in die (Fern-)Waffensysteme hineinverlagert. Ebenso hat sich im Produktionsbereich das Leistungsvermögen des lebendigen Arbeiters zugunsten der totalen Maschinerie zurückgezogen. Insofern ist die Megamaschine, die wesentlich eine starre Verzahnung rein körperlicher Bewegungsabläufe und Teilfunktionen darstellt, eine veraltete Maschine. Moderne Ganzheitsmaschinen verzahnen den Menschen weniger mit der körperlichen Mechanik anderer Menschen, als mit der Denkstruktur, Funktionsweise und den Handlungs- und Verhaltensansprüchen toter Apparaturen. Diese Art der Maschinenwerdung des Soldaten ist nicht weniger total als die althergebrachte, auch wenn sie sich von der des Computer-Fachmanns etc. kaum noch unterscheidet. Die tote Maschine ergänzt sich in eine lebendige, indem sie nicht nur die körperliche Mechanik, sondern auch sämtliche Sinne okkupiert.

Dieser Prozeß hat, wie unser folgendes Beispiel zeigen soll, bereits auf der Vorstufe unserer heutigen Kriegstechnologie eingesetzt.

9 Ausführlich und an Beispielen auch aus der Arbeitswelt ist dieser Aspekt des «Widerstands als eine Form des Überlebens und der Anpassung im System des Kaputten» entwickelt in: Bammé, Feuerstein, Holling, 1982, S. 123–135.

3.2 Die Mensch-Maschine-Symbiose in einem Bomberpulk

Die Handlung spielt während des Zweiten Weltkrieges in, über und um Halberstadt herum. Halberstadt stand auf den alliierten Bombardierungslisten. Es hatte 100000 Einwohner, einen Flugplatz und rüstungsdienliche Produktionsanlagen.

Alexander Kluge, ein gebürtiger Halberstädter, rekonstruierte den Bombenangriff jenes 8. April 1945 in einer fiktiv-realistischen Collage (1977). Er füllt in seinem Bericht die informativen Lücken des Geschehens und bringt, wenn auch in literarischer Überzeichnung, die innere Logik auf einen Punkt. Hier sind keine einzelkämpferischen Helden mehr am Werk, sondern maschinisierte Arbeitskräfte in einem fliegenden Industriebetrieb. Der Bomberpulk besteht aus 200 Maschinen, denen 115 weitere Maschinen folgen. Die Formation hatte, so Kluge, einen traditionell-kavalleristischen Anschein. Sie war jedoch «berechnet», das heißt konnte sich entsprechend unterschiedlicher Angriffsarten flexibel verändern. Trotzdem war die raum-zeitliche Verzahnung der Einzelteile extrem dicht. Brigadier Anderson hatte den Angriff an leitender Stelle «mitgetragen». Sieben Jahre danach gibt er einem Halberstädter Reporter ein Interview[10]:

«Reporter: Sie sind also nach dem Frühstück losgeflogen?

Anderson: Richtig. Schinken mit Eiern, Kaffee. Ich lese Kriminalromane immer auf die Stellen hin, in denen der Detektiv viermal Schinken und Eier und drei Portionen Kaffee vertilgt. Das gibt mir ein Gefühl von Masse. Essen würde ich das nicht. Aber vorstellen tue ich es mir gerne. Spaß beiseite.

Reporter: Na ja. Sie stiegen von Einsatzhäfen in Südengland routinemäßig auf?

Anderson: Podington 92. Staffel, Chelveston 305. Staffel, Thurleith 306. Staffel, Polebrook 351. Staffel, Deenethorpe 401. Staffel und Glatton 457. Staffel. Das ist einwandfrei ...

Reporter: Einflug über die französische Nordküste?

Anderson: Wie üblich. Wir taten so, als ob wir Nürnberg oder Schweinfurt anfliegen ...

Reporter: Südlich von Fulda Kurswechsel?

Anderson: Kurs Nordost.

Reporter: Wie geplant?

Anderson: Das ist alles geplant.

Reporter: Die Einheitsführer können daran nichts entscheiden?

Anderson: Die Spitzenflugzeuge fliegen an der Spitze, aber sie führen nicht.

Reporter: Wenn Sie nun einmal beschreiben, was das sollte?

10 Wir geben dieses Interview nur in Auszügen wieder (Kluge, 1977, S. 75–80).

Anderson: Was das sollte, kann ich Ihnen nicht sagen. Ich kann mich nur zur Angriffsmethode äußern. Das sind ja Profis. Zunächst müssen sie die Stadt einmal irgendwie ‹sehen›. Wir kommen also an, d. h. wir Moskitos sehen zunächst einmal den Bomberstrom, der von Süden anfliegt. Dann liegt seitlich rechts der Harz, man kann den Brocken sehen. Die Bomber überfliegen den Südteil der Stadt, einmal über das Ganze weg, legen ein paar Serienwürfe prophylaktisch an die Stellen, an denen Bevölkerung, die durch den Alarm gewarnt ist, zum Berggelände hin flüchtet. Um da erst einmal zuzumachen. Die Bomber sammeln sich dann am nordöstlichen Stadtausgang, also über der Ausfallstraße nach Magdeburg. Das sind zwei Warteschleifen, damit alle Maschinen heran sind und der Angriff kompakt geflogen werden kann. Befohlen war Teppichwurf, d. h. *Konzentration* der Würfe, entweder im Süd- oder Mittelteil der Stadt. Wir kannten ja die Stadt nicht, hatten nur die Karte sowie einen ersten Eindruck. Dieser Eindruck sagte uns: die Hauptverbindungslinien führen durch Mitte und Süd in westöstlicher Richtung, während im Norden Dörfer und im Süden Berge liegen. Wir können uns nicht mit der einzelnen Stadt allzulange befassen, da wir ja noch den Angriff und die Rückreise haben. Frage: Jagdschutz, Flak, Qualitätskontrolle der Würfe? Da können wir uns nicht mit dem Stadtplan befassen, wir suchen die Angelpunkte.»

Der Angriff beginnt, nachdem die Maschinerie vor Ort auf die Gegebenheiten fein abgestimmt wurde, seine Mechanik zu entfalten. Es ist dies sowohl eine Mechanik des Zusammenhangs der Formation als auch des sachgerechten Ablaufs ihres Produktionsprozesses. Unter differenziertem Einsatz von Material werden systematisch aufeinanderfolgende Bearbeitungsstufen durchschritten.

Der kriegerische Zusammenhang, die unheimliche Begegnung von Bomberformation und Stadt, findet im Bewußtsein der Piloten dann nur noch als Auseinandersetzung zwischen Maschinenwelten statt. Das zweckrational strukturierte Gebilde des Verbandes trifft auf einen geometrisch geordneten Funktionskomplex, die Stadt.

«Anderson: Was der Angriff zu diesem Zeitpunkt des Krieges soll, können wir nicht wissen. Also wählen wir eine *vernünftige* Angriffslinie.

Reporter: Was ist das?

Anderson: Daß der Angriff nicht verkleckert.

Reporter: Was heißt das?

Anderson: Die Würfe dürfen sich nicht im Stadtgelände verteilen. Wir sehen also: Hauptverbindungsstraßen, Ausfallstraßen. Wo es dann auch richtig brennt. Das wissen Sie ja auch, wo das in einer alten Stadt liegt. Wir treiben keine Mittelalterstudien, aber haben doch auch gehört, daß eine solche Stadt aus dem Jahr 800 nach Christus stammt. Von da aus müssen sich die Bombenschützen zunächst auf die Eckhäuser konzentrieren. Damit machen wir zu. Optimal gesprochen: Schuttkegel am Eingang jeder Straße und am Ausgang. Die Falle ist zu, wenn wir die Häuser zu

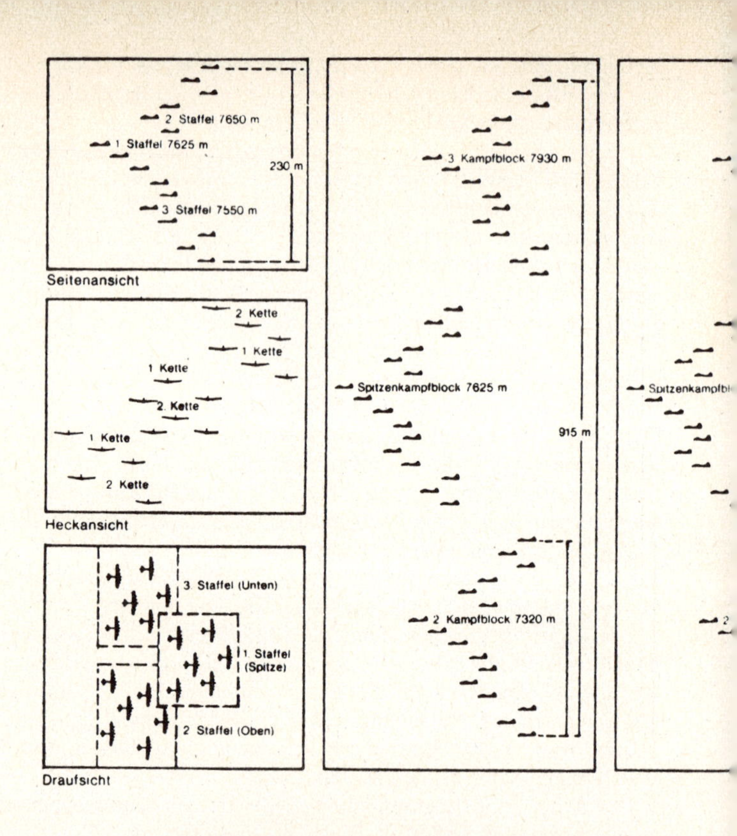

beiden Seiten der Straße sprengmäßig aufmachen. Da hinein Brandkanister, Stäbchenbrandbomben usf. Darüber dritte und vierte Welle wieder sprengmäßig, brandmäßig. Das gibt ein Querraster, obwohl wir immer in der gleichen Spur durchfurchen. Sehen Sie, intakte Gebäude sind schwer zum Brennen zu bringen. Erst müssen die Dächer abgedeckt sein, und es müssen Öffnungen eingesprengt werden, die ins zweite oder möglichst erste Stockwerk hinabreichen, wo das Brennbare sitzt. Sonst haben wir keine Flächenbrände, keinen Feuersturm usf.»

Nicht erst in der eigentlichen Ausführung des Angriffs hat sich der Verband zu einer unausweichlich zielstrebigen Megamaschine formiert, diese Maschine lief bereits unausweichlich *vor* dem Start der einzelnen Bomberstaffeln. Kaum ein Umstand wäre denkbar gewesen, um den Angriff im Vorfeld noch verhindern zu können. Nach der endgültigen Entscheidung für die Ausführung des geplanten Bombardements war es selbst für eine Kapitulation schon zu spät. Es hätte mit einer Unzahl von Instanzen, Heeresgruppen, Entscheidungsträgern und Koordinationsstellen telefo-

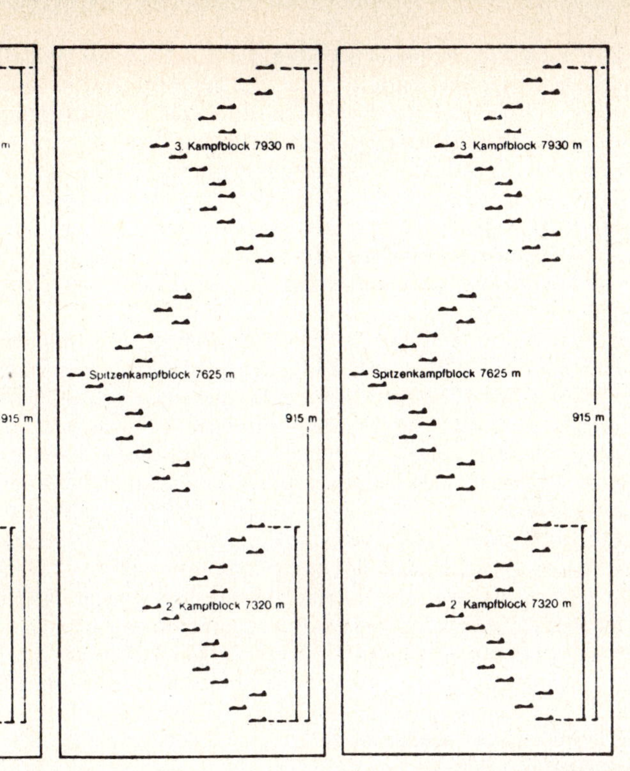

Staffelung der Kampfblöcke, denen außerplanmäßige Maschinen vorausfliegen

niert werden müssen, was zu lange gedauert hätte. Außerdem, weiß man, wer da anruft? Ähnlich verhält es sich auch mit dem Einsatz der großen weißen Fahne, die international Kapitulation bedeutet:
«Anderson: An Flugzeuge? Spielen wir das doch einmal durch. Eine Maschine landet auf dem nahegelegenen Flugplatz der Stadt – Landebahn wäre aber für Viermotorige zu kurz – und besetzt die Stadt mit 12 oder 18 Mann Besatzung? Woher weiß man, ob die Person, die das weiße Laken hißte, nicht von einem Erschießungskommando wegen Defätismus längst erschossen ist?
Reporter: Das ist aber keine faire Chance. Was sollte denn die Stadt tun, um zu kapitulieren?
Anderson: Was wollen Sie denn noch? Verstehen Sie denn nicht, daß es gefährlich ist, mit einer brisanten Fracht von 5 oder 4 Tonnen Spreng- und Brandbomben die Rückreise anzutreten?
Reporter: Sie konnten die Bomben woanders hinschmeißen.
Anderson: In einen Wald usf. Vor dem Rückflug. Angenommen, die

Pulks werden auf der Heimreise angegriffen, auf dem Flugplatz Hannover lagen ja noch Jäger. Wir warteten eigentlich die ganze Zeit, daß sie starteten. Wer will für die schwerbeladenen Enten die Verantwortung übernehmen, nur weil sich ein weißes Tuch gezeigt hat? Die Ware mußte runter auf die Stadt. Es sind ja teure Sachen. Man kann das praktisch auch nicht auf die Berge oder das freie Feld hinschmeißen, nachdem es mit viel Arbeitskraft zu Hause hergestellt ist. Was sollte denn Ihrer Ansicht nach in dem Erfolgsbericht, der nach oben geht, stehen?
Reporter: Sie konnten wenigstens einen Teil auf freies Feld werfen. Oder in einen Fluß.
Anderson: Diese wertvollen Bomben? Das bleibt doch nicht vertraulich. Da sehen 215 mal 12 bis 18 Mann zu. Wir hatten mit der Stadt doch auch gar nichts im Sinn. Wir kannten da keinen. Warum sollte sich zu *ihren* Gunsten irgendwer an einer Verschwörung beteiligen?»

Das System bietet dem einzelnen keine Lücken, durch die er ihm entrinnen könnte. Er ist auf Gedeih und Verderb in die Funktionsweise der Megamaschine integriert. Sein Überlebensinteresse koaliert unmittelbar mit der Durchsetzung der inneren Vernunft der Systemregeln. Wenn der eingeleitete Vorgang nicht planmäßig abgeschlossen wird, droht Gefahr. Unter der Last nicht abgeworfener Bomben könnte der Verband sein eigenes Opfer werden. Außerdem muß sich die teure Ware auch realisieren, darf nicht verschwendet werden. Es ist ein einziger Sachzwang.
«Reporter: Die Stadt war also ausradiert, sobald die Planung eingeleitet war?
Anderson: Ich möchte mal so sagen: wenn ein paar besonders Eilige unter den Kommandeuren unserer eigenen Panzerspitze in einem ganz brillanten Vorstoß über Goslar, Vienenburg, Wernigerode die Stadt bis 11.30 Uhr erreicht hätten, so hätte das die Systematik unserer Pulks nicht geändert.
Reporter: Die hätten doch Fliegerzeichen gesetzt, Erkennungssignale neben die Rauchzeichen geschossen.
Anderson: Kriegslist des Gegners!
Reporter: In aller Ruhe hätten Sie die eigenen Leute zerballert?
Anderson: Nicht ‹in aller Ruhe›, sondern ‹mit Zweifeln›. Es hätte Funkverkehr gegeben, und vielleicht hätte das der Konzentration der Teppichwürfe geschadet. Nun waren unsere ja Gott sei Dank keine Zauberer.»

Zweckfremdes und außerplanmäßiges Verhalten wird bestraft. Oberstes Kriterium des Handelns ist seine Effizienz. Und diese stellt sich nur her, wenn jeder Teilbereich der Angriffsmaschinerie, sei es das einzelne Flugzeug in Bewegung, sei es der Pilot und seine Mannschaft, sich als funktionsgerechte Komponente eines kybernetischen Systems verhält. Durch ein dichtes Netz von Regeln, Normen, Kontrollen und Sanktionsdrohungen sind die menschlichen Komponenten des Systems in seine innere Logik hineinverwoben. Die gestellte Aufgabe, eine Stadt zu zer-

Man konnte in diesen fliegenden Industrieanlagen mitten im Krach der Motoren und infolge der übermächtigen Helle des Tageslichts allerdings nicht Kriminalromane oder Romanhefte lesen, obwohl für diejenigen, die nicht steuerten, Ausguck hielten oder funkten, lange Wartezeiten durchgestanden werden mußten. Eine Anpassung an die Maschinen, nur weil diese arbeiteten ...

Keiner der altgedienten Profis in den Maschinen kann sich deshalb der Anspannung entziehen, die Seele von ihr wegdrehen nach unten zu den Feldern oder dem Harzgebirge hin oder zur tiefen Bläue des Himmels. (Kluge, 1977, S. 68)

bomben, steht als solche gar nicht zur Disposition, wird auch nicht Gegenstand von Reflexionen. Es geht lediglich um den besten Weg. Dies hat Entlastungsfunktionen. Denn die innere Logik ist moralisch neutralisiert. Ihre Kriterien (Effizienz; Zweckrationalität) abstrahieren prinzipiell vom sittlichen Motiv und vom konkreten Inhalt des Geschehens. Insofern handelt der Pilot eines solchen Verbandes nicht eigentlich als Mensch mit natürlichen Empfindungen, sondern als anonymes, entpersönlichtes Verbandsmitglied. Dadurch ist er von Verantwortung, Entscheidung, Unrechtsbewußtsein und Schuldgefühlen entlastet. Das System, die Megamaschine hat ihm das alles abgenommen. Viele werden sich später darauf berufen.

Die Verzahnung der menschlichen Teilmaschinen mit dem Gesamtmechanismus basiert nicht nur auf den immateriellen Normen und Verhaltensregeln oder den Sanktionsdrohungen bei Nicht-Befolgung. Vielmehr besteht daneben eine direkte und massive Indienstnahme des Körpers und der Sinne. Anders als beim stolzen Marschieren, wie es noch v. Salomon beschreibt, hängen hier die maschinisierten Teile der Soldaten weniger mit denen anderer Soldaten zusammen als mit vergegenständlichter Maschinerie. Es ist vorwiegend eine maschinelle Symbiose zwischen lebendigen und toten Kameraden, zwischen Pilot und Flugzeug.

Die Verbindung der menschlichen Sinne mit dem technischen Gerät totalisierte sich durch die Aufgabe und Entfremdung natürlicher Wahrnehmungsfunktionen. Trotz guter Witterung bombte «die Mehrzahl der Flugzeuge nicht nach Sicht, sondern nach Radar» (a. a. O., S. 69). Zusätzliche Verstärkung erfährt diese Besetzung und Ersetzung menschlicher Erlebnisqualitäten durch materiale Maschinerie noch dadurch, daß sich nicht ein einzelner Flugkörper durch den Raum bewegt, sondern ein integrales Flugsystem. Im Verband bewegen sich die einzelnen Flugkörper arbeitsteilig; planmäßig in detaillierten Raumstrukturen und exakter Ablauforganisation.

Die Megamaschine Militär hat sich ausdifferenziert. Ihre Einzelteile und Teilmaschinen sind nicht mehr spezifisch zugerichtete Soldaten, die sich in Kombination mit anderen maschinenhaft verhalten. Sie tun dies nun in enger Symbiose mit technischem Gerät. Dieser lebendig-tote Maschinenkomplex ist seinerseits eine Teilmaschine der Megamaschine. Der Mensch entfernt sich also aus dem Zentrum des Zusammenhangs.

Übrig bleibt das Verhalten des privilegierten Voyeurs, der auserwählt ist, den Einsatz zu fliegen, die Maschine präzise, berechenbar, maschinell zu bedienen, das Schauspiel mit anzusehen, die Wirkungen, die er erzielen half, von ferne zu verfolgen. So jedenfalls stellt es sich in den Äußerungen der Piloten dar, die Hiroshima anflogen. Sie verkünden im Interview:

Auftrag ausgeführt

P. Tibbets: «In erster Linie war es eine Herausforderung. Stolz – ja; ich war begeistert, daß mir eine Aufgabe anvertraut worden war, die vor mir noch niemand durchgeführt hatte. Ich wollte alles zu ihrem Erfolg beitragen, ich widmete mich völlig dieser Aufgabe ... wir wußten, daß nur diese beiden Mannschaften – vielleicht sogar nur unsere eigene – den Angriff fliegen würden; und die zweite Mannschaft bildete lediglich die Reserve für den zweiten Einsatz ... zunächst einmal gab es ja gar nicht genug Bombenmaterial für mehr als vielleicht drei Einsätze. Niemals wären also alle Mannschaften für einen Atombombeneinsatz eingesetzt worden, trotzdem mußten wir die Mannschaften ausbilden ...»
Tom Ferebee: (Bombenschütze)
«Am Vorabend des Angriffsfluges saßen wir beim Poker, als Paul zu uns rüberkam und sagte, wir sollten zum Gottesdienst kommen. Danach ruhten wir noch eine Weile aus, und dann gingen wir zur Startbahn ... Ich beaufsichtigte die Ladung des Bombers, überprüfte die elektrische und mechanische Ausrüstung, und dann gingen wir alle an Bord. Das war so etwa gegen 24 Uhr, nein, na – egal. Wir bekamen also Starterlaubnis und rollten an. Die Ladung war natürlich außerordentlich schwer, deshalb hielten wir die Maschine so lange wir konnten am Boden, bis sie schließlich abhob ... Und als wir oben waren und das Fahrgestell eingefahren wurde, hatte ich mich bereits schlafen gelegt. Ich schlief etwa vier Stunden lang ... Plötzlich wurde ich wach, weil mir etwas auf den Kopf gefallen war. Die Jungs vorne im Flugzeug vertrieben sich die Zeit, sie rollten Orangen durch den Schacht. Wer mit seiner Orange meinen Kopf traf, hatte gewonnen, so wurde ich geweckt. Sie müssen wissen, es war ein ruhiger einfacher Flug ... Es war im Grunde ein Routineflug über dem Meer ...»
Frage:
«Sie konnten also die Stadt erkennen?»
T. Ferebee:
«Aber sicher, es war ein herrlicher, klarer Tag, ideal für einen Bombenangriff.»

Frage:
«Konnten Sie auch Menschen erkennen?»
T. Ferebee:
«Nein, nein, nein – nicht aus solch großer Höhe ...»
Frage:
«... und dann drückten Sie auf den Knopf?»
Ferebee: (lacht)
«Ja, so könnte man es nennen, ich betätigte den Auslöser – es ging elektrisch – nennen Sie es also auf den Knopf drücken; ich hätte auch mechanisch auslösen können, falls der elektrische Auslöser versagt hätte.»
Frage:
«Was geschah dann?»
Ferebee:
«Nun, wir drehten sofort ab ... parallel zur Abwurfstelle, dann war auch schon der Pilz bis auf unsere Höhe emporgeschossen. Wir flogen daran entlang und sahen zu. Dann zurück zum Stützpunkt.»
Frage:
«Sahen Sie nur den Himmel oder auch hinunter zur Erde?»
Ferebee:
«Alles was von der Erde hochkam, war eine sich auftürmende Wolke.»
Frage:
«Wie reagierten Sie darauf?»
Ferebee:
«Ich glaube, ich sagte (lacht) es hat geklappt! (lacht). Ich freute mich darüber, wir hatten so viel Arbeit in dieses Projekt investiert ... Eine solche Bombe hatten wir schon einmal gezündet in New Mexico, aber wir waren ja nicht sicher, ob es auch aus der Luft funktionieren würde. Das war der erste Versuch, und natürlich war ich froh, daß alles geklappt hatte. Für mich war das ein Flug wie jeder andere ... wenn man eine Aufgabe durchführt, die einem aufgetragen worden ist, die notwendig ist, dann sehe ich keinen Grund, sich zu fragen, wie viele Menschen man nun getötet hat. Nicht etwa, daß ich darauf ausgewesen wäre, Menschen umzubringen, es war eine Arbeit, die ich zu tun hatte, auch wenn Menschen dabei ums Leben kamen.»
Frage:
«Und was sagte die Besatzung? Wie war ihre Reaktion?»
Ferebee:
«Ich weiß es nicht mehr. Ich zeigte damals keine besondere Reaktion, die Beobachter an den Fenstern zeigten wohl eine Art Gefühlsregung: mein Gott! was für eine Explosion! – Die ganze Stadt ist ausradiert. Doch etwas Tiefschürfendes gab keiner von sich.»
Frage:
«Und wie haben Sie reagiert?»
Ferebee:

«Man hatte mir gesagt, ich würde die Wirkung von 20000 Tonnen TNT erleben, aber ich hatte noch nie 20000 t TNT explodieren sehen. Nicht einmal 1000 t. Ein paar hundert Pfund ja, ich habe das also im Geiste multipliziert, um mir ein Bild zu machen, es mußte eine riesige Explosion geben, doch was wirklich passierte, lag jenseits meiner Vorstellungskraft. Ich blieb also eine Zeitlang völlig überwältigt. Aber mein nächster Gedanke war, nur schnell weg von hier ... es gab ja auch nichts, was wir dort noch hätten ausrichten können ... die letzten fünfeinhalb ... Stunden waren wieder Routine, bis wir ... landeten.» (...)
Tibbets:
«Sobald die Bombe ausgelöst war, übernahmen wir die Handsteuerung der Maschine, wir flogen eine extrem steile Kurve, um die größtmögliche Entfernung zwischen uns und den Mittelpunkt der Explosion zu bringen. Nach der Druckwelle, die unsere Maschine traf, zu urteilen, war die Explosion erfolgt, wir waren erfolgreich gewesen, und so drehten wir noch eine Runde, um einen Blick hinunterzuwerfen. Was wir sahen, übertraf unsere kühnsten Erwartungen.»
Filmschnitt. Gespräch mit Ferebee 35 Jahre danach:
Frage:
«Zunächst galten Sie ja als großer Kriegsheld, später wurden Sie von einigen als der größte Massenmörder der Welt bezeichnet. Wie sehen Sie sich selbst?»
Ferebee:
«Nicht gerade als das eine oder das andere, ich hatte einen Auftrag erhalten, und den hab ich erfolgreich ausgeführt, ich bin froh, daß es so gekommen ist, für mich war es ein Akt des Patriotismus im Auftrag meines Landes. Die Tatsache, daß er die bekannte Wirkung hervorrief, macht mich nicht zum Helden, all die Männer, die daran beteiligt waren, sind Helden, alle gemeinsam sollten im Rampenlicht stehen ... Wenn man aber mal wirklich ernsthaft und rational an die Sache herangeht, dann wird klar, daß wir in Hiroshima und Nagasaki nicht soviele Menschen getötet haben wie die 20. Airforce bei ihren Brandbombenangriffen auf andere Städte. Nur haben wir es schneller, auf einen Schlag getan. Und noch etwas, ich habe bereits früh gelernt, niemals meine militärischen Handlungen im Krieg als etwas Persönliches zu betrachten. Es handelt sich dabei um etwas völlig Unpersönliches» (Courage 10/1982, S. 14f).

Die Helden von Hiroshima und Nagasaki werden vielleicht die letzten sein, denen das überwältigende Erlebnis eines Atombombenabwurfs vergönnt sein wird, Helden auf dem Höhepunkt menschlicher Kriegführung und Killermentalität als Geschäft: den Hauptvorgang übernimmt ganz und gar die Maschine, der neue Superheld.

3.3 Die Übermacht des «toten Kameraden»

Selbst ein General ist vor der Entmündigung durch die materiale Maschine, den toten Kameraden, nicht mehr sicher. Schon während des Korea-Konflikts ereignete sich der Fall, daß der Kopf des militärischen Zusammenhangs nur zum Teil der eines Menschen war. Der andere Teil bestand aus einer Datenverarbeitungsanlage, die, gemessen an heutigen Standards, sicherlich hoffnungslos unfähig war. Trotzdem konnte sie General McArthur zum Schicksal werden.[11]

Dieser hatte militärische Aktionen in Aussicht genommen, die einen neuerlichen Weltkrieg hätten auslösen können. Vor der eigentlichen Entscheidung wurde das «Electric Brain» befragt. Sein Urteil muß wohl dahin gegangen sein, daß eine derartige Ausweitung des Konflikts kaum zu nützlichen und profitablen Resultaten führen würde – rein rechnerisch und ohne Moral. Die Maschine hatte damit Schlimmeres verhindert. Ihr Triumph über den «menschlichen» Ehrgeiz des Generals war das Glück des Augenblicks. Dennoch sieht Günther Anders in dem Vorgang als solchem zugleich die epochalste Niederlage, die die Menschheit sich jemals zugefügt hat: «Denn nie zuvor hat sie sich eben so tief erniedrigt, den Richterspruch über ihre Geschichte, vielleicht über ihr Sein oder Nichtsein, einem Dinge anzuvertrauen» (1968, S. 62). Hier macht Anders allerdings einen künstlichen Unterschied zwischen Ding und militärischer Denkweise. Das «Ding» verkörpert ja gerade die Denkweise der Militärs, ist von ihnen programmiert und funktioniert nach ihrer Logik. Und eben diesen Teil der menschlichen Logik beherrscht der Computer besser. Solange diese Denkweise von Menschen ausgeübt wird, droht sie immer wieder von anderen Motiven überlagert zu werden, vom Ehrgeiz eines McArthur, von subjektiven Skrupeln. Erst indem diese Denkweise außerhalb des menschlichen Kopfs materialisiert werden konnte, gelang es, sie ungestört von menschlichen Gefühlen funktionieren zu lassen. Zwischenzeitlich haben «die Dinge» noch mehr Boden gutgemacht. Die Gefahr eines weiteren Weltkriegs geht also keineswegs nur noch vom Menschen aus.

An einem gewöhnlichen Tag im Juni 1980 geschah im Hauptquartier des Strategischen Bomberkommandos der US-Luftwaffe in Omaha etwas Außergewöhnliches. Einer der beiden Bildschirme des Computer-Terminals avisierte eine große Anzahl sowjetischer Interkontinental- und U-Boot-Raketen mit Atomsprengköpfen im Anflug auf die USA.[12] Eine ganze Alarmwelle wurde dadurch ausgelöst:

– Ein Drittel der Atombomber-Flotte läßt ihre Triebwerke warmlaufen,

11 Ausführlich in Anders, 1968, S. 59–64.

12 Unsere Ausführungen dazu stützen sich auf den Bericht des SPIEGEL, 26/1980, S. 102–114.

– alle Raketenbesatzungen sind in ihren Befehlskonsolen,
– Atom-U-Boote sind in Alarmbereitschaft versetzt,
– die fliegenden Befehlsstände werden startklar und heben teilweise bereits ab.

Nach etwas mehr als drei Minuten entpuppte sich der «Angriff» als Fehlalarm, ausgelöst durch das Versagen eines winzigen Mikro-Chips im Überwachungs-Computer. Der Alarm wurde rückgängig gemacht, bevor das «Halb-Dollar-Mißverständnis» im Norad-Computer eine Kettenreaktion auslösen konnte. «Wie, wenn die Sowjets, verwirrt durch startende US-Bomber und hektische Alarmsignale für die amerikanische U-Boot-Flotte, ihrerseits die Nerven verlören und den atomaren ‹Gegenschlag› auslösten?» (a. a. O., S. 105)

Tatsächlich wird die Zeitspanne zwischen einem identifizierbaren Angriff durch feindliche Raketen und dem als noch rechtzeitig angesehenen «Vergeltungsschlag» immer kürzer. Wenn die «Vergeltungs»-Raketen vor dem Einschlag der feindlichen Sprengköpfe in der Luft sein sollen, dann blieben bei einem sowjetischen U-Boot-Angriff auf die amerikanische Ostküste weniger als 15 Minuten. Dies war 1980. Zwischenzeitlich beginnen die Raketen sich näherzurücken: Schlachtfeld Europa. Hier bleibt kaum noch eine Reaktionszeit. Und verschärfend tritt hinzu: daß die Zielgenauigkeit sich selbst bei ballistischen Interkontinentalraketen (Intercontinental Ballistic Missile = ICBM) laufend erhöht. Damit wird es möglich, Gefechtsköpfe mit so großer Präzision ins Ziel zu lenken, daß die gegnerischen Raketen in ihren gehärteten Silos zerstört werden können. Frank Barnaby prognostiziert im Hinblick darauf ein nahezu automatisiertes Gefechtsfeld:

«Die wahrscheinlichste Gegenmaßnahme wäre die Errichtung eines Abschußwarnsystems. In einem solchen System würden die gegnerischen Raketen beim Überfliegen des Horizonts von Frühwarn-Satelliten geortet. Ihre Signale würden an die Computer übermittelt, die dann ihrerseits den sofortigen Start der eigenen bedrohten ICBM auslösen. Computer würden also die eigenen vor dem Einschlag der feindlichen Raketen starten: Der atomare Holocaust würde mit anderen Worten von Computern ausgelöst werden, ohne daß der Mensch noch eingreifen könnte. Der Aufbau eines derartigen Abschußwarnsystems wäre äußerst gefährlich, vielleicht der endgültige Wahnsinn. Aber gerade dieser Wahnsinn zeichnet sich ab, weil solche zielgenauen ICBM aufgestellt werden» (1982, S. 153).

Die Maschine Militär wäre dann dort, wo sie eigentlich agiert, sich im Angriff oder in der Verteidigung durch den Raum bewegt, geradezu menschenleer. Nur am Ausgangs- und Endpunkt des Vorgangs gäbe es in dieser Vision noch Mensch-Maschine-Symbiosen. Ausgangspunkte sind die vollklimatisierten Büro- und Ingenieurswelten von Überwachungs- und Steuerungszentralen. Endpunkte sind die Zielgebiete der Detonation.

Befehlszentrale beim US-Bomberkommando: Krieg der Computer?

4. Maschinisiertes Lernen – Lernen an der Maschine

Wie lernen Computer? Von den äußerst bescheidenen Möglichkeiten, «eigene Erfahrungen» zu machen (vgl. Teil I), einmal abgesehen, werden die Informationen, die Computer benötigen, eingespeist. Dieses Wissen wird dann innerhalb eines gesonderten Bestandteiles des Computers, dem Speicher, festgehalten und steht jederzeit auf Abruf zur Verfügung. Eine solche Form des Lernens stellt bestimmte Anforderungen an den Lernstoff, der gespeichert werden soll. Er darf nicht widersprüchlich sein, er muß eindeutig formuliert sein. Der Lernstoff muß, sofern der Computer etwas über Realität und nicht über theoretische Modelle lernen soll, gesichertes Wissen sein, das allgemein als «richtig» anerkannt ist – «festgelegtes» Wissen also, das nicht mehr zur Disposition steht und losgelöst von individuellen Bedeutungen ist.

Auch Kinderköpfe müssen an den gesammelten gesellschaftlichen Wissensfundus «angenabelt» werden, um in der Gesellschaft zurechtzukommen. Natürlich gibt es verschiedene Möglichkeiten, dies zu erreichen. Allein schon durch ein naturwüchsiges Aufwachsen würde das Kind zwangsläufig ein ungeheures Wissen über diese Gesellschaft anhäufen. Aber das genügt nicht. Die Vernetzung innerhalb unserer Gesellschaft ist inzwischen so weit vorgeschritten, daß das Kind intersubjektiv, das heißt ein für alle Gesellschaftsmitglieder gleichermaßen gültiges Wissen erwerben muß. Die Umgebung, in die das Kind zufällig hineingeboren wird, ist immer eine besondere. Hier würde es nur begrenzt gültiges Wissen erlangen. Seine späteren Handlungsmöglichkeiten als Erwachsener wären erheblich eingeschränkt. So ist es zum Beispiel für die spätere Lebensbewältigung (nicht nur die berufliche) entscheidend, ob ein Individuum korrekt das allgemein gültige Hochdeutsch schreiben und lesen gelernt hat. Dialekte, zum Beispiel Bayrisch, Schwäbisch oder Plattdeutsch – zu Hause erworben – reichen nicht aus.[14]

Die gesellschaftliche Instanz, die den Auftrag hat, ergänzend zur mehr oder weniger zufälligen Erziehung etwa in der Familie *allgemeines* Wissen und *allgemeine* Normen zu vermitteln, ist die *Schule*. Die Schule ist natürlich nicht nur eine Institution, die Wissen vermitteln soll, sondern eine der zentralen Sozialisationsinstanzen dieser Gesellschaft.

Bezogen auf unsere Problemstellung, in welchem Verhältnis Mensch und Maschine sich zueinander befinden, lassen sich deshalb auch zwei völlig unterschiedliche Fragenkomplexe entwickeln. Auf der einen Seite bereitet die Schule, und zwar in schicht- und geschlechtstypisch unterschiedlicher Weise, die Heranwachsenden auf ein Leben in der Gesellschaft vor. Dieser Prozeß prägt bewußt oder unbewußt die gesamte Persönlichkeit des Schülers mit, also nicht nur seine kognitiven Fähigkeiten. In der Regel verläuft dieser Prozeß in maschinenähnlicheren Interaktionsformen ab als in der Familie, aber in nicht solch maschinenähnlichen Interaktionsformen wie beim Militär. Und es ist ein sehr widersprüchlicher Prozeß, der Widerstand und Gegenwiderstand erzeugt (vgl. etwa Willis, 1979). Auf der anderen Seite steht jede Gesellschaft vor dem Problem, die heranwachsenden Gesellschaftsmitglieder mit dem zum Überleben in der Gesellschaft notwendigen Wissen zu versehen. Das kann unter anderem in der Schule erfolgen. Es muß aber nicht unbedingt dort erfolgen. Es kann zum Beispiel auch isoliert und in algorithmisierter Form vermittelt werden, über Lehrprogramme, Lernmaschinen usw. Ein solches Vorgehen, soll es gelingen, hat natürlich psycho-soziale Voraussetzungen, und es hat, obwohl es vordergründig sich nur auf Veränderungen der kognitiven Persönlichkeitsstruktur bezieht, natürlich Sozialisationsfolgen für die gesamte Persönlichkeit. Denken wir nur an die Verkaufserfolge von Lehrcomputern für Kleinkinder in den USA (vgl. Abschnitt 6.2 in Teil B) und ihre rauschartigen Auswirkungen (nicht nur) auf die Kinder (Abschnitt 2 in Teil C).

Uns interessiert an dieser Stelle vor allem die Frage, wie wird allgemeingültiges Wissen vom Lehrer als bewußte Tätigkeit in die Schülerköpfe

14 Wir gehen bei dieser Beschreibung von der Gesellschaftsstruktur aus, wie sie bei uns besteht. Inwieweit eine andere Gesellschaftsform wünschenswert ist, die den erreichten Vergesellschaftungsgrad partiell zurücknimmt, die dezentral organisiert und regional orientiert ist, soll hier nicht diskutiert werden.

«eingetrichtert». Entgegen allen progressiven Ansprüchen und Beteuerungen, auch «soziales und affektives Lernen» offiziell und bewußt zu fördern, spielt die Vermittlung überprüfbaren Wissens in der Schule nach wie vor die *entscheidende Rolle*. Abfragbares Wissen ist die Legitimation für die Selektion der Schüler in «gute» und «schlechte», für die Verteilung ungleicher Lebenschancen.

«Die Kinder sollen etwas lernen», und zwar kontrollierbares «nützliches» Wissen; sie sollen «gebildet» werden. «Bildung» aber wird in unserer Gesellschaft mit formalen Schulabschlüssen gleichgesetzt. Formale Schulabschlüsse erreicht man über «Noten» und «Noten» über kontrollierbare Quantitäten von gesellschaftlich «nützlichem» Wissen. Die Vermittlung abrufbaren Faktenwissens – und das Sorgetragen dafür, daß es in den Kinderköpfen gespeichert wird, bildet geradezu die Legitimation für die «Veranstaltung Schule».

Parolen in progressiven Struktur- und Lehrplänen, wie, die Schule solle zur «Mündigkeit» erziehen usw.[15], ändern daran überhaupt nichts.

Für jede Unterrichtsstunde bereitet der Lehrer in der Regel ein bestimmtes, klar abgegrenztes Wissenspensum («Lernziele») vor, das am Ende der Unterrichtsstunde in den Kinderköpfen fest eingespeichert sein soll. Dies ist die Absicht des Lehrers und der Vorwand der Stunde. Tatsächlich läuft bekanntlich viel mehr ab, nämlich all das, was in der Fachdiskussion als «heimlicher Lehrplan» ausgiebig thematisiert wurde und hier deshalb auch nicht noch einmal wiederholt werden soll (vgl. dazu Zinnecker, 1975).

Die Schüler sollen nicht nur die vom Lehrer vorbereiteten «Wissenshäppchen schlucken», sondern beispielsweise auch eineinhalb Stunden still sitzen, obwohl sie den Sinn dieser Verhaltenszumutung nicht einsehen können. Sie lernen, daß ihre eigenen Interessen und Bedürfnisse in der Schule immer dann nichts zu suchen haben, wenn Lehrplan oder Lehrer etwas anderes für «schülerrelevant» halten usw.

Uns interessiert hier jedoch nicht das «heimliche», sondern das offizielle Lehrprogramm und die Form, in der es auf Grund verschiedener von außen gesetzter Bedingungen vom Lehrer meist durchgesetzt werden muß – gleich, ob ihm diese Form sinnvoll erscheint oder nicht. In der Vorgehensweise von Lehrern lassen sich Formen des Umgangs mit Bildungsinhalten und ihrer Vermittlung wiedererkennen, wie wir sie oben für die Speicherung von Informationen in Computern kurz angedeutet haben.

Wir wollen diesen Sachverhalt am Beispiel eines Protokolls aus einer Unterrichtsstunde in einer Berufsfachschule untersuchen. Dieses Protokoll ist in einem völlig anderen Kontext entstanden als für den hier thematisierten. Außerdem muß erwähnt werden, daß der Verlauf von Unterricht entscheidend von der Schulart und der Schülerzusammensetzung ab-

15 Vgl. hierzu zum Beispiel: Deutscher Bildungsrat (Hg.), 1970.

Zur Funktionsweise von Lehr- bzw. Lernautomaten

Grundsätzlich lassen sich zwei Programmstile unterscheiden. Im ersten Fall muß der Schüler auf jede Programmfrage eine Antwort selbst konstruieren, indem er etwa das fehlende Wort einsetzt oder den gesuchten Satz ergänzt usw. Im zweiten Fall muß der Schüler lediglich die richtige Antwort aus einer Reihe von vorgegebenen möglichen Antworten auswählen.

Eine andere Aufteilung der gängigen Verfahren läßt sich danach vornehmen, ob Fehler zugelassen sind oder nicht. Zum einen werden die geforderten Kenntnisse und Fertigkeiten in so kleine Schritte aufgelöst, daß falsche Antworten fast unmöglich werden. Im Gegensatz hierzu gibt es ein weiteres Verfahren, in dem falsche Antworten bewußt zugelassen sind; aus ihnen soll möglichst viel gelernt werden. Eine falsche Antwort lenkt den Schüler auf eine «Verzweigung» des Programms, in der ihm die Frage nochmals unter Berücksichtigung des Irrtums erklärt wird, so daß er nunmehr mit um so größerer Wahrscheinlichkeit die richtige Antwort auswählen kann. Gelingt ihm das, so wird er zur nächsten Frage weitergeleitet.

Wie auch immer im Einzelfall die Gestaltung des Programms aussehen mag, auf jeden Fall bedarf es zu seiner Realisierung einiger Hilfsmittel, die von programmierten Büchern und Karteisystemen über mechanisch betätigte oder elektrisch betriebene Apparate bis zu elektronisch gesteuerten Maschinen reichen können.

Um das Prinzip der Lehrmaschinen zu verdeutlichen, wollen wir kurz die Skinnersche Lehrmaschine als Prototyp der Apparate nach dem Konstruktions-Antwort-Prinzip beschreiben. Bei dieser Maschine befindet sich das Lernmaterial in einem verschlossenen Kasten. Der Lernende kann jeweils nur eine einzige Aufgabe lesen. Alle anderen, sowohl die vorhergehenden als auch die nachfolgenden, sind ihm unsichtbar und nicht zugänglich. Wenn nun die Aufgabe in dem einen Fenster der Maschine (links) erscheint, dann formuliert der Lernende seine Antwort und schreibt sie in das daneben befindliche rechte Fenster auf einen Papierstreifen. Nun betätigt der Lernende einen Hebel, um die richtige Antwort in das Blickfeld des linken Fensters zu rücken und gleichzeitig seine geschriebene Antwort unter einem Glasfenster verschwinden zu lassen. Der Schüler vergleicht die richtige Antwort nunmehr mit seiner eigenen Antwort unter dem Glasfenster. Wenn die beiden Antworten übereinstimmen, wird ein Hebel betätigt, wodurch die richtige Antwort in einem Zählwerk registriert wird. Die nächste Aufgabe erscheint im linken Fenster, und der Vorgang beginnt von neuem. Der Schüler wiederholt ein Programm so oft, bis alle Aufgaben richtig beantwortet sind und die Gewähr dafür besteht, daß er den Sachverhalt nicht nur gelesen, sondern auch verstanden hat. Elektrische Sperren verhindern dabei, daß der Schüler mogelt (vgl. Correl, 1971, S. 251).

Die hier beschriebenen Lehrautomaten gelten heute bereits als «veraltet». Die Elektronik hat inzwischen für eine schnellere und einfachere Bedienungsweise gesorgt. Das Prinzip – und darum geht es uns hier – ist dasselbe geblieben. Denn, wir hatten bereits verschiedentlich darauf hingewiesen, nicht so sehr die Lehrmaschine in ihrer gegenständlichen, sinnlich wahrnehmbaren Gestalt, sondern vielmehr das Lehrprogramm ist das wesentliche. Auch wenn wir uns auf den ersten Blick von der körperlich im Raum stehenden Maschine, etwa im Sprachlabor, beeindrucken lassen mögen, so steckt doch ihre «Seele», ihr Konstruktionsprinzip im Programm; und das ist immateriell.

hängt. So haben zum Beispiel viele Stunden in der Hauptschule eher den Charakter einer «Raubtierdressur» denn einer Wissensvermittlung, bzw. die Wissensvermittlung muß – will sie erfolgreich sein – in anderen Formen ablaufen (Wechsel von Arbeitsformen etc.), als sie hier im folgenden geschildert wird.

Bei der Unterrichtsstunde, die wir im folgenden beschreiben wollen, handelt es sich, bezogen auf diesen Schultyp, um einen nach unserer Einschätzung weder besonders guten noch besonders schlechten Unterricht, sondern um einen durchschnittlichen.

Thema der Doppelstunde ist der Vergleich verschiedener Wirtschaftsformen, wie sie von der nationalökonomischen Theorie idealtypisch herausgearbeitet und in jedem einschlägigen Lehrbuch wiederzufinden sind.
Zunächst wiederholt der Lehrer, Werner T., den Stoff der vorigen Stunde, um ihn bei den Schülern begrifflich zu festigen:
- Arbeitsteiligkeit
- Bedarfsdeckungswirtschaft
- Gleichgewichtspreis
- Idealtyp
- Realtyp

Dann will er auf das neue Stoffpensum überleiten. Folgende Lernziele hat er sich für diese Stunde gesetzt:
- Arbeitsteiligkeit als Voraussetzung für hochentwickelte Wirtschaftsformen
- Problem der Abstimmung zwischen Produktion und Konsumtion in einer arbeitsteiligen Wirtschaft

Elaine aus Dal in Texas ist erst fünf. Sie drückt auf die Tasten des Computers, rückt Symbole hin und her, baut daraus Figuren und lernt dabei spielend «Logo», eine Programmiersprache, die extra für Kinder entwickelt wurde.

- Unterschied zwischen Bedarfsdeckungswirtschaft und einer arbeitsteilig organisierten Wirtschaft
- die Rolle der Unternehmen als Anbieter und Nachfrager
- die Rolle der Haushaltungen als Anbieter und Nachfrager
- die egoistische Verhaltensweise von Konsumenten und Unternehmen in der Marktwirtschaft ...[16]

Geschickt bemüht sich Werner T. bei der Vermittlung dieses neuen Unterrichtsstoffes, an die Alltagserfahrungen der Schüler anzuknüpfen: «Wer hat heute morgen Brot gegessen?» Zwei Schülerinnen melden sich. Werner: «Ist Ihr Vater Bäkker?» – «Nee», sagen sie, sie hätten's beim Bäcker gekauft. «Wie kommt es», fragt Werner, «daß Sie beim Bäcker Brot kriegen?» Verschiedene Schülerantworten purzeln durcheinander, so daß man kaum ein Wort versteht: «Er nimmt uns die Arbeit ab.» – «Schuster bleib bei Deinen Leisten.» Und so weiter. Aber die richtige Antwort scheint nicht gefallen zu sein. Jedenfalls ist Werner T. nicht zufrieden und bohrt nach: «Wie nennt man solche Wirtschaftsform?» Offensichtlich erwartet er

16 Es folgen noch fünf weitere Lernziele, die hier aber im einzelnen uninteressant sind, da es uns ja nur darum geht, auf bestimmte Prinzipien hinzuweisen.

den Begriff der Arbeitsteilung; aber der fällt nicht. Schüler: «Kreislauf!» Werner: «Hm- inwiefern ist das'n Kreislauf?» Stille. Nach einigem Hin und Her, die Schüler raten immer daneben, wird es ihm zu bunt: «Schon mal was von Arbeitsteilung gehört?» Ein Schüler faßt sich an die Stirn: «Klar, Mensch, richtig!» Sofort hakt Werner nach: «Wird denn nun die Arbeit geteilt, oder was heißt das komische Wort?» Die Schüler stutzen, wissen nicht so recht, worauf der Lehrer hinaus will. Werner: «Wie war das denn bei Robinson Crusoe; war da Arbeitsteilung?» Schweigen. Die verlangte Antwort kommt nicht. Schließlich erklärt Werner sichtbar frustriert, worauf es ihm ankommt: nämlich darauf, daß Robinson Crusoe sich selbst versorgt habe und man diese Form der Versorgung eine «Bedarfsdeckungswirtschaft» nenne.
Damit auch jeder Schüler diese Antwort mitbekommt, faßt er sie noch einmal an der Tafel zusammen. Die Schüler übertragen das Tafelbild gehorsam in ihre Hefte.

Bedarfsdeckungswirtschaft (= Selbstversorgungswirtschaft)

Kennzeichen: Keine Abhängigkeit vom Mitmenschen; starke Abhängigkeit von natürlichen Gegebenheiten

Arbeitsteilige Wirtschaft

Kennzeichen: starke Abhängigkeit von Mitmenschen; Tausch- und Geldwirtschaft

Und weiter geht es im Unterrichtsstoff. Werner bemüht sich, Dynamik in das Unterrichtsgeschehen zu zaubern. Immer wieder läuft er, die einzelnen Schüler beschwörend ansehend, durch die Klasse, knickt mit den Beinen weg, wenn eine völlig unerwartete Antwort kommt, wiegt den Kopf hin und her, gibt sich nachdenklich, wenn sie nicht ganz so falsch ist: «Gar nicht schlecht, aber ...» Die Schüler raten weiter. Von Werner dazu ermuntert. «Da kommen wir der Sache schon näher» ... An seiner Körperhaltung, an seinem Gesichtsausdruck können sie ablesen, ob ihre Antworten eher nach «heiß» oder nach «kalt» tendieren. Volltreffer quittiert er mit einem verzückten Aufschrei. Ständig versucht er, den Unterricht mit Fragen voranzutreiben: «Wie sieht das nun heute aus?» Stutzt, weil keine Antworten kommen: «Sagen Sie mal, ist das die Fachstufe hier, oder was? Das ist so ruhig!» Zwei Finger gehen nach oben. «Nur zwei, die mit mir Volkswirtschaft betreiben wollen?» Eine Schülerin beantwortet seine Frage. Werner: «Also gut, man macht das nicht mehr selber! Macht man denn gar nichts mehr, Freunde? ... Also wir sind abhängig. Warum sind wir abhängig von anderen? ... Fräulein Mews, wenn Sie das noch einmal erklären wollen für Ihre Mitschüler!» Fräulein Mews: «Na, jeder stellt was her, was der andere gebrauchen kann. Der Bäcker Brot; das brauch'n anderer.» Werner: «Welche Funktion hat denn das Geld?» Verschiedene Schüler antworten: «Ohne Geld können wir nicht kaufen.» – «Wir sind vom Geld abhängig» – «Um von anderen Leistungen zu beziehen.» Und so weiter.
Dann hält Werner, bereits unter Zeitdruck, einen kurzen Unterrichtsvortrag, um gezielt eine Reihe von Informationen anzubringen.
An einzelnen Beispielen möglicher Tauschgesellschaften wird gezeigt, daß nicht vorausgesetzt werden kann, daß zwei Tauschpartner gerade an den Waren inter-

essiert sind, die sie wechselseitig anzubieten haben. Aus diesem Dilemma könne nur das Geld herausführen, das als Tauschmittel von allen am Tausch Beteiligten gleichermaßen akzeptiert wird. Es folgt ein längerer Tafelanschrieb, der von allen Schülern in die Hefte übertragen wird. – Das Frage-Antwort-Spiel beginnt von neuem ... Werner schließt den Unterricht mit der Angabe der Hausaufgaben: Die Schüler sollen die einzelnen Begriffe mit Hilfe des Lehrbuchs noch einmal schriftlich definieren und kurz erläutern.

Soweit also das Protokoll.

Was passiert hier eigentlich? Zunächst fällt auf, daß das Unterrichtsbzw. Interaktionsgeschehen zumindest vordergründig weitgehend auf seine kognitive (intellektuelle) Dimension reduziert bleibt. Affektive und motorische Momente von seiten der Schüler sind für das Unterrichtsgeschehen nebensächlich; sie werden unterdrückt oder äußern sich indirekt. Die Schüler sitzen still auf ihren Plätzen; fast alle Schüler zeigen ein interessiertes Gesicht. Ob sie dem Unterricht aber wirklich folgen, oder sich vielmehr passiv verweigern, ist vom Außenstehenden nicht zu beurteilen. Der Lehrer setzt seine Affekte und seine Motorik allenfalls unterstützend ein. Die im Unterrichtsentwurf formulierten Lernziele werden relativ losgelöst aus ihren Zusammenhängen abgehandelt. Was auf der formellen Ebene stattfindet, ist im wesentlichen auf die Vermittlung und Speicherung von Informationen ausgerichtet. Alleiniges Medium ist die Sprache.

Im formellen Unterrichtsgeschehen stehen sich nicht gleichberechtigte Interaktionspartner gegenüber, sondern ein Lehrer, der seine Aktivität gleichmäßig über 23 Schüler verteilen muß. Der Lehrer ist nicht autonom in seinen Handlungen. In seiner Funktion als «Informationsquelle» vollstreckt er die in Stoffplänen vorgegebenen Anweisungen, und zwar möglichst ohne Ansehen der Schülerperson. Das Interaktionsgeschehen ist reduziert auf ein Frage-Antwort-Ritual. Seine Struktur verlangt möglichst eindeutige Antworten, das heißt, die Interpretationsspielräume sind äußerst reduziert. Dem Lehrer fällt dabei jeweils die Aufgabe zu, Fragen vorzugeben und zu entscheiden, welche Antworten «richtig», welche «falsch» sind. Schülerbeiträge, die von den erwarteten Antworten abweichen, werden mit Floskeln, wie zum Beispiel «Das ist eine interessante Überlegung. Wir sollten darauf später noch einmal zurückkommen», beiseite geschoben.

Wenn wir uns die *formelle* Interaktionsstruktur dieser Stunde ansehen, fällt vor allem eines auf: Die Schüler werden durch diese Art von Unterricht systematisch voneinander isoliert. Nur über die Person des Lehrers werden sie in das Gesamtgeschehen des Unterrichts einbezogen. Für die 23 Schüler verkörpert der Lehrer die Gesamtheit. *Formelle* Kontakte der Schüler untereinander, Diskussionsbeiträge, die sich aufeinander beziehen, haben eher zufälligen Charakter.

Diese Struktur hat offensichtlich Nachteile: Die Möglichkeit des Lehrers, sich der Äußerung eines bestimmten Schülers zuzuwenden, hat stets zur Folge, daß er auf die 22 anderen Schüler in diesem Moment nicht eingehen kann. Nur *ein* Schüler kann zur Zeit zu Wort kommen. Alle anderen Schüler sind zur verbalen Passivität verurteilt – oder zu informellen, unerlaubten Aktivitäten.

Die Betätigung sämtlicher Schüler zur gleichen Zeit ist nur unter einer Bedingung möglich: Alle Schüler machen das gleiche, ohne Rücksicht auf ihre spezifischen Kenntnisse oder Bedürfnisse. Nur dann ist gewährleistet, daß der Lehrer gleichzeitig die Aktivitäten steuern und kontrollieren kann. Gruppenunterricht, Projektlernen etc. ermöglichen zwar die Aktivität aller Schüler, bei denen auch individuelle Erfordernisse berücksichtigt werden können. Sie bedeuten aber, daß der Lehrer seine führende Position zumindest partiell aus der Hand gibt. Trotz aller Appelle, Einsichten[17] und Ansprüche beherrscht der Frontalunterricht immer noch den Schulalltag, wobei partielle Veränderungen nicht geleugnet werden sollen.

Dieser beschriebenen Struktur von Wissensvermittlungsprozessen liegt eine längere Entwicklung zugrunde. Ursprung und Ideal war die Erzieher-Zöglings-Dyade, beispielsweise von Hauslehrer und Kind. In dieser Lehr- und Lernsituation muß jedoch nicht von der Individualität des Schülers abstrahiert werden. Im Gegenteil. Der Hauslehrer kann an dem jeweiligen Kenntnisstand des Zöglings anknüpfen, auf dessen spezifische Schwierigkeiten eingehen und auch die individuellen Bedürfnisse berücksichtigen.

Auch das Zwergschulprinzip enthält noch individuelle Gestaltungs- und Beschäftigungsmöglichkeiten. Schüler ganz verschiedenen Wissensstandes müssen zusammen unterrichtet werden. Kinder vergleichbaren Alters werden jeweils zu Gruppen zusammengesetzt. Sie benötigen schon deshalb eine begrenzte Selbständigkeit, weil der Lehrer mehrere Gruppen zu betreuen hat, die jeweils unterschiedliche Gegenstände bearbeiten. Auch ist es zum Beispiel für den Lehrer entlastend, wenn ältere Schüler die jüngeren betreuen etc. Die Einführung des Prinzips der Gleichaltrigkeit und der Gleichzeitigkeit der Tätigkeit sämtlicher Schüler hat die zentralisierte Zusammenfassung einer großen Zahl von Schülern in entsprechend großen Schulen zur Voraussetzung. Hierbei bildeten militärischer Drill und Klosterdisziplin die Vorbilder.[18]

17 Für diese sehr viel sinnvolleren Formen von Unterricht (Gruppenunterricht, Projektunterricht – also stärker schülerorientierte Formen) ist zudem ein hohes Maß an persönlichem Engagement und Leistungsbereitschaft des Lehrers Voraussetzung. Denn wenn auch diese Formen *während* des Unterrichts eine große Entlastung für den Lehrer bedeuten können, so verlängern sie doch die Dauer seiner Arbeitszeit.

18 Soziologisch wird dieses Phänomen unter dem Begriff der «totalen Institution» diskutiert (vgl. Goffman, 1977; ferner Treiber und Steinert, 1980).

Mit dieser Entwicklung sind wichtige Schritte vollzogen worden, die eine «Maschinisierung» von Wissensvermittlung ermöglichen. Es muß *allgemeines* und widerspruchsfreies Wissen vermittelt werden, nicht mehr Lernstoff, der die spezifischen Bedingungen der Individuen und konkrete Differenzierungen berücksichtigt.

Selbst die Schulklasse reicht als Maßstab zur Standardisierung notwendigen Wissens nicht aus, denn bei den herrschenden Anforderungen an die Mobilität der Individuen (zum Beispiel als Arbeitskräfte) muß es den Schülern jederzeit möglich sein, die Schulklasse zu wechseln. Ganze Schuljahrgänge müssen daher das gleiche lernen. In Frankreich zum Beispiel werden jedes Jahr an die Abiturienten aller Gymnasien des Landes dieselben Prüfungsaufgaben gestellt. Auch die Art der Vermittlung wird damit notwendigerweise allgemein. Im individuellen Lehrer-Zögling-Verhältnis war die systematische Untersuchung des *Wie* der Vermittlung sinnlos. Die Unterrichtsweise war jeweils an die spezifische Situation gebunden.

Die in unseren Schulen weitgehende Abstraktion von den Besonderheiten aller individuellen Bedingungen und konkreten Bezüge hat dazu geführt, daß allgemeine Prinzipien der Didaktik und Methodik (zum Beispiel präzis detaillierte Curricularisierungen) entwickelt wurden, die der Algorithmisierung zugänglich sind. Rührend mutet es unter diesen Bedingungen an, wenn von seiten der Schulpädagogik versucht wird, die verlorengegangenen Besonderheiten als «anthropogene» oder «soziale» Voraussetzungen der Schüler wieder zu integrieren, diesmal als abstrakte Prinzipien.

Die Entwicklung von Lehr- bzw. Lernmaschinen war daher nur noch eine logische Folge der spezifischen Schulentwicklung in unserer Gesellschaft. Denn auch die Maschine gewährleistet ja, daß die sich jeweils sehr unterschiedlichen Kinder mit demselben allgemeinen Wissen dieser Gesellschaft beschäftigen. Gleichzeitig aber, und da unterscheidet sie sich grundsätzlich vom Lehrer, der zum Beispiel 23 Schüler betreuen muß, ist sie individuell flexibel einsetzbar. Jeder Schüler kann beim eigenen individuellen Wissensstand anknüpfen; er kann mit der Geschwindigkeit arbeiten, die ihm «liegt», Fehler werden korrigiert etc. Der Lehrautomat löst also die Frage der Vermittlung abfragbaren Wissens ganz im *Sinne der bürgerlichen Gesellschaft*: individuell und flexibel, und zugleich ist dabei die erforderliche gesellschaftliche Allgemeinheit gewährleistet. Dieser Sachverhalt darf nicht unterschätzt werden. Er findet sich gleichermaßen wieder an den Arbeitsplätzen, die durch die neue Technologie geprägt sind, ebenso wie am Spielcomputer: Der Vater, zum Beispiel Systemanalytiker, sitzt isoliert zu Hause am Terminal, ist also am Betriebsgeschehen seiner Firma angenabelt, und überwacht zugleich den Schlaf seiner Kinder im Nebenzimmer mit Hilfe einer Miniatur-Sende-Empfangsanlage, während seine Frau ein Zimmer weiter über Kabelsystem gerade den neuesten Warenhauskatalog «duchblättert» und Bestellungen aufgibt.

Wird der Lehrer durch diese Entwicklung überflüssig?

Die Vermittlung von Faktenwissen, das haben wir oben bereits angedeutet, ist nicht die einzige und nicht einmal die wichtigste Funktion der

Schule. Im wesentlichen ist sie Erziehungs- und Sozialisationsinstanz. Die künstlich abgespaltene Wissensvermittlung ist lediglich die Legitimation, mit der diese beiden anderen Funktionen als sekundäre behandelt werden.

Die Effizienz der Wissensstoffanhäufung im Schülerkopf, der Umfang und die Zuverlässigkeit des in ihm enthaltenen Wissens sind jedoch allen gegenteiligen Erklärungen zum Trotz die wirklich entscheidenden Kriterien, nach denen in der Öffentlichkeit und der Politik schulische Erziehungsverfahren beurteilt werden. In der die Schule beherrschenden Logik wäre deshalb der Einsatz von Lernautomaten eigentlich nur konsequent, weil hierdurch die ohnehin intendierte Abspaltung des «allgemein nützlichen» Wissens in noch reinerer Form erfolgen könnte. Möglicherweise würde aber die Maschinisierung solcher Bereiche auch endlich deutlich machen, daß es Wichtigeres gibt. Eine Schule, die die Faktenvermittlung auslagern würde, zum Beispiel individualisieren über öffentliche Lernmaschinen, müßte sich zum erstenmal wirklich der Diskussion über den Zusammenhang von Bildung, Erziehung und Sozialisation stellen. Und sie hätte den Raum, Wissenserwerb als Prozeß der *Auseinandersetzung* der Schüler mit der Wirklichkeit zu begreifen und zu betreiben und nicht als Übernahme abstrahierter «Fakten», *ohne* die Knute der Effizienzforderung ständig im Rücken zu haben.

5. Produktionstechnologien und soziale Beziehungen

War die Berufslandschaft bis vor kurzem noch durch den Zerfall vorwiegend handwerklicher Berufe geprägt, so greift diese Tendenz nunmehr immer stärker auf kaufmännische und technische Berufe über, auf Bereiche, in denen vorwiegend mit dem Kopf gearbeitet wurde. Aufgaben, die vorher von den Berufstätigen selbst wahrgenommen wurden, etwa das Formulieren eines Briefes oder das Zeichnen eines Konstruktionselementes werden zunehmend der Maschine übertragen. Berufe zeichneten sich dadurch aus, daß sie ein komplexes und in sich strukturiertes Fähigkeitsbündel darstellten, also weitaus mehr waren als die bloße Summe einzelner Kenntnisse und Fertigkeiten. Wo die Maschine zentrale Aufgaben übernimmt, zerfallen die Berufe. Die Integration der einzelnen Fähigkeiten wird nun nicht mehr durch den arbeitenden Menschen geleistet, sondern durch die Maschine selbst (Abschnitt 5.1). Dieser Wandel bildet den realen Hintergrund für die widersprüchlichen Ergebnisse der Berufs- und Qualifikationsforschung. Die Berufsforschung ist völlig ins Schwimmen geraten. Ängstlich klammert sie sich am alten Berufsbegriff fest. Zwangsläufig muß sie ihre Aussagen auf Berufsbilder beschränken, die bislang (noch) von der Maschinisierung verschont geblieben sind, oder sie argumentiert moralisierend (Crusius, Wilke, 1979; Beck, Brater, Daheim, 1980). Mikroprozessoren, EDV und automatische Textverarbeitungssysteme engen die verbliebenen Bereiche zunehmend ein. Folgerichtig setzt sich eine neue Forschungsrichtung durch. Die Berufsforschung wird immer stärker von der Qualifikationsforschung in den Hintergrund gedrängt. Sie ist wesentlich empirisch orientiert; sie geht in ihren Analysen von den isolierten Fähigkeitselementen aus, die am industrialisierten Arbeitsplatz tatsächlich abgefordert werden (Grünewald, 1979).

Die Auflösung der Berufe, die Vergegenständlichung zentraler Elemente des Berufs hat historische und gesellschaftliche Ursachen. Sie nimmt je nach Gesellschaftsformation unterschiedliche Ausprägungen an. Dabei werden nicht nur einzelne Fähigkeitselemente, die vorher Bestandteil menschlicher Arbeitskräfte waren, in der Maschine objektiviert, sondern ebenso Herrschaftsimperative, die vorher von einzelnen Personen, Vorgesetzten wahrgenommen wurden, den «Unteroffizieren des Kapitals», wie Marx sagt. Am Beispiel des Wandels der Werkzeugmaschine wollen wir verdeutlichen, wie politische und ökonomische Motive bei der Ausprägung und Durchsetzung einer bestimmten Technologie wirksam werden (Abschnitt 5.2).

5.1 Die Auflösung der Berufe

Der Zusammenhang zwischen toter und lebendiger Arbeit, zwischen Maschine und Mensch, muß, wenn auch in unterschiedlichem Ausmaß, über das arbeitende Subjekt hergestellt werden. Die Menschen im Arbeitsprozeß bilden gleichsam «Kitt» und «Scharnier» für die Maschinerie und gewährleisten damit ein reibungslos funktionierendes, organisches Produktionsgefüge. Aber der Kitt wird immer entbehrlicher, und mit den Veränderungen im technologischen Niveau verändern sich auch die Fähigkeiten der Arbeitskräfte.

Wir haben bereits angedeutet, daß wichtige Faktoren im Maschinisierungsprozeß der Arbeit, insbesondere auf seiten der Berufsforschung, nicht beachtet wurden. Der konzeptionelle Rahmen von beruflicher (Aus-)Bildung, die «Beruflichkeit», wurde nicht in Frage gestellt. Probleme, die hieran geknüpft sind, wurden bezeichnenderweise auf einer sehr praktischen Ebene in Bereichen der Alternativbewegung angegangen, nicht von der traditionellen Berufsforschung (Arbeiten und Lernen verbinden, 1982). Es wurde am eigentlichen Problem vorbeigeforscht. Im folgenden soll deshalb gezeigt werden, warum die neuen Entwicklungen im Produktionsprozeß das herkömmliche Konzept der «Beruflichkeit» als veraltet erscheinen lassen.

Die Ausbildung von Arbeitskräften vollzog und vollzieht sich hierzulande in Form institutionalisierter beruflicher Bildung, kurz: die Ausbildung wird mit einem «Beruf» abgeschlossen. Der Träger der Berufsrolle hat mit dem Abschluß seiner Berufsausbildung einen Komplex von Fähigkeiten erworben, die sich – grob – in unmittelbar gegenstandsbezogene «technische» Kenntnisse, Fertigkeiten und Erfahrungen einerseits und in «psycho-soziale» Fähigkeiten andererseits unterteilen lassen. So weiß zum Beispiel ein Elektriker eine Menge über verschiedene Leitungs- und Kabelarten, er hat die handwerkliche Fertigkeit erworben, sie auch zu verlegen, und er hat die Erfahrung gemacht, wie man zum Beispiel Schellen auch an einer bröseligen Wand befestigen kann. Daneben hat er aber auch gelernt – und das ist genauso wichtig – mit Kollegen angemessen umzugehen, sich in Hierarchien einzuordnen, persönliche Probleme aus dem Arbeitszusammenhang möglichst herauszuhalten und Konflikte so zu lösen, daß er nicht gleich psychisch «auseinanderbricht».

Sieht man sich nun verschiedene Berufsbilder an, so fallen die Unterschiede bei den unmittelbar gegenstandsbezogenen Anforderungen etwa zwischen einem Dreher und einem Industriekaufmann sofort ins Auge; die «psycho-sozialen» Anforderungen dagegen, wie Pünktlichkeit, Ausdauer, Disziplin (Bamme, Feuerstein, Holling, 1982), stimmen weitgehend überein.

Ein allen Arbeitskräften gemeinsames Ensemble an Fähigkeiten, gleich welchen Berufs, wird durch die Form industrieller Arbeitsprozesse erzwungen: Jede Organisation von Arbeitsprozessen in Industriegesellschaften steht vor dem Problem, die durch die Arbeitsteilung vereinzelten Teilarbeiter zu einem Gesamtarbeiter zusammenzufassen, weil die Produktion nur so reibungslos – gleichsam wie ein organisches Gefüge – funktionieren kann. Hierzu müssen *Integrations*leistungen erbracht werden, Leistungen also, die über die je spezifisch gegenstandsbezogenen «technischen» Fähigkeiten der Arbeitskräfte hinausgehen. In der betrieblichen Realität werden diese Integrationsleistungen im wesentlichen auf zwei Ebenen erbracht: auf der Ebene der Arbeitsorganisation, etwa des Managements, und auf der Ebene des individuell arbeitenden Subjekts. Der subjektiven Ebene kommt dabei eine besondere Bedeutung zu. Der Zusammenhang jeder Arbeitsorganisation, der Zusammenhang zwischen Maschinerie und Menschen, muß letztlich immer – darauf haben wir bereits hingewiesen – über die psycho-sozialen Fähigkeiten der Individuen geschaffen werden.

Allgemein wird nun angenommen, daß alle Arbeitskräfte diese für den Arbeitsprozeß unabdingbaren psycho-sozialen Fähigkeiten durch die Ausbildung nach dem herkömmlichen Konzept der «Beruflichkeit» einheitlich erwerben. *Die wesentliche Funktion der «Beruflichkeit» wird gerade in dieser übergreifenden – in der «vergesellschaftenden» – Leistung gesehen.*[19] Ein Dreher zum Beispiel verfügt durch seine Berufsausbildung auch dann noch über die Fähigkeit, Integrationsleistungen zu erbringen, wenn er individuell gesehen nur noch an einem Teilstück, zum Beispiel einer Welle, arbeitet – und er muß auch darüber verfügen. Nach seiner Ausbildung muß er zum Beispiel wissen, wie man von den Kollegen an der Werkzeugausgabe – auch wenn es formell eigentlich nicht möglich ist – doch noch einen bestimmten Drehstahl bekommt. Er muß in der Lage sein, den «richtigen Ton zu finden», wenn er zum Beispiel mit dem Arbeitsvorbereiter und dem Meister redet. Er muß eventuell – und zwar *auch* auf *informellem* Wege – ein Bearbeitungsproblem mit einem Kollegen aus der Fräserei klären können. Daß es insbesondere die *informellen Strukturen sind, über die die Integrationsleistungen bewerkstelligt werden,* ist durch empirische Ergebnisse der Betriebs- und Industriesoziologie immer wieder belegt worden. Ein uns allen aus dem Alltag wohlbekanntes Beispiel macht dies zudem ganz besonders deutlich: Beim «Dienst nach Vorschrift» sinkt sofort die Produktivität.

Die Frage ist nun, inwiefern und auf welche Weise verändern sich die Anforderungen an die Qualifikationen – insbesondere an die Integrationsfähigkeiten – der arbeitenden Subjekte bei zunehmender Maschinisierung?

Die oben erwähnten Untersuchungen gehen bei der Interpretation ihrer Ergebnisse in der einen oder anderen Weise von einer «Verschiebungstheorie» aus. Damit ist folgendes gemeint: Zum einen verschiebt sich die Berufsstruktur selbst, es entstehen also neue Berufe und andere verschwinden, und zum anderen verschieben sich die Tätigkeitsinhalte *innerhalb* der jeweiligen Berufe. Bekannt ist zum Beispiel die Aussage, daß es zunehmend auf die Fähigkeit zu abstraktem theoretischen Denken ankomme sowie auf die Fähigkeit zur Analyse komplexer Zusammenhänge (Gizycki, Weile, 1980, S. 103ff).

Die Veränderungen in bezug auf die Integrationsfunktionen der Arbeitskräfte und die hieraus resultierenden Konsequenzen für das Konzept von Beruflichkeit werden dagegen von diesen Forschungszweigen nicht wahrgenommen – oder zumindest nicht thematisiert. Hier sollen deshalb erste Überlegungen zu diesem Aspekt angestellt werden. Dabei gehen wir von folgender These aus:

- In der Folge der Maschinisierung der Arbeitsprozesse werden die Integrationsleistungen, die vorher von den Trägern der Berufsrollen realisiert wurden, *zunehmend von Maschinensystemen erbracht.*

  Anders ausgedrückt: Die Maschinensysteme übernehmen die vergesellschaftende Funktion, die bisher den arbeitenden Subjekten vorbehalten war.

19 Die gegenstandsbezogenen Fähigkeiten ließen sich auch in anderen Formen von Ausbildung (zum Beispiel in Kursform) – und sehr viel schneller erlernen.

– Da die vergesellschaftende Funktion aber das Wesensmerkmal der herkömmlichen «Beruflichkeit» bildet, werden «Berufe» tendenziell überflüssig, sie werden sich daher zunehmend auflösen.

Da hier eine *Tendenz* angesprochen wird, kann es zunächst nur darum gehen, die ersten Anzeichen für diesen Vorgang in der Realität aufzuspüren. Seine Konsequenzen werden jedoch erheblich sein. Sie bedeuten nicht mehr und nicht weniger, als daß wir ein völlig anderes Verständnis von Arbeit und völlig anderes Verhältnis zur Arbeit entwickeln müssen. Dies wiederum wird nicht ohne Folgen für die Identität der arbeitenden Subjekte bleiben, da diese sich nicht unwesentlich aus der beruflichen Tätigkeit und dem damit vermittelten gesellschaftlichen Status speist. Weil solche Ausblicke notwendig spekulativ bleiben müssen, wollen wir zuvor auf den sich zur Zeit realisierenden Prozeß der Objektivierung psycho-sozialer Fähigkeiten eingehen. Hierzu zwei Situationsbeschreibungen auf unterschiedlichem Maschinisierungsniveau:

Versuchen wir zunächst, uns eine Situation aus der Zeit vorzustellen, als die Programmierer noch *off-line* waren. *Off-line* bedeutet, daß sie noch nicht über einen Bildschirm-Terminal und eine direkte Leitung mit dem Rechner verbunden waren. Zu dieser Zeit waren die Programmierer noch auf Gespräche und Absprachen untereinander angewiesen. Die Kommunikation erfolgte dabei nicht, um irgendwelche sozialen Bedürfnisse abzudecken – dies war höchstens ein Randaspekt –, sondern primär, um die Arbeitsaufgabe zu lösen. So gab es zum Beispiel noch keine Dateien, auf die man hätte unmittelbar zurückgreifen können. Bestimmte Standards von Daten mußten im gemeinsamen Gespräch ermittelt werden, oder es mußten Rücksprachen mit betrieblichen «Außenstellen» gehalten werden usw. Wäre der Programmierer lediglich mit den gegenstandsbezogenen Fähigkeiten wie zum Beispiel Kenntnissen in der Systemanalyse, Mathematik, in Programmsprachen usw. ausgestattet gewesen, so hätte der Arbeitsprozeß in der beschriebenen Form nicht bewerkstelligt werden können. Denn der Arbeitsprozeß auf diesem Niveau der Maschinisierung ist – darauf hatten wir oben bereits hingewiesen – vorrangig ein sozialer Prozeß, eine soziale Veranstaltung, die allein über die psycho-sozialen Fähigkeiten realisierbar ist.

Die *on-line*-Situation» sieht nun völlig anders aus. «On-line» sind die Programmierer über Bildschirmterminal und Standleitung mit dem Zentralrechner verbunden. «Die Arbeit jetzt trennt einen vom anderen. Eins sind sie vorwiegend kraft Schaltplan, nichts geschieht mehr nachbarlich» (Brügge, 1982, S. 93). Der Arbeitsprozeß hört jetzt offenbar auf, eine soziale Veranstaltung zu sein. Zunehmend reduziert er sich auf die Ausführung sachgegebener Aufgaben. Während vorher ein kompliziertes Geflecht von sozialen Interaktionen nötig war, um die Teilarbeiter zu einem Gesamtarbeiter – hier zum Beispiel in der Programmierabteilung – zusammenzufassen, wird diese Integrationsleistung jetzt vom «Schaltplan», von der Hard- und Software des EDV-Systems erbracht. Die Folge ist eine im sozialen Sinne individuelle Vereinzelung der Programmierer und zugleich eine Vergesellschaftung über die Hard- und Software. Die folgende Darstellung soll dies deutlich machen.

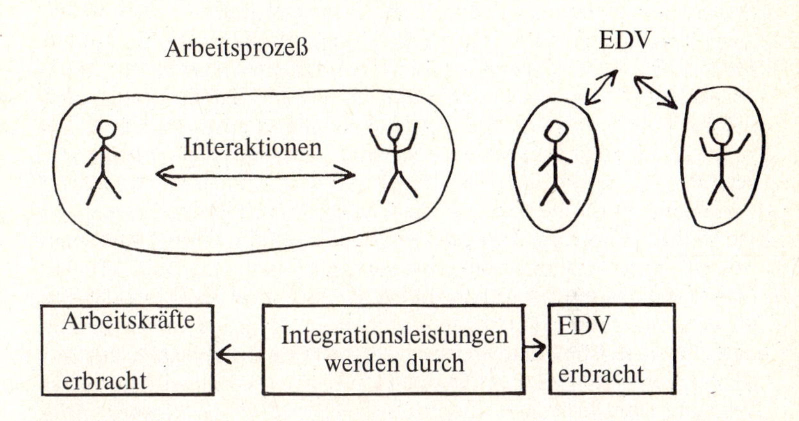

Damit sind diejenigen psycho-sozialen Fähigkeiten, die für den Arbeitsprozeß als sozialen Prozeß unentbehrlich waren, überflüssig geworden.

Diesen Prozeß der Objektivierung darf man sich nun nicht so vorstellen, als wären die psycho-sozialen Fähigkeiten durch die EDV ohne weiteres zu imitieren. Für einfache menschliche Fähigkeiten mag dies zwar möglich sein, nicht jedoch für soziale Fähigkeiten, die durch die Komplexität der menschlichen Psyche gesteuert werden. Auch wenn dasselbe Ziel oder derselbe Zweck statt durch den Menschen durch die Maschine realisiert werden kann, so sind doch die Wege dahin völlig unterschiedlich. Die Darstellung der – sich aus dem Maschinisierungsniveau ableitenden – unterschiedlichen Lösungsformen derselben Arbeitsaufgabe mag dies verdeutlichen:

Es geht darum, eine bestimmte Information herauszufinden.

Im ersten Fall – so nehmen wir an – muß sich der Sachbearbeiter A diese Information über einen Anruf bei B verschaffen. Wir können dies dann wie folgt interpretieren: Die Aufgabe wird gelöst, indem A sich mit B verständigt, B holt sich die Information vom Kollegen C und teilt sie dann A mit – dies wäre *eine* der Realisierungsmöglichkeiten.

Der zweite Fall könnte folgendermaßen aussehen: Die Information geht in standardisierter Form bei B ein, B gibt die Information in eine Datei der EDV-Anlage ein, und A ruft sie bei Bedarf über seinen Bildschirm ab.

Die Veränderung der Lösungsform bei dieser Aufgabe scheint nun ein rein sachlicher Vorgang zu sein; er ist es aber nicht. Wir brauchen uns nur vorzustellen, daß der Sachbearbeiter B ein sogenannter «schwieriger Kollege» wäre. In diesem Fall müßte Sachbearbeiter A über einige Fähigkeiten verfügen, um die Information von B zu bekommen. Er müßte zum Beispiel wissen, wie man den Kollegen «nehmen» muß.

Die Lösung der Aufgabe durch die Objektivierung im zweiten Fall dagegen vollzieht sich dadurch, daß ein algorithmisches Modell zur Lösung der Aufgabe formuliert wird. Hierbei mag die Art und Weise, wie Menschen die Aufgabe gelöst hätten (Interaktionen) der Ausgangspunkt gewesen sein, jetzt aber haben die Lösungsformen nichts mehr miteinander gemein.

An unserem Beispiel sehen wir auch, daß durch die Objektivierung der Weg und die Form der Aufgabenlösung den Arbeitskräften äußerlich geworden ist; sie verfügen nicht mehr prinzipiell darüber. In unserem Fall können sie zwar auf die Datei zurückgreifen, sie können jedoch nicht über sie verfügen. Im Fall der Realisierung durch Interaktionen könnten sie sich zum Beispiel absprechen, um etwa ihrem Gruppenleiter die Daten vorzuenthalten. Der mit der Objektivierung verbundene Entzug der Verfügungsmöglichkeit verweist deutlich auf den Herrschaftsaspekt. Dieser hat zwei Dimensionen. Zum einen ist die Logik der Arbeitsteilung, die schon vorher den Arbeitsprozeß geprägt hat, auch in die Konstruktion der Hard- und Software eingeflossen, hat diese bestimmt. Diesen Aspekt wollen wir nicht näher vertiefen. Zum anderen wird es dem Management zum erstenmal möglich, durch die Objektivierung in Persönlichkeitsbereiche einzugreifen, die Grundlage der Widerstandspotentiale der Arbeitskräfte waren.

Hierzu wieder ein Beispiel, diesmal aus einem Bauplanungsbüro.

«Die Firma steigerte binnen fünf Jahren ihren Umsatz um 125 Prozent. Die Zahl ihrer Angestellten mußte sie dazu um 2 Prozent vergrößern. Den Rest erledigt die Mikroelektronik.

Langsam schien sie die mit ihr umgehenden Menschen zu verändern. Indem sie im Datenfenster unentwegt die in ihr programmierten Ketten von Fragen und Angeboten fortspann, spickte sie das Ingenieursleben mit Entscheidungen. Die muß der Mensch in immer dichterer Folge treffen. Ameisengleich kommen die auf ihn zu.

Entscheiden, das ist es, was das System nicht kann. (Es sei denn, man sagt ihm vorher wie.)

Der Flirt mit einer Programmiererin verhalf dem Diplom-Ingenieur Schöner zu der nicht einmal nützlichen Warnung, durch ein heimlich mitlaufendes Programm teste die Firma so nebenbei menschliche Entscheidungsgeschwindigkeiten. An so was dachten viele im Büro ohnehin seit langem. Doch beweisen, sagte das Mädchen, würden sie der Firma das niemals können.» (Brügge, 1982, S. 95f)

Die Bedeutung, insbesondere des letzten Teils des Zitats, erschließt sich vielleicht besser, wenn wir uns im Kontrast dazu einen Entscheidungsprozeß ohne EDV konstruieren. Er könnte etwa so aussehen: Ein Konstruktionsbüro bestehe zum Beispiel aus sechs Konstrukteuren und einem Gruppenleiter. Gruppenleiter G. weist dem Konstrukteur K. eine bestimmte Aufgabe zu und erläutert sie ihm. Fragen gehen hin und her. K. hat in seinem Berufsleben von – sagen wir mal – 12 Jahren eine ganz vernünftige Arbeitsstrategie entwickelt, mit der er gut zurechtkommt. Das gleiche gilt für die anderen, jeder hat so seine Vorgehensweise. Der Gruppenleiter G. hat zwar nie so richtig verstanden, wie der K. zu seinen Lösungen kommt, aber da sie immer in einer vertretbaren Zeit geliefert wurden, ist für ihn «die Sache in Ordnung». Die Lösungen sind in der Regel nicht sehr originell, aber solide. Als K. von einem Wissenschaftler der nahen Universität, der gerade eine Untersuchung macht, befragt wird, wie er denn die Entscheidungen für seine einzelnen Arbeitsschritte fälle, antwortet er diesem: Erstens gehe er gar nicht in solchen Teilschritten vor, sondern betrachte eher assoziativ die unterschiedlichen Einflußgrößen gleichzeitig, und zweitens fälle er so klar definierte Entscheidungen nicht. Es gebe für ihn zwar Ein- und Abschnitte bei der Bearbeitung von Aufgaben, aber irgendwann seien sie dann erledigt. Ihm fällt noch ein, daß er sich oft mit dem L. aus der Statik und dem R. aus der Materialprüfung «rückkoppelt», weil er mit denen «gut» könne. Zur gleichen Zeit findet eine Besprechung zwischen Abteilungsleiter A und Gruppenleiter G. statt, in der A. sagt: «Ich habe immer das Gefühl, die Leute halten zurück. Ich würde gerne wissen, was sich in deren Köpfen abspielt, wenn sie diese oder jene Arbeit machen. Man könnte das dann alles viel besser steuern.» Daraufhin denkt Gruppenleiter G.: «Ein Glück, daß du das nicht weißt. Aber wenn ich mir das richtig überlege ... ich weiß eigentlich auch nicht genau, was in denen vor sich geht.»

Zwei Aspekte werden hier besonders deutlich:

- Solange sich die Lösungsstrategien der Individuen in den Köpfen der arbeitenden Subjekte selbst abspielen, sind sie für die Vorgesetzten nicht nachvollziehbar und damit nicht kontrollierbar,
- der Arbeitsprozeß basiert auf dieser Maschinisierungsstufe auf einem hohen Grad an Selbstorganisation. Die formelle Arbeitsorganisation dient in diesem Fall vor allem dazu, die *Rahmen*bedingungen dieser Selbstorganisation abzustecken.

Die Situation ändert sich völlig, wenn einzelne Arbeitsschritte durch eine Maschine vollzogen werden – in unserem Beispiel durch die maschinelle Datenverarbeitung. Durch ihren Einsatz läßt sich der Arbeitsprozeß inhaltlich und zeitlich genau reproduzieren, da über die Maschine genau festgehalten werden kann, wann wie welche Entscheidungen bei welchem Arbeitsschritt getroffen wurden. Jede Vorgehensweise des Konstrukteurs ist genau nachvollziehbar. Der Konstrukteur ist gleichsam «quantifizierbar» und «qualifizierbar» geworden. Und das Management hat unmittelbar Einsicht in Zusammenhänge gewonnen, die ihm vorher prinzipiell verschlossen waren. Damit ist aber zugleich die Form der weitgehenden Selbstorganisation des Arbeitsprozesses durch die der Fremdorganisation abgelöst worden. Hierzu noch ein abschließendes Beispiel:

Nehmen wir einmal an, der Konstrukteur K. macht eine Reihe von sechs Alternativentwürfen, die er hinterher alle ausradiert oder in seinem persönlichen Ordner ablegt. Das Management könnte gegen den Willen von K. von diesem Vorgang nichts erfahren – es sei denn, es würde versuchen, den persönlichen Ordner zu entwenden. Werden die Entwürfe dagegen über eine Maschine skizziert, so sind sie vom Management sofort einsehbar und nachprüfbar. Sie könnten zum Beispiel dazu benutzt werden, die Arbeitseffizienz von K. zu kontrollieren.

Die vielfältigen Erscheinungen von Berufswechsel, Umschulung, Weiterbildung, Anlernprozessen usw. geben einen Hinweis darauf, daß Berufe und Berufsarbeit sich verändern. Die Arbeitskräfte sollen bzw. müssen mobiler, flexibler werden, wird gesagt. Sie sollen sich veränderten technisch-ökonomischen Anforderungen anpassen. Dies alles weist darauf hin, daß der Berufsbegriff im Fluß ist. Nichtsdestoweniger wird an ihm festgehalten als einer Grundkategorie, die noch immer Leitstern der Forschung wie der Arbeitskräfteplanung in Betrieb und Gesellschaft ist. (Crusius, Wilke, 1979; Beck, Brater, Daheim, 1980)

Hierbei wird die Problematik in der Regel unter dem Aspekt einer ungenügenden bzw. falschen gegenständlich-technischen Qualifikation gesehen. Zum Beispiel wird gefolgert, der Technische Zeichner müsse, da es die CAD-Technologie gibt, auch Kenntnisse der Datenverarbeitung erwerben, oder der Bergmann müsse zum Industrieelektroniker umgeschult werden.

Andererseits wird den Jugendlichen vorgeschlagen, nicht wählerisch zu sein, auch Fleischer, Bäcker usw. zu lernen, denn irgendeine – gleich welche – Ausbildung *sei schließlich besser als gar keine*.

Besonders das letzte «Argument» weist auf die Bedeutung hin, die den sozialen Fähigkeiten, den Fähigkeiten zu Integrationsleistungen beigemessen wird. Sie werden als «das Entscheidende» an der Berufsausbildung gewertet.

Ein historisches Beispiel dafür, wie die Maschinerie durch die Übernahme von Integrationsleistungen die Beruflichkeit überflüssig macht, ist das Fließband und die Fließbandarbeit. Weil wir über einen umfassenderen, abstrakten Maschinenbegriff verfügen, können wir diesen Vorgang schon bei der Manufaktur bzw. beim Einsatz industrieller Arbeit in die-

Der Nadler.

Ich mach Nadel auß Eysendrat
Schneid die leng jeder gattung glatt/
Darnach ichs feyl / mach öhr vnd spitzn/
Alßdann hert ichs ins Feuwers hitzn/
Darnach sind sie feil / zu verkauffn/
Die Krämer holen sie mit hauffn/
Auch grobe Nadel nem̃en hin/
Die Ballenbinder vnd Beuwrin.

sem Sinn interpretieren. Die Manufaktur, das Fließband und der rechnerstrukturierte Arbeitsplatz können als historische Ausprägungsformen industrieller Arbeitsteilung begriffen werden, deren Kennzeichen die verschiedenen Grade der Übernahme von Integrationsleistungen durch die Maschinerie ist. Damit parallel verläuft ein Bedeutungsschwund von *Berufs*arbeit. Dieser Prozeß wiederholt sich zur Zeit für geistige Arbeit.

Wir hatten oben gesagt, daß sich dann, wenn eine Gesamtarbeit in mehrere Teilarbeiten zerfällt, das Problem der Integration dieser Teilarbeiter stellt. In der Manufaktur und später in der Fabrik werden die ersten maschinellen Strukturen in Form der Arbeitsorganisation entwickelt und eingesetzt. Der *Gesamt*arbeiter wird über die Zwänge der Arbeitsorganisation realisiert. Da die Realisierung dieser «Software» an die Menschen als der «Hardware» gebunden ist, müssen eben Menschen in irgendeiner Form die Integrationsleistungen je individuell vollbringen. Für diese Integrationsleistungen benötigte man – im Bild gesprochen – jedoch schon nicht mehr den *Nadelmacher,* um Nadeln zu produzieren.

Anders stellt sich die Situation am Fließband dar. Die Maschine ist nicht nur abstrakt als Arbeitsorganisation vorhanden, sondern hat einen stofflich konkreten Teil ausgebildet. Der Takt, die sequentielle Zeitfolge des Arbeitsprozesses am Fließband hängt hier nicht mehr von der subjektiven Bereitschaft der Arbeitskräfte zur Integrationsleistung ab, sondern wird von der Maschine, dem Band, *erzwungen.* Schon hier kann man Arbeitskräfte einsetzen, die aus einem völlig anderen Kulturkreis stammen, indem die einzelnen anders als bei uns vergesellschaftet werden.

Stecknadelmanufaktur, um 1760, Frankreich. Gezeigt werden die Herstellung der Nadelköpfe (Fig. 1,2), das Aufsetzen (Aufstämpen) der Köpfe (Knöpfe) auf die Nadeln (Fig. 3 und 5).

Dies gilt zum Beispiel für Arbeiter aus der Türkei. Dieser Prozeß erzwungener Integration durch die Maschine hat den Produktionsbetrieb allerdings nicht universell strukturiert, er blieb beispielsweise auf den Bereich der Fertigung und der Montage beschränkt.

Hier liegt eine qualitative Abweichung zur Datenverarbeitung und insbesondere zu Mikrocomputern vor. Die integrierenden Leistungen dieser neuen Form von Maschinerie werden den gesamten betrieblichen Produktionsprozeß umfassen: Fertigung, Konstruktion, Verwaltung und im umfassenderen Sinne das Management. Als Folge dieses Prozesses verbleiben zum Schluß nur noch Anforderungen an unmittelbar gegenstandsbezogen – technische Qualifikationen.

Die drei beschriebenen Typen der Maschinisierung des Arbeitsprozesses – Manufaktur – Fließband – Computerisierung – müssen jedoch unter dem Gesichtspunkt der Ungleichzeitigkeit betrachtet werden. Ungleichzeitigkeit heißt hier, verschiedene Typen und Ausprägungsformen maschinisierter Arbeit existieren in unterschiedlichen Entwicklungsstadien nebeneinander her. So gibt es Betriebe, in denen eine integrierte Datenverarbeitung (in Form von CAD und CAM[20] und Personalinformationssystemen) eingeführt wird und andere, etwa Klein- und Mittelbetriebe, die fast noch handwerklich-manufakturmäßig produzieren. Daraus folgt, daß sich der oben angesprochene Funktionsverlust der Beruflichkeit zunächst nur in den Bereichen bemerkbar machen wird, in denen die EDV

20 CAD = Computer Aided Design = rechnerunterstütztes Konstruieren;
CAM = Computer Aided Manufacturing = rechnerunterstütztes Fertigen.

zum universellen betrieblichen Vergesellschaftungsmedium geworden ist.

Abschließend wollen wir noch einige Erläuterungen zum Begriff des «Funktionsverlustes der Beruflichkeit» geben. Wir sprechen hier mit Absicht von «Funktionsverlust» und diskutieren zum Beispiel nicht die Frage, ob die Arbeitskräfte tendenziell vereinsamen, sich isolieren, dequalifiziert werden oder im Gegenteil erst recht zur Teamarbeit fähig werden könnten. Der Begriff des Funktionsverlustes weist vor allem darauf hin, daß die Rolle des Berufes seine vergesellschaftende Aufgabe verliert. Hierauf weist folgende Belegstelle aus einer empirischen Studie hin:

«Betrachtet man (...) die Struktur der kooperativen Arbeitszusammenhänge, so ist zunächst festzuhalten, daß die arbeitsorganisatorische Integration der Teilarbeiten innerhalb des gesamten Arbeitsprozesses mit wachsendem Einsatz der EDV zunehmend durch eine organisationstechnologische, d. h. maschinell getragene Integration abgelöst wird. Die Anweisungen werden stärker objektiviert und die Arbeitsvorhaben formalisiert. (So) ... erhalten die befragten Arbeitnehmer, die intensiv mit Computer-Ausdrucken arbeiten, zu 41 % ihre Arbeitsvorhaben nur auf unpersönlichem Weg, während dieser Anteil bei denjenigen Beschäftigten, deren Arbeitsplatz mit EDV-Aggregaten ausgestattet ist, auf 62 % wächst. Fragt man ausschließlich nach dem Anteil der Anweisungen, die über das EDV-System den Beschäftigten vermittelt werden, so liegt dieser bei Offline-Systemen noch unterhalb 10 %, steigt aber bei On-line-Systemen mit Terminal am Arbeitsplatz immerhin auf 31 %.» (Brandt u. a., 1978, S. 386)

Als Folge dieses sich andeutenden Funktionsverlustes der Beruflichkeit verbleiben als notwendige Basis des Arbeitsprozesses technisch-maschinenorientierte Tätigkeitsfelder ohne vergesellschaftende Funktionen. Die Integrationsleistungen der beteiligten Menschen sind nicht mehr gefragt. Diese maschinenorientierten Tätigkeitsfelder bilden perspektivisch die Grundlage für zwei sich abzeichnende Trends:

Für den *betrieblichen Arbeitsprozeß* machen sie das Management unabhängiger von Qualifikationsdefiziten und organisatorischen Reibungsverlusten, weil die maschinisierten Tätigkeitsfelder eine hohe Flexibilität besitzen. Sie können baukastenartig zusammengesetzt und verändert werden. Als Beispiel für diesen Trend kann die umfassende Diskussion um die Weiterbildung angesehen werden. Auf der Basis von sogenannten «Schlüsselqualifikationen» kann jedes gewünschte Tätigkeitsprofil durch weiterbildende Maßnahmen erzeugt werden. Zusätzlich mag noch das Entstehen von Anlerntätigkeiten als ein historisches Beispiel gelten.

Die technologische Entwicklung hat offensichtlich auch Auswirkungen auf den *«Nicht-Arbeitsbereich»*, die hier allerdings nur angedeutet werden können. Sicherlich ist es kein Zufall, daß die maschinelle Übernahme von Vergesellschaftungsleistungen sich auch hier auf breiter Basis vollzieht. Zu nennen wären hier vor allem die Entwicklung von Video und Bildschirmtexten im Rahmen des Kabelfernsehens. Von der ursprünglich zu leistenden gesellschaftlichen Integration, mag man sie nun lästig finden oder nicht, verbleibt auch hier nur eine technisch-maschinenorientierte Tätigkeit. Nehmen wir als Beispiel einen Kurs an der Volkshochschule. Dieser Kurs findet, unabhängig vom Inhalt, als ein sozialer Prozeß statt. So muß man hingehen, mit anderen sprechen und sich auseinandersetzen, wieder weggehen usw. Wenn ich den Fortbildungskurs zukünftig etwa über Bildschirmtext erledigen kann, verbleibt nur noch die Bedienung der notwendigen Geräte.

Die spannende Frage lautet in diesem Zusammenhang: Was geschieht mit den von den Integrationsleistungen «freigestellten» psychosozialen Potentialen der arbeitenden Menschen? Eine Situation, in der diese Potentiale frei flottieren würden, könnte für die bestehende Gesellschaftsformation gefährlich werden. Wenn sich die Arbeitskräfte den durch die neue Technologie auch für sie prinzipiell zugänglich gemachten Arbeitsprozeß irgendwann völlig aneignen, würde dadurch das bestehende Herrschaftssystem grundlegend in Frage gestellt. Diese Frage hier ausführlich weiterzuverfolgen, fehlt der Raum. Hingewiesen sei aber darauf, daß zum Beispiel Projekte der Alternativbewegung solche psycho-sozialen Potentiale binden, Projekte, in denen Arbeit ausdrücklich als sozialer Prozeß verstanden wird und nicht als bloß instrumenteller. Arbeitstätigkeiten und die Fähigkeit, sie auszuüben, müssen nicht an überkommene Berufsbilder gebunden sein. Zum Beispiel kann ein Berufsfremder, wenn er sich nur intensiv damit beschäftigt, prinzipiell gleich gute Arbeit leisten wie ein Gelernter. In der Regel hat das aber Voraussetzungen, nämlich, daß die Fähigkeiten instrumenteller Art in die Maschine selbst hineinverlagert worden sind, so daß nun Raum bleibt für die Arbeit, verstanden als sozialer Prozeß.

Auf der einen Seite können wir also eine Entwertung überkommener Facharbeiter- und Angestelltenqualifikationen feststellen. Auf der anderen Seite ermöglichen die neuen Technologien gerade dadurch eine Öffnung von Arbeitsfeldern, die vorher privilegierten Berufsgruppen vorbehalten waren. Alternative Projekte, wie die «Tageszeitung» in Berlin, die zu einem großen Teil von Berufsfremden und Angelernten initiiert und durchgeführt werden, wären ohne diese neuen Technologien gar nicht möglich. Es ist wie beim Auto. Je perfekter und idiotensicherer es konstruiert ist, desto weniger muß sein Fahrer etwas von den technischen Prozessen verstehen, die in seinem Fahrzeug ablaufen. Das Wissen des Menschen über die Maschine, wie sie optimal zu bedienen sei, verlagert sich zunehmend in die Maschine selbst, so daß die Menschen, die sie bedienen, von ihrer Vorbildung her immer austauschbarer werden. Eine maschinenspezifische Vorbildung wird immer weniger gebraucht.

Besonders drastisch tritt diese Entwicklung in der Fertigung beim Rechnergestützten Konstruieren (Computer Aided Design, CAD) zu-

Die kurzen Andeutungen über psycho-soziale Veränderungspotentiale befriedigen mich noch nicht ganz. Wenn tatsächlich die Produktionsprozesse immer unabhängiger von beruflicher Qualifikation und ihren psycho-sozialen Anteilen werden, sind sie nicht nur für die Arbeitenden, sondern auch für jeden anderen leicht ursupierbar und beherrschbar. Zudem fragt sich, warum das Interesse der Arbeitenden ausgerechnet das sein sollte, einen Arbeitsprozeß sich anzueignen, der sie entqualifiziert. Unter den geltenden gesellschaftlichen Bedingungen habe ich ohnehin eher den Eindruck, daß die abgespaltenen Berufsanteile verlagert werden in den wild wuchernden Bereich der Eigenarbeit. Alternativprojekte, wie sie kurz angesprochen werden, bilden dabei eher eine besondere Untergruppe, die in aller Regel den besser Ausgebildeten, Akademikern etc. zur Verfügung steht, von denen ein großer Teil ohnehin nie mit den Bedingungen industrieller Arbeit sich konfrontiert sah. Vielleicht läßt sich die Seite noch einmal neu schreiben – ein «Längenzuwachs» erschiene mir nicht schlimm, wenn er klärt. Ein Punkt fiel mir noch ein: wie steht es mit der These von zwei Arbeitssystemen, dem industriellen und dem alternativen, die oberflächlich abgekoppelt, aber doch in gegenseitiger Abhängigkeit voneinander existieren und sich auch (vielleicht bis zu einer gewissen Schwelle) parallel entwickeln können? (Anmerkung unseres Lektors)

tage. Mit Hilfe des CAD-Verfahrens lassen sich komplizierte mathematische Systeme graphisch auf dem Bildschirm darstellen. Es lassen sich zum Beispiel Filme herstellen, die zeichentrickartig die Variablen in mathematischen Formeln veranschaulichen. Diejenigen, die ein geringes mathematisches Vorstellungsvermögen haben, werden dadurch überhaupt erst in die Lage versetzt, umfangreiche mathematische Formeln für bestimmte Probleme zu verwenden. So läßt sich zum Beispiel die Deformation eines Kühlturms bei starker Windbelastung anschaulich machen. Ein anderes Beispiel: Sicherheitsingenieure können, indem sie ein mathematisches Modell in Verbindung mit einem vom Computer erzeugten Film benutzen, *wirklich sehen*, welche Auswirkungen sich während eines Zusammenstoßes für die jeweilige Konstruktion eines Sicherheitsgurtes ergeben. Dieses Verfahren spart zudem Zeit und Kosten. Es müssen nicht in einzelnen Crash-Versuchen Autos ständig aufeinander geprallt werden.

Oder man kann, um ein weiteres Beispiel zu nennen, das Fahrgefühl auf einer Autostraße simulieren, *bevor* sie gebaut ist. Cooley (1978, S. 62f) schreibt dazu:

«Da Straßenbauingenieure, wie alle anderen Konstrukteure, oftmals nachher klüger sind als vorher, wäre es ideal, über eine Simulationsmethode zu verfügen, um auf der Autobahn ‹entlang zu fahren›, bevor sie wirklich gebaut wird. (...) Bei der Autobahnkonstruktion ist es ziemlich schwierig, die Beziehungen zwischen den horizontalen und den vertikalen Landschaftseigenschaften sichtbar zu machen. Früher arbeitete der Straßenbauingenieur anhand einer Landkarte und eines Profilmodells des Geländes, durch das die Autobahn gebaut werden sollte. Dies erforderte einen sehr erfahrenen Straßenbauingenieur, um die wirkliche Konstruktion und seine Auswirkungen auf die infrage kommende Topographie sichtbar zu machen.

Neben dem Straßenbauingenieur sind heute viele Fachleute mit der Überprüfung des Autobahnverlaufs, und im besonderen mit dessen Auswirkungen auf die Umwelt, beschäftigt. Es ist ... für einen Ökologen besonders schwierig, sich anhand einer normalen Landkarte und eines entsprechenden Profilmodells vorzustellen, wie die Autobahn letztendlich aussehen wird. Die Erhaltung der natürlichen Schönheit der Landschaft ist heutzutage ein wichtiger Faktor bei der Planung von Autobahnen. Die Auswirkungen, die diese große Konstruktion auf die gesamte ästhetische Umgebung haben, ist eine Angelegenheit von großem öffentlichen Interesse. So wird also die Verwendung von Computerzeichnungen in diesem Bereich zum einen enorme Auswirkungen auf die Art und Weise, wie Tiefbauingenieure und Straßenbauingenieure arbeiten, haben; zum anderen wird auch eine bessere Beurteilung eines bestimmten Autobahnabschnittes, so wie man ihn sich wünscht, möglich, da sie auf der simulierten Erfahrung des ‹Fahrgefühls› auf dem entsprechenden Abschnitt basiert.»

Die Anwendungsbereiche der CAD-Technik sind vielfältig. Die Entwicklung hat erst begonnen. Doch schon jetzt wird deutlich, daß der Einsatz des Computers als mathematisches Hilfsmittel nicht nur darauf hinausläuft, Berechnungen mit einer vom Konstrukteur nie zu erreichenden Geschwindigkeit ausführen zu können. Arbeitseinsparungen im Verhältnis von 7:1 gegenüber der konventionellen Methode werden gegenwärtig als realistisch angesehen. Sondern daß umfangreiche mathematische Formeln bei praktischen Konstruktionsproblemen viel eher eingesetzt werden können, weil das für diese Arbeiten benötigte Personal über eine weitaus geringere Vorbildung zu verfügen braucht, als es früher üblich war (Cooley, 1978, S. 49).

5.2 CNC gegen record-playback. Die Durchsetzung einer neuen Technologie

Die Entwicklung, «Geburt» und Verbreitung von Maschinen erfolgt in der Regel nicht nach autonom-technischen Gesetzmäßigkeiten, wie es auf den ersten Blick scheint. Der Techniker mag, einem inneren Zwang

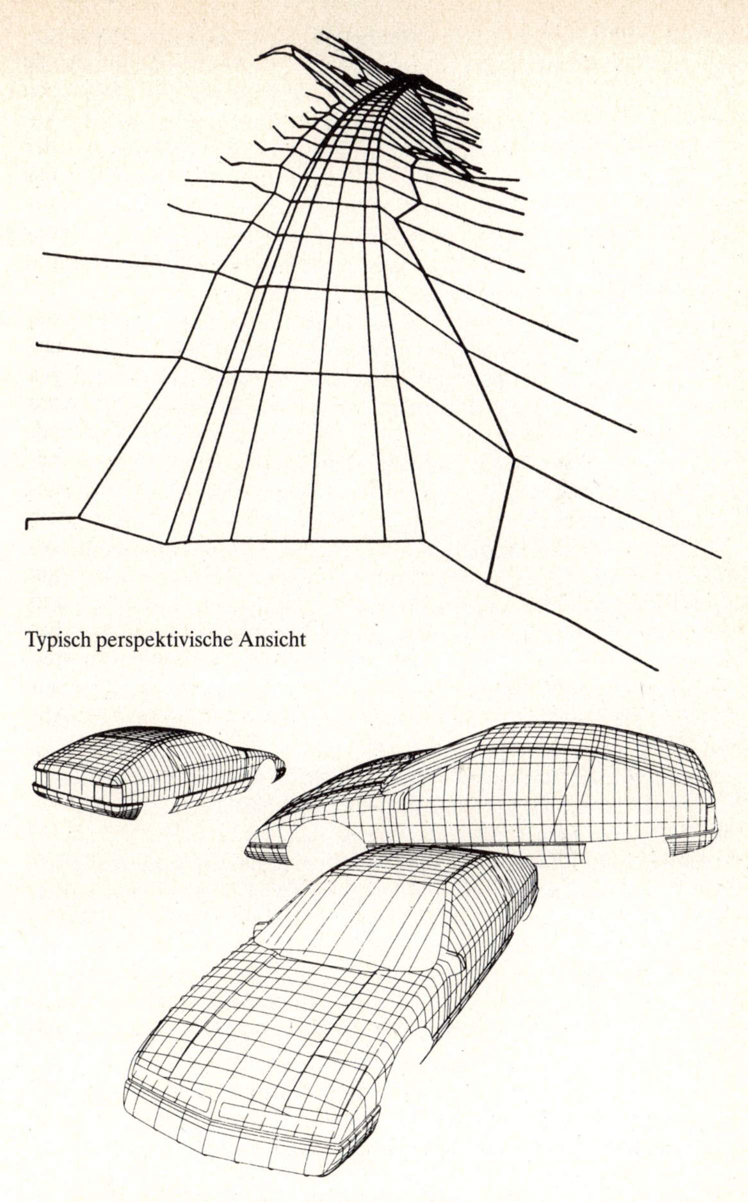

Typisch perspektivische Ansicht

Darstellung eines Styling-Modells in verschiedenen Ansichten (aus: F. Kloppe: «Elektronische Systeme in der modernen Karosserie-Entwicklung», Schriftenreihe der ADAM OPEL AG Nr. 5) folgend, eine in seinen Augen vollkommene Maschine entwickelt haben. Meist wird es nicht lange dauern, und schon steht ein Ökonom neben ihm, wiegt bedenklich sein Haupt und spricht, so ginge das nicht. Das sei zu aufwendig, zu teuer und ließe sich nicht verkaufen. Vielleicht hat der Techniker aber auch Glück, und er hat eine Maschine «geboren», deren weitere Entwicklung im nationalen (Verteidigungs-)Interesse liegt, die dem westlichen (Verteidigungs-)Bündnis gar einen (kriegs-)technologischen Vorsprung gegenüber dem östlichen verschafft (oder umgekehrt). Dann spielen ökonomische Erwägungen natürlich keine Rolle.

Technologie und soziale Beziehungen hängen miteinander zusammen, vor allem in der Produktion. Normalerweise, schreibt der amerikanische Historiker David F. Noble, werde diese Beziehung in der Form eines mehr oder weniger harten technologischen Determinismus ausgedrückt. Die Technologie sei die unabhängige Variable, die Veränderungen in den sozialen Beziehungen hervorrufe. Aus diesem Blickwinkel hat die Technologie einen relativ autonomen Charakter, die dann automatisch soziale Effekte erzeugt. Diese Effekte werden im allgemeinen als soziale Auswirkungen bezeichnet.

Hiergegen wendet Noble ein, daß die Technologie keine autonome Kraft sei, die die Menschen gleichsam von außen beeinflußt, sondern daß sie das Produkt eines sozialen Prozesses sei. Dieser historische Prozeß werde von ganz bestimmten Leuten getragen und diene ganz bestimmten Zwecken. Das bedeute, daß Technologie keine einseitige Entwicklungsperspektiven hat. Vielmehr existiere sie in einem weiten Bereich von Möglichkeiten und Alternativen, die mit der Zeit ausgegrenzt werden, weil einige ausgewählt und andere nicht berücksichtigt werden durch die gesellschaftlichen Entscheidungen derer, die die Macht haben zu wählen. Kurz gesagt, trage die Technologie den gesellschaftlichen Stempel derer, die sie machen. *Daraus folge, daß soziale Auswirkungen weniger aus der Technologie der Produktion selbst resultieren, als vielmehr aus den gesellschaftlichen Entscheidungen, die in dieser Technologie zum Ausdruck kommen.* Technologie sei keine unbeeinflußbare Ursache. Ihre sozialen Auswirkungen folgen in Wirklichkeit aus den sozialen Ursachen, die diese Technologie hervorgebracht habe. Hinter der Technologie, die soziale Beziehungen beeinflusse und präge, stecken genau diese sozialen Beziehungen) (Noble, 1981, S. 2f). Folgt man dieser Argumentation, so ist es kein Wunder, daß die herrschende Technologie die herrschenden sozialen Beziehungen verstärkt und stützt, statt sie zu schwächen.

Um diese These zu verdeutlichen, wollen wir uns die Entwicklung und Durchsetzung eines technischen Systems, das der NC-Maschine, einmal etwas genauer anschauen.

Die Automatisierung von Werkzeugmaschinen wirft zwei Probleme auf. Einerseits benötigt man eine Vorrichtung, die Informationen vom Speichermedium zur Maschine überträgt, um das Schneidwerkzeug in der gewünschten Art zu bewegen, zum Beispiel Lochstreifenleser und Maschinensteuerung. Und man braucht andererseits ein Gerät, um die Informationen auf das Speichermedium zu übertragen. Das erste Problem, die Maschinensteuerung, war schnell gelöst. Die eigentliche Herausforderung steckte im zweiten Problem, in der Realisierung des Informationsspeichers. Die erste funktionsfähige Lösung war die «record-playback»-Technik, ein System, das 1946 von einigen Firmen parallel entwickelt wurde: Ein Arbeiter stellt ein Werkstück an der Maschine her. Die Bewegungen der Maschine werden auf einem Magnetband registriert. Wenn das erste Stück hergestellt ist, können identische Werkstücke automatisch produziert werden, indem man das Magnetband abspielt und die Maschinenbewegung so wiederholt. Das Verfahren ist so einfach wie genial.

Durchgesetzt hat sich aber ein anderes Verfahren, das Numerical Control (NC), das ursprünglich für die Luftwaffe entwickelt wurde. Aus diesem Verfahren ging die erste numerisch gesteuerte Werkzeugmaschine – eine Vertikal-Fräsmaschine – hervor (Noble, 1982, S. 8f).

David F. Noble schreibt dazu: Record-playback war in Wirklichkeit ein Fähigkeits-Multiplizierer, eine Vorrichtung, die einfach wiederholte. Das Produktionswissen kam immer noch von dem Arbeiter, der das Magnetband produzierte, indem er das erste Stück herstellte. Die numerische Steuerung basierte auf einer grundsätzlich anderen Philosophie der Produktion. Die Spezifikation für ein Werkstück, d. h. die Informationen, die in einer Zeichnung enthalten sind, werden zunächst in eine mathematische Darstellung des Werkstücks umgeformt, dann in die mathematische Beschreibung der Bewegung des Schneidwerkzeuges in bis zu fünf Achsen und endlich in Hunderte und Tausende von einzelnen Befehlen. Diese werden aus ökonomischen Gründen in eine numerische Form übersetzt, die dann gelesen und in elektrische Signale für die Maschinensteuerung übersetzt wird. Der NC-Lochstreifen ist ein Mittel der formalen Synthetisierung des Produktionsvorganges, bei dem die Fähigkeiten des Maschinenbedieners, Quelle des Produktionswissens zu sein, umgangen werden (a. a. O., S. 9).

Warum wurde die numerische Steuerung weiterentwickelt und das record-playback-Verfahren nicht? Verschiedene Gründe können dafür verantwortlich gemacht werden.

Bei record-playback verbleibt die Kontrolle der Maschine beim Maschinenarbeiter, die Kontrolle über Vorschübe, Geschwindigkeiten, Spantiefe und Leistung. Bei der numerischen Steuerung wird diese Kontrolle ins Management verlagert. Das Management ist nicht länger abhängig vom Bediener und kann deshalb die Nutzung der Maschine optimieren. Es ist deshalb auch kein Wunder, daß die numerische Steuerung bei General Electric oft als Management-System beschrieben wird und nicht als eine Technologie der Metallbearbeitung. Zudem ist, ingenieurwissenschaftlich formuliert, die Qualität des Produkts nicht abhängig von den je individuellen, täglichen Schwankungen unterworfenen Fähigkeiten des Arbeiters, das Verfahren gewährleistet eine mathematisch exakt vorgegebene, immer gleichbleibende, von menschlichen Schwächen unabhängige Produktgüte. Die Eliminierung des menschlichen Versagens und der Unsicherheit ist der ingenieurmäßige Ausdruck der Versuche des Kapitals, seine Abhängigkeit von der lebendigen Arbeit zu minimieren. Das Mißtrauen der Ingenieure gegenüber menschlichen Wesen ist eine Manifestation des Mißtrauens des Kapitals gegenüber der lebendigen Arbeit (a. a. O., S. 18, S. 23).

In den Jahren zwischen 1949 und 1959 gab die amerikanische Luftwaffe mindestens 62 Millionen Dollar für Forschung, Entwicklung und Nutzbarmachung der numerischen Steuerung aus. Es ist nicht übertrieben zu behaupten, daß die Luftwaffe einen Markt für die numerische Steuerung schuf. Die Leistungsanforderungen der Air Force für die Fertigung komplizierter Teile in 4- oder 5-Achsenbearbeitung aus oft schwierigen Materialien überstiegen zunächst die Möglichkeiten sowohl von record-playback als auch manueller Verfahren. Keine dieser Methoden schien darüber hinaus eine so starke Senkung der Kosten für die Herstellung und Lagerung von Vorrichtungen, Aufspannungen und Schablonen zu ermöglichen wie die numerische Steuerung. In ähnlicher Weise versprach sie, auch die Lohnkosten für Werkzeugmacher, Schablonenhersteller und Maschinenbediener drastischer zu senken.

Aber erst mußte der große Hemmschuh für das ökonomische Überleben der numerischen Steuerung beseitigt werden, die bislang umständliche Herstellung des Lochstreifens. Die ersten Programme waren im Kern Unterprogramme für bestimmte geometrische Oberflächen, die von einem ausführenden Programm verarbeitet wurden. David F. Noble schreibt dazu:

«Als das M. I. T. im Jahre 1956 einen weiteren Auftrag der Luftwaffe für die Software-Entwicklung erhalten hatte, ging Douglas Ross, ein junger Ingenieur und Mathematiker, mit einem völlig neuen und grundsätzlicheren Ansatz an das Programmier-Problem heran. Anstatt jedes einzelne Problem mit einem einzelnen Unterprogramm zu behandeln, war das neue System APT (Automatically Programmed Tools) im Kern ein Skelett-Programm für die Bewegung eines Schneidwerkzeuges im Raum. Es wurde ‹systematisierte Lösung› genannt. Dieses Skelett wurde für jede spezielle Anwendung ‹mit Fleisch versehen›. Das APT-System war grundlegend und flexibel und, was das Wichtigste war, nur dieses System entsprach den Anforderungen der Luftwaffe: Die Programmiersprache sollte die Möglichkeit einer Fünf-Achsen-Bearbeitung bieten. Die Luftwaffe favorisierte APT wegen seiner Flexibilität; es schien die Möglichkeit für schnelle Mobilisierung zu bieten, für schnelle Entwurfsänderungen sowie für Austauschbarkeit zwischen verschiedenen Maschinen in einer Fabrik, zwischen Benutzern und Verkäufern und zwischen Vertragsfirmen und ihren Zulieferern im ganzen Land (vermutlich aus ‹strategischen Gründen› im Falle eines feindlichen Angriffs). Vor diesem Hintergrund betrieb die Luftwaffe die Normung des APT-Systems; das Air Material Command arbeitete mit dem Ausschuß für numerische Steuerung des Verbandes der Luftfahrt-Industrie zusammen, um APT zur industriellen Norm zu machen. Und die Werkzeugmaschinen- und Steuerungs-Hersteller paßten sich an» (a. a. O., S. 13).

In sehr kurzer Zeit ist die Programmiersprache APT tatsächlich Industrienorm geworden. Diejenigen, die militärische Aufträge wollten, wurden verpflichtet, das APT-System anzuwenden. Andernfalls waren sie von Regierungsaufträgen ausgeschlossen. Entscheidend war also, daß das Software-System, das de facto genormt wurde, ursprünglich für einen einzigen Benutzer entworfen wurde, die Luftwaffe (a. a. O., S. 17).

Wenn in ein System erst einmal so viel Geld, Zeit und Entwicklungsenergie gesteckt worden ist, dann lohnt es sich kaum noch, schon aus ökonomischen Gründen, ein völlig anderes zu entwickeln.

Inzwischen sind die NC-Maschinen weiterentwickelt worden und die neue Generation – CNC-Systeme (Computerized Numerical Control) – sind mit einer Steuerung ausgerüstet, die einen Mini-Computer enthält. Durch die Einführung der Mikroprozessoren wird es möglich, Informationen, die auf einem Dutzend Lochstreifen enthalten sind, direkt in der Maschine zu speichern und auf einfache Weise das richtige Programm für die Herstellung eines Teiles aufzufinden. Noch wichtiger ist, daß die Steuerungsinformationen auf einem Bildschirm dargestellt und verändert werden können, während sie sich im Speicher befinden. Die Reihenfolge der Bearbeitungsschritte kann verändert werden. Es können Bearbeitungsschritte ausgelassen oder hinzugefügt werden. Sind Veränderungen durchgeführt und die entsprechenden Teile hergestellt worden, kann die Maschine einen korrigierten Steuerstreifen für die Programmbibliothek der Firma erstellen. Es ist also möglich, in der Werkstatt Programme nicht nur abzuarbeiten, sondern auch zu erstellen. Das heißt, das Konzept des record-playback wird gleichsam in einer modernen digitalen Form neu wieder eingeführt.

Die CNC-Technologie wird von den Werkzeugmaschinen-Herstellern angewendet, um in den Markt der Einzelfertigung einzudringen. Wie nie zuvor bietet sie die Möglichkeit einer weitgehenden Kontrolle auf Werkstattebene. Das aber ist gegen die Interessen des Managements. Den Maschinenbedienern ist es deshalb nicht erlaubt, sich Programme ausgeben zu lassen, noch weniger, sich ihre eigenen zu erstellen. Oft sind die dafür vorgesehenen Programmiertasten blockiert. Nur den Programmierern und Vorgesetzten ist es erlaubt, Programme auszugeben. Das Management fürchtet, die Kontrolle über die Werkstatt zu verlieren (a. a. O., S. 40f).

Ökonomische, aber auch politische Gründe beeinflussen die Entscheidung nicht nur *zwischen* zwei technologischen Möglichkeiten, sondern

Maschinensetzer, alte Setzmaschine und elektronisch gesteuerte Werkzeugmaschine: Sehnsucht nach der Dreckarbeit?

auch *innerhalb* einer Technologie, die sich durchgesetzt hat. Auch hier gibt es noch Variationsmöglichkeiten in der Anwendung. Das soll hier allerdings nicht mehr im einzelnen ausgeführt werden (vgl. hierzu ein anschauliches Beispiel bei Brügge, 1982, S. 95).

Grundsätzlich ist die technologische Entwicklung nicht aus sich selbst heraus und nicht immer von vornherein eindeutig festgelegt. Es gibt Alternativen, aber schließlich setzt sich eine durch, und die bestimmt, erst einmal in Gang gesetzt, über längere Zeit hinweg die weitere Entwicklung. Ökonomische, aber auch politische Gründe haben wir als wesentliche Faktoren benannt, die darüber bestimmen, ob und welche Maschinensysteme sich durchsetzen. Entscheidend ist aber noch ein weiterer Faktor, der vor allem dafür verantwortlich ist, wann und in welcher Form sie eingeführt werden und sich durchsetzen. An verschiedenen Stellen des Buches, und das hängt natürlich mit unserem Begriff von Maschine zusammen, haben wir bereits darauf hingewiesen, *daß der Arbeitsplatz, die Interaktionssituation bereits maschinell vorstrukturiert sein muß, bevor eine Realmaschinisierung sich überhaupt durchsetzen kann* (vgl. Teil B, Kap. 1 zur historischen Funktion der Manufaktur). Schauen wir uns dazu ein Beispiel aus dem Bereich der Fertigung an. Unter dem Titel «Algorithmisierung – Eine Voraussetzung zur Einführung von CAD» schreibt Rolf Thärichen im Nachwort zu dem Buch von Michael Cooley:

«Die Rationalisierung der Ingenieurarbeit geschieht im wesentlichen nach dem folgenden Schema: Es werden die formalisierbaren Teile der Arbeit von den Teilen getrennt, die noch nicht durchschaubar und wissenschaftlich durchdringbar sind und die man als ‹schöpferische› Resttätigkeiten bezeichnen könnte. Die formalisierbaren Teile werden nun nach den Methoden der Informations-Verarbeitung algorithmisiert. Es sind dann nicht mehr menschliche Teilarbeiten, die untrennbar an die jeweilige Person gebunden sind, sondern Verfahrensvorschriften (Algorithmen), die eine bestimmte Menge von Ausgangsdaten erzeugen. Der Arbeitsablauf läßt sich dann in der Form eines Flußdiagramms detaillierter beschreiben ... Dabei läßt sich jeder Schritt in solch einem Algorithmus weiter unterteilen, bis man eine Stufe erreicht hat, auf der diese Flußdiagramme unmittelbar in Rechenprogramme umgesetzt werden können.» (Cooley, 1978, S. 98)

Ähnliches gilt sinngemäß für den Bereich der Verwaltung. Interaktionsrituale, Abteilungspläne, Organisations- und Verwaltungsvorschriften, Formularsätze sind immaterieller Ausgangspunkt der Realmaschinisierung in diesem Bereich.[21]

21 «Die übliche Unterscheidung zwischen technischem und kaufmännischem Anwendungsbereich der EDV geht auf die beiden technologischen Entwicklungsprozesse zurück, welche sich in der EDV-Technik verbunden haben: Die Entwicklung im Bereich der kaufmännischen Verwaltung und die elektronische

Der Maschinisierungsprozeß setzt also historisch schon viel früher ein, lange bevor die ersten Schreib-, Rechen- und Buchungsmaschinen eingesetzt werden. Das, was sich tatsächlich verändert, sind lediglich die *Formen* der Maschinerie. Herrschaftsimperative, Organisationsstrukturen, Arbeitszwänge, Integrationsleistungen, die vorher durch Personen – Vorgesetzte – oder Vorschriften – Arbeitspläne – exekutiert wurden, sind jetzt kritikfest in der körperlich im Raum stehenden Maschine objektiviert.

Die in der realen Maschine inkorporierten Zwänge verursachen Unzufriedenheit und Arbeitsstreß. Die waren aber auch schon, wenngleich in anderen Formen, an den traditionellen Arbeitsplätzen vorhanden (Lempert, 1981).

Wir haben gesagt, daß die reale Maschine, die körperlich im Raum steht, erst dann Platz greifen kann, wenn der Arbeitsplatz, *die Interaktionssituation*, in wichtigen Tätigkeitsbereichen maschinell vorstrukturiert ist. Die reale, körperlich Raum greifende Maschine ist gleichsam der metallene Schlußpunkt einer zeitlich langandauernden maschinellen Vorstrukturierung.

6. Maschinisierung durch Sprechen

Vielen Lesern wird es verwunderlich erscheinen, daß «Sprechen» etwas mit «Maschinen» zu tun haben soll. Unser spontanes Gefühl verbindet mit dem Vorgang des Sprechens die Vorstellung, daß es sich dabei um
So stammt etwa IBM aus der Büromaschinenindustrie, während Siemens und AEG sich aus der Elektrotechnik herausgebildet haben.» (Brandt u. a., 1978, S. 155). Aiken, der die Idee zu einer vollautomatischen Rechenmaschine hatte, wandte sich an IBM; nicht IBM hatte die Idee. (Cooley, 1978, S. 22)
einen ganz persönlichen Vorgang, mit Emotionen, Erlebnissen, Deutungen handelt, an dem mindestens zwei Menschen beteiligt sind. So dient etwa das Sprechen als ein Weg, Liebe, Abneigung, Wünsche u. a. mitzuteilen bzw. verständlich zu machen.

Auch kann das konkrete Sprechen nicht losgelöst von der jeweiligen Person betrachtet werden. Jeder Gesprächspartner hat zum Beispiel seine eigene, besondere Lebensgeschichte, die in einem bestimmten Rah-

Entwicklung innerhalb der Produktionstechnik. Aus diesen beiden Entwicklungssträngen sind ebenfalls die verschiedenen Herstellerfirmen hervorgegangen.
So stammt etwa IBM aus der Büromaschinenindustrie, während Siemens und AEG sich aus der Elektrotechnik herausgebildet haben.» (Brandt u. a., 1978, S. 155). Aiken, der die Idee zu einer Vollautomatischen Rechenmaschine hatte, wandte sich an IBM; nicht IBM hatte die Idee. (Cooley, 1978, S. 22)

men sein Sprechen prägt. So spricht der Schulabgänger mit Hauptschulabschluß anders als der Abiturient. Obwohl dies alles unbestreitbar zutrifft, gibt es *einen* Aspekt des Sprechens, der als These formuliert etwa so lautet: Durch Sprechen realisieren wir tagtäglich Maschinen.

Damit wollen wir nun keineswegs behaupten, daß mit dem Sprechen *nur* Maschinen realisiert werden. Aber dieser *eine* Aspekt des Sprechens gewinnt unseres Erachtens zunehmend an Bedeutung. Darum wollen wir uns in diesem Kapitel ausdrücklich mit diesem Aspekt befassen; die anderen wichtigen Momente des Sprechens interessieren uns an dieser Stelle nicht.

Beginnen wir mit einer Anzeige, wie wir sie zur Zeit täglich in Illustrierten finden:

In beiden Anzeigen stehen sich Computer und Mensch gegenüber. Interessant ist dabei für uns, daß diese Situation mit Wörtern beschrieben wird, die ganz individuelle menschliche Bereiche meinen. So verbinden wir mit dem Begriff des «Verstehens» Vorstellungen der Sympathie, der Anerkennung, des Einfühlens, Verständnis für den anderen, über Fehler hinwegsehen können und anderes mehr. Ebenso erscheint uns vielleicht eine «neue Beziehung» reifer, tiefer, erfüllter als andere. Aus Fehlern wurde gelernt. Sie ist (hoffentlich) befriedigender; neue Bereiche werden eröffnet. Wenn wir die Über- bzw. Unterschriften beim Wort nehmen, dann muß es auch zwischen dem Computer und seinem Partner bzw. seiner Partnerin einen Teil von Gemeinsamkeit geben, der Bestandteil jedes Verstehens und jeder Beziehung ist. Anders formuliert, die Gemeinsamkeit ist derjenige Teil des anderen, der zugleich Teil meiner Identität ist.

Nun treffen die oben gemachten Charakterisierungen für die Verstehens- und Beziehungsvorgänge zwischen Mensch und Computer wohl kaum zu. Eine Ausnahme bildet eventuell der Fall, in dem die Maschinen, zum Beispiel der Heimcomputer, das Motorrad oder das eigene maschinelle Verhaltensmuster libidinös[22] besetzt werden. Damit soll zunächst nichts weiter gesagt werden, als daß die Maschinen eine bestimmte Bedeutung für den Gefühlshaushalt der Person bekommen können. Sehen wir jedoch einmal von diesem Fall ab, so verbleibt als eine letzte Gemeinsamkeit zwischen Mensch und Maschine die Sprache; genauer gesagt: die Maschinensprache. Wenn eine Beziehung nicht mehr durch spontane Kommunikation, gemeinsame Ideen und Gedanken, gemeinsame Erfahrungen, «emotionale Vernetzungen», Liebe, Haß u. a. reali-

22 Der Ausdruck «Libido» bezeichnet im Lateinischen Lust, Wunsch. Für Freud ist «Libido» ein Ausdruck aus der Affektlehre. Er bezeichnet die Energie solcher Triebe, welche mit all dem zu tun haben, was man als Liebe zusammenfassen kann.

Grob ließe sich sagen, daß Libido für die Liebe das ist, was der Hunger für den Nahrungstrieb ist. Sie kann mehr oder minder leicht das Objekt und die Befriedigungsform wechseln.

Sie verstehen sich.

siert werden kann, dann bleibt immer noch eine formale Sprech- und Sprachbeziehung.

Es ist zum Beispiel kein Zufall, daß die meisten Massenkommunikationsmittel auf dem Medium der Sprache aufbauen. Überspitzt formuliert kann man sagen, dies liegt u. a. daran, daß Technologien Maschinensysteme sind, und Maschinensysteme sind sprachlich strukturiert, das heißt im Sinne formaler Sprachen. Nun bieten Systeme wie das Telefon und der Rundfunk noch die Möglichkeit, durch Lautstärke und Tonfallveränderungen erheblich mehr mitzuteilen, als die Worte an sich bedeuten. Demgegenüber ist der Verstehenszusammenhang und die Beziehung zwischen Mensch und Computer auf die formale Struktur und Bedeutung reduziert. Dies gilt uneingeschränkt, auch wenn uns die folgende Anzeige die alt bewährte Freundschaft empfiehlt.

Fassen wir noch einmal zusammen: Dem Sprechen zwischen Mensch und Maschine (hier von Computern) liegt als ein gemeinsames Drittes eine *formale* Sprache zugrunde. Das Charakteristische an dieser Sprache ist, daß alle emotionalen, individuellen, spontanen usw. Momente ausgeschaltet sind.

Indem wir diese Sprachen benutzen, grenzen wir unsere Ausdrucksmöglichkeiten zunehmend ein. Wenn wir mit einem Computer oder einer Waschmaschine «sprechen», müssen wir nicht nur eine bestimmte Grammatik einhalten, sondern auch eine genau festgelegte Reihenfolge. Damit realisieren wir praktisch einen Algorithmus, eine abstrakte Maschine.

Von daher läßt sich sagen: insofern Menschen *diese Art* Sprache verinnerlicht haben, haben sie Maschinen verinnerlicht und erzeugen sie tagtäglich in ihrem Sprechen aufs neue.

Na schön, könnte man jetzt einwenden, für die Beziehung zwischen Menschen und dem Computer klingt das ganz plausibel. Aber es handelt sich doch wohl um einen ziemlich speziellen Fall von Beziehung. Betrachtet man die Reichhaltigkeit gesellschaftlicher Beziehungen, so kann man sehen, daß hier ein Einzelphänomen überbewertet wird. Sprache verändert sich – orientiert an gesellschaftlich-historischen Bedingungen – fortwährend, und die Entwicklung zu immer *engerer Vernetzung* der Lebenswelten und -bereiche begünstigt eine *Tendenz zur Formalisierung der Sprache*.

Apple.
Der Anfang einer neuen Beziehung.

Neu! Der Sinclair ZX81 Personal-Computer.

In den hochstandardisierten Wörtern und Sätzen eines Menschen drückt sich zunächst einmal die Struktur, das System der Sprache aus und dann erst der Mensch als einmaliges, unverwechselbares Subjekt. Im ersten Fall bedient sich die Sprache gleichsam des Menschen als Medium; sie könnte sich ebensogut eines Sprachautomaten bedienen. Im zweiten Fall bedient sich der Mensch des Mediums Sprache; intersubjektives Verstehen braucht dabei nicht unbedingt zustande kommen. Uns interessiert vor allem der erste Fall. Die Analogie zu den Programmsprachen von Computern ist verblüffend. Auch hier dient die Programmsprache ja nur sehr vordergründig der Kommunikation mit der Maschine. Wesentlicher ist die Tatsache, daß die Grammatik der Programmsprache die Grammatik der EDV-Maschine (Struktur) überhaupt erst konstituiert.[23]

Der Mensch als Einzelwesen wird immer in ein bestehendes Sprachsystem hineingeboren und -sozialisiert. Im Lauf seiner Entwicklung wird er immer fähiger, Sprachstrukturen zu realisieren, sagen wir besser, auszuführen. Subjektivität kann nur im Rahmen dieser Strukturen entfaltet werden. Sonst wäre es mit der Intersubjektivität bald vorbei – und an sie ist Sprache gebunden. Soweit also der lebensgeschichtliche Aspekt der

23 Ähnliche Überlegungen, bezogen auf die Psychoanalyse, finden sich bei Lacan.

Teilmaschinisierung des Menschen. Nun zum gesellschaftlich-historischen.

In dem Maß, wie Menschen dichter zusammenrücken, wie vordem isolierte Gebietskörperschaften sich miteinander vernetzen und zu einem einheitlichen ökonomischen Ganzen zusammenwachsen, in dem Maß bilden sich zwangsläufig hochstandardisierte Interaktionsstrukturen heraus (vgl. Elias, 1980), auch die einen größeren geographischen Raum umspannenden Hochsprachen, etwa das Deutsche oder das Spanische. Hierbei handelt es sich um einen wichtigen Schritt zur *bewußten* Formalisierung sprachlicher Strukturen. Innerhalb der sich abzeichnenden Weltgesellschaft scheint eine synthetische Form des Englischen diese Funktion zu übernehmen. Im nationalen und übernationalen Schriftverkehr finden zunehmend hochstandardisierte Textbausteine Verwendung, zum Beispiel das im Kapitel über Mensch und Maschine am Arbeitsplatz genannte System der Automatischen Korrespondenz (AKO).

Außerdem ist, wie wir in Teil B gesehen haben, die mechanistische Denkweise zum festen Bestandteil unseres Alltagsbewußtseins geworden. Eindeutigkeit, «Klarheit», Widerspruchsfreiheit, Zweiwertigkeit, Denken in Kausalbezeichnungen usw. sind aber gleichzeitig die Voraussetzung, um Maschinen zu realisieren. Auf dieser allgemeineren Ebene zeigte sich, daß alle Lebensbereiche von diesen Strukturprinzipien zumindestens berührt werden. Um nun diesen Zusammenhang im einzelnen für den Bereich der Sprache und des Sprechens zu entwickeln, fehlt hier der Raum. Trotzdem wollen wir mit den folgenden Ausführungen den Versuch unternehmen, einige Aspekte des Zusammenhangs von Denken, Sprechen, Gesellschaft und Wahrnehmung der Realität darzustellen. Diese Darstellung erfolgt am Beispiel der Sprache im allgemeinen Sinn. Die zu erörternden Aspekte treffen auch auf formale Sprachen zu, denen wir uns anschließend zuwenden.

Der Grund, warum wir so relativ weit ausholen, liegt darin, daß wir die Maschinisierung nicht als ein isoliertes sprachliches Phänomen ansehen, sondern als ein die Persönlichkeit durchdringendes und prägendes.

Um dies zumindest plausibel zu machen, illustrieren wir diese Zusammenhänge an drei Beispielen. Dabei soll uns nicht stören, daß diese Beispiele aus Texten von drei Autoren stammen, die jeweils ganz verschiedenen Theorietraditionen angehören: einem Linguisten, einem historischen Materialisten und einem Strukturalisten. Uns kommt es nur darauf an, mit Hilfe dieser Beispiele zu verdeutlichen, daß Sprache und Sprechen in einem eng vernetzten Zusammenhang von Persönlichkeit und Gesellschaft eingebettet sind.

So hat B. L. Whorf Untersuchungen über den Unterschied im Denken, der Realitätswahrnehmung und der Sprache bei den Hopi-Indianern in Nordamerika auf der einen Seite und den europäischen Sprachen, den sogenannten SAE-Sprachen auf der anderen durchgeführt.

In unserem Kulturkreis ist die Zeiteinteilung etwas Selbstverständliches, insbesondere die lineare Folge von Zeiteinheiten. So ist es uns völlig klar, daß es ein «vorher» und ein «nachher», eine Vergangenheit und eine Zukunft gibt. Diese Zeitenabfolge besitzt für uns so etwas wie eine emotionale und kognitive Evidenz, das heißt eine Überzeugungskraft, der wir gefühlsmäßig und gedanklich sofort folgen. Wir ordnen die Ereignisse in unserer Umwelt zeitlich und können umgekehrt Ereignisse zeitlich identifizieren. Wenn ich frage: «Wann warst du im Kino?» kann ich zum Beispiel antworten: «Gestern vor dem Unfall, aber nach dem Besuch beim Arbeitsamt!»

An diesem Beispiel wird zugleich deutlich, daß wir diese Struktur im Vorgang des Sprechens realisieren, und dies auf der Grundlage einer Sprache, die selbst entsprechend einer linearen Zeitenfolge ausgebildet ist. Wir benutzen zum Beispiel Wörter wie «vorher», «nachher», «jetzt», «dann» usw. Noch wichtiger sind die Formen, mittels derer wir Tätigkeitswörter in Zeitbeziehungen ausdrücken können, gehen, ging, gegangen, gehen werden usw.

Allein diese Struktur der Sprache führt uns zu der mehr oder weniger offenen Annahme, daß die Natur selbst derartig zeitlich strukturiert sei, schließlich ist es dunkel, nachdem die Sonne untergegangen ist und nicht vorher. Von dieser Überzeugung ist es nur ein kleiner Schritt zu der Annahme, die gesellschaftliche Realität, unser täglicher Tagesablauf sei naturgemäß zeitlich derartig geprägt. Daß dem so ist, kann indes niemand ernsthaft bestreiten, nur ob dem *naturgemäß* so ist, wäre noch zu überprüfen.

Für Whorf jedenfalls wurde diese Selbstverständlichkeit in Frage gestellt, als er sich mit Sprache, Denken und Verhalten von Hopi-Indianern befaßte.

Er zeigt auf, daß die Hopi-Sprache nach unserem Verständnis von Zeit zeit*los* ist. Whorf macht dies durch die Abbildung auf S. 261 deutlich.

Durch das Hopi-Verb werden keine Unterschiede zwischen Vergangenheit, Gegenwart und Zukunft ausgedrückt. Demgegenüber steht die Intention des Sprechenden im Vordergrund und die damit verbundene Art der Gültigkeit. Entscheidend ist lediglich, ob der Sprecher ein Geschehen, eine Erwartung oder eine Gesetzmäßigkeit beschreibt.

Zusammenfassend formuliert Whorf seine Erkenntnisse wie folgt:

«Menschen, die Sprachen mit sehr verschiedenen Grammatiken benützen, werden durch die Grammatiken zu typisch verschiedenen Beobachtungen und verschiedenen Bewertungen äußerlich ähnlicher Beobachtungen geführt. Sie sind daher als Beobachter einander nicht äquivalent, sondern gelangen zu irgendwie verschiedenen Ansichten von der Welt» (Whorf, 1963, S. 20).

Insbesondere der letzte Satz besitzt eine Konsequenz, die außerordentlich wichtig ist. Denn, wie wir aufgrund unserer je bestimmten Sprache die Welt in bestimmter Weise interpretieren, so werden wir die Welt auch

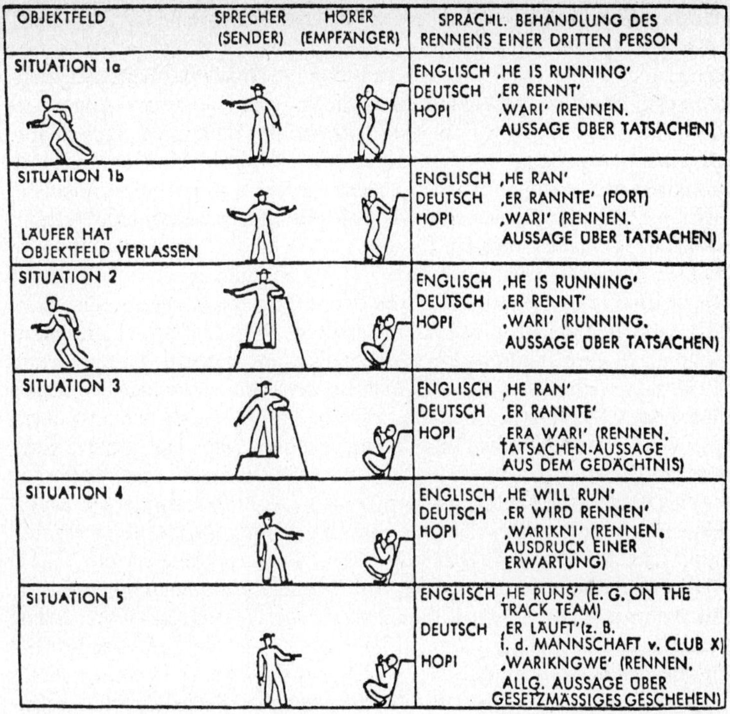

OBJEKTFELD	SPRECHER (SENDER)	HÖRER (EMPFÄNGER)	SPRACHL. BEHANDLUNG DES RENNENS EINER DRITTEN PERSON
SITUATION 1a			ENGLISCH ‚HE IS RUNNING' DEUTSCH ‚ER RENNT' HOPI ‚WARI' (RENNEN. AUSSAGE ÜBER TATSACHEN)
SITUATION 1b LÄUFER HAT OBJEKTFELD VERLASSEN			ENGLISCH ‚HE RAN' DEUTSCH ‚ER RANNTE' (FORT) HOPI ‚WARI' (RENNEN. AUSSAGE ÜBER TATSACHEN)
SITUATION 2			ENGLISCH ‚HE IS RUNNING' DEUTSCH ‚ER RENNT' HOPI ‚WARI' (RUNNING. AUSSAGE ÜBER TATSACHEN)
SITUATION 3			ENGLISCH ‚HE RAN' DEUTSCH ‚ER RANNTE' HOPI ‚ERA WARI' (RENNEN. TATSACHEN-AUSSAGE AUS DEM GEDÄCHTNIS)
SITUATION 4			ENGLISCH ‚HE WILL RUN' DEUTSCH ‚ER WIRD RENNEN' HOPI ‚WARIKNI' (RENNEN. AUSDRUCK EINER ERWARTUNG)
SITUATION 5			ENGLISCH ‚HE RUNS' (E. G. ON THE TRACK TEAM) DEUTSCH ‚ER LÄUFT' (z. B. i. d. MANNSCHAFT v. CLUB X) HOPI ‚WARIKNGWE' (RENNEN. ALLG. AUSSAGE ÜBER GESETZMÄSSIGES GESCHEHEN)

Vergleich zwischen einer ‹zeitlichen› Sprache (Englisch oder Deutsch) und einer «zeitlosen» Sprache (Hopi). Verschiedene Zeiten im Englischen oder Deutschen sind in der Hopisprache verschiedene Arten der Gültigkeit.

in bestimmter Weise verändern. Setzt man hier den Begriff – maschinell – ein, so folgt daraus: Wenn wir eine maschinell strukturierte Sprache benutzen, dann würden wir die Welt maschinell interpretieren und sie daraufhin auch maschinell umstrukturieren.

Wenn wir jetzt davon ausgehen, daß es nicht nur eine natürliche Sprachwelt gibt, sondern viele Sprachwelten, in denen die je spezifischen Grammatiken unterschiedliche Denk-, Wahrnehmungs- und Verhaltensmuster prägen, so bleibt zu fragen, ob diese Sprachwelten zufällig sind. Whorf selbst sagt lediglich etwas über den Zusammenhang von Denken, Sprache und Wirklichkeit aus, aber erklärt zum Beispiel nicht, ob der Grund in unterschiedlichen gesellschaftlichen Organisationsformen liegt. Bei dieser Frage muß man über den von Whorf aufgezeigten Problemkreis hinausgehen.

Hierfür ist die These von Wulff interessant, daß sich ein Ich-Bewußtsein in unserem Sinn in sogenannten traditionellen orientalischen Agrargesellschaften und nomadischen wie halbnomadischen Stammesgenossenschaften nicht herausgebildet hätte. Der Autor geht dabei von seinen Erfahrungen als Arzt in Vietnam aus. Ihm fiel auf, daß Ich-Störungen in der Form des Krankheitsbildes der Schizophrenie bei den Vietnamesen nicht auftraten. Weiterhin zeigte sich das Fehlen einer bürgerlichen Ich-Identität. Ausnahmen bildeten dabei lediglich diejenigen Vietnamesen, die *europäisch* erzogen worden waren. Interessant hierbei ist, daß die vietnamesische Sprache keine auf das Individuum bezogenen Begriffe wie «Ich», «Du» usw. besitzt.

«Der Satz ‹Du gehst nach Hué›, ist ins Vietnamesische nicht direkt übersetzbar, und zwar deshalb, weil es das Wort Du in der Sprache nicht gibt. Genauer gesagt, gibt es dafür mehrere Worte, aber keinen Allgemeinbegriff. Das deutsche Du verlangt also, präzisiert zu werden. Wenn der Angesprochene ein Rikscha-Kuli ist, der Sprecher jedoch ein Angehöriger der Oberklasse, müßte es mit *bác*, Onkel väterlicherseits, übersetzt werden; sprechen zwei gleichrangige miteinander, legt sich das Wort *anh*, älterer Bruder, nahe; redet ein Untergebener einen Vorgesetzten an, so wird er das Wort *ong*, Herr, ursprünglich Großvater, vorziehen. Einen Allgemeinbegriff gibt es aber ebensowenig wie für das Wort Ich» (Wulff; zitiert nach Müller, 1977, S. 245).

Im Gegensatz zu Whorf sieht Wulff diese Zusammenhänge bedingt durch ein gemeinsames Drittes – die gesellschaftliche Organisationsform. Deren Logik ist zugleich die Logik der Sprache und die Logik der Verhaltensmuster der Individuen.

Diese Sozialordnung ist durch das Fehlen des Geldes als universelles Medium der Vergesellschaftung gekennzeichnet. Es gibt wohl in der vietnamesischen Gesellschaft Geld und ausgedehnte Tauschbeziehungen, sie haben jedoch, etwa im Gegensatz zur bürgerlichen Gesellschaft, keine den Gesellschafts*zusammenhang* vermittelnde Funktion erreicht. Man kann sich dies durch ein Gedankenexperiment klarmachen, etwa wenn man sich vorstellt, in unserer Gesellschaft fiele plötzlich das Geld weg; in diesem Fall würde sich unsere Gesellschaft in eine Menge von Individuen auflösen, die orientierungslos herumirren würden. Nicht so in der vietnamesischen Gesellschaft; in solch einem Fall verbliebe noch ein Skelett von gesellschaftlicher Grundorganisation in Form des Clans, des Dorfes, der Gruppe, die weiter ihre Arbeit organisieren und produzieren könnten – ausgenommen vielleicht von Auflösungstendenzen in größeren Städten. Die Verausgabung der Arbeitskraft und die Reproduktion des Alltagslebens geschehen im großfamiliaren Kontext einer Gruppensituation, und nicht wie bei uns in einer Individualsituation.

An dieser Stelle möchten wir auf einen wichtigen Umstand hinweisen, der sich auf das Thema «maschinelles Sprechen» bezieht. Als zentrale Eigenschaften von Maschinen haben wir weiter oben die Regelhaftigkeit sowie die Eindeutigkeit der maschinellen Verhaltenssequenzen angesehen. Obwohl nun die Hopi- als auch die vietnamesische Gesellschaft in hohem Maße durch Gruppenzwänge und Normen *regelhaft* strukturiert sind, handelt es sich doch *nicht um maschinelle Strukturen*. Gerade das Fehlen der Identität, der linearen Zeitstruktur, der eindeutigen Kausalbeziehungen zwischen verschiedenen Ereignissen macht es unmöglich, eindeutige, widerspruchsfreie Strukturen aufzubauen, geschweige denn sie zu materialisieren. Wir wollen dies an dem folgenden Beispiel deutlich machen. Wenn ein Vietnamese sich jeweils in bezug auf die augenblickliche Situation neu definiert, so könnte man dies vergleichen mit einem Taschenrechner, der zu Hause die gleiche Aufgabe mit einem anderen Ergebnis errechnet, als etwa in der Firma oder bei einem Kunden. Unser Urteil ist dann jedenfalls eindeutig, das Ding ist kaputt, genau wie jemand, der sich nicht maschinell verhält.

Während die gesellschaftliche und sprachliche Logik der vorbürgerlichen Gesellschaften somit gar keine Herausbildung von formaler Logik und Sprache zuließ, konnte sich im abendländischen Kulturkreis eben dieser Prozeß vollziehen.

So stellt Foucault etwa vom 17. und 18. Jahrhundert an eine Gabelung der vorher relativ einheitlichen sprachlichen Strukturen fest, in einen inhaltlichen und einen formalen Zweig. Die beiden auseinandertreibenden Äste treten hierbei nach Foucaults Auffassung in dem theoretischen System von Freud einerseits und Russell andererseits zutage. Der erste Autor steht hier für interpretierende Verfahrensweisen, der zweite für die Formalisierung.[24]

Foucaults Aussage wollen wir an den folgenden Textstellen verdeutlichen. Uns interessiert dabei nicht die Aussage der Textbeispiele, sondern nur die Form der Darstellung.

Für uns ist es wichtig, festzuhalten, daß sich der Aspekt der Formalisierung als eine konkrete Erscheinung des abendländischen Kulturkreises herausgebildet hat. Dieses Phänomen ist unter anderem deshalb bedeutsam, weil es als ein sprachliches Phänomen anzusehen ist.

Nach diesem eher schlaglichtartigen Aufriß bestimmter Aspekte von Sprache und Sprechen nun noch ein Hinweis auf die auffallende Analogie zu einigen Vorgängen im Arbeitsprozeß. Insbesondere hier wird die von Foucault postulierte Gabelung von Sinn/Inhalt und Formalisierung augenfällig. Zudem ist sie hier besonders folgenreich, weil der Arbeitsprozeß die materielle Basis aller gesellschaftlichen Lebensprozesse ist. Auch

24 Um Mißverständnissen vorzubeugen, muß gesagt werden, daß es sich hier nur um Charakterisierungen handelt. So enthält Freuds Theorie einen außerordentlich stark formalistischen und mechanistischen Kern.
Russell hat sich andererseits der interpretierenden Verfahren bei der Analyse einer Vielzahl von politischen, ethischen, pädagogischen Themen bedient (vgl. hierzu Foucault, 1971, S. 364ff).

Interpretation

Die Fehlleistungen
(Schluß)

Meine Damen und Herren! Daß die Fehlleistungen einen Sinn haben, dürfen wir doch als das Ergebnis unserer bisherigen Bemühungen hinstellen und zur Grundlage unserer weiteren Untersuchungen nehmen. Nochmals sei betont, daß wir nicht behaupten – und für unsere Zwecke der Behauptung nicht bedürfen –, daß jede einzelne vorkommende Fehlleistung sinnreich sei, wiewohl ich das für wahrscheinlich halte. Es genügt uns, wenn wir einen solchen Sinn relativ häufig bei den verschiedenen Formen der Fehlleistung nachweisen. Diese verschiedenen Formen verhalten sich übrigens in dieser Hinsicht verschieden. Beim Versprechen, Verschreiben usw. mögen Fälle mit rein physiologischer Begründung vorkommen, bei den auf Vergessen beruhenden Arten (Namen und Vorsatzvergessen, Verlegen usw.) kann ich an solche nicht glauben, ein Verlieren gibt es sehr wahrscheinlich, das als unbeabsichtigt zu erkennen ist; die im Leben vorfallenden Irrtümer sind überhaupt nur zu einem gewissen Anteil unseren Gesichtpunkten unterworfen. Diese Einschränkungen wollen Sie im Auge behalten, wenn wir fortan davon ausgehen, daß Fehlleistungen psychische Akte sind und durch die Interferenz zweier Absichten entstehen.

Es ist dies das erste Resultat der Psychoanalyse. Von dem Vorkommen solcher Interferenzen und der Möglichkeit, daß dieselben derartige Erscheinungen zur Folge haben, hat die Psychologie bisher nichts gewußt. Wir haben das Gebiet der psychischen Erscheinungswelt um ein ganz ansehnliches Stück erweitert und Phänomene für die Psychologie erobert, die ihr früher nicht zugerechnet wurden (Freud, 1969, S. 81).

hier finden wir eine Tendenz der Durchsetzung von formalen Strukturen.

Nehmen wir als Beispiel einen Dreher. Früher mußte er noch weitgehend selbständig entscheiden, welche Werkzeuge, Vorschübe, Schnittgeschwindigkeiten einzusetzen waren, um ein bestimmtes Werkstück zu bearbeiten. Von seinen Kenntnissen der Werkstoffe und Maschinen hing zum Beispiel die Maßgenauigkeit ab, die er erreichen konnte. Vielfältige Handgriffe, geschärfte Sinneswahrnehmung, Erfahrung und das Erfassen von Gesamtheiten waren notwendig zur Bearbeitung. Heute hat er nur

Formalisierung
7. Elementare Theorie der Klassen und Relationen

Aussagen, in denen eine Funktion φ vorkommt, können bezüglich ihres Wahrheitswertes von der besonderen Funktion φ abhängen oder nur von der *Extension* von φ, d. h. von den Argumenten, die φ erfüllen. Eine Funktion der zweiten Art wird *extensional* genannt. So kann etwa ‹Ich glaube, daß alle Menschen sterblich sind› nicht äquivalent sein mit ‹Ich glaube, daß alle federlosen Zweifüßler sterblich sind›, nicht einmal dann, wenn ‹Mensch› und ‹federloser Zweifüßler› umfangsgleiche Ausdrücke sind, denn es kann sein, daß ich das nicht weiß. ‹Alle Menschen sind sterblich› aber muß mit ‹Alle federlosen Zweifüßler sind sterblich› äquivalent sein, wenn ‹Mensch› und ‹federloser Zweifüßler› umfanggleiche Ausdrücke sind. Daher ist ‹Alle Menschen sind sterblich› eine extensionale Funktion der Funktion ‹χ ist ein Mensch›, während ‹Ich glaube, daß alle Menschen sterblich sind› keine extensionale Funktion ist. Wir wollen Funktionen *intensional* nennen, wenn sie nicht extensionale Funktionen sind. Die Funktionen von Funktionen, mit denen speziell die Mathematik befaßt ist, sind ohne Ausnahme extensional. Das Kennzeichen einer extensionalen Funktion *f* einer Funktion $\varphi\,!\,\hat{z}$ ist:

$$\varphi\,!\,\chi \cdot \equiv_{\chi} \cdot \psi\,!\,\chi : \supset_{\varphi,\psi} : f(\varphi\,!\,\hat{z}) \cdot \equiv \cdot f(\psi\,!\,\hat{z})$$

Aus einer Funktion *f* einer Funktion $\varphi\,!\,\hat{z}$ können wir eine damit verbundene extensionale Funktion folgendermaßen gewinnen. Es gelte:

$$f\{\hat{z}\,(\psi z)\} \cdot = : (\exists\varphi) : \varphi\,!\,\chi \cdot \equiv_{x} \cdot \psi\chi : f\{\varphi\,!\,\hat{z}\} \qquad \text{Df}$$

Die Funktion $f\{\hat{z}\,(\varphi z)\}$ ist in Wirklichkeit eine Funktion von $\psi\hat{z}$, obgleich nicht dieselbe Funktion wie $f\,(\psi\hat{z})$, vorausgesetzt letztere ist signifikant. Es ist zweckmäßig, $f\{\hat{z}\,(\psi z)\}$ technisch so zu behandeln, als ob sie ein Argument $\hat{z}\,\psi z)$ hätte, das wir ‹die Klasse, die durch ψ definiert ist› nennen. Wir haben:

$$\vdash : \varphi\chi \cdot \equiv_{\chi} \cdot \psi\chi : \supset : f\{\hat{z}\,(\varphi z)\} \cdot \equiv \cdot f\{\hat{z}\,(\psi z)\}$$

woraus wir, wenn wir die oben gegebene Definition der Identität auf die fiktiven Objekte $\hat{z}\,(\varphi z)$ und $\hat{z}\,(\psi z)$ anwenden, folgern:

$$\vdash :\cdot \varphi\chi \cdot \equiv_{\chi} \cdot \psi\chi : \supset \cdot \hat{z}\,(\varphi z) = \hat{z}\,(\psi z)$$

(Russell, 1976, S. 51f)

noch Zugang zum Bearbeitungsprozeß über das Programm der automatischen Werkzeugmaschine. Und dies auch nur im günstigsten Fall! Normalerweise wird ihm auch dies von der Arbeitsvorbereitung vorgegeben. Während er früher mit der Maschine gearbeitet hat, kann er heute nur noch über die formale Programmsprache «zu ihr sprechen».

Solche Veränderungen im Arbeitsprozeß besitzen in industrialisierten Gesellschaften für die Masse der Gesellschaftsmitglieder zentrale Bedeutung für Sozialisationsprozesse und Identitätsbildung. Die Struktur der Sozialisation in Schule und Familie ist den Strukturen des Arbeitsprozesses weitgehend adäquat. Die Fähigkeiten, die dort erworben werden, dienen u. a. dazu, die hier erwarteten Anforderungen zu erfüllen. Andererseits gehen vom Arbeitsprozeß strukturierende Wirkungen auf andere Lebensbereiche aus; von der effizienten Gestaltung der Freizeit (das Mikrocomputer-Hobby ist gleichzeitig als berufliche Fortbildung brauchbar) bis zur Verhaltenszumutung, sich von einem Geldautomaten bedienen zu lassen.

Daß Sprachen eine zentrale Bedeutung für Maschinen haben, läßt sich schon durch Begriffe wie Programm- und Computersprachen illustrieren.

Der Zusammenhang von Sprache und Maschinen wird deutlich, wenn man den in der Kybernetik formulierten Maschinenbegriff zugrunde legt.[25] Die Maschine ist nicht mehr Arbeits-, Antriebs-, Kraftmaschine, das heißt an die sinnlich-konkrete, stofflich-erfahrbare Form gebundene Struktur, sondern zum Beispiel schlicht eine «eindeutige, geschlossene Transformation» (Ashby, 1974, S. 46). Dies geht soweit, daß in der Automatentheorie mit Hilfe der mathematischen Logik die Eigenschaften von Maschinen untersucht werden, die nur als Modell im Kopf existieren, das heißt nicht körperlich-stofflich vorhanden sind. In jedem Fall jedoch muß eine zweiwertige logische Struktur realisiert werden. Die Sprache ist eine solche Realisierungsform; Kupfer, Eisen usw. eine andere. Diese Unterscheidung wird auch an den Begriffen Software (Programm) und Hardware (stofflicher Teil der Maschine) deutlich.

Der wesentliche Teil eines Computers besteht in der Regel aus Software, das heißt aus abstrakten Maschinen, also sprachlichen Strukturen.

Nachdem wir sehr allgemein von Formalisierungen, formalen Sprachen, Maschinen usw. gesprochen haben, wollen wir uns jetzt einige Bereiche ansehen, in denen sich formale sprachliche Strukturen durchsetzen, also das Sprechen bestimmen.

Das folgende Fallbeispiel soll für zwei Aspekte stehen: zum einen für die Maschinisierung im Bereich der Verwaltungssprache, und zum anderen für die Bedeutung, die ein gedanklich-sprachliches Modell von der Realität besitzt.

25 Vgl. hierzu die Ausführungen zu unserem Maschinenbegriff in Teil B dieses Buches.

Hans Sieger angelt in seiner Freizeit mit Begeisterung Hechte, Barsche, Forellen und andere schmackhafte Wasserbewohner. Er beschäftigt sich mit außerordentlich komplexen Zusammenhängen eines Teils der Natur. Im Laufe seiner Hobbytätigkeit hat er sich ein ganz persönliches Modell dieser Zusammenhänge gebildet; so mag er zum Beispiel der Meinung sein, daß größere Hechte bei Lufttemperaturen um 20° C, Ostwind und allgemein diesiger Wetterlage am besten auf einen silbernen Schwinglöffel von 12 g beißen.

Es ist *sein* Modell von Realität; er realisiert dieses Modell auch durch seine Handlungen, und er kann es auch seinen Anglerkollegen mitteilen. Die haben zwar ihr eigenes Modell, aber darum geht es jetzt nicht. Wichtig ist, daß sein Modell der Realität von ihm selbst verändert werden kann. Sein spezielles Problem als Legastheniker besteht jedoch in der Unfähigkeit, sein Modell in einer Symbolstruktur, der Schriftsprache darzustellen. Umgekehrt bedeutet dies auch, daß er sprachliche Symbolstrukturen nicht interpretieren kann.

Auf der Seite der Verwaltung vollzieht sich ein ähnlicher Prozeß. Der Gegenstand ist auch hier zunächst derselbe, das Angeln als ein komplexer Natureingriff. Die Absicht der Verwaltung, eine staatliche bayerische Fischerprüfung durchzuführen, wird ebenfalls auf dem Hintergrund *eines Modells* von Naturvorgängen realisiert. Dieses Modell wird in eine sprachliche Struktur umgesetzt, die in diesem Fall aus 610 Fragen besteht.

Der Schritt von der Modellbildung im Kopf einer Persönlichkeit hin zu einer formalen Symbolstruktur, durch die das Modell «materialisiert» wird, ist ein wichtiges Charakteristikum für das Entstehen realer maschineller Strukturen. Diesen Schritt kann man auch als «Entäußerung», «Objektivierung subjektiver Modelle des Bewußtseins» bezeichnen. Das Modell tritt den anderen Menschen als etwas Fremdes gegenüber, das aber insofern Teil des Bewußtseins der anderen ist, als sie es interpretieren können müssen. Je stärker hierbei die Interpretationsspielräume eingeengt sind, also Eindeutigkeit gefordert ist, um so stärker bildet sich damit ein weiteres wichtiges Charakteristikum maschineller Strukturen heraus: die Eindeutigkeit. Eine Alternative zu einer Prüfung in dieser sprachlichen Form wäre zum Beispiel eine praktische Prüfung. Man schaut sich an, was und wie jemand angelt, und entscheidet dann über das Bestehen der Prüfung.

Sie ist aber umständlicher, zeitraubender, und sie öffnet persönlicher Willkür Tür und Tor. Das kann positiv, aber auch negativ sein. Es ist jedoch wichtig, festzuhalten, daß hochstandardisierte Prüfungen Ausdruck eines hohen Vergesellschaftungsgrades des zu prüfenden Bereiches sind, daß es also gerade nicht mehr im persönlichen Belieben steht, wie geprüft werden soll. Um die Vergleichbarkeit der Ergebnisse wenigstens ansatzweise zu gewährleisten, müssen die Prüfungsmodalitäten selbst überprüfbar und vergleichbar sein. Und wer sollte auch die Zeit aufbrin-

Fallbeispiel 1

Ein Computer hat kein Herz

In Bayern werden die ausgefüllten Fragebögen zur Sportfischerprüfung per Computer ausgewertet. Das führt in Sonderfällen zu Ungerechtigkeiten. Außerdem entfernt sich die Prüfung dadurch noch mehr von der Praxis, als dies leider ohnehin schon der Fall ist.

Die kalte, nüchterne Technik des Computers ist im Begriff, unser Leben in vielerlei Weise zu beeinflussen. Mit langsamen Schritten sind wir auf dem Wege in eine Zukunft, die mehr und mehr durch die Superhirne der elektronischen Rechenmaschinen bestimmt wird. Doch schon heute ist sichtbar, daß die genialen Denkfabriken uns Menschen nicht nur Vorteile bringen.

Im Bereich der Angelfischerei, unserem Hobby, so sollte man annehmen, hat ein Computer keinen Aufgabenbereich.

Doch es ist anders, denn schon der erste Schritt zu unserer Passion wird in seiner Form bei der staatlichen Fischerprüfung in Bayern durch die Arbeit eines Computers bestimmt.

Heute herzlos

Der Fragenkomplex im Bereich der allgemeinen und speziellen Fischkunde, der Gewässerkunde, der Geräte- und Gesetzeskunde umfaßt derzeit im weiß-blauen Freistaat 610 Prüfungsfragen.

Wer von 60 gestellten Fragen während der jährlich stattfindenden Prüfung 45 richtige Antworten mit dem Bleistift anstreicht, der hat die Prüfung bestanden. Vor Einführung der staatlichen bayerischen Fischerprüfung gab es eine Sportfischerprüfung der Fischereiorganisation auf freiwilliger Basis. Diese Prüfung forderte vom Prüfungskandidaten ein umfassendes, grundlegendes Wissen, das immer durch eine intensive Schulung vermittelt wurde. In einer schriftlichen und mündlichen Prüfung hatte der Sportfischer Gelegenheit, die Punkte zu sammeln, die notwendig waren, um das gesteckte Ziel zu erreichen. Diese Praxis war menschlich und gerecht. Die heutige Methode mit der alleine auf den Computer zugeschnittenen staatlichen Fischerprüfung ist heute chancenungleich.

Dazu ein Beispiel, das die ganze Tragik dieser seit 1970 bestehenden bayerischen Regelung aufzeigt.

Hans Sieger (der Name wurde sinngemäß geändert) ist heute 60 Jahre alt und hat vor 5 Jahren seine Liebe zur Angelfischerei entdeckt. Mit einem fischenden Freund geht er seit dieser Zeit regelmäßig ans Wasser, allerdings ist er nur Zuschauer mit fachkundigen Augen.

Im Abseits

Hans Sieger ist Legastheniker, er leidet unter dieser Schreib- und Leseschwäche, die heute als Behinderung angesehen wird. Diese Menschen besitzen ansonsten eine normale Intelligenz. Vor Jahren, während der Schulzeit des Hans Sieger, war diese Tatsache nicht allgemein bekannt, und so ist dieser Mann praktisch als Analphabet herangewachsen.

Vor 4 Jahren hat Hans Sieger erstmals nach Besuch eines Vorbereitungslehrganges an der staatlichen bayerischen Fischerprüfung teilgenommen.

Der Computerfragebogen war und ist für ihn ein Buch mit sieben Siegeln, da er kaum lesen kann. Das Ergebnis – nicht bestanden.

Auch die 2. Prüfung ein Jahr später bleibt für ihn ohne den erhofften Erfolg. Im 3. Jahr bekommt Hans Sieger die Zusage, daß ihm ein Aufsichtsbeamter während der Prüfung die Prüfungsfragen vorlesen wird. Der beharrliche Hans muß durch diese großzügige Ausnahmeregel, um den allgemeinen Prüfungsablauf nicht zu stören, etwas abseits sitzen. Dieses «Abseits» ist das Bühnenpodium des Prüfungsraumes. Da saß er nun, der Sieger und ewige Verlierer, zum Gaudium aller Anwesenden hoch auf dem Präsentierteller. Er konnte vor lauter Nervosität keinen klaren Gedanken fassen. Das Prüfungsergebnis ist schlechter als in den vorangegangenen Jahren.

Ausbildung praxisnäher

In diesem Jahr geht Hans Sieger zum vierten Mal zur staatlichen bayerischen Fischerprüfung. An der Prüfungsmethode hat sich nichts geändert, Hans Sieger wird mit großer Wahrscheinlichkeit nochmals durchfallen. Der bayerische Weg zur Fischerprüfung ist in der fachlichen Fragestellung ausgereift, beispielhaft.

Die alleinige computertechnische Abwicklung einer solchen Prüfung muß jedoch zwangsläufig ungerechte, zweifelhafte, herzlose Ergebnisse bringen.

Es ist notwendig, daß die schon lange geplante praktische Sportfischerausbildung der nüchternen Fragebogentechnik mindestens gleichberechtigt zur Seite gestellt wird. Chancengleichheit für alle Bewerber, die den Angelsport zu ihrem Hobby machen wollen, ist eine Forderung, die unserem Grundgesetz entspricht.

Chancengleichheit, Gerechtigkeit, das bedeutet auch – eine gleichwertige Sportfischerausbildung und Prüfung in allen Bundesländern. Matthias Matthis
(Blinker, 7/1981, S. 4f)

gen, um die massenhaft anfallenden Prüfungen individuell abzunehmen? Die Notwendigkeit, Prüfungen zu standardisieren, ist nur dann nicht gegeben, wenn entsprechend hoch vergesellschaftete Formen zwischenmenschlichen Zusammenlebens noch nicht existieren. Dann ist es in der Regel noch nicht einmal nötig, überhaupt zu prüfen. Standardisierung ist immer ein Ausdruck hochgradig miteinander vernetzter Systeme, in denen ein Systemelement sich ohne Prüfverfahren darauf verlassen können muß, daß die anderen im Rahmen der als Durchschnittswert festgelegten Fehlertoleranzen funktionieren und umgekehrt.

Unser Fallbeispiel läßt sich insgesamt so interpretieren, daß der Legastheniker, aus welchen Gründen auch immer, im sprachlichen Bereich keine maschinellen Strukturen in unserem Sinne ausgeprägt hat. Dies hat nun interessanterweise zur Folge, daß er keine Identität als Angler besitzt, zumindest keine formale Identität. Er muß, wie das Fallbeispiel es schildert, dem angelnden Freund zuschauen. Ob er sich auf Grund seiner Gesamtpersönlichkeit dagegen wehrt, und sich trotzdem als kompetenter Angler fühlt, ist zwar zu hoffen, aber nicht zu erkennen.

Im gesellschaftlichen Bereich der bürokratischen Verwaltung ist diese Ausprägung sprachlich maschineller Strukturen nicht zufällig. Man kann sogar sagen, daß die Bürokratie und damit das bürokratische Handlungsmuster und der bürokratische Kalkül eine wichtige Stufe der Realmaschinisierung der Gesellschaft darstellen. In der Verwaltungssprache wird dies besonders deutlich.

Ihre maschinellen Eigenschaften werden sogar als Ideale angestrebt. Eindeutigkeit, das heißt die definitorische Beseitigung von Interpretationsspielräumen als Störfaktoren, ist zum Beispiel die Aufgabe der gesamten höheren Rechtsprechung.

Die Problematik der Verwaltungssprache liegt nicht in ihren immanenten strukturellen Unzulänglichkeiten, sondern darin, daß die Maschine «Verwaltungssprache» ihre Eingangsgrößen aus einer nicht im vollen Umfang maschinisierten gesellschaftlichen Umwelt bezieht. Oder anders ausgedrückt, die Realität folgt eigenen, vom maschinellen Modell unabhängigen Gesetzmäßigkeiten. Durch die jeweiligen gesellschaftlichen Entwicklungen, zum Beispiel Hausbesetzungen, werden jedesmal die Eindeutigkeit und die Geschlossenheit des Modellsystems (zum Beispiel der juristischen Sprache) aufgelöst.

Die Maschine wird funktionsunfähig. So hat der Rechtspositivismus die Identität von maschineller Struktur und «Recht» ausdrücklich als Wesenszusammenhang gesehen:

«Für diesen Positivismus war die gegebene Rechtsordnung ein geschlossenes, ja lückenloses System. Deshalb erschien es ihm grundsätzlich möglich, alle Rechtsfälle durch eine logische Operation richtig zu entscheiden, nämlich durch ein Verfahren, das den Einzelfall dem hypothetischen Urteil subsumiert ... Die Rechtssprechung ist danach stets Subsumtion, also ein logischer Akt. Der Richter ist eine Art Rechenmaschine (heute würde man Computer sagen), ein Automat, der die Falllösung fix und fertig liefert, wenn man ihn mit den Rechtsnormen und dem Sachverhalt füttert.» (Wassermann, 1972, S. 24)

Im Sprechen des Richters und im Bescheid einer Behörde vollzieht sich somit die Realisierung einer Maschine. Nun wendet Wassermann richtig ein, daß der Richter, der Verwaltungsbeamte, eben keine Maschine sei. In sein Sprechen flössen Interessen, Weltanschauungen, Ideologien mit ein. Dieser Einwand relativiert jedoch nicht das oben Gesagte, weil es sich um strukturelle Aussagen handelt. Der der CDU nahestehende Amtsrichter mag anders urteilen als sein sozialdemokratischer Kollege; dies berührt zwar die Beziehung von Rechtssystem und Realität, nicht jedoch die innere Strukturiertheit dieses Rechtssystems. So ist etwa die Frage, ob Hausbesetzungen einen Straftatbestand darstellen oder nicht, unter inhaltlichen Gesichtspunkten ungeheuer wichtig, schließlich wird der eine verurteilt und der andere nicht; hat sich jedoch die Interpretationsfolie wieder vereinheitlicht, so tritt der maschinelle Charakter voll zu Tage.

Der Anpassungsprozeß zwischen den Strukturen in der Verwaltung und der gesellschaftlichen Realität kann nun prinzipiell dadurch vollzogen werden, daß sich die Verwaltung entmaschinisiert oder umgekehrt, die Gesellschaft sich ihrerseits fortschreitend maschinisiert.

Unser Fallbeispiel eines Anglers dokumentiert hierbei den letzteren Prozeß: diejenigen, die sich diesem Prozeß entziehen, wie unser Legastheniker, werden als funktionsunfähig ausgeschlossen.

Wir wollen uns jetzt einer Technologie zuwenden, die in naher Zukunft genauso selbstverständlich zu unseren Haushalten gehören könnte wie etwa ein Radiogerät: Bildschirmtext (Btx).

Der wiedergegebene Textausschnitt, der sich auf die neue Kommunikationstechnologie «Bildschirmtext» bezieht, soll unter dem Aspekt diskutiert werden, inwiefern derartige maschinelle Systeme zur Lösung des Widerspruchs zwischen der Vereinzelung der Menschen und ihrer gleichzeitigen Vergesellschaftung beitragen.

Unsere These hierzu lautet folgendermaßen:

a) Die Maschinisierung der Lebenswelt ist die geschichtliche Form der Lösung des Widerspruchs der bürgerlichen Gesellschaft zwischen notwendiger Vereinzelung der Individuen und ihrer notwendigen Vergesellschaftung.

Fallbeispiel 2

Unter altem Stuck eine neue Sprache

Was in Sekundenschnelle für den Teleleser über den Bildschirm huscht, was Bildschirmtext an neuesten Informationen bringt, erlebt zunächst in einer großen Altberliner Wohnung mit Stuckdecken und Parkettböden seinen Start: In der Rankestraße arbeitet das Bildschirmtext-Labor von Progris Berlin, eine der Agenturen, die ihre Dienste für die Gestaltung von Bildschirmtext-Programmen anbieten.

Progris gilt als alter Hase im Bildschirmtext-Agenturgeschäft. Ob Beratung, Suchbaumaufbau, Gestaltung oder Eingabe – das achtköpfige Team der Projektgruppe Informationssystem GmbH (wie der Name korrekt lautet) ist überzeugt: «Wir können uns sehen lassen.» Und das gleich in mehrfachem Sinn: Denn Experten erkennen bereits auf den ersten Blick die «Sprache» der Berliner. (...)

Mit diesem Know-how steht die Beratung der Btx-Kunden im Vordergrund. Ein Beispiel von vielen ist das Bildschirmtext-Programm für die Industrie- und Handelskammer Berlin: «Insgesamt sollten zunächst nur 100 Seiten belegt werden, schließlich sind es dann doch 170 Seiten geworden», erinnert sich Dietmar Strauch. «Denn für die neuen Anbieter stellt sich schon meist sehr schnell heraus, daß auf einer Btx-Seite sehr viel weniger untergebracht werden kann, als man glaubt, wenn der Text lesefreundlich sein soll. Theoretisch gehen zwar auf eine Bildschirmseite maximal 24 Zeilen à 40 Anschläge, aber lesbar sind höchstens 10 bis 12 Zeilen. Weniger ist hier eher mehr.»

Eine wichtige Aufgabe jedes Bildschirmtextanbieters liege – so Strauch – darin, seine Informationsangebote so zu verdichten, daß auf einer Bildschirmtext-Seite, die nur etwa 3 Prozent einer Zeitungsseite umfaßt, wichtige Informationen in aller Kürze sehr plakativ dargeboten werden.

«Uns kommt es bei der grafischen Umsetzung der Texte, also bei der Übersetzung in die Btx-Sprache, auf eine besonders klare Gliederung an. Der Teleleser muß ja alles optisch gut verdauen können – seine Augen dürfen ferner nicht durch zuviel Farbe überstrapaziert werden. Deshalb sind wir ganz dagegen, daß Bildschirmtext zu bunt ist», erklärte Dietmar Strauch im Gespräch mit dem Bildschirmtextmagazin.

Fachleuten, aber auch den nicht grafisch vorgebildeten Telelesern, fällt die besondere Dreiteilung der von Progris entwickelten

Bildschirmtextseiten auf. «Wir legen größten Wert auf eine klare Gliederung zwischen Kopfzeile, Textteil und Fußteil. Was grafisch klar und übersichtlich wirkt, soll durch die Farbgebung noch unterstützt werden. Es muß eine Harmonie, ein innerer Gleichklang gegeben sein.» (...)

Bei allen in die Bildschirmtextsprache übersetzten Aufträgen achtet er vor allem auch darauf, daß der Hintergrund nicht zu unruhig wird. «Wenn es dem Teleleser vor den Augen flimmert, wie man das häufig bei nicht durchdachten Entwürfen erleben kann, dann nützt die beste Botschaft nichts. Der Teleleser soll ja am Bildschirm bleiben und nicht verärgert abschalten, weil seine Augen leiden. Auch hier zeigt sich, daß weniger oft mehr sein kann.» (Günter Werz, in: Bildschirmtext, 3/1980, S. 46f)

b) Auf der konkreten Ebene des Alltagslebens vollzieht sich dieser Prozeß u. a. in der Form der Formalisierung von Sprache und Sprechen.

Zunächst wollen wir dieses System «Bildschirmtext» kurz beschreiben: Bei sich zu Hause braucht der Teilnehmer ein Fernsehgerät, eine Eingabetastatur, einen Decoder sowie einen Telefonanschluß mit einem Modem, um die Verbindung zur Btx-Zentrale herzustellen. Das Besondere an diesem System ist seine Dialogfähigkeit, das heißt, es können nicht nur Informationen abgerufen werden, sondern man kann auch andere Teilnehmer anwählen, um ihnen zum Beispiel einen Brief zu schreiben, den sie auf dem Bildschirm lesen und, so sie einen Drucker besitzen, sich auch ausdrucken lassen können.

Die Leistungen werden für das Bildschirmtextsystem «Telidon» wie folgt beschrieben (s. S. 277):

«Es vermittelt letzte Meldungen von Pressediensten, die neuesten Börsenberichte, Wettervorhersagen, Aktuelles aus Verlagen, Mitteilungen aus dem Einzel- und Großhandel, von Hotels und Gaststätten, Schulen, staatlichen Stellen und Nachrichten aus Quellen aller Art. Telidon befördert elektronische Post und persönliche Mitteilungen; es bringt Computerspiele, löst mathematische Probleme und bietet auch sonst noch zahlreiche Dialogdienste wie Tele-Einkauf, Abwicklung von Bankgeschäften und Durchführung von Reservierungen und Buchungen über beliebige Entfernungen. Telidon-Einrichtungen können für die innerbetriebliche Kommunikation und für die Textverarbeitung herangezogen werden; in einer Sonderausführung stellt es ein Audiovisions-System für Sitzungen und Konferenzen, Schulungsveranstaltungen und Öffentlichkeitsarbeit dar.» (Telidon heute, zitiert nach Müller, 1982, S. 91)

Das Maschinensystem «Bildschirmtext» besteht in hohem Maß aus sogenannter Software, also aus abstrakten Maschinen. Diese Software wird in ein bestehendes Hardware-System implementiert, das Telefon-

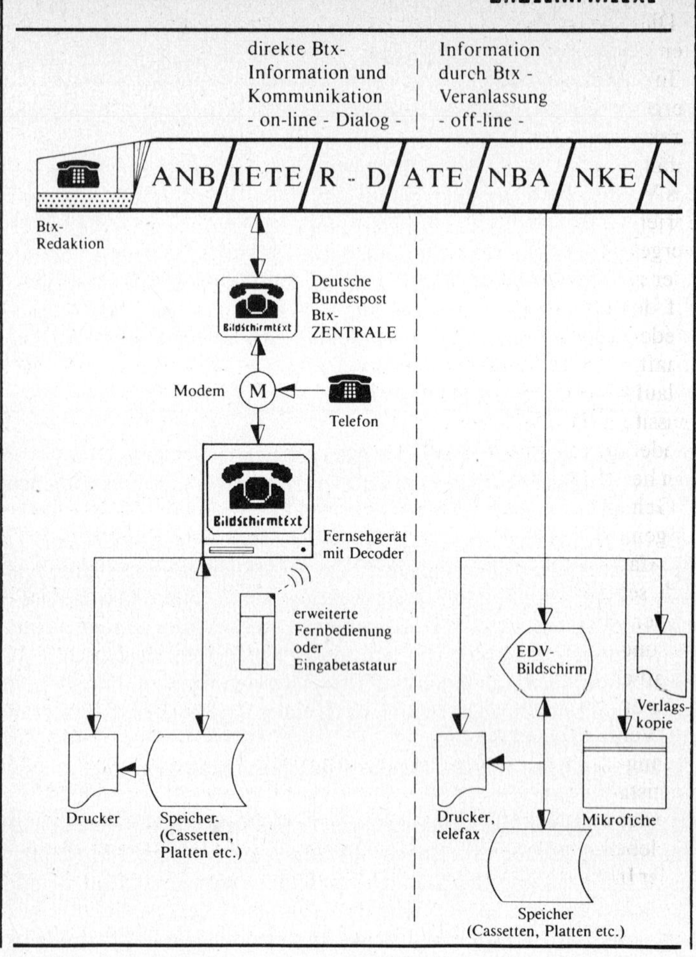

netz. Dies wird zwar im Bereich der Eingabe (Btx-Zentrale) und der Ausgabe (Teilnehmerhaushalt) durch Geräte erweitert, die jedoch in bezug auf das Telefonnetz als marginal anzusehen sind. Wir betonen diesen Aspekt des Software-Charakters, weil hier an einem konkreten Beispiel deutlich wird, daß zunehmend die universelle Maschinisierung der Lebenswelt durch Maschinen erfolgt, die nicht mehr sinnlich-konkret bzw. gegenständlich-stofflich erfahrbar sind, wie etwa ein Auto oder Geschirrspüler. Wir müssen hier einmal mehr von unserer apparativ-anschaulichen Wahrnehmungsperspektive zu einem Denken in vernetzten Systemzusammenhängen kommen.

Dieser Systemaspekt führt uns auch gleich zu der Erläuterung des ersten Teils unserer These in diesem Fallbeispiel:

In einer nicht oder nur wenig maschinisierten Gesellschaft wird die Vergesellschaftung von den Menschen selbst durch ihre alltäglichen Interaktionen verwirklicht. Diese alltäglichen Interaktionen sind nun nicht zufällig, sondern stehen in bürgerlichen Gesellschaften unter dem Druck des Vergesellschaftungsmediums Geld. Was nichts anderes heißt, als daß derjenige, der sich diesem «Medium» entzieht, sich gleichzeitig dieser Vergesellschaftung entzieht. Wenn wir zum Bäcker gehen, zur Bank oder zum Arbeitsplatz, überall stoßen wir auf Situationen, in denen wir auf der Grundlage unseres Rollenrepertoires soziale Zusammenhänge wieder und wieder erneut herstellen müssen. Wenn auch das gesellschaftliche Grundmuster, nach dem zum Beispiel die Rollenbeziehungen ablaufen, «langlebig» ist, so zerfällt doch die jeweilige aktuelle Verhaltenssituation sofort, wenn ich die Szene verlasse. Trete ich in diese Szene wieder ein, so muß ich die sozialen Beziehungen zu den anderen wieder neu herstellen.

Gehe ich zur Bank, um Geld abzuholen, einkaufen, Theaterkarten besorgen usw., so handelt es sich in der überwiegenden Mehrzahl der Fälle um «face to face»-Beziehungen. In diese Beziehung, zwischen die Personen, schiebt sich die Technologie, zum Beispiel in Form der Trennscheibe an der Kasse der Bank. Diese Interaktionen erfolgen nicht einfach spontan und autonom, sondern sind Beziehungen, die sich aus der Geldwirtschaft ergeben; sie erfolgen mit Notwendigkeit.

Es erscheint nun andererseits paradox, daß in diesem Prozeß notwendiger Vergesellschaftung die Menschen gleichzeitig einem Prozeß der Isolierung und Vereinzelung unterworfen sind; sie werden zunehmend zu «autistischen» Persönlichkeiten, bilden also psychisch abgeschlossene Inseln der Wahrnehmung und des Denkens aus. Dieser «Autismus» des Alltagslebens zeigt sich in der immer stärker um sich greifenden Sinnsuche, in der Instrumentalisierung von menschlichen Beziehungen, der Abschiebung von alten Menschen in Altersheime sowie deren Selbstisolierung usw., sowie in als «pathologisch» etikettierten Formen von Anderssein, etwa Alkoholismus und Geisteskrankheiten.

Dies *erscheint* jedoch nur paradox. Denn die Interaktionsmuster selbst verlaufen zunehmend formalisiert. So gehe ich nicht zum Bankangestellten, weil ich ihn nett finde, sondern weil ich möglichst schnell mein Geld haben will. Der Tante-Emma-Laden ist nicht gefragt, weil er etwas teurer ist, nicht soviel Auswahl hat und es außerdem länger dauert usw.

Der oben erwähnte «Autismus» gefährdet jedoch tendenziell den Prozeß der Vergesellschaftung. Demgegenüber erlaubt es ein Formalismus, mit einem anderen Menschen in Beziehung zu treten und gleichzeitig nicht in Beziehung zu treten. Ich kann mich also mit meinem Gegenüber abgeben und ihn mir gleichzeitig vom Halse halten.

Kommen wir jetzt zurück auf unser Bildschirmbeispiel: Dem Teilnehmer erscheint es zunächst lediglich so, als ob er den gleichen Zweck durch das Bildschirmtextsystem nur anders realisiert als bisher, zum Beispiel den Kauf von Wertpapieren. Während er vorher in die Bankfiliale gehen mußte, mit den Angestellten sprechen konnte, sich vielleicht beraten ließ, sich mit seiner Unterschrift identifizierte, handelt er in der Zukunft etwa wie folgt: Er wählt das Btx-System an, identifiziert sich mittels seiner Kenn-Nummer, steigt in die Verzweigungen des Suchbaumsystems ein und wählt schließlich die Inhaltsseiten «Wertpapierkurse». Dann läßt er sie sich ausdrucken. Danach verläßt er das System, und die Btx-Zentrale belastet ihn, sagen wir mal, mit 2 Pfennig. Er überlegt sich, welche Papiere er kaufen will, steigt wieder in das System ein, identifiziert sich wieder, wählt den Btx-Teilnehmer «Bank XY» an, identifiziert sich dort noch einmal, bestellt die Wertpapiere und läßt sich die Bestätigung und seinen Kontostand ausdrucken. Er schaltet den Fernseher auf den jetzt anlaufenden Western im ARD-Programm um.

Diese beiden Abläufe haben nur noch insofern etwas gemeinsam, als sie den Kauf von Wertpapieren betreffen. Auf der konkreteren Ebene der Realisierung sind beide Vorgänge nicht mehr vergleichbar.

Zwei substantielle Veränderungen haben sich vollzogen. Zum einen hat sich der Interaktionszusammenhang Bankkunde⟷Bankangestellter in Soft- und Hardware, also in Maschinerie, materialisiert. Dabei ist wichtig, daß nicht etwa eine andere Form von Interaktionen stattfindet; vielmehr ist eine Interaktion als sozialer Vorgang gar nicht mehr notwendig. Gleichwohl sind Bank und Bankkunde über die Leitungen und die Programme des Btx-Systems vergesellschaftet.

Dadurch ist es möglich, daß der Bankkunde in einer isolierten Situation verbleiben kann. Diese Situation ist durch die Objektgebundenheit des Teilnehmers zu Hause charakterisiert. Objekt ist hierbei sein Fernseher, die Bedienungstastatur, kurz das Btx-System.

Er ist dadurch im bürgerlichen Sinne autonom und frei, denn er braucht für seine Handlungen keine anderen Menschen mehr. Gleichzeitig erfüllt er über die Btx-Maschinerie die notwendige Bedingung, mit allen verbunden zu sein. So hat er einerseits eine klar abgegrenzte eindeutige Identität, seine Kenn-Nummer hat kein anderer, zugleich hat jeder andere über das System zu ihm Zugang. Etwas dramatisch kann man sagen, die bürgerliche Gesellschaft hat zum Beispiel im Maschinensystem «Bildschirmtext» ihre eigenen Ideale eingeholt.

Dieser gesamte Prozeß vollzieht sich, wie wir bereits gesagt haben, in einer sprachlichen Form. Ein Beleg ist hierfür der Untertitel des Magazin-Textes: «Mit Bildschirmtext wird zwar Deutsch gesprochen, aber in einer anderen Sprache geredet. Kurz und bündig.»

Diese Sprache wird kurz und bündig als «Btx-Sprache» bezeichnet (siehe Textausschnitt. Mit dieser Bezeichnung wird die gesamte Symbolstruktur umfaßt, also nicht nur die gesprochene und die Schriftsprache, sondern zum Beispiel auch die farbliche Heraushebung von Informationsteilen. Wir wollen den wesentlichen Unterschied in der Wahrnehmung und Verarbeitung der Btx-Information im Vergleich zum Lesen einer Zeitung deutlich machen. Beim Zeitunglesen gehe ich von einer Gesamtheit, zum Beispiel einer Seite aus. Ich fange dort an zu lesen, wo es mir, sicherlich manipuliert durch die Überschriften, am interessantesten erscheint. Ich kann aber auch die Zeitung erst durchblättern und dann assoziativ irgendwo zu lesen anfangen. Dieses assoziativen Verfahrens, bei dem ich Muster erkenne, bediene ich mich bei der gesamten Zeitungslektüre. So steige ich etwa mitten in die Artikel ein, breche die Lektüre ab, fange woanders wieder an.

Dem steht ein linear-sequenzielles Verfahren bei Bildschirmtext gegenüber. Hier muß ich mich schrittweise, nach einem «Suchbaumverfahren» genannten System an diejenigen Seiten herantasten («tasten» hier im wörtlichen Sinn von «Tasten drücken»), die ich lesen will. Der Informationsgehalt einer Seite (wobei eine Seite hier eine Bildschirmseite meint) ist relativ gering im Vergleich zu einer Zeitungsseite. Daraus folgt wiederum, daß umfangreiche Informationen Seite für Seite gelesen werden müssen. Dieses linear-sequenzielle Verfahren muß zwingend eingehalten werden. Man kann zwar auch eine Zeitung von links oben auf der ersten Seite bis rechts unten auf der letzten Seite lesen, aber man muß nicht in dieser Weise verfahren. Die linear-sequenzielle Grundstruktur ist ein Kennzeichen der Grammatik der Btx-Sprache, die zusammen mit dem begrenzten Bildschirmausschnitt aus der Gesamtinformation das oben erwähnte «Kurze und Bündige» der Sprache erfordert. Während ich mir also bei Bildschirmtext aus Details die Gesamtheit Schritt für Schritt erschließen muß, gehe ich beim Zeitunglesen von den Gesamtheiten auf das Detail über. Die Algorithmen, Programme, kurz die maschinellen Strukturen, befinden sich damit nicht mehr in fernen Rechenzentren, sondern prägen unser sprachliches Verhalten im Alltagsleben.

Sehen wir uns ein weiteres Beispiel an:

Alles dreht sich hier um die Sprache. Mit den angebotenen Geräten kann man zwar noch nicht wirklich in einer menschlichen Lautsprache reden, wohl aber in ihrer maschinellen Symbolsprache.

Offenbar stellt die Beziehung zwischen der Hausfrau (in den Werbeanzeigen) und der Haushaltsmaschine mehr dar als die Bedienung eines Gerätes schlechthin. Es ist ein Dialog; man drückt nicht mehr einfach auf einen Knopf, sondern man «sagt» ihm, dem Gerät, wieviel Geschirr geladen wurde. Die Maschine «fragt», wir «antworten». Man ist – hier ist die Beschreibung zutreffend – schweigend noch, aber doch schon in ein Gespräch vertieft.

Da die Geräte keine Herzlichkeit, Liebe, keinen Haß erwidern können, antworten sie auf der einzigen Ebene, die ihnen bleibt, der Sprache,

Fallbeispiel 3

Schweigend ins Gespräch vertieft

Elektronik sorgt auch bei den Haushaltsgeräten für Unterhaltung

Sein «Gehirn» ist kleiner als ein Spielwürfel. Trotzdem kann er Türen öffnen, Getränke reichen, Abfall beseitigen, den Teppich saugen, Blumen gießen, ja selbst den Hund spazierenführen; und er gibt sich mit einem Monatslohn von ein paar Kilowattstunden zufrieden – der Heim-Roboter, den ein texanisches Versandhaus als Weihnachtsgeschenk für lächerliche 20000 Dollar anbot.

Hierzulande steht zwar ein solch metallen-kühler Hausgenosse noch nicht zur Verfügung. «Intelligente» Elektronik in neuen Hausgeräten aber schafft Ersatz: Man kann mit ihnen einen Dialog führen, eine Art «Frage- und Antwort»-Spiel.

Dialog mit der Waschmaschine

Das kann beim Waschautomaten etwa so ablaufen: Sie schalten die Maschine ein. In Leuchtschrift sagt sie: «Wäscheart?» Sie antworten an einer Taste, die auf leise Berührung reagiert: «Kochwäsche». Die nächste Frage gilt den hierbei möglichen Temperaturen: «95 oder 60° C?» Antwort: «60° C».

Falls Sie keine Sonderwünsche haben, können Sie jetzt bereits starten, den Dialog aber auch weiterführen. Leuchtzeichen signalisieren, daß Sie z. B. eine Sparmöglichkeit bei halber Maschinenfüllung oder nur leicht verschmutzter Wäsche nutzen oder einen Kurzschleudergang einschieben können. Ob «mit Vorwäsche» oder «ohne» wird ebenfalls extra nachgefragt. Wenn Sie versehentlich bei «Wolle» 90° C eingestellt haben, korrigiert Sie der Mikrocomputer.

So gefüttert, sorgt die mikroelektronische Steuerung nun dafür, daß die Maschine nicht nur optimal sauber wäscht und spült, sondern auch in jeder Phase so wenig Energie und Wasser wie möglich verbraucht. (HASTRA heute. Das Magazin für alle Kunden der HASTRA, 44/1982, S. 12)

ihrer Geräte-Sprache; allein dadurch werden sie auf eine menschliche Ebene gehoben, werden sympathisch; ich verstehe sie, sie verstehen mich.

Neu: Lady electronic
Der Geschirrspüler, der mit sich «reden läßt»

Ja, der Geschirrspüler, der mit sich «reden läßt». Der – vollkommen neuartig – im Dialog mit Ihnen das einzig richtige Programm zusammenstellt: das jeweils wirksamste und das jeweils schonendste.

Sie sagen ihm wieviel Geschirr, zum Beispiel «normale Beladung». Er fragt nach dem Verschmutzungsgrad: Sie entscheiden sich für «leicht verschmutzt». Er zeigt Ihnen an, ob etwas fehlt: Sie sehen «Klarspüler» zum Beispiel.

So einfach und so sicher bestimmen Sie das Spülprogramm. Und die Electronic paßt auf, daß alles computergenau – wie «verabredet» – abläuft. Genau abgestimmt auf die Geschirrmenge. Exakt angepaßt an den Verschmutzungsgrad. Und wirklich sparsam.

LADY electronic

Dialogsystem: Sie werden in logischen Schritten durch das Programmangebot geführt – der Microcomputer wählt aus den gespeicherten Kombinationen das optimale Spülprogramm.

Speicherelektronik: Fällt täglich Geschirr in etwa gleicher Menge und Verschmutzung an, können Sie das abgestimmte Programm elektronisch speichern.

VARIO-Spültechnik: Mit dem Regler am unteren Sprüharm wird der Spüldruck und damit die Spülkraft von sanft bis kräftig eingestellt.

Komfortable Ausstattung: Klappbare Tassenetage mit Halterung auch für langstielige Gläser. Intensiv-Spülzone für enghalsige Gefäße.

LADY WG 6850 electronic.
Mit Dekorrahmen, auch unterbaufähig.
Als integrierbares Modell WG 7350 für die moderne Einbauküche.
(Anzeige der Siemens AG)

Wir wollen nun diejenigen Haushaltsmaschinen, die lediglich im eben genannten Sinne «reden» können, unter dem Aspekt der Identitätsbildung diskutieren.

Wir benutzen auch hier wieder den Begriff der «Identifizierung» sehr einseitig im psychoanalytischen Sinn. Positionen und Gegenpositionen interessieren an dieser Stelle nicht, da wir unsere Auffassung zunächst

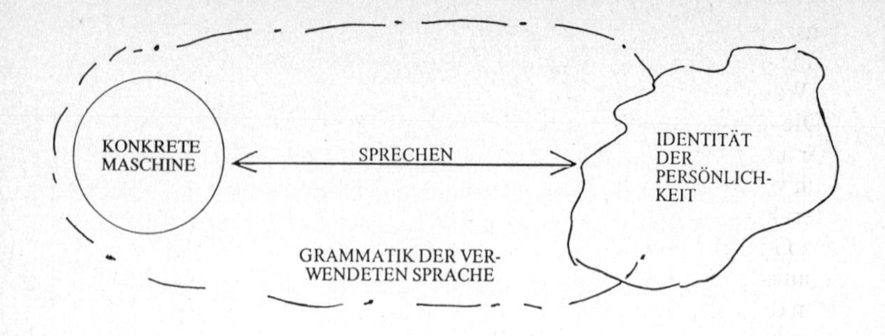

plausibel machen wollen. Identifizierung ist hiernach ein «psychologischer Vorgang, durch den ein Subjekt einen Aspekt, eine Eigenschaft, ein Attribut des anderen assimiliert und sich vollständig oder teilweise nach dem Vorbild des anderen umwandelt» (Laplanche, Pontalis, 1977, S. 219).

Nachdem unsere Interaktions-«Partner» zunehmend Maschinen geworden sind, bilden sich auch verstärkt Identifizierungen der Menschen mit den Maschinen heraus. Unser Beispiel zeigt zwei wesentliche Seiten dieses Identifizierungsprozesses:

- Das Gerät wird als *Partner* akzeptiert und
- die Struktur der Interaktion wird von der Maschine bestimmt.

Der Mensch paßt sich an die Struktur der Maschine an, nicht umgekehrt: «Er fragt nach dem Verschmutzungsgrad: sie entscheiden sich für ‹leicht verschmutzt›. Er zeigt ihnen an, ob etwas fehlt: sie sehen ‹Klarspüler› zum Beispiel.» (Siemens-Anzeige)

Wir haben somit eine kreisförmige Bewegung, die sich immer mehr «aufschaukelt». Maschinen sind aus dem menschlichen Denken abgespaltene und verselbständigte Bereiche, die zunehmend unser Leben bestimmen. Das Leben in einer maschinisierten Welt wirkt nun auf die menschliche Persönlichkeit zurück. Der maschinell-strukturierte Anteil der Person wird größer. Denken und Sprache haben eine Tendenz zur Formalisierung. Die Maschinenstrukturen werden in die Persönlichkeit einbezogen. Wir wollen diesen Sachverhalt an einem stark vereinfachten Modell veranschaulichen.

Dieser Prozeß der Identifizierung vollzieht sich nun nicht plötzlich, gewissermaßen für alle überraschend, sondern als permanenter Sozialisationsprozeß. So war etwa der monatliche Waschtag im Durchschnittshaushalt um 1900 eine Angelegenheit der ganzen Familie, eine harte Angelegenheit, die sich über zwei bis drei Tage erstreckte. Der Interaktionszusammenhang wurde von mehreren Menschen konstituiert, Maschinen gab es nicht, es sei denn, man bezeichnet die Waschbottiche und die Waschbretter als Maschinen.

Die Waschmaschinen waren bis in die fünfziger Jahre Maschinen, die eher als mechanische Waschhilfen zu bezeichnen sind. Die Wäsche mußte noch vorher eingeweicht und zwischendurch ausgewrungen werden. Der Interaktionszusammenhang verschiedener Menschen hatte sich aufgelöst. Geblieben war aber ein komplexer Arbeitsprozeß, der bewältigt und organisiert werden mußte. In den sechziger und siebziger Jahren kamen dann die Waschvollautomaten, bei denen auch diese Arbeit verschwand. Man hatte jedoch noch das Bewußtsein, eine Maschine zu bedienen. Temperatur, Waschprogramm, Spülgänge usw. mußten noch gewählt werden.

In den achtziger Jahren schließlich bedienen wir nicht die Haushaltsmaschinen, sondern wir erkennen sie als ebenbürtig an, wir reden mit ihnen. Ob man den Vorstufen nostalgisch nachtrauert oder erleichtert die Entlastung von einer lästigen Tätigkeit begrüßt, es bleibt die Tatsache, daß wir uns mit den maschinellen Strukturen über das Medium Sprache identifiziert haben.

7. Lieben und Strafen – Maschinisierte Subjektivität bei Bukowski und Kafka

Wenn Menschen in ihrem Verhalten in nennenswertem Ausmaß teilmaschinisiert sind, so muß sich das in Bereichen, die sich mit dem Menschen und seinem Tun beschäftigen, wiederfinden lassen, etwa in der Malerei oder in der schöngeistigen Literatur. Der Zugang zu einem Problemzusammenhang, der wissenschaftlich neu erschlossen wird, kann durch einen Blick auf Literatur oder Malerei erleichtert werden. Denn fern aller wissenschaftlichen Standards und im Gegensatz zu den analytisch und arbeitsteilig voranschreitenden Wissenschaftsdisziplinen, können sie komplexe Sachverhalte oft angemessener darstellen. Sie können Problemzusammenhänge, auch wenn sie erst in Ansätzen existieren, bereits konsequent zu Ende spinnen. Sie können sie dramatisch überzeichnen und Dritten dadurch klarer vor Augen führen. Sie können emotionale Betroffenheit hervorrufen, selbst wenn für das zugrundeliegende Problem auf einer mehr kognitiven Ebene noch gar keine Begriffe existieren.

Aber manchmal kommt es auch vor, daß die Wirklichkeit die Utopien des Dichters oder die Phantasie des Malers eingeholt, mitunter schon lange übertroffen hat.

An zwei Beispielen aus der Literatur wollen wir versuchen, unser Wissen über die Gefahren einer Maschinisierung des Menschen zu vertiefen, an einem Text von Bukowski und an einem von Kafka. Die Auswahl der Texte und der Autoren ist beliebig. Wir hätten z. B. auch Bilder von der Malerin Frida Kahlo nehmen können.

Wie dem auch sei: durch Konfrontation ausgewählter Textstellen mit Zeugnissen aus unserem prosaischen Alltag, zum Teil ergänzt durch Interpretationsversuche, soll ein weiterer Zugang zum Thema «Mensch und Maschine» gefunden werden.

7.1 Fuck-Machines

In der ersten Geschichte, «Liebe für $ 17.50», läßt Bukowski seinen Titelhelden Robert eine weibliche Schaufensterpuppe zu eben jenem Preis kaufen, um es mit ihr zu treiben:

«Robert nahm die Puppe und trug sie hinaus zu seinem Wagen. Er legte sie auf den Rücksitz. Dann stieg er ein und fuhr zu seiner Wohnung. Als er ankam, schien glücklicherweise niemand in der Nähe zu sein, und er kam ungesehen mit ihr durch die Tür. Er stellte sie mitten ins Zimmer und sah sie an.

‹Stella›, sagte er, ‹Stella, du Flittchen!›

Er ging hin und schlug sie ins Gesicht. Dann packte er ihren Kopf und küßte sie. Sie ließ sich gut küssen. Sein Penis begann gerade hart zu werden, als das Telefon klingelte.» (Bukowski, 1977, S. 46)

Sein Freund Harry ist am anderen Apparat und sagt, daß er auf ein Bier vorbeikommen wolle. Robert nimmt die Schaufensterpuppe und verstaut sie im Kleiderschrank, ganz hinten. Dann schließt er die Tür ab. Eine Unterhaltung zwischen Robert und Harry will nicht so recht in Gang kommen, so daß Harry bald wieder geht. Daraufhin befreit Robert seine Stella aus dem Schrank. Er beschimpft sie als Hure und verdächtigt sie, daß sie ihn betrogen habe. Stella gibt keine Antwort. Sie steht nur da und gibt sich kühl und etepetete. Robert verpaßt ihr eine Ohrfeige. Einen Robert Wilkinson betrügt man nicht ungestraft. Er ohrfeigt sie noch einmal, packt sie dann und küßt sie.

«Er küßte sie wieder und wieder. Dann griff er ihr mit beiden Händen unters Kleid und betastete sie. Sie war gut gebaut, sehr gut gebaut. Sie erinnerte ihn an eine Lehrerin, die er einmal an der Highschool in Mathematik gehabt hatte.

Stella hatte keine Schlüpfer an. ‹Du Hure›, sagt er, ‹wer hat dir deine Schlüpfer ausgezogen?› Dann stand sein Penis und drückte vorne gegen sie. Sie hatte keine Öffnung da unten. Doch Robert war enorm in Hitze. Er steckte ihn zwischen ihre Schenkel. Es war glatt und eng dort. Er machte drauflos. Für einen kurzen Augenblick kam er sich dabei äußerst blöde vor, doch dann übermannte ihn seine Leidenschaft, und er begann sie am Hals zu küssen, während er sie unten bearbeitete.

Robert putzte Stella mit einem Spüllappen ab, stellte sie hinter einen Mantel im Schrank, schloß die Schranktür ab und erwischte gerade noch das letzte Drittel der Fernsehübertragung der Detroit Lions gegen die L. A. Rams.» (A. a. O., S. 48)

«Mit der Zeit ließ es sich für Robert ganz gut an. Er nahm einige Verbesserungen vor. Er kaufte Stella mehrere Schlüpfer, einen Strumpfgürtel, hauchdünne Nylons, ein Kettchen fürs Fußgelenk. Er kaufte ihr auch Ohrringe, war aber ziemlich schockiert, als er feststellte, daß sie überhaupt keine Ohren hatte. Eine Menge Haar, aber keine Ohren darunter. Er machte die Ohrringe trotzdem an, mit Klebestreifen. Doch es gab auch Vorteile – er mußte mit ihr nicht essen gehen, auf keine Parties, in keine langweiligen Filme; all diese platten Dinge, die einer Frau im allgemeinen so viel bedeuteten. Es gab auch Streit. Es mußte immer Streit geben, selbst mit einer Schaufensterpuppe. Sie war nicht gerade redselig, aber er war sicher, daß sie einmal zu ihm sagte: ‹Du bist der größte Liebhaber von allen ... Du liebst mit Seele, Robert.› Ja, sie hatte ihre Vorteile. Sie war nicht wie all die anderen Frauen, die er gekannt hatte. Sie wollte nicht mit ihm ins Bett, wenn er gerade keine Lust hatte. Er konnte sich die Zeit aussuchen. Und sie kriegte keine Periode. Das kam ihm besonders gelegen, denn er machte es ihr ausgiebig mit dem Mund ...

Es war von Anfang an ein intimes Verhältnis, aber mit der Zeit spürte er, daß er sie zu lieben begann. Er dachte daran, einen Psychiater aufzusuchen, ließ das Vorhaben aber wieder fallen. Schließlich mußte man ja nicht unbedingt einen richtigen Menschen lieben, oder? Das dauerte nie lange. Es gab zuviele unterschiedliche Sorten von Menschen, und was als Liebe begann, endete allzu oft in einem Krieg.» (A. a. O., S. 48f)

Robert verbringt zwei befriedigende Wochen mit Stella. Zwangsläufig vernachlässigt er seine alte Freundin Brenda. Sie fühlt, daß da etwas nicht stimmt, und vermutet, daß Robert fremdgeht. Sie ruft ihn an und stellt ihn zur Rede. Robert hat ein schlechtes Gewissen. Er versucht sich herauszureden:

«‹Ich hatte schrecklich viel zu tun, Brenda. Ich bin zum Bezirksleiter befördert worden, und da mußte im Büro vieles umorganisiert werden.›

‹Ach wirklich?›

‹Ja.›

‹Robert, da stimmt doch was nicht ...›

‹Wie meinst du das?›

‹Ich hör es an deiner Stimme. Da stimmt irgendwas nicht. Was zum Teufel ist los, Robert? Ist es eine andere Frau?›

‹Nicht direkt.›

‹Was soll das heißen, ‚nicht direkt'?›

‹Ach Gott nee!›

Heutzutage hätte Robert es bequemer. Er bräuchte sich nicht behelfsweise mit einer Schaufensterpuppe begnügen, die, wie der Name ja schon sagt, für ganz andere Zwecke konstruiert wurde.

‹Was ist es? Was ist es? Robert, da stimmt doch was nicht. Ich komm auf der Stelle zu dir rüber.›

‹Es ist doch gar nichts los, Brenda.›

‹Du Mistkerl, du verheimlichst mir was! Irgendwas geht da vor. Ich komm zu dir rüber! Sofort!›

Brenda legte auf, und Robert ging zu Stella hinüber, hob sie hoch und verstaute sie im Schrank, ziemlich weit hinten ... Dann kam er zurück, setzte sich hin und wartete.

Brenda riß die Tür auf und kam hereingerauscht. ‹Also was zum Teufel ist los? Was ist es?›

‹Hör zu, Kind›, sagte er, ‹ist alles okay. Beruhige dich.› Brenda war recht ordentlich gebaut. Sie hatte leichte Hängetitten, aber prima Beine und einen herrlichen Arsch. In ihren Augen lag immer so ein gehetzter, verlorener Blick. Davon würde er sie nie kurieren können. Manchmal, wenn sie sich geliebt hatten, kam so etwas wie Ruhe in ihre Augen, aber es hielt nie lange an.

‹Du hast mich noch nicht mal geküßt!›

Robert erhob sich von seinem Stuhl und küßte Brenda.

‹Meine Güte, das war doch kein Kuß! Was ist es?› fragte sie. ‹Was ist los!›

‹Nichts, überhaupt nichts ...›

‹Wenn du mir's nicht sagst, schrei ich!›

‹Ich sag dir doch, es ist gar nichts.›

Brenda schrie. Sie ging ans Fenster und schrie. Man konnte sie in der ganzen Nachbarschaft hören. Dann hörte sie auf.

‹Mein Gott, Brenda, mach das nicht noch mal! Ich bitte dich!›

‹Ich mach es wieder! Ich mach es wieder! Sag mir, was los ist, Robert, oder ich mach es wieder!›

‹Also gut›, sagte er, ‹warte mal.›

Robert ging an den Kleiderschrank, nahm den Mantel von Stella herunter und holte sie aus ihrem Versteck.

‹Was ist denn das?› fragte Brenda. ‹Was ist das?›

‹Eine Schaufensterpuppe.›

‹Eine Schaufensterpuppe? Soll das etwa heißen ...?›

‹Ja, soll es. Ich liebe sie.›

‹Oh, mein Gott! Du meinst ... dieses Ding? Dieses *Ding*?›

‹Ja.›

‹Du liebst dieses *Ding* mehr als mich? Diesen Klumpen Zelluloid, oder was weiß ich, was für'n Zeug das ist ...? Du meinst, du liebst dieses *Ding* mehr als mich?›

‹Ja.›

‹Ich nehme an, du gehst auch ins Bett mit ihr, hm? Ich nehme an, du machst so einiges ... mit diesem *Ding*?›

‹Ja.›

‹Oh ...›» (A. a. O., S. 49ff)

Brenda bekommt einen Tobsuchtsanfall. Sie beginnt, auf die Puppe einzuschlagen, sie zu zerstören. Dann stürzt sie aus dem Haus.

«Robert ging hinüber zu Stella. Der Kopf war abgegangen und unter einen Stuhl gerollt. Mehliges Zeug lag hier und da am Boden verstreut. Ein Arm hing lose, gebrochen, zwei Drähte standen heraus. Robert setzte sich auf einen Stuhl. Er saß einfach da. Dann stand er auf und ging ins Badezimmer, blieb dort eine Minute stehen, kam wieder heraus. Vom Flur aus konnte er den Kopf unter dem Stuhl liegen sehen. Er begann zu schluchzen. Es war schrecklich. Er wußte nicht ein noch aus. Er erinnerte sich, wie er seine Mutter und seinen Vater begraben hatte. Doch das hier war anders. Das hier war anders. Er stand da im Flur, schluchzte, wartete, Stellas Augen, groß, cool und schön, starrten ihn an.» (A. a. O., S. 51)

Daß Menschen auch im sexuellen Bereich mit Maschinen verglichen und durch Maschinen ersetzt werden, weil sie bestimmte Funktionen einfach besser erfüllen, Ansprüche und Wünsche konfliktfreier zu befriedigen vermögen, wirft ein bezeichnendes Licht auf die Qualität zwischenmenschlicher Beziehungen, insbesondere auch auf die Qualität des zwischenmenschlichen Verkehrs. Dieser Sachverhalt ist bei Bukowski konsequent überzeichnet, in «Fuck machine» mehr noch als in «Liebe für $ 17.50». Aber es sieht so aus, als ob die Wirklichkeit kapitalistischer Warenproduktion Bukowskis Phantasien längst schon eingeholt hat. In einschlägigen Versandkatalogen wird künstlicher Partnerersatz angeboten, für den *anspruchsvollen* Herrn die wertvolle, lebensechte Sex-Gespielin Barbara, süß, *anschmiegsam*. Sie ist *jederzeit bereit*. Nur wenige Minuten der Vorbereitung genügen. Selbstverständlich sagt Barbara, vollkommene Liebesdienerin ihres Herrn, *nie* nein. Sie ist, wie ihre Kolleginnen, absolut *anspruchslos*. Sie erfüllt Ihnen *jeden* Wunsch und bereitet Ihnen *nie* Ärger. Sie ist, wo gibt es das sonst noch, *immer* verständnisvoll. Und vor allem: Sie sind *nie mehr allein*.

Auch für die Frau gibt es den vollkommenen Partnerersatz: Tom, ein Mann wie aus dem Bilderbuch, stark, muskulös und *immer bereit* für die Liebe. Tom erfüllt *jederzeit* die Wünsche einer Frau. Er ist *weich und anschmiegsam*. Mit ihm kann jede Frau Stunden *wohliger Entspannung und vollkommener Befriedigung* erleben.

Billig ist beides nicht. Aber bekanntlich war es schon immer etwas teurer, über einen besonderen Geschmack zu verfügen. Und auf lange Sicht gesehen, kommt der Ersatz gar billiger als jeder echte Partner, ganz abgesehen von den ständigen Querelen, die man vermeidet. Ein Pariser Geschäftsmann hat das einmal so zusammengefaßt: Früher sei er, anläßlich diverser Reisen, häufig in Diskotheken gegangen. Jetzt bevorzuge er Bordelle. Das habe den Vorteil, nicht bis drei oder vier Uhr morgens ausharren zu müssen, bis er mit irgendeiner Frau zur Sache käme. Durch den Wechsel des Etablissements sei er erstens nicht durch ausdauerndes Tanzen geschwächt, habe er zweitens die Gewißheit, das Ziel seiner Be-

Ein Mann
wie aus dem Bilderbuch!

Tom

Ein Bild von einem Mann: stark, muskulös und immer bereit für die Liebe. Diese lebensgroße und lebensechte Sexpuppe erfüllt jederzeit die Sexwünsche einer Frau. Tom hat eine weiche Lockenperücke und ein sympathisches Gesicht. Sein Penis kann durch einen Gebläseball automatisch verlängert werden. Tom ist aus hautfarbenem, stabilem Naturlatex gefertigt und aufblasbar. Er ist weich und anschmiegsam. Mit ihm kann jede Frau Stunden wohliger Entspannung und vollkommener Befriedigung erleben.

Best.-Nr. **51 048** DM **498,–**

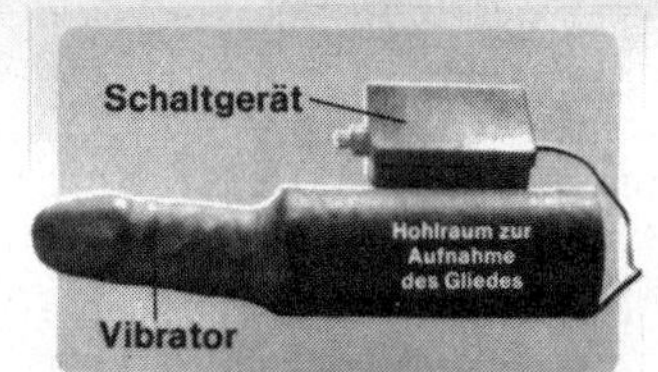

Vibrator für zwei

Dieser Liebesstimulator kann IHR und IHM gleichzeitig Lust bereiten! Das weich ausgepolsterte Rohr nimmt den Penis auf und überträgt auf ihn intensive Erregungs-Schwingungen, während die Partnerin sich mit dem angearbeiteten Kunstglied ganz nach Wunsch kräftig oder sanft stimulieren und in starke Liebesbereitschaft versetzen kann. Ein kleines Schaltgerät regelt die Vibration von Lustrohr und Kunstglied.
Länge: 25 cm

Best.-Nr. **52 018** DM **59,–**

Bitte benutzen Sie den beiliegenden Bestellschein

mühung hundertprozentig zu erreichen, werde er drittens niemals dilettantisch, sondern professionell bedient, sei er viertens am nächsten Tag frisch und ausgeruht, ohne schlechter Luft und ohrenbetäubendem Lärm ausgesetzt gewesen zu sein, käme es ihn fünftens ebenso teuer wie in einer Diskothek, in der er fortan seine kostbare Zeit nicht mehr vertrödeln werde (Raschke, 1982, S. I). In konsequenter Fortführung dieser Logik bietet sich Barbara als endgültiger Interaktionspartner, als optimale Lösung seines Problems geradezu an.

Daß Partnerersatz in der geschilderten Form angeboten und verkauft wird, verweist auf Bedürfnisse, die in traditionellen Beziehungen unbefriedigt bleiben. Und was das Wesentliche ist: scheinbar massenhaft unbefriedigt bleiben. Denn der Partnerersatz wird industriell, das heißt als Massengut gefertigt. Authentische zwischenmenschliche Beziehungen werden zusehends nicht nur durch oberflächlichere, gleichgültige Beziehungen, sogenannte Wegwerfbeziehungen ersetzt (Pohrt und Schwarz, 1974, S. 155ff)[26], anscheinend ist es dann nur noch ein kleiner Schritt, Menschen als Interaktionspartner aus Beziehungen ganz herauszunehmen und durch Maschinen und maschinenähnliche Gebilde zu ersetzen. Der Einstieg in diese neue, reichlich unkonventionelle Art von Beziehung wird freilich erleichtert: Vertrautheit wird hergestellt dadurch, daß der Partnerersatz einen Namen hat: Stella, Barbara oder Tom.

Das von Klaus in den sechziger Jahren geprägte Schlagwort von der Mensch-Maschine-Symbiose (1964, S. 118ff) oder Gehlens Versuch, Technik und Maschine als Organersatz zu begreifen, als Folge von Organmängeln des Menschen (1957, S. 7ff), mutet unter diesem Aspekt makaber an. Konnte Marx (1966, S. 55) vor hundert Jahren noch sagen, daß der Mensch sich wenigstens in seinen eigentlich tierischen Funktionen wie Essen, Trinken und Zeugen noch als freitätig, als Mensch im eigentlichen Sinne fühlen könne, so scheint nicht einmal mehr das heute noch zu gelten. Auch diesen Satz hat die Realität einer kapitalistischen Warenproduktion eingeholt. Bürgerlich-kapitalistische Verkehrsformen prägen nicht nur den unmittelbaren Produktionsprozeß, bleiben nicht mehr nur auf die Sphäre der Warenzirkulation beschränkt, sondern haben zwischenzeitlich sämtliche anderen Bereiche durchdrungen, sie «reell subsumiert», wie es in der entsprechenden Terminologie heißt. Wenn Menschen durch Maschinen und maschinenähnliche Gebilde ersetzbar sind, auch im Intimbereich, dann setzt ein solcher Vorgang voraus, daß Menschen als Maschinen, das heißt dinghaft erlebt werden, eben auch im In-

26 Vgl. hierzu auch die einschlägigen Anzeigen in verschiedenen Stadtteilzeitungen, Wochenmagazinen usw., in denen es ausdrücklich nur um kurzfristige, gelegentliche oder zusätzliche Bindungen geht, etwa im tip-magazin, 20/1982, S. 183–185, Spalte «Kontakte», unterteilt nach WM, WW, MW, MM, Sonstiges.

timbereich. Zerstörte zwischenmenschliche Beziehungen sind die Voraussetzung dafür, daß Menschen in solchen Beziehungen als Interaktionspartner ersetzbar sind. Beziehungen zwischen Menschen, etwa Zweier-Beziehungen, haben dann den Charakter von Subjekt-Subjekt-Beziehungen verloren. Aus ihnen sind Subjekt-Objekt-Beziehungen geworden, in denen sich die Interaktionspartner wechselseitig instrumentalisieren. Sie sind auf sich selbst zurückgeworfen, bleiben vereinzelt und isoliert. Bei dieser Form von Autismus ist es unerheblich, ob sich die vereinzelten Subjekte in einem Menschen-Objekt oder in einem Maschinen-Objekt widerspiegeln. Wichtig ist einzig und allein die Spiegelung ihrer selbst. Eine authentische Kommunikation ist bei dieser Form von Autismus oder, wenn man so will, Narzißmus nicht mehr möglich; das Objekt wird zur Selbstdarstellung, im glücklichsten Fall zur Selbstbefriedigung benutzt. Der Unterschied zwischen einem Menschen, der unter anderem als Sexual*partner* und, wenn er sich nicht dagegen wehrt, als Sexual*objekt* fungieren kann, und einem *Partnerersatz*, der ausschließlich als Sexualobjekt fungieren kann, verwischt sich dann nur allzu leicht. Ob Stella, Barbara oder Brenda, ob Tom oder Robert, in dieser Hinsicht macht das keinen Unterschied. Der einzige Unterschied wäre dann tatsächlich nur der, daß letztere so *tun*, als wären sie Menschen (Bukowski, 1978, S. 54f). Denn Mensch sein kann man tatsächlich immer nur in Beziehung zu anderen. Das ist nicht so sehr ein biologisches oder ein psychologisches Problem, sondern eher ein soziologisches.[27]

Auf eine theoretische Voraussetzung, die wir in unserer bisherigen

27 In einer der moderneren soziologischen Theorien, dem Symbolischen Interaktionismus, wird deshalb unterstellt, Identität innerhalb einer Interaktionsbeziehung könne man nur erlangen, wenn ihr herrschaftsfreie Interaktionsstrukturen zugrunde liegen, wenn also «jedes der beteiligten Individuen die gleiche Möglichkeit hat, Erwartungen zu akzeptieren, bzw. zurückzuweisen und Berücksichtigung für seine Bedürfnisse zu finden. Der Konsens über die Basis für gemeinsames Handeln entsteht also auf Grund gleichberechtigter Diskussion. Keiner wendet gegen Interaktionspartner Zwangsmittel an, um sein Identitätsproblem auf Kosten der Identitätsbalance der anderen zu lösen» (Krappmann, 1972, S. 25–31, hier S. 25). Nun besteht in der gegenwärtigen Diskussion über zwischengeschlechtliche Beziehungen weitgehend Konsens darüber, daß ihnen weitgehend gerade keine herrschaftsfreien Interaktionsstrukturen zugrunde liegen (und wohl auf absehbare Zeit auch nicht vorliegen werden). Folgt man den Annahmen des Modells, so gibt es eigentlich nur zwei gegenwärtige Lösungsformen für die betroffenen Individuen: entweder sich auf gleichgeschlechtliche Beziehungen zurückzuziehen und zu hoffen, daß wenigstens diese herrschaftsfrei seien, oder aber den Status quo zu nehmen, wie er ist, wobei es dann wiederum gleichgültig ist, ob der Gegenpol, in dem zu spiegeln das Ich sich gefällt, ein Menschen-Objekt oder ein Maschinen-Objekt ist (s. o. sowie die Überlegungen des Geschäftsmannes aus Paris).

Argumentation stillschweigend gemacht haben, müssen wir ausdrücklich hinweisen. Bislang haben wir die gewöhnliche Sexualität thematisiert. Triebabfuhr ohne das schmückende Beiwerk einer wie auch immer gearteten Verfeinerung (Sublimation). Ein solches Vorgehen ist legitim, weil gezeigt werden kann, daß Sexualität, Erotik und Liebe erst in der höfischen, dann in der bürgerlichen Gesellschaft zusammengehen. Und es mehren sich die Anzeichen dafür, daß sie sich wieder voneinander trennen. Emotionale Geborgenheit, affektive Zuwendungen werden zunehmend nicht mehr ausschließlich in zwischengeschlechtlichen Zweierbeziehungen gesucht. Wohngemeinschaften, professionelle und halbprofessionelle Therapiegruppen, Wahlbeziehungen auf Zeit bieten sich als Alternative an. Liebe, der Kitt der bürgerlichen Zweierbeziehung, wird säkularisiert und flottiert frei, ohne aufs Geschlecht zu schauen. Sexualität wird profan und zum Einzelvergnügen. Im Orgasmus, sagt Nitzschke, bleibt jeder für sich allein.

«Wer dein Partner ist, spielt kaum eine Rolle – fast jeder kommt in Frage. Es ist unsere Besitzgier, die den Sex mit Eifersucht belastet, ihn seiner spielerischen Natur beraubt und zum Drama macht. Und natürlich stimmt es, daß Sex mit Liebe nichts zu tun hat, wenn es auch richtig ist, daß Sex besonders schön sein kann, wenn zwei Liebende zusammenfinden. Das kommt aber nur selten vor. Schließlich: Sex reißt die Schranken des Alleinseins nicht ein – verstärkt eher noch das Gefühl, allein zu sein. Der Orgasmus ist eine reine Privatsache. Der Partner mag der Auslöser sein, aber er ist nicht einbezogen. Daher auch die mediative Qualität des Orgasmus: Du bist allein im Hier und Jetzt, das Ego verschwindet mit dem Gedanken – wie bei der Meditation.» (Satyananda, 1979, S. 186)

Bloße Sexualität aber hat schon etwas sehr Maschinenhaftes an sich, und zwar im klassisch-mechanischen Sinn. Charles Manson konnte deshalb den Akt des Mordens mit einem Messer und den Akt des Beischlafs in eins setzen. Beides reduzierte sich ihm auf ein ununterbrochenes, fortwährend sich wiederholendes Rein-Raus. Vergegenwärtigt man sich die bizarren Sexualpraktiken, wie sie in der Buchhaltung eines Marquis de Sade (1909) akribisch aufgelistet sind,[28] und folgt der Logik unserer bishe-

28 Der Übersetzer, Karl von Haverland, merkt dazu an: «In den ‹Hundertzwanzig Tagen von Sodom› wollte de Sade nicht nur ein vollständiges Kompendium seiner für jeden Psychologen äußerst interessanten Philosophie des Lasters geben, er wollte auch alle sexuellen Perversitäten, deren unheimlich vollständige Kenntnis dem Marquis de Sade wohl von niemanden bestritten werden kann, an sechshundert verschiedenen Beispielen veranschaulichen. Und da er hierbei nach einer bestimmten Einteilung vorgeht und in die Fülle der sexuellen Verirrungen ein psychologisches System bringt, darf de Sade auch den Ruhm des ersten Systematikers der Psychopathia sexualis für sich in Anspruch nehmen.» (1909, 1. Band, S. 256)

rigen Argumentationsebene, so kann die Verwendung von Maschinen und maschinenähnlichen Gebilden als Sexualobjekt sogar als historischer Fortschritt angesehen werden. Denn bei den von de Sade geschilderten Praktiken, die nicht nur der Phantasie entspringen, sondern die reale Entsprechung haben, waren in der Regel Menschen das Sexualobjekt, und zwar oft mit tödlichem Ausgang.

Wir haben Maschinisierungstendenzen in der menschlichen Sexualität nachgezeichnet. Die Instrumentalisierung anderer Menschen zur Erfüllung eigener Bedürfnisse findet ihren logischen Endpunkt in der Substitution des anderen durch das Instrument, durch die Maschine selbst. Der autistisch auf sich zurückgeworfene Mensch realisiert schließlich nur noch eine Beziehung zur Maschine bzw. zu sich selbst. Darin drückt sich zugleich ein maschinisiertes Verhältnis zur Körperlichkeit des Menschen aus (vgl. hierzu noch einmal die Geschichte von Joey zu Beginn des Buches). Ob der Gegenstand der Begierde eine Maschine ohne Gefühl ist oder ein Mensch, dessen Gefühle ignoriert werden, weil sie für die Befriedigung der eigenen narzißtischen bzw. autistischen Bedürfnisse unerheblich sind, kommt auf dasselbe heraus. Sind die Gefühle weg, dann ist alles berechenbar. Das verleiht Sicherheit. Joey hat dann keine Angst mehr. Diese Tendenz, den Menschen und zwischenmenschliche Beziehungen auf das Niveau eines toten Objektes herabzudrücken, finden wir nicht nur im sexuellen Bereich, wie wir gerade am Beispiel des kleinen Joey sehen können. Sie zeigt sich auch in Bereichen, die scheinbar gar nichts miteinander zu tun haben, etwa in Warhols Frankenstein-Filmen, wo in Großaufnahme und farbig dargestellt wird, wie in den Eingeweiden aufgeschnittener Leichen herumgewühlt wird, oder bei jugendlichen Tötungstätern, die ihre Opfer ermordeten und dann in Warholscher Manier sezierten, um zu sehen, was in ihnen sei, so wie früher Maikäfer, Puppen usw. von Kindern seziert wurden. Danach befragt, antwortete einer der jugendlichen Täter: «Wenn ich mir das so recht überlege, muß ich sagen,

Karl-Heinz Blumenberg

Sexautomat

Während die bundesdeutschen Automobilhersteller noch ängstlich nach Japan schielen und den ersten Ansturm von Fließbandrobotern befürchten, ist Deutschlands Sexhändlerin Beate Uhse schon weiter. Zusammen mit ihrem 32jährigen Sohn Ulli Rotermund entwarf sie eine Maschine, mit der endlich im intimsten menschlichen Bereich die Technik Triumphe feiern soll.

Beim Gesundheitsamt Flensburg flatterte folgende Anfrage der Sex-Händlerin auf den

Tisch: «Wir beabsichtigen die Entwicklung einer Liebesmaschine. Diese Maschine besteht zum einen aus der Nachbildung einer Vagina, in die der männliche Benutzer sein Genital einführen kann, zum anderen aus einem Filmautomaten. Der Besucher kann während der Benutzung den ablaufenden Film anschauen. Die Maschine wird mittels Münzeinwurf für eine bestimmte Dauer in Gang gesetzt. Die Vagina-Nachbildung wird nach Münzeinwurf mit angewärmter Silikonmasse beschichtet, um die notwendige Gleitfähigkeit zu erreichen. Nachdem beim Besucher die Ejakulation erfolgt ist, wird die Vagina-Nachbildung, die aus Latex besteht, in einem heißen Tauchbad aus starker Sagrotan-Lösung gründlich gespült, so daß alle auftretenden Keime abgetötet werden. Erst dann schaltet das Gerät für den nächsten Besucher frei.»

Messerscharf schloß das Gesundheitsamt Flensburg, «daß mit Sicherheit die Absicht besteht, das Gerät bundesweit zu vertreiben» und für jedermann zugänglich aufzustellen. Weil den Hygienewächtern an der Förde die Bürde der Prüfung zu schwer schien, baten sie das Bundesgesundheitsamt in Berlin um Prüfung des Sachverhalts. Doch das ist, wie ein Sprecher gegenüber dem STERN betonte, «nur für die Zulassung von Präservativen zuständig».

Also wurde das Auskunftsersuchen der Frau Uhse, die 4,5 Millionen Schlafzimmer beliefert, an das schleswig-holsteinische Sozialministerium weitergereicht. Auch in Kiel genierte man sich, Stellung zu beziehen. Die delikate Angelegenheit landete beim Bundesministerium für Jugend, Familie und Gesundheit. Im Bonner Ministerium von Antje Huber wurde die «Bums-Maschine» als «eine ziemlich komplexe Sache» gewertet. «Aus dem hohlen Bauch ist da eine Entscheidung nicht möglich», so Pressesprecher Helmut Böger.

Immerhin, am 5. Februar 1981 wies der für Hygiene-Fragen zuständige Referent Dr. Schumacher den Kieler Sozialminister darauf hin, daß «die Frage der Hygiene nicht einfach zu lösen ist. Das Desinfektionsmittel muß zum einen in genügend hoher Konzentration wirksam werden können. Zum anderen muß sichergestellt sein, daß nicht etwa Reste des Desinfektionsmittels die empfindlichen Teile reizen, die mit der Maschine in Berührung kommen». Eine Aussage darüber, ob solch eine Maschine in den Verkehr gelangen darf, mochten die Bonner Bürokraten auch nicht treffen. Mit der Diskussion von technischen und hygienischen Einzelproblemen wurde die Frage nach der Zumutbarkeit eines solchen Apparates geziert umgangen. Für den Hamburger Sexualwissenschaftler Dr. Gunter Schmidt ist die Sache klar: «Der Apparat ist eine konsequente Fortentwicklung der Technisierung von Sexualität. Ich frage mich nur, warum dieses schreckliche Ding ausgerechnet ‹Liebesmaschine› genannt wird.

Die Schriftstellerin und ehemalige Prostituierte Pieke Biermann sieht es so: «Wenn Beate Uhse so einen Automaten auf den Markt bringen will, scheint ja Bedarf zu bestehen. Offensichtlich sind viele Männer an dieser Stelle so verarmt, daß sie sich mit so einem Ding zufriedengeben und hinterher den Eindruck haben, etwas ganz Tolles erlebt zu haben.» (Stern, 12/1981)

ich fühle eigentlich gar nichts.» – «Die Leute waren mir eigentlich immer recht gleichgültig» (Bamme, Deutschmann und Holling, 1976, S. 200). Aber auch Erwachsene können ihre Gefühle abschalten und sind dann zu unerhörten Quälereien fähig, wie unter anderem die vielzitierten Milgram-Experimente gezeigt haben (Milgram, 1974).

Wie es lebensgeschichtlich schon sehr früh zur Ausprägung maschinisierter Persönlichkeitsstrukturen kommen kann, schildert recht drastisch die Psychoanalytikerin Alice Miller am Beispiel des Jürgen Bartsch. Das spätere «Ungeheuer» Bartsch ist die logische Konsequenz einer Kindheit, die gerade nicht durch herrschaftsfreie Interaktionsstrukturen gekennzeichnet war. Von der Stiefmutter geprügelt und mit dem Messer bedroht, von seinem Lehrer mißbraucht, bringt er schließlich mehrere Kinder bestialisch um. Er seziert sie bei lebendigem Leib. Er schlachtet die schreienden Kinder ab, ohne sie vorher zu töten (1980, S. 238ff). Das Beunruhigende daran sei, fährt Alice Miller fort, daß Jürgen Bartsch zwar ein extremer Fall, aber keine Ausnahme sei.[29] Sie berichtet von einem Chirurgen, der seine ganze Energie und Vitalität für das Ziel einsetzt, einmal bei Menschen Gehirne auswechseln zu können. Dieser Chirurg ist inzwischen eine Weltkapazität im Auswechseln und Verpflanzen von Affengehirnen geworden (a. a. O., S. 303f).

Studenten der Psychologie lernen, den Menschen als Maschine zu betrachten, um sein Funktionieren besser in den Griff zu bekommen. Man wird sich nicht wundern können, wenn sie ihre Patienten und Klienten zu Opfern machen, sie als Instrument ihres Wissens und nicht als eigenstän-

29 In einem Brief aus dem Gefängnis schreibt Jürgen Bartsch unter anderem: «Doch noch eine Frage wird ewig offenbleiben, daran ändert alle Schuld nichts: Warum muß es überhaupt Menschen geben, die so sind? Sind sie damit meist geboren? Lieber Gott, was haben sie vor ihrer Geburt verbrochen?» (a. a. O., S. 232)

dige, kreative Wesen behandeln. Es gibt sogenannte objektive, wissenschaftliche Publikationen auf dem Gebiet der Psychologie, die in ihrer Eifrigkeit und in ihrer konsequenten Selbstvernichtung an den Offizier aus der Strafkolonie Kafkas erinnern (a. a. O., S. 319f[30]).

7.2 Bestrafungsmaschinen

Franz Kafkas Erzählung «In der Strafkolonie» schildert unter anderem den Versuch, Strafe zu objektivieren, von subjektiver Willkür, persönlichem Belieben und Sadismus zu befreien, kurzum, sie gerechter zu machen. Dazu gehört wesentlich, daß der zu Bestrafende Maß und Ausführung der Strafe als gerecht, der Schwere seiner Verfehlung angemessen akzeptieren kann und damit wesentlich zur Legitimation der Strafe selbst beiträgt. Gefühle haben hierbei nichts verloren; sie sind aus der ganzen Prozedur herauszuhalten. Um diesen Ansprüchen zu genügen, wurde auf einer einsamen Insel eine Bestrafungsmaschine konstruiert.

Kafka läßt seine Geschichte damit beginnen, daß der für Bestrafungen zuständige Offizier einem Forschungsreisenden die Einzelteile der Maschine und die Beweggründe, die zu ihrer Konstruktion führten, erläutert. Nach einem einführenden Gespräch erreichen sie bald den Ort, wo die Maschine aufgestellt ist, und der Offizier unterbricht seinen engagierten Vortrag. «Ich schwätze», sagt er entschuldigend, «und der Apparat steht vor uns»:

«‹Er besteht, wie Sie sehen, aus drei Teilen. Es haben sich im Laufe der Zeit für jeden dieser Teile gewissermaßen volkstümliche Bezeichnungen ausgebildet. Der untere heißt das Bett, der obere heißt der Zeichner, und hier der mittlere, schwebende Teil heißt die Egge.›

‹Die Egge?› fragte der Reisende. Er hatte nicht ganz aufmerksam zugehört, die Sonne verfing sich allzu stark in dem schattenlosen Tal, man konnte schwer seine Gedanken sammeln» (1975, S. 27).

«‹Ja, die Egge›, sagte der Offizier, ‹der Name paßt. Die Nadeln sind eggenartig angeordnet, auch wird das Ganze wie eine Egge geführt, wenn auch bloß auf einem Platz und viel kunstgemäßer. Sie werden es übrigens gleich verstehen. Hier auf das Bett wird der Verurteilte gelegt. – Ich will nämlich den Apparat zuerst beschreiben und dann erst die Prozedur selbst ausführen lassen. Sie werden ihr dann besser folgen können. Auch ist ein Zahnrad im Zeichner zu stark abgeschliffen; es kreischt sehr, wenn es im Gang ist; man kann sich dann kaum verständigen; Ersatzteile sind

30 Alice Miller betrachtet all das als Ausfluß ein und desselben Syndroms, des Bedürfnisses zu erziehen und zu formen, das seine Befriedigung nicht nur an Kindern, sondern auch in der Dressur von Tieren, in der Konstruktion von Maschinen, in der Formung von Umwelt schlechthin finden könne.

hier leider nur sehr schwer zu beschaffen. – Also hier ist das Bett, wie ich sagte. Es ist ganz und gar mit einer Watteschicht bedeckt; den Zweck dessen werden Sie noch erfahren. Auf diese Watte wird der Verurteilte bäuchlings gelegt, natürlich nackt; hier sind für die Hände, hier für die Füße, hier für den Hals Riemen, um ihn festzuschnallen. Hier am Kopfende des Bettes, wo der Mann, wie ich gesagt habe, zuerst mit dem Gesicht aufliegt, ist dieser kleine Filzstumpf, der leicht so reguliert werden kann, daß er dem Mann gerade in den Mund dringt. Er hat den Zweck, am Schreien und am Zerbeißen der Zunge zu hindern. Natürlich muß der Mann den Filz aufnehmen, da ihm sonst durch den Halsriemen das Genick gebrochen wird.›

‹Das ist Watte?› fragte der Reisende und beugte sich vor.

‹Ja gewiß›, sagte der Offizier lächelnd, ‹befühlen Sie es selbst.› Er faßte die Hand des Reisenden und führte sie über das Bett hin. ‹Es ist eine besonders präparierte Watte, darum sieht sie so unkenntlich aus; ich werde auf ihren Zweck noch zu sprechen kommen.› Der Reisende war schon ein wenig für den Apparat gewonnen; die Hand zum Schutz gegen die Sonne über den Augen, sah er an dem Apparat in die Höhe. Es war ein großer Aufbau. Das Bett und der Zeichner hatten gleichen Umfang und sahen wie zwei dunkle Truhen aus» (S. 28).

«Wenn der Mann auf dem Bett liegt und dieses ins Zittern gebracht ist, wird die Egge auf den Körper gesenkt. Sie stellt sich von selbst so ein, daß sie nur knapp mit den Spitzen den Körper berührt; ist die Einstellung vollzogen, strafft sich sofort dieses Stahlseil zu einer Stange. Und nun beginnt das Spiel. Ein Nichteingeweihter merkt äußerlich keinen Unterschied in den Strafen. Die Egge scheint gleichförmig zu arbeiten. Zitternd sticht sie ihre Spitzen in den Körper ein, der überdies vom Bett aus zittert. Um es nun jedem zu ermöglichen, die Ausführung des Urteils zu überprüfen, wurde die Egge aus Glas gemacht. Es hat einige technische Schwierigkeiten verursacht, die Nadeln darin zu befestigen, es ist aber nach vielen Versuchen gelungen. Wir haben eben keine Mühe gescheut. Und nun kann jeder durch das Glas sehen, wie sich die Inschrift im Körper vollzieht. Wollen Sie nicht näher kommen und sich die Nadeln ansehen?» (S. 38)

«Begreifen Sie den Vorgang? Die Egge fängt zu schreiben an; ist sie mit der ersten Anlage der Schrift auf dem Rücken des Mannes fertig, rollt die Watteschicht und wälzt den Körper langsam auf die Seite, um der Egge neuen Raum zu bieten. Inzwischen legen sich die wundbeschriebenen Stellen auf die Watte, welche infolge der besonderen Präparierung sofort die Blutung stillt und zu neuer Vertiefung der Schrift vorbereitet. Hier die Zacken am Rande der Egge reißen dann beim weiteren Umwälzen des Körpers die Watte von den Wunden, schleudern sie in die Grube, und die Egge hat wieder Arbeit. So schreibt sie immer tiefer die zwölf Stunden lang. Die ersten sechs Stunden lebt der Verurteilte fast wie früher, er leidet nur Schmerzen. Nach zwei Stunden wird der Filz entfernt, denn der Mann hat keine Kraft zum Schreien mehr. Hier in diesen elektrisch geheizten Napf am Kopfende wird warmer Reisbrei gelegt, aus dem der Mann, wenn er Lust hat, nehmen kann, was er mit der Zunge erhascht. Keiner versäumt die Gelegenheit. Ich weiß keinen, und meine Erfahrung ist groß. Erst um die sechste Stunde verliert er das Vergnügen am Essen. Ich knie dann gewöhnlich hier nieder und beobachte diese Erscheinung. Der Mann schluckt den letzten Bissen selten, er dreht ihn nur im Mund und speit ihn in die Grube. Ich muß mich dann bücken, sonst fährt es mir ins Gesicht. Wie still wird dann aber der Mann um die sechste Stunde! Verstand geht dem Blödesten auf. Um die Augen beginnt es. Von hier aus verbreitet es sich. Ein Anblick, der einen verführen könnte, sich mit unter die Egge zu legen. Es geschieht ja nichts weiter, der Mann fängt bloß an, die Schrift zu entziffern, er spitzt den Mund, als horche er. Sie haben gesehen, es ist nicht leicht, die Schrift mit den Augen zu entziffern; unser Mann entziffert sie aber mit seinen Wunden. Es ist allerdings viel Arbeit; er braucht sechs Stunden zu ihrer Vollendung.» (S. 36f)

«Manche sahen nun gar nicht mehr zu, sondern lagen mit geschlossenen Augen im Sand; alle wußten: Jetzt geschieht Gerechtigkeit. In der Stille hörte man nur das Seufzen des Verurteilten, gedämpft durch den Filz. Heute gelingt es der Maschine nicht mehr, dem Verurteilten ein stärkeres Seufzen auszupressen, als der Filz noch ersticken kann; damals aber tropften die schreibenden Nadeln eine beizende Flüssigkeit aus, die heute nicht mehr verwendet werden darf. Nun, und dann kam die sechste Stunde! Es war unmöglich, allen die Bitte, aus der Nähe zuschauen zu dürfen, zu gewähren. Der Kommandant in seiner Einsicht ordnete an, daß vor allem die Kinder berücksichtigt werden sollten; ich allerdings durfte kraft meines Berufes immer dabeistehen; oft hockte ich dort, zwei kleine Kinder rechts und links in meinen Armen. Wie nahmen wir alle den Ausdruck der Verklärung von dem gemarterten Gesicht, wie hielten wir unsere Wangen in den Schein dieser endlich erreichten und schon vergehenden Gerechtigkeit! Was für Zeiten, mein Kamerad!» (S. 41)

«Dann aber spießt ihn die Egge vollständig auf und wirft ihn in die Grube, wo er auf das Blutwasser und die Watte niederklatscht. Dann ist das Gericht zu Ende, und wir, ich und der Soldat, scharren ihn ein.» (S. 37)

Der Offizier hatte offenbar vergessen, wer vor ihm stand; er hatte den Reisenden umarmt und den Kopf auf seine Schulter gelegt. (S. 41)

Kafka geht in seiner Erzählung, die zu Anfang des Ersten Weltkriegs entstand, schon von einem neuzeitlichen Maschinenverständnis aus. Maschinen als Instrumente zum Töten von Menschen sind für uns nichts Neues, zu nennen wäre hier die Guillotine, der elektrische Stuhl, die Gaskammer u. a. m. Hinsichtlich unseres Maschinenverständnisses haben sie jedoch eines gemeinsam: Sie sind äußerlich Werkzeuge geblieben, mit denen am Ende einer Kausalkette aus Tat, Schuld, Gesetz und Urteil die Ideologie der Sühne realisiert wird. Diesen Werkzeugcharakter hat die Maschine in Kafkas Erzählung verloren.

Die Maschine ist hier das gesellschaftliche Programm einer Mikrowelt, eben der Strafkolonie. Da die Strafkolonie ihrerseits ein Teil, ein Produkt einer umfassenderen historisch bestimmten gesellschaftlichen Wirklichkeit ist, muß sie uns auch als Abbild dieser Gesellschaft erscheinen. Damit entstünde eine strukturelle Ähnlichkeit zwischen der Ausprägung der Gesellschaft, der Identität ihrer Mitglieder und der Arbeitsweise der Maschine. In der Erzählung Kafkas wird die Gesellschaft durch die Figuren des alten, verstorbenen Kommandanten, des neuen Kommandanten und des Reisenden dargestellt. Die Identitätsproblematik wird über den Offizier und den Verurteilten deutlich, und die Maschine selbst erschließt sich durch die akribische Beschreibung ihres Funktionierens.

Bemerkenswert ist, daß die beteiligten Figuren, Bereiche und Gegenstände sich nicht einfach gegenüberstehen, sondern einen vernetzten Zusammenhang bilden. Folgerichtig wird schließlich die Maschine gerade dann zerstört, wenn auch der Zusammenhang sich auflöst.

Am Verhalten des Verurteilten während seiner Bearbeitung durch die Maschine wird deutlich, daß die Vollstreckung des Urteils keine schlichte Sühnemaßnahme oder bloße Vergeltung für ein Verbrechen ist. Der Zweck besteht vielmehr darin, dem Verurteilten emotional und kognitiv zur Einsicht in die ihm widerfahrende «Gerechtigkeit» zu verhelfen – und zwar unmittelbar im Vorgang des Vollzugs dieser «Gerechtigkeit». Die Erzeugung solcher Evidenzerlebnisse im Rahmen einer Urteilsvollstrekkung war von jeher schon ein gesellschaftliches Problem und ist es noch immer.

So kann sich ein Verurteilter auch beim Vollzug der Todesstrafe zwar nicht körperlich, aber immerhin seelisch-verstandesmäßig der sogenannten Gerechtigkeit entziehen. Diese prinzipielle Möglichkeit hat das «Weiterleben» unzähliger Märtyrer gesichert. Andererseits ist diese prinzipielle Freiheit des Verurteilten eine fortdauernde Infragestellung der jeweiligen herrschenden Gerechtigkeit. Die Vollstreckung bleibt so lange ein formaler Akt der Gerechtigkeit, wie nicht der Verurteilte sich inhaltlich, das heißt seelisch-verstandesmäßig, hierin integriert hat. Eine Form davon ist die «Selbstbezichtigung», die, auch wenn sie das Ergebnis inquisitorischer Einwirkungen sein sollte, wenigstens den Anschein von Einsicht in die Schuld öffentlich demonstriert. Das Bewußtsein der Öffentlichkeit hat ein gewisses Bedürfnis nach Schuldanerkennung. Dies drückt sich beispielsweise in dem Respekt aus, der Leuten entgegengebracht wird, die «noch den Rest von Anstand» haben und sich in Anerkennung ihrer Schuld «selbst richten». Solche Fälle sind allerdings eher die Ausnahme. Kafkas Erzählung zeigt demgegenüber einen Vorgang, in dem die Gesellschaft diese Einsicht in die Gerechtigkeit zu *erzwingen* versucht. Es entspricht der Arbeitsweise der dargestellten Maschine, daß der Delinquent etwa zur sechsten Stunde still wird. Um die Augen herum wird es zuerst sichtbar, wie ihm der «Verstand» aufgeht. Er entziffert die «Schrift». Alsbald erscheint auf seinem gemarterten Gesicht jener Ausdruck der Verklärung, der die endlich erreichte Gerechtigkeit anerkennend zur Schau stellt.

Die Maschine wurde konstruiert, um eben dies zu bewirken. Wie die gesamte Strafkolonie ist auch sie vom alten Kommandanten entworfen und gebaut worden.

«‹Nun, ich behaupte nicht zu viel, wenn ich sage, daß die Einrichtung der ganzen Strafkolonie sein Werk ist. Wir, seine Freunde, wußten schon bei seinem Tod, daß die Einrichtung der Kolonie so in sich geschlossen ist, daß sein Nachfolger, und habe er tausend neue Pläne im Kopf, wenigstens während vieler Jahre nichts von dem Alten wird ändern können. Unsere Voraussage ist auch eingetroffen; der neue Kommandant hat es erkennen müssen.›» (S. 27)

Grundlage für die jeweiligen Urteilsvollstreckungen sind Handzeichnungen des alten Kommandanten, die in den «Zeichner» eingelegt werden. Über einen Mechanismus werden diese Zeichnungen auf die «Egge» übertragen und von dort aus auf den Körper des Verurteilten. Die Zeichnungen geben in Schriftform die Verfehlung des Verurteilten wieder. Sie stellen gewissermaßen ein auswechselbares Programm dar, das nicht nur die Bewegungen der Egge steuern, sondern sich zugleich in das Bewußtsein des Verurteilten einprägen soll. Die Maschine vollzieht dieses Programm objektiv, ohne Ansehen der Person. Sie kann es immer wieder reproduzieren: exakt, eindeutig und zuverlässig. Eine Verhaltensalternative, außer der Selbstzerstörung, gibt es für sie nicht.

«‹Handzeichnungen des Kommandanten selbst?› fragte der Reisende: ‹Hat er denn alles in sich vereinigt? War er Soldat, Richter, Konstrukteur, Chemiker, Zeichner?›

‹Jawohl›, sagte der Offizier kopfnickend, mit starrem, nachdenklichem Blick. Dann sah er prüfend seine Hände an; sie schienen ihm nicht rein genug, um die Zeichnungen anzufassen; er ging daher zum Kübel und wusch sie nochmals. Dann zog er eine kleine Ledermappe hervor und sagte: ‹Unser Urteil klingt nicht streng. Dem Verurteilten wird das Gebot, das er übertreten hat, mit der Egge auf den Leib geschrieben. Diesem Verurteilten zum Beispiel› – der Offizier zeigte auf den Mann – ‹wird auf den Leib geschrieben werden: Ehre deinen Vorgesetzten!›» (S. 30)

Um jede Möglichkeit der Rationalisierung des Vorgehens, von Ausflüchten und Entschuldigungen auszuschließen, gibt es kein formales Verfahren der Verteidigung und der Anklage. Der Verurteilte weiß von dem Urteil zunächst nichts.

«‹Er kennt sein eigenes Urteil nicht?› ‹Nein›, sagte der Offizier wieder, stockte dann einen Augenblick, als verlange er vom Reisenden eine nähere Begründung seiner Frage, und sagte dann: ‹Es wäre nutzlos, es ihm zu verkünden. Er erfährt es ja auf seinem Leib.›» (S. 30)

«‹Die Sache verhält sich folgendermaßen. Ich bin hier in der Strafkolonie zum Richter bestellt. Trotz meiner Jugend. Denn ich stand auch dem früheren Kommandanten in allen Strafsachen zur Seite und kenne auch den Apparat am besten. Der Grundsatz, nach dem ich entscheide, ist: Die Schuld ist immer zweifellos. Andere Gerichte können diesen Grundsatz nicht befolgen, denn sie sind vielköpfig und haben auch noch höhere Gerichte über sich. Das ist hier nicht der Fall, oder war es wenigstens nicht beim früheren Kommandanten. Der neue hat allerdings schon Lust gezeigt, in mein Gericht sich einzumischen, es ist mir aber bisher gelungen, ihn abzuwehren, und es wird mir auch weiter gelingen.›» (S. 31)

Wie bei der Maschine selbst, so ist auch im vorausgehenden Urteilsverfahren jeder Interpretationsspielraum beseitigt. Der Offizier als ein Anhänger des alten Kommandanten entspricht in seiner Persönlichkeit ganz der gleichgültig formalen Verfahrens- und Maschinenlogik. Deutlich wird dies besonders gegen Ende der Erzählung, wenn er sich selbst in die Maschine legt und vorher noch die Zeichnung «Sei gerecht» in den Zeichner spannt.

«‹Sei gerecht! – heißt es›, sagte der Offizier nochmals. ‹Mag sein›, sagte der Reisende, ‹ich glaube es, daß es dort steht.›

‹Nun gut›, sagte der Offizier, wenigstens teilweise befriedigt, und stieg mit dem Blatt auf die Leiter; er bettete das Blatt mit großer Vorsicht im Zeichner und ordnete das Räderwerk scheinbar gänzlich um; es war eine sehr mühselige Arbeit, es mußte sich auch um ganz kleine Räder handeln, manchmal verschwand der Kopf des Offiziers völlig im Zeichner, so genau mußte er das Räderwerk untersuchen.» (S. 50)

Der Grund für sein Verhalten liegt in der Bedrohung, der die Maschine und das Strafverfahren durch die Einstellung des neuen Kommandanten und durch den Reisenden ausgesetzt ist. Seine Identität ist an die Existenz der Maschine gebunden und umgekehrt. Dem Offizier bleibt das erwartete Erlebnis der Gerechtigkeit jedoch versagt. Die Maschine löst sich auf und tötet ihn ganz ordinär, indem sie ihn aufspießt.

«Der Reisende dagegen war sehr beunruhigt; die Maschine ging offenbar in Trümmer; ihr ruhiger Gang war eine Täuschung; er hatte das Gefühl, als müsse er sich jetzt des Offiziers annehmen, da dieser nicht mehr für sich selbst sorgen konnte. Aber während der Fall der Zahnräder seine ganze Aufmerksamkeit beanspruchte, hatte er versäumt, die übrige Maschine zu beaufsichtigen; als er jedoch jetzt, nachdem das letzte Zahnrad den Zeichner verlassen hatte, sich über die Egge beugte, hatte er eine neue, noch ärgere Überraschung. Die Egge schrieb nicht, sie stach nur, und das Bett wälzte den Körper nicht, sondern hob ihn nur zitternd in die Nadeln hinein. Der Reisende wollte eingreifen, möglicherweise das Ganze zum Stehen bringen, das war ja keine Folter, wie sie der Offizier erreichen wollte, das war unmittelbarer Mord. Er streckte die Hände aus. Da hob sich aber schon die Egge mit dem aufgespießten Körper zur Seite, wie sie es sonst erst in der zwölften Stunde tat. Das Blut floß in hundert Strömen, nicht mit Wasser vermischt, auch die Wasserröhrchen hatten diesmal versagt. Und nun versagte noch das letzte, der Körper löste sich von den langen Nadeln nicht, strömte sein Blut aus, hing aber über der Grube, ohne zu fallen. Die Egge wollte schon in ihre alte Lage zurückkehren, aber als merke sie selbst, daß sie von ihrer Last noch nicht befreit sei, blieb sie doch über der Grube. ‹Helft doch!› schrie der Reisende zum Soldaten und zum Verurteilten hinüber und faßte selbst die Füße des Offiziers. Er wollte sich hier gegen die Füße drücken, die zwei sollten auf der anderen Seite den Kopf des Offiziers fassen, und so sollte er langsam von den Nadeln gehoben werden. Aber nun konnten sich die zwei nicht entschließen zu kommen; der Verurteilte drehte sich geradezu um; der Reisende mußte zu ihnen hinübergehen und sie mit Gewalt zu dem Kopf des Offiziers drängen. Hierbei sah er fast gegen Willen das Gesicht der Leiche. Es war, wie es im Leben gewesen war; kein Zeichen der versprochenen Erlösung war zu entdecken; was alle anderen in der Maschine gefunden hatten, der Offizier fand es nicht; die Lippen waren fest zusammengedrückt, die Augen waren offen, hatten den Ausdruck des Lebens, der Blick war ruhig und überzeugt, durch die Stirn ging die Spitze des großen eisernen Stachels.» (S. 54f)

In der Selbstzerstörung der Maschine und des Offiziers zeigt sich die Entweder-Oder-Charakteristik von determinierten maschinellen Strukturen. Abweichungen sind nicht integrierbar. So auch nicht die Einstellungen des neuen Kommandanten und des Reisenden. Sie kommen von außen, sind durch andere gesellschaftliche Strukturen und Verhältnisse geprägt worden und haben dadurch andere Ansprüche. Die starre Bestrafungsmaschine des alten Kommandanten wäre dem nicht gewachsen. Sie funktioniert nur auf der Grundlage der herkömmlichen Verhältnisse. Unter dem Druck abweichender Ansprüche löst sie sich auf.

Die Objektivierung des subjektiven Faktors Strafe

Strafen und bestraft werden ist ein emotionaler Vorgang. Besonders deutlich wird dies am Masochismus.

Während beim Sadismus der Lustgewinn aus dem Leiden eines anderen gezogen wird, erfolgt der Lustgewinn hier aus dem Leiden an dem eigenen Körper. Dazu ein Beispiel:

«Ich wußte ja schon als ganz kleines Mädchen, daß sich für mich mit Strafen, Schlägen und Qualen immer auch etwas Erregendes verband. Das kitzelte, wenn ich daran dachte, besonders zwischen den Beinen.

Ein schönes und gleichzeitig auch verbotenes Gefühl. Später, als ich als junges Mädchen in den Bibliotheken nach Aufklärung stöberte, kitzelte es wieder. Eines Tages fand ich in einem der Bücher das magische Wort: Masochismus. Es hatte also einen Namen, mein Gefühl.» (Emma, Sonderband 3, 1982, S. 94)

Aus einem anderen Jahrhundert bekennt Rousseau:

«Mademoiselle Lambercier hatte die Liebe einer Mutter zu uns und hatte daher auch die Gewalt einer Mutter; sie wandte dieselbe zuweilen so kräftig an, daß sie uns körperlich strafte, wenn wir es verdient hatten. Ich fand diese Erfahrung nicht so entsetzlich. Das Sonderbarste dabei war, daß diese Züchtigung mich nur desto fester an die Person kettete, von welcher ich sie empfangen hatte. Ja, ich brauchte meine ganze Liebe und meine ganze Sanftheit dazu, um mich von dem Versuche abzuhalten, diese Strafe noch einmal zu verdienen, damit ich sie wieder empfinge. Ich hatte nämlich in dem Schmerze und selbst in der Scham darüber eine Art von Sinnenreiz empfunden, welcher mit weniger Furcht als Verlangen, den Wunsch, die Strafe von derselben Hand noch einmal zu erhalten, zurückließ.» (Rousseau, zitiert nach Bernfeld, 1969, Bd. 1 S. 272)

Diese Einheit von positiv erlebten Emotionen und eigenem körperlichen Schmerz, von individueller Qual und individueller Lust führt uns auf einen Aspekt des Phänomens der Strafe zurück, den wir oben bereits als «Problem der Einsichtsverweigerung des Verurteilten» angesprochen haben. Die klaglos einsichtige Hinnahme von Strafe setzt ein gewisses Maß an masochistischer Verarbeitung voraus. Wer dies nicht kann, steht in Opposition zur sogenannten Gerechtigkeit. In Kafkas Erzählung gibt es keine Anhaltspunkte dafür, daß der Offizier offenen sadistischen Neigungen unterliegt, Freude am Quälen empfindet, sich extra peinigende Foltern ausdenkt. Ebenso handelt es sich nicht um einen Sühnevorgang, auch nicht um Abschreckung.

So ist hier der Tod nicht Sühne für die Tat und nicht abschreckendes Beispiel für potentielle Rechtsbrecher. Der Tod ist hier vielmehr ein Wegwerfen des Körpers, der insofern seine Schuldigkeit getan hat, als über ihn, gewissermaßen als Medium, die Entzifferung der Gerechtigkeit erfolgte. Nachdem der Verurteilte begriffen hat, «ihm Verstand aufgegangen ist», ist der Körper überflüssig geworden.

Ziel der ganzen Unternehmung war vielmehr die Herstellung einer vollständigen Identität zwischen Psyche, Verstand und dem übergeordneten System der Gerechtigkeit. Diese Identitätsfindung fällt in der Erzählung Kafkas mit der Zerstörung des Körpers zusammen.

Warum jedoch ist dieser Vorgang und Zusammenhang einer Maschine überantwortet und nicht einfach einem subtil und ausdauernd arbeitenden Folterknecht? Zwei Eigenschaften der Maschine dürften für Kafka dabei entscheidend gewesen sein: die der *Selbstidentität* und die der *Objektivität*.

Kafkas Maschine macht das, was sie soll, und nur das. Dies wäre die gängige Interpretation maschinellen Handelns – sofern man sich auf den mechanischen Funktionsablauf begrenzt. Obwohl diese Sichtweise auf wichtige Eigenschaften wie Berechenbarkeit und Regelhaftigkeit hinweist, verstellt sie zugleich den Blick auf eine weitere wichtige Eigenschaft der Maschine, nämlich die der Identität mit sich selbst.

Wie wir gesehen haben, war die gesamte Problematik in Kafkas Erzählung zugleich auch eine Identitätsproblematik. Ein solches Problem haben maschinelle Strukturen nicht. Selbstidentität heißt, daß es keinerlei Identitätsspielraum gibt.

Für Menschen in der bürgerlichen Gesellschaft gehört das Streben nach Identität mit sich selbst zur Grundausstattung leistungsorientierten Verhaltens. Die Subjekte verwandeln ihre Lebensgeschichte in einen mühseligen wie aussichtslosen Run nach einem unerreichbaren Ideal. Denn der Identitätsspielraum des Menschen ist groß und die Kriterien für lebensgeschichtliche Entscheidungen und Entwicklungen bleiben oft zufällig und beliebig. Das bürgerliche Ich-Ideal dagegen negiert solche Spielräume. Während also die reale Identität des Menschen von den Wechselfällen des Lebens geprägt wird, gehört sie bei der Maschine zum festen, unverrückbaren Grundbestand. Der Ausgangspunkt der Maschine ist die Konstruktionsidee, genauer, die Konstruktionsregel. In dem Augenblick, da sich die Konstruktionsregeln konkretisieren, ist die Identität der Maschine fixiert, jeder Identitätsspielraum ausgeschaltet.

Die Maschine bei Kafka stellt damit, wie jede Maschine, eine Übereinstimmung zwischen Konstruktionsidee und realer Funktionslogik dar. Fehlt diese Übereinstimmung, so haben wir keine Maschine vor uns, sondern eine Phantasie, ein Gedankengebilde. Kafkas Bestrafungsmaschine versucht, diese Übereinstimmung auch beim Menschen herzustellen. Als Konstruktionsidee fungiert die Gerechtigkeit, als reale Funktionslogik die Psychostruktur des Verurteilten.

An dieser Stelle eröffnet sich uns eine makabre Konsequenz.

In der bürgerlichen Gesellschaft erscheint die Ausbildung einer Ich-Identität als etwas Erstrebenswertes, als etwas, das positiv besetzt ist. Der lebensgeschichtliche Weg dorthin ist in der Regel mit sehr viel psychischem Leid verbunden. Am fiktiven Endpunkt dieses Reifungsprozesses, der eher eine Brechung als einen Aufbau der Persönlichkeit darstellt, steht das unerreichbare Ich-Ideal der bürgerlichen Gesellschaftsmaschinerie: ein in seiner psychischen Struktur völlig durchmaschinisierter Mensch. Als solcher könnte er ohne Leidensdruck innerhalb und als Teil gesellschaftlicher Maschinen funktionieren.

Maschinen haben keine Gefühle und Emotionen. Menschen dagegen haben sie. Dadurch geraten sie in schmerzhafte Widersprüche zu den Verhaltensansprüchen gesellschaftlicher Maschinen. Sie werden zum Störfaktor. Mit der Herausbildung einer völlig affektregulierten Psyche im

Sinne des bürgerlichen Ich-Ideals würde sich das Leidens- und Störrisiko verringern. Dazu muß jedoch ein Mensch erst richtig programmiert sein.

Ein Instrument, diese Programmierung der Psyche durchzuführen, ist das Strafen. Zunächst stellte sie einfach nur eine offene Form der Unterdrückung von (zum Beispiel Schüler-)Emotionen durch den spontanen Ausbruch von (zum Beispiel Lehrer-)Gewalt dar. Im Verlauf der pädagogischen Entwicklung zielten subtilere Formen der Strafe dann darauf ab, die Emotionen und libidinösen Besetzungen der Beteiligten an bürgerliche Gerechtigkeitsideale anzubinden. Ritualisierte, algorithmisierte Bestrafungsvorgänge lieferten diesem Anbindungsinteresse eine geeignete Basis.

Nach Bernfeld besteht die allgemeinste Wirkung der Strafe in einer moralischen Klasseneinteilung. Ohne Ansehen des gesellschaftlichen Standes, des Berufs, des Vermögens und des Eigentums oder Nicht-Eigentums an Produktionsmitteln werden die Subjekte in die moralischen Klassen der «Guten» und «Bösen» eingeteilt. Dieser Einteilung korrespondiert nach Bernfeld das Gefühlserlebnis des sozialen Stolzes bei den «Guten» und der sozialen Angst bei den «Bösen». Diese Gefühlserlebnisse stellen sich dar als Affekt des Geliebtseins, Geborgenseins, der narzißtischen Befriedigung einerseits und Affekten der Angst, Scham, Isoliertheit, Ungeliebtheit andererseits (1969, Bd. 1, S. 192ff).

Die Anbindung der Gefühle an die moralischen Vorstellungen, an die sogenannte Gerechtigkeit, vollzieht sich ohne Ansehen der Person – jedenfalls der Idee nach. Damit ist jedoch strenge Objektivität gefordert. An dieser Stelle versagt der Mensch. Objektivität im *Vorgang* der Bestrafung garantiert nur die völlig emotionsfreie Maschine. Sie ist prinzipiell gleichgültig gegenüber dem, der bestraft werden soll, und sie ist, anders als ein Mensch, frei von einer wechselnden physischen und psychischen «Tagesform» ihrer Leistungsfähigkeit.

Diese Eigenschaften wurden auch der «Dampfprügelmaschine» zugeschrieben. So hatte Adolf Glasbrenner (1965, S. 118) voriges Jahrhundert in einer Satire vorgeschlagen, überall solche Maschinen aufzustellen, weil damit u. a. eine umfassende Züchtigung des Volkes vollzogen werden könne und durch die Verwendung einer Maschine sichergestellt sei, daß die Schläge mit genau gleicher Intensität verabreicht und nicht durch Mitleid, Unfähigkeit oder persönlichen Haß verfälscht würden.

Wenn wir sagen, die Maschine sei «objektiv», so stellt sich die Frage, was «objektiv» eigentlich ist.

Zunächst ist objektiv, was durch einen subjektiven Interpretationsakt nicht verändert werden kann. Insofern ist jede Maschine objektiv, denn unterschiedliche Interpretationen ihrer Struktur verändern diese Struktur nicht mehr. Aus der Perspektive der Objekte heraus ist alles Subjektive irrelevant. Dazu ein Beispiel: Wenn ich durch meine Interpretation den Waschautomaten nicht verändern kann, dann ist es dem Automaten auch «egal», wer vor ihm steht. Er handelt für alle gleich. Diese Gleichbehandlung von Subjekten ist ein wichtiges Merkmal der Maschine.

Wenden wir uns jetzt wieder Kafkas Erzählung zu und versuchen eine zusammenfassende Interpretation. Wir hatten oben gefragt, warum es gerade eine Maschine sei, die bei Kafkas Erzählung die Hauptrolle spielt und nicht etwa ein Folterknecht, der nach Anweisungen des Offiziers dem Verurteilten das Gebot, das er übertreten hat, in den Körper einritzt.

Ein Folterknecht hätte keine Selbstidentität und damit auch niemals die vollkommene Identität von Gerechtigkeitsidee und Psychostruktur ausbilden können. Immer verbliebe ein Rest frei flottierender Gefühle in ihm. Damit scheidet er als Medium der Übertragung der Gerechtigkeit aus. Was selbst nicht selbstidentisch ist, kann auch bei anderen, hier beim Verurteilten, keine Selbstidentität erzielen. Anders die Maschine, die nicht einfach nur Gerechtigkeit vollzieht, sondern die materielle Form der Gerechtigkeit *ist* – jedenfalls aus der Perspektive des alten Kommandanten, des Offiziers und – im Moment der «Verklärung» – auch für den Verurteilten.

Die Bestrafungsmaschine Kafkas reflektiert durchaus ein Stück Realität aus der historischen Entwicklung des Strafens. So zeigt Foucault, daß im 17. und 18. Jahrhundert die Identität von Gerechtigkeit und Persönlichkeit wichtig war:

«... sowohl am Pranger wie auf dem Scheiterhaufen oder Rad veröffentlicht der Verurteilte sein Verbrechen und die ihm widerfahrende Gerechtigkeit an seinem eigenen Körper.» (1976, S. 58)

«Das Musterbeispiel eines guten Verurteilten war Francois Billiard, der Generalkassierer der Post gewesen war und 1772 seine Frau getötet hatte; der Henker wollte ihm das Gesicht verhüllen, um ihn den Schmähungen zu entziehen: ‹Man hat diese verdiente Strafe nicht über mich verhängt›, sagte er, ‹damit ich vom Publikum nicht gesehen werde ...› ... und legte ein so bescheidenes und beeindruckendes Verhalten an den Tag, daß die ihn aus der Nähe betrachtenden Personen sagten, er müsse entweder der vollkommenste Christ oder der größte aller Heuchler gewesen sein.» (A. a. O., S. 59)

Er könnte also auch ein Heuchler gewesen sein. Mit dieser Unsicherheit sollte die Bestrafungsmaschine der Strafkolonie Schluß machen.

Nachdem der Zusammenhang von Gesellschaft und Maschine zerrissen ist – warum und wieso verrät uns die Erzählung nicht – vertraut der Offizier selbst auf die Objektivität der Maschine. Er will das finden, was alle vor ihm in der Maschine gefunden haben, die Gerechtigkeit. Um dies zu erreichen, legt er die Zeichnung «Sei gerecht» in die Maschine ein. Doch losgelöst aus ihrem gesellschaftlichen Rahmen, der sie hervorgebracht hat, zerfällt sie und tötet den Offizier, ohne ihm seinen Wunsch zu erfüllen.

Dampfmaschine zur schnellen und sicheren Besserung der kleinen Mädchen und der kleinen Knaben. Die Väter und Mütter, Onkel, Tanten, Vormünder, Heimleiter und -leiterinnen und überhaupt alle Personen, die faule, gefräßige, ungelehrige, ausgelassene, unverschämte, zänkische, klatschsüchtige, geschwätzige, unfromme oder sonstwie fehlerhafte Kinder haben, werden davon in Kenntnis gesetzt, daß Herr Watschenmann und Frau Bißgurn in jedem Bezirk der Stadt Paris eine Maschine aufgestellt haben, wie sie auf obigem Stich abgebildet ist, und daß sie jeden Tag von 12 bis 2 Uhr alle bösen Kinder, die gebessert werden müssen, in Behandlung nehmen.

Die Herren Werwolf, Schwarzermann und Unersättlich sowie die Damen Altefuchtel, Blödekuh und Saufschwester, die Freunde und Verwandte von Herrn Watschenmann und Frau Bißgurn sind, werden binnen kurzem ähnliche Maschinen in den Provinzstädten aufstellen und sich immer wieder selbst dorthin begeben, um ihren Einsatz zu leiten. Der wohlfeile Preis der durch die Dampfmaschine erzielten Besserung und ihre überraschenden Wirkungen werden die Eltern bewegen, sich ihrer so oft zu bedienen, wie das schlechte Betragen ihrer Kinder sie nötigen wird. Unverbesserliche Kinder werden auch in Pension genommen und mit Wasser und Brot ernährt.
Stich von Ende des 18. Jahrhunderts. (Collections historiques de l'I. N. R. D. P.)

Teil C

Probleme, Spekulationen, Perspektiven

Probleme, Spekulationen, Perspektiven

Bislang ging es uns darum, die Beziehung zwischen Mensch und Maschine als Ausdruck einer *sozialen* Beziehung überhaupt erst einmal zu formulieren. Dabei haben wir von der Ausarbeitung verschiedener, gegenwärtig besonders bedeutsamer Widersprüche und Feindifferenzierungen abgesehen. Wenigstens für drei Problembereiche soll dies im Überblick abschließend nachgeholt werden. Im einzelnen handelt es sich dabei um
- die «soziotechnische Figuration» von Mann-Maschine-Frau,
- das industrialisierte Verhaltenspotential in Alternativprojekten,
- die neue Maschine und eine andere Logik.

1. Mann–Frau–Maschine
Kulturtheoretische Spekulationen über ein Dreiecksverhältnis

Technik und Maschine wurden auch in der sozialwissenschaftlichen Literatur meist pauschal als Produkt *des Menschen* oder *der Menschheit* vorgestellt. *Geschlechtsspezifisch* unterschiedliche Anteile am Schöpfungsvorgang dieser künstlichen Zweitwelt blieben weitgehend unidentifiziert. Bereits ein Blick auf die Namensliste jener Personen, die mit ihren Ideen, Entdeckungen und Erfindungen mehr oder weniger viel zum heutigen Reifegrad der Maschine beigetragen haben, könnte Aufschluß darüber geben. Nahezu vollständig gebührt die Ehre dem *Mann.* Doch scheint er sie nicht entschlossen genug für sich reklamieren zu wollen.

Diese Art des männlichen Understatements findet sich auch in der anthropologischen Position von Arnold Gehlen. Ihm zufolge entspringt die Maschinenkultur einer unbewußten und gleichwohl vitalen Triebhaftigkeit: «... der Mensch *muß* danach streben, seine Macht über die Natur zu erweitern, denn dies ist sein Lebensgesetz ...» (1957, S. 23).

Zweierlei konstitutionell menschliche Merkmale stünden «als Determinanten hinter der gesamten technischen Entwicklung»: die Merkmale des *«Handlungskreises»*[1] und des *«Entlastungsprinzips»* (a. a. O., S. 19).

Der Handlungskreis sei durch das «elementare menschliche Interesse an der Gleichförmigkeit des Naturverlaufes ..., ... einem instinktähnlichen *Bedürfnis nach Umweltstabilität»* geprägt. Dem komme die Natur durch die automatische, periodische Wiederholung ihrer Erscheinungen

1 Was Gehlen unter Handlungskreis versteht, wird unter anderem an folgender Textstelle deutlich: Diese «Auffassung sieht die Welt samt dem in sie eingegliederten Menschen als einen rhythmischen, selbstbewegten Kreisprozeß, also als einen Automatismus ...» (A. a. O., S. 15)

zwar entgegen, aber eben nur unvollkommen (a. a. O., S. 15). Der unberechenbare Rest bleibt für den Menschen eine Bedrohung.

Das zweite Merkmal ist das fundamental menschliche Bedürfnis nach Entlastung. Sie manifestiert sich zum einen in der Magie, die auf ihre Weise von der «Lähmung und Hilflosigkeit angesichts der Naturgewalten» zu befreien versucht. Zweitens tritt es als Interesse an der Organentlastung (durch Werkzeuge), das heißt am «größeren Erfolg bei kleinerer Anstrengung» hervor; und schließlich drittens im instinktartigen Ziel der Gewohnheitsbildung, der Routine, dem Selbstverständlichwerden des Effekts (a. a. O., S. 18).

Gehlen leitet aus diesen anthropologischen Setzungen ab, daß sich die Entwicklung der Technik «triebhaft» vollzogen hat und daher unter gleichen Bedingungen von unterschiedlichen Menschengruppen immer wieder vollzogen würde (a. a. O., S. 17 und S. 19).

Völlig unberücksichtigt bleibt dabei der *geschlechtsspezifisch* unterschiedliche Gegenstandsbezug des Menschen zur Natur. Wäre es nämlich so, daß nur die männlichen Triebkomponenten anthropologisch verallgemeinert worden sind, dann wäre die Maschine als Ausfluß dieser Technik *lediglich die Maschine des Mannes, nicht die des Menschen.* Sie als Produkt des Menschen, als seine Entsprechung zu begreifen, wäre dann allerdings keine männliche Bescheidenheit mehr, sondern der Anspruch darauf, daß das Menschliche sich im Männlichen erschöpft.

1.1 Die klassische Maschine – eine Maschine des Mannes

Der weibliche Gegenstandsbezug zur Natur ist, wie Maria Mies (1980, S. 64ff) darlegt, den Frauen als ein kooperativ-produktives Verhältnis erfahrbar gewesen. Durch ihre Fähigkeit, Leben zu gebären, können sie wahrnehmen, daß ihr *ganzer* Körper produktiv ist und nicht nur ihre Hände oder ihr Kopf. Aus der Arbeit des Gebärens und Nährens von Kindern sammelte sich bei den Frauen im Verlauf ihrer Geschichte ein reichhaltiges Wissen über die Produktivkräfte und Arbeitsweise ihres Körpers (zum Beispiel über Fruchtbarkeitszyklen und natürliche Empfängnisverhütung), aber auch über ihren Zusammenhang mit den Produktivkräften der äußeren Natur. Die Frauen nutzten diese Naturkräfte in schonender Form, zum Beispiel durch regelmäßigen Anbau von Pflanzen. Ähnlich der Beziehung zu den Kindern bildete sich ein *soziales* Verhältnis heraus:

«a) Ihre Interaktion mit der Natur ist ein reziproker Prozeß. Sie verstehen ihren eigenen Körper als produktiv, wie sie die Natur auch als produktiv verstehen und nicht nur als Material für ihre Produktion.

b) Obwohl sie sich die Natur aneignen, führt diese Aneignung doch nicht zu Eigentums- und Herrschaftsbeziehungen. Sie verstehen sich weder als Eigentümerinnen ihrer Körper noch der Natur, sondern kooperieren vielmehr mit den Produktivkräften ihrer Körper und der Natur zur Produktion des Lebens.

c) Als Produzentinnen neuen Lebens werden sie auch die Erfinderinnen der ersten Produktionswirtschaft. Ihre Produktion ist von Anfang an soziale Produktion und beinhaltet die Schaffung sozialer Beziehungen, d. h. die Schaffung von Gesellschaft.» (A. a. O., S. 66)

Der männliche Gegenstandsbezug zur Natur sei, so Maria Mies (S. 66f), durch ein qualitativ anderes Körperverhältnis geprägt. Weil Männer nichts Neues aus ihrem Körper hervorbringen, können sie diesen auch nicht in der gleichen Weise wie Frauen als produktiv erleben. Es lag ihnen daher näher, «die Natur als etwas außerhalb ihrer selbst zu verstehen und zu vergessen, daß sie selbst Teil der Natur sind» (S. 67). Männliche Produktivität schien ihnen so nur noch über die Vermittlung äußerer Instrumente und Werkzeuge erfahrbar, wobei die Natur zum bloßen *Objekt* herrschaftsbetonter Bearbeitungsprozesse wurde. Die instrumentelle Einwirkung der Männer auf die äußere Natur und deren Resultate sind Projektionen ihrer eigenen Körperlichkeit und Identität. Männliches Selbstbewußtsein und das Bewußtsein ihrer Menschlichkeit verknüpft sich nach Maria Mies eng mit der Erfindung und Kontrolle von Technologie: «Ohne Werkzeuge ist der Mann kein Mensch.» (S. 67)

Das männliche Streben nach Kompensation des begrenzten Produktivitätsempfindens *innerhalb* der eigenen Körperlichkeit drängt zu Zeugungsvorgängen *außer*halb dieses nun in seiner «Mangelhaftigkeit» offenbar werdenden Körpers. In der Entwicklung, Konstruktion und Realisierung von Maschinen oder maschinellen Strukturen findet das Kompensationsbedürfnis des Mannes eine mögliche Form. Die Maschine beinhaltet in unterschiedlichen Aspekten eine Steigerung und Überbietung menschlicher Leistungspotentiale, Eigenschaften und Fähigkeiten. Je nach konkreter Ausprägung einer Maschine liegt ihre Qualität in *übermenschlicher* Kraft, Präzision, Schnelligkeit, Gleichgültigkeit, Regelhaftigkeit ... und Macht. In gewisser Hinsicht übertrifft so die Schöpfung des Mannes die der Frau. Am Stolz des Technikers auf sein Produkt, aber auch an der «prometheischen Scham», der Scham vor der «beschämend» hohen Qualität dieser selbstgemachten Dinge (Anders, 1968, S. 21ff), zeigt sich auch heute noch der Stellenwert der Maschine für die männliche Identität.[2]

Es sind jedoch nicht nur die unmittelbaren «Schöpfer» von Maschinen, sondern auch die einfachen Benutzer (zum Beispiel die Autofahrer) und sogar die ihr unterworfenen (zum Beispiel Arbeiter, Soldaten), die aus ihrer *Beziehung* zur Maschine ein stärkeres Selbstbewußtsein schöpfen. Denn die Beziehung zur Maschine ist zugleich eine Beziehung zu ihren jeweils übermenschlichen Eigenschaften. Die Maschine als Produkt des

2 Am Beispiel des Ingenieurs im Teil II, Abschnitt 2, haben wir ausführlich darauf aufmerksam gemacht.

Mannes wird nun auch zu seinem Vorbild. Im Bereich des Maschinenhaften verschwimmen so die Grenzen der männlichen Identität. Nicht nur, daß er seine Identität auf die Maschine oder ihre Eigenschaften ausgedehnt hat, er hat die Maschine und das Maschinenhafte zudem in seine Psyche hereingeholt. Damit zerfließen die Grenzen zwischen innen und außen, zwischen psychischer und technischer, gesellschaftlicher Maschine. Wo die *Schnittstelle zwischen Mann und Maschine* nun auch genau verlaufen mag, auf alle Fälle verläuft sie *durch den Mann hindurch*.

1.2 Der Mann – eine Maschine der Frau?

Mit dieser symbiotischen Beziehung zur Maschine wuchs die Macht des Patriarchats, die Macht des Mannes über die Frau. Es ist dies jedoch keine Macht, die sich völlig aus sich heraus produziert hat und reproduzieren könnte. Hatte sich eine patriarchale Grundkonstellation erst einmal herausgebildet, dann waren es immer auch Frauen, Mütter und Partnerinnen, die das System ihrer Unterdrückung aktiv unterstützt haben. Und sei es in der Rolle jener Frauen der englischen Falkland-Krieger, die ihren «Jungs» beim Auslaufen der Schiffe noch einmal den Blick auf den nackten Busen freigaben. Die Helden der Maschine, die maschinisierten Helden, stehen nicht allein. Für ihr Held-Sein werden sie nicht nur von Männern geehrt und ausgezeichnet, sondern auch von Frauen dafür aufgebaut, bewundert, umarmt und geliebt.

Im Gewand des aktiven Objekts, das die Bedingungen für seine eigene Unterwerfung betreibt, geht die Frau zugleich einen «Umweg», über den sie ihrerseits ein beträchtliches Stück Macht über den Mann und das männlich-maschinelle System zurückgewinnt. Der soldatische Mann etwa hat sich nicht zuletzt dank einer adäquaten mütterlichen Vorprogrammierung begierig in tötende Makromaschinen eingefügt (Theweleit, 1977, Bd. 2, S. 440; vgl. auch Mantell, 1978 und Nitzschke, 1980). Durch den Sohn hindurch wird die Mutter zum stillen Teilhaber am patriarchalen Wertesystem und Lebenszusammenhang. *Die Souveränität*, die sie in sich selbst unterdrückt, realisiert sie illusorisch außerhalb ihrer Körpergrenzen in den Strukturen des von ihr modellierten Mannes.

Wie ist das möglich?

Auf Grund ihrer subtil personenbezogenen Sozialisation verfügen Frauen in hohem Maße über die Fähigkeit zur Konditionierung zwischenmenschlicher Beziehungen und der Einflußnahme auf den ganzen Menschen. Dafür bietet sich im familiären Beziehungsvakuum der «vaterlosen Gesellschaft» (Mitscherlich) reichlich Raum: «Ein amerikanischer Vater der Mittelschicht spricht zu und mit seinem einjährigen Kind täglich nur noch 37,7 Sekunden» (Moeller, 1981, S. 231). Ob man diese strukturelle Dominanz der Frau während der familiären Sozialisation, die sozu-

Die Frau als aktives Objekt ihrer Unterdrückung

«So kommt die Frau der Zweifrontenschichten (der sog. Mittelstand unterteilt sich hierarchisch in sehr viele solcher Zweifrontenschichten) in die äußerst widersprüchliche Lage, ihre Ansprüche an den Mann (natürlich soll er sie lieben, natürlich soll er revolutionär sein), als Anwalt der Gesellschaft, von der sie unterdrückt wird, zu stellen. Das liegt daran, daß sie von einem Sein aus spricht, nicht von einer Produktion aus; neben ihrer Funktion der Hausarbeiterin existiert sie als repräsentierender Männerschmuck und als sexueller Konsumartikel – all das zusammen erscheint ihr jedoch als ihr individuelles Sein. Das Geheimnis, auf das sie gerichtet ist, kommt aus den Bereichen der männlichen Produktion, es ist das Geld. Nur durch dieses kommt sie in die Stellung, in der sie die ihr beigebrachten Qualitäten, die von ihr erwarteten Funktionen entfalten kann. Lieben muß sie in ihrer Funktion als repräsentierende Ware schließlich den Käufer, der am meisten zahlt (oder zu zahlen verspricht). Wenn sie diese Position akzeptiert, ihre Ansprüche nur durch ihr So-Sein legitimiert (und auf der Ebene der Repräsentation gibt es nur Ausdruck, Erscheinung, Sein als Ware, gibt es aber keine Produktion), solange sie also nicht Prozeß wird, Produzentin, die ihre Wunschströme freisetzt und Verhältnisse zum Fließen bringt, wird sie durch die Art ihrer Ansprüche an den Mann zur ständigen Zerstörerin dessen, was sie auf der anderen Seite des double-bind von ihm wünscht, seiner Liebesfähigkeit. Am schärfsten besteht aber ein double-bind in ihr selbst: die einverstandene Frau sprengt ihre gesellschaftliche Definition als Arbeiterin/Ware/Repräsentierende nicht, verlangt aber auf der anderen Seite, als Mensch geliebt zu werden. So bleibt sie der Stoff, mit dessen Hilfe die Ungleichheiten installiert werden (Jedem die Falsche – und umgekehrt).» (Theweleit, 1977, Band 1, 483f)

sagen auch die Konstruktionsphase des Mannes ist, nun als «heimliches Matriarchat» (Vinnai, 1977, S. 84) oder als «Männermatriarchat» (Moeller) bezeichnet, gemeint ist ein und derselbe Zusammenhang: Die Verschränkung von Ursache und Wirkung, Ursprung und Entwicklungsfolgen des Geschlechterverhältnisses:

«Ist dieses Zwangsmatriarchat von den sich distanzierenden Männern hervorgerufen, so prägt es sie doch gleichzeitig durch und durch. Wider Willen isoliert, erhalten die ohnmächtigen Mütter alle Macht. Sie herrschen über die herrschenden Männer, weil deren Herrschaft sie beherrscht.» (Moeller, 1981, S. 235)

Der in den zitierten Begriffen vom «heimlichen Matriarchat», vom «Männermatriarchat» ausgedrückte Sachverhalt[1] läßt sich angemessener in der Kategorie vom «aktiven Objekt» fassen, weil sie der Widersprüchlichkeit dieses Verhältnisses eher gerecht wird.

So wie der Mann seine Begrenzungen durchbrach, indem er die Grenzen seiner Identität auf die Maschine ausgedehnt und zugleich die Maschine in seine Psyche hereingeholt hat, so entgrenzt sich nun die *Frau* in Richtung *Mann. Die Schnittstelle zwischen beiden verläuft durch die Frau hindurch.* Denn der Mann ist Teil ihrer Identität. Was sie in sich selbst unterdrückt, hat sie sich jetzt über ihn angelagert. Er ist für sie, was für ihn die Maschine ist. Er, selbst eine Maschine, ist *ihre* Maschine – die sorgfältig durchkonditionierte kybernetische Maschine der Frau.

1.3 Die entzauberte Männergesellschaft oder: Die Frau erobert die Maschine des Mannes

Im letzten Jahrzehnt begannen sich tiefgreifende Veränderungen im Dreiecksverhältnis: Mann–Frau–Maschine anzudeuten. Frauen drängen in Männerberufe und werden im Alltagsleben zunehmend damit konfrontiert, Maschinen benutzen und sich mit ihren Verhaltensweisen auseinandersetzen zu müssen. Im Verlauf der näheren Bekanntschaft mit dieser Maschinenkultur, dem Über-Mann des Mannes, schwächte sie deren Faszinationskraft ab. Der Mann, der seine Souveränität und Identität mit der der Maschine anreichern wollte, wird als einer erkennbar, der seine Souveränität und Identität an die Maschine verloren hat. Die Frau, die ihre Souveränität und Identität über die des Mannes erweitern wollte, sieht nun die Ertragsgrenzen ihrer Investition. Der Mythos der Maschine «Mann» zerbricht. Folgen davon beginnen sich bereits abzuzeichnen. So nehmen die Versuche zu, der lebenslänglich fixierten Zweierbeziehung, dem «Kannibalismus unserer Zeit» (Brøgger), zu entfliehen. Frauen verweigern zunehmend ihre Beziehungsarbeit, das heißt, sie verweigern ihren bisherigen Beitrag zur regelmäßigen physisch-psychischen Instandsetzung eines Maschinen-Mannes.

Damit verschiebt sich die Mann-Frau-Schnittstelle wieder aus der Frau heraus. Allerdings bleibt die Frau nicht gleich innerhalb ihrer eigenen Grenzen, sondern dehnt sich ihrerseits nun direkt, also ohne Umweg über den Mann, in Richtung Maschine aus. *Die Schnittstelle zur Maschine, die ursprünglich nur durch den Mann hindurch verlief, durchquert nun tendenziell auch die Frau.* Im nachhinein entwickelt sich die Maschine des Mannes anscheinend doch noch zur Maschine des Menschen.

1 Noch einen Schritt weiter geht Mendel (1972). Er interpretiert die moderne Technologie als «archaische Mutter», die in ihrer bedrohlichen Übermächtigkeit zugleich Geborgenheit vermittelt.

1.4 Das Sterben des Patriarchats – Der Zerfall der Maschine?

Was die Frau als aktives Objekt im Pakt und in der Symbiose mit dem Mann erfuhr, erfährt sie nun unmittelbar durch die Maschine selbst: einen massiven Druck zur Erzeugung genereller Unterwerfungsbereitschaft. Doch die Maschine ist unerbittlicher als der Mann. Weibliche Versuche zur synthetischen Konditionierung und Instrumentalisierung schlagen am «toten Partner» fehl. Anders als das Herrschaftsverhältnis zum Mann enthält das zur Maschine keine Ambivalenz, die kompensatorisch nutzbar wäre. Der traditionelle Kompensationsbereich des Maschinen-Mannes war die ihn aufbauende Frau. Indem die «neue» Frau dies verweigert und selbst in die Maschinen-Rolle des Mannes schlüpft, entfällt die partnerschaftliche Kompensation gleichermaßen für beide. Die Maschine droht, sich in ihrer Struktur auf sämtliche Existenzbereiche des Menschen auszudehnen, sich noch tiefer in seine Psyche vorzuschieben. Sie homogenisiert den Menschen. An die Stelle personaler Herrschaft tritt der stumme Zwang funktionaler Strukturen. So stirbt das Patriarchat. Offen bleibt jedoch die Frage, ob die Maschine dies überleben kann. Denn sie steht auf den psychosozialen Säulen des Patriarchats, das den Maschinen-Menschen ein funktionsnotwendiges Minimum an persönlicher Lebensorientierung und Sinnhaftigkeit vermittelt hat. Die Maschine kann dies zwar zerstören, nicht aber ersetzen. Parallel zu diesem Verunsicherungsprozeß, der sich vor allem in Orientierungslosigkeit, Konsumismus und intensiver «Vatersuche» (zum Beispiel in Sekten) ausdrückt, vollzieht sich auf der Ebene des Alltagslebens der Abbau des Geschlechter-Dualismus. Ob sich die damit entstehenden Probleme des individuellen Reproduktionsvollzuges lösen, dürfte wesentlich von den Persönlichkeitstypen abhängig sein, die die Maschine aus dem sterbenden Patriarchat hervorwachsen läßt. Zwei Extremformen sind vorstellbar und deuten sich bereits schon an:

- der Typus des *grenzenlosen* Narziß, dem die Maschine reichlich Material für seine Omnipotenzphantasien bietet, der aber zugleich bedroht ist, von ihr gänzlich aufgefressen zu werden;
- der Typus eines androgynen, geschlechtsneutralen Individuums, das sich bewußt auf seine persönlichen Identitätsgrenzen *beschränkt* und seine Souveränität nicht automatisch und gewohnheitsmäßig auf Menschen oder Maschinen überträgt.

Der letztgenannte Typus steht bereits jenseits von Patriarchat und Maschinenkultur – ein Idealtyp für alternative Arbeits- und Lebensformen. Doch in dieser Form gibt es ihn noch nicht. Er hätte aus dem Nichts geboren werden müssen, also ohne jeden Sozialisationsballast aus der patriarchalisch-maschinenförmigen Gesellschaft. So aber steckt selbst in dem abgeklärtesten und aufgeschlossensten «Alternativler» noch ein Restbestand an industrialisiertem Verhaltenspotential, das vielfach ausreicht, um aus einem wohldurchdachten und solide aufgebauten Vorhaben binnen kurzem eine Projektruine zu machen.

2. Industrialisiertes Verhaltenspotential in Alternativprojekten – ein Trojanisches Pferd?

Seit nunmehr einer Reihe von Jahren formiert sich die Kritik an der maschinisierten Lebenswelt und am Industriesystem auch auf einer praktischen Ebene. Es geht nicht mehr allein darum, kulturkritische Grundhaltungen theoretisch auszuarbeiten, sondern Alternativen zum Industriesystem praktisch zu erproben.

Bei aller Unterschiedlichkeit und Uneinheitlichkeit im Erscheinungsbild ist doch mehr oder weniger allen Projekten ein kybernetisches Weltbild gemeinsam, in der Regel eher unbewußt als bewußt. Charakteristisch für dieses Weltbild ist das Denken in Kreisläufen, in sich selbst regulierenden Vernetzungszusammenhängen, wie sie für die Natur typisch sein sollen (Edelmann, 1977, S. 4–33). Das Kernstück einer wie auch immer konkret gedachten Ökogesellschaft wäre ein herrschaftsfrei-harmonisches Verhältnis der Menschen untereinander und zur Natur.

Vor dem Hintergrund dieses Denkmusters wird das bestehende Industriesystem als aggressive Umgangsform mit menschlicher und äußerer Natur kritisiert. Der unangemessene Imperialismus der Maschine hat in weiten Bereichen dazu geführt, daß die mit den bisherigen Maßnahmen angestrebten Ziele in ihr Gegenteil umzuschlagen drohen, in Ineffizienz und Kontraproduktivität.

Die amerikanische Umweltstudie «Global 2000» gibt eine eindringliche Schilderung des nahezu lückenlosen Raubbaus an natürlichen Ressourcen durch die fortschreitende technokratische Vereinnahmung der Welt. Ein immer größerer Energieaufwand muß betrieben werden, um die bestehenden Strukturen überhaupt erhalten zu können. Vergleichbar ist diese Situation mit der eines Menschen auf der Intensivstation eines Krankenhauses, der in Dauerbewußtlosigkeit und nur noch apparativ hinsichtlich einiger biologischer Funktionen am Leben erhalten wird.

Unter gesellschaftsperspektivischem Aspekt ist die gegenwärtige Situation uneindeutig und widersprüchlich. Die herkömmlichen Strategien der Krisenbewältigung versagen. Ein Mehr an technokratischem Handeln bringt noch stärkere Folgeprobleme mit sich. Neue Strategien der Krisenbewältigung stecken bislang in den Kinderschuhen. Ihre Erfolgsaussicht ist ungewiß.

Lösungen dieser Probleme werden gegenwärtig auf verschiedenen Ebenen gesucht. Interessant dabei ist, daß auf theoretischer Ebene kybernetische Ansätze entwickelt werden, die die Eindimensionalität der mechanistischen Denkweise überwinden wollen. Gleichzeitig und völlig unabhängig davon wird in konkreten Alternativprojekten praktisch versucht, Ansprüche zu verwirklichen, die den kybernetischen Vorstellungen sehr nahe kommen. Schon Kategorien wie «Kreislauf», «Homöostase» (Fließgleichgewicht), «Vernetzung» usw. werden durchgängig verwendet. Diese Entwicklung auf zwei unterschiedlichen Ebenen, die zeitgleich, aber voneinander weitgehend unabhängig stattfindet, läßt sich als Ausdruck derselben gesellschaftlichen Bedingungen und Entwicklungen begreifen. Die Alternativbewegung scheint sich dabei zur gesellschaftlichen Forschungs- und Entwicklungsabteilung für technische und soziale Neuerungen zu entwickeln, deren Entwürfe, wo sie nicht wieder in den Schubladen verschwinden, morgen in der einen oder anderen Weise unser aller Leben prägen (Huber, 1980, S. 37). Nach wie vor ist der Mensch ein homo faber, aber er ist auf dem Wege, reflektierter und umsichtiger vorzugehen.

Die Kybernetik bietet nicht nur die Möglichkeit, komplexe Systeme, zum Beispiel biologische, ökologische oder soziale, zu interpretieren, sondern auch, sie real zu verändern. Sie ist nicht nur, wie etwa die Philosophie des objektiven Idealismus, eine Weltanschauung, sondern zugleich ein effektives Instrument zur Bearbeitung und Veränderung von Realität (Vester, 1980). Es war, wie wir weiter oben gesehen haben, zu einem beachtlichen Teil gerade die Kybernetik, die an der Reformulierung eines neuzeitlichen Maschinenbegriffs beteiligt ist. Wie verträgt sich das mit dem Anspruch alternativer Projekte, die, bewußt oder unbewußt, auf diesem Ansatz basieren und der Maschinengesellschaft gleichwohl entrinnen wollen?

Die Entwicklung der Kybernetik, insbesondere der neuen kybernetischen Maschinen, kann als Abspaltung und Materialisierung maschineller Bewußtseinsstrukturen aufgefaßt werden. Das menschliche Bewußtsein wird gewissermaßen von maschinellen Routinen entlastet, die nur dem Anschein nach genuin menschliche waren. Genau dieses Phänomen drückt sich handgreiflich-sinnlich in der Alternativbewegung aus. In den Freiräumen, die sie sich innerhalb gesellschaftlicher Nischen erobert haben, läßt sich Technologie anders, positiver nutzen. Oftmals ohne sich dessen bewußt zu sein, ja, die Maschinerie sogar bekämpfend, ist die Alternativbewegung in einen Prozeß eingetreten, der den Menschen potentiell von maschinellen Handlungszwängen befreit, ohne jedoch die Maschine zu zerstören. Der in einem kybernetischen Vernetzungszusammenhang eingebundene Sachverhalt kann sich selbst überlassen bleiben. In einem mechanischen Verhältnis hingegen bedarf es des permanenten Eingriffs, der komplementären maschinisierten Psychostruktur. Mit anderen Worten: Dort, wo wir uns nicht (mehr) über die Maschinerie vergesellschaften, müssen wir das selbst besorgen.

Der hohe Grad der Vergesellschaftung auf kybernetisch-maschineller

Ebene eröffnet paradoxerweise den Alternativprojekten ganz andere, eben alternative Formen der Vergesellschaftung. Durch Verwendung von Maschinen, durch Auslagerung von Routinearbeiten, durch eine Maschinenentwicklung, die eine Bedienung der Maschine durch Laien ermöglicht (vgl. Abschnitt 5.1 in Teil II), können ökonomische Möglichkeit und zwischenmenschliche Freiräume genutzt sowie neue Kommunikationsformen erprobt werden. Ersteres bildet geradezu die Voraussetzung für letzteres. Die sich daraus ergebenden Schwierigkeiten sind deshalb so groß, weil Alternativprojekte noch längere Zeit in den maschinellen Systemzusammenhang der Gesamtgesellschaft unmittelbar eingebunden bleiben. Die Vernetzung zwischen den einzelnen Projekten und der Gesamtgesellschaft ist bislang noch stärker als die zwischen den Projekten untereinander (Huber, 1980, S. 54). Damit unterliegen sie natürlich auch besonders eklatanten Verhaltenswidersprüchen.

Industrielles Verhaltenspotential, sei es nun in der Psychostruktur der Aussteiger «versteinert», sei es in Maschinen materialisiert, die sie benutzen, oder aber in den Interaktionsmustern verfestigt, die manchem Projekt durch die Vernetzung mit der Gesamtgesellschaft aufgezwungen wird, in jedem Fall dringt dieses industrielle Verhaltenspotential in die Projekte ein und beginnt, sich zu den gesetzten Zielvorstellungen in Opposition zu stellen.

In den *materialisierten Maschinen* steckt der geronnene Geist kapitalistischer Rationalität und Herrschaft (Marcuse, 1965, S. 127ff). Das heißt, die Maschine gibt auf Grund ihrer Funktionslogik spezifische Verhaltensimpulse vor, denen sich die mit oder an ihr arbeitenden Menschen nur schwer entziehen können. Ein gutes Beispiel dafür ist der sogenannte «Sog des Computers», der zwischenzeitlich bis in die Kinderzimmer vordringen konnte. Thomas von Randow schildert die Wirkungen am Beispiel des kleinen Stephan, dem es ähnlich wie überraschend vielen anderen Kindern und Erwachsenen ergeht: «Nach anfänglicher Begeisterung an den Spielen aus der Programmkonserve bekommen sie Spaß am logischen Reiz des Programmierens. Er kann zum wahren Rausch ausarten und Züge einer Sucht annehmen.» (v. Randow, 1982, S. 61)

MATZE:
(hat schlechte Laune)

«Hab bis heute morgen um vier in der Uni am Rechner gesessen. Ich kann euch sagen, ich bin bedient für immer! Ich will mit dem Scheiß-Rechner nichts mehr zu tun haben ...

Ihr müßt euch mal die Menschen da in der Uni ansehen, wie die hinter den Terminals sitzen, wie die Geier, die hämmern auf ihre Tastatur ein und sehen nix und hören nix, die sind überhaupt nicht ansprechbar, die sind vollkommen zu und wie versessen auf diese Blechkiste. Die sitzen da die ganze Nacht, und wenn sie morgens vollkommen fertig nach Hause gehen, freuen sie sich schon auf die nächste Nacht. Das ist nämlich nicht so, daß die dermaßen unter Druck stehen, daß sie jede Nacht arbeiten müssen, nein, das macht denen Spaß! Die sind bestimmt einsam oder haben Probleme mit dem Freund oder Freundin oder so, aber statt sich damit auseinanderzusetzen, krallen sie ein Terminal, da haben sie dann ihren Partner, das ist noch viel schlimmer als Saufen oder Fernsehen.

Ich hab an mir selbst gemerkt, je länger ich an dem Ding sitze, desto mehr passe ich mich an. Ich denke nur noch logisch, und wenn ich wieder danach mit vernünftigen Menschen rede, kieken die mich ganz schief an. Ich hab Angst, daß ich selber bald nur noch auf diesen Blechdingern abfahre. Ich will mich dagegen wehren, ich will nicht so werden. (A. a. O., S. 188 f)

Am Beispiel des alternativ arbeitenden Wuseltronick-Kollektivs (1982, S. 187–198) zeigt sich die Problematik des Computer-Einsatzes recht deutlich.

Die «Wusels» haben sich trotz aller Befürchtungen selbst einen Computer angeschafft und versuchen nun, damit umzugehen.

Eines Tages stand das Ding dann da, mit seiner Z80-CPU, 2 Floppies, Analog-I/0-Karte, Editor und Graphik-Matrixdrucker. Was der alles konnte! Und dann haben wir ihn ein Jahr lang praktisch nicht genutzt ...

Im Moment versuchen wir den Computer dort einzusetzen, wo der Zeitaufwand und die Mühsal der Arbeit ohne Rechner in keinem von uns tolerierten Verhältnis zur schnellen Arbeit mit dem Rechner steht oder hohe Anpassungsfähigkeit von uns gewollt ist. Zum Beispiel bei Fourieranalysen, detaillierten Auslegungs- und Belastungsrechnungen oder bei schnellen und spontanen Änderungen von Meßwertverarbeitung und -überwachung setzen wir einen Rechner ein.

Die Produktivität unserer Arbeit soll nicht unter der anderer Leute liegen, die Ingenieursarbeit machen. Allein diese Tatsache zwingt uns bei einigen Arbeiten, unsere Arbeitsmittel nach zeitökonomischen Gesichtspunkten zu wählen. Das liegt oft aber auch in unserem Interesse, da wir nicht besonders viel Wert auf viel Arbeitsaufwand und wenig Erfolg legen. (A. a. O., S. 195 ff)

Ein weiterer Faktor, durch den industrialisiertes Verhaltenspotential in die Projekte eindringt, ist die *Vernetzung der Projekte mit anderen gesellschaftlichen Bereichen*, so zum Beispiel über die Konkurrenz auf dem Warenmarkt oder über institutionell gesetzte Normen der Arbeit (etwa bei Ärztekollektiven). Dadurch werden Zwänge für die Ausgestaltung der Produktionsstrukturen ausgeübt (Größe des Betriebes; Verwendung von Maschinen, Geräten, Materialien; Organisation der Zusammenarbeit etc.), die das Projekt mehr oder weniger stark in die Richtung eines «normalen» Betriebes drängen.

Ein Beispiel aus dem alternativ arbeitenden ÖKOTOPIA-Projekt mag das verdeutlichen: Bei einer Rotweinlieferung enthält ein beträchtlicher Anteil der Kartons nur 11 statt 12 Flaschen. Ein Mitarbeiter ohne kaufmännische Berufserfahrung ist längere Zeit damit beschäftigt, eine entsprechende Reklamation zu entwerfen, wieder zu verwerfen etc. Das Ergebnis ist ein Brief, der, berücksichtigt man die kaufmännischen Gepflogenheiten, auf den Lieferanten verletzend wirkt. Er muß daraufhin telephonisch «beruhigt» werden. Ein *routinierter* Mitarbeiter hätte eine passende Reklamation in 15 Minuten postfertig geschrieben.

Schon dieses einfache Beispiel zeigt, daß sich die Arbeits- und Verkehrsformen nicht nur daraus ergeben, was innerbetrieblich für sinnvoll angesehen wird; sondern die Verbindung zur «traditionellen» Außenwelt zwingt den Projektmitgliedern bestimmte Umgangsformen auf. Das gilt um so mehr für Fragen der Buchführung und des Steuerrechts.

Tatsächlich handelt es sich im obigen Fall um einen maschinisierbaren Anteil menschlicher Tätigkeit. Er läßt sich reibungsloser und schneller und unter Wahrung der üblichen Gepflogenheiten kaufmännischen Schriftverkehrs mit Hilfe von Textbausteinen der Automatischen Korrespondenz (AKO) durch den Computer erledigen. (Arbeiten und Lernen verbinden, 1982, Abschnitt 4.3)

Auch die *Psyche der Beteiligten* spielt eine große Rolle. Noch verlaufen Teile davon in den mehr oder weniger tief eingegrabenen Spurrillen der alten maschinellen Programmierung. Dazu kommt, daß die Betroffenheit vom heimlichen Lehrplan der technisierten Alltagswelt auch für die Abtrünnigen der Industriekultur keine nur biographie-historische Episode ist (Schule, Universität, ein paar Jahre Beruf), sondern ein aktueller Problemdruck. Überall stoßen die Alternativen auf – nicht selten verführerische – Verhaltensansprüche jenes maschinellen Systems, von dem sie sich häufig nur schwer und krampfhaft distanzieren können. Unter dem ständigen Ansturm von Reaktivierungsimpulsen gelingt vielen der Bruch mit ihrer psychischen «Vergangenheit» nur unvollständig. Oft bleibt sie unbewältigt, das heißt im Wartestand.

Selbst wenn Geld und Qualifikationen im Übermaß vorhanden sind, bleiben genug sozialpsychologische Selbstbehinderungen der Gruppen als nur schwer zu nehmende Hürden. Es gibt selten ein Projekt, das gruppendynamisch intakt wäre. Die gebrochene oder abgebrochene Lebensgeschichte der Beteiligten belastet die Projekte mit einem Übermaß an Psychodramatik. Zu hohe und verkehrte Erwartungen der Individuen an die Gruppe sowie vielfältige Projektionen allerseits behindern die ersehnte ersprießliche Zusammenarbeit (Huber, 1980, S. 53f).

Schließlich sind es noch die *Interaktionsstrukturen*, durch die sich hinter dem Rücken der Mitarbeiter industrielles Verhaltenspotential entfalten kann. Denn in den Interaktionsstrukturen manifestieren sich unbewußt sowohl die psychischen Bestandteile der verdrängten maschinellen Sozialisation als auch die heimlich eindringenden Verhaltensimpulse der technischen und gesellschaftlichen Maschinen, mit denen die Projekte im Kontakt sind. Vor allem unter Stress, unter hohem Arbeitsdruck stellen sich die alten Verhaltensmuster wie von selbst wieder ein und verschaffen Entlastung. Denn sie können spontan ausagiert werden, müssen nicht erst in mühseliger Kleinarbeit und gegen widrige Umstände eingeübt werden. Sie sind immer schon da und oftmals durchaus sehr funktional. Dieser ständige Kampf *gegen* alte, überkommene und *für* neue, noch zu erarbeitende Verkehrsformen wird recht eindrucksvoll im Gründungsbericht der «Ökotopia» beschrieben (Arbeiten und Lernen, 1982, Abschnitt 2.2 bis 2.3, 4.2 bis 4.4). Wir wollen das hier nicht im einzelnen ausführen.

Unwillkürlich stellen sich Assoziationen zu Garfinkels Krisenexperimenten ein, die wir in Teil B erwähnt haben. Es scheint, daß der gesamte Alternativsektor als gigantisches Garfinkelsches Krisenexperiment interpretierbar ist, mit umgekehrten Vorzeichen und unter kybernetischem Aspekt: Verinnerlichte, überkommene Alltagsroutinen, um deren Verlernen es eigentlich geht, werden bei hohem Arbeitsdruck, unter Stress, spontan und bewußtlos aktualisiert, weil sie wie ein Automat Entlastung im Interaktionsgeschehen versprechen.

3. Die Zukunft der Maschine

Das Wort «Maschine» besitzt bei uns einen schlechten Klang. Die Maschine wird als etwas das Lebendige Einengende, dem Leben Gegenüberstehendes begriffen.

Aber die Kritik der Maschine ist zugleich die Kritik einer Denkweise, der mechanistischen, die durch die Maschine bloß verkörpert wird. Wir haben gesehen, daß nur das an Fähigkeiten in die Maschine integriert werden kann, was an statistischen und logisch-mathematischen Methoden entwickelt ist. Wir haben Logik und Mathematik der herrschenden mechanistischen Denkweise als «Logik des Toten» charakterisiert. Da diese Denkweise an ihre Grenzen gelangt ist – Umweltkrise, atomare Bedrohung, die Probleme der Dritten Welt illustrieren dies plastisch – wird die Maschine zu Recht einbezogen in die Kritik an dieser Entwicklung.

Die formale Logik, nach denen die Maschine funktioniert, ist zweiwertig, das heißt, für sie sind alle Gegenstände, Inhalte, die sie bearbeitet, ungeteilt und eindeutig entweder «wahr» oder «falsch». Differenzierungen gibt es nicht.

Wir haben versucht zu zeigen, daß diese Logik sehr erfolgreich auf tote Gegenstände bezogen werden kann, daß durch die Manipulation toter Gegenstände sich unsere Welt in solchem Ausmaß verändert hat, daß das Leben bedroht ist. Insofern ist der Gegensatz zwischen Mensch und Maschine *auch* der zwischen Lebendigem und Totem. Dies gilt ungeachtet der Tatsache, daß die Maschine menschliches Produkt ist, verselbständigter Teilbereich menschlicher Denkweise.

Die herrschende, insbesondere die wissenschaftliche Denkweise hat das Niveau des Lebendigen (noch) nicht erreicht. Die tote Natur zu beherrschen, war nur möglich durch eine radikale Vereinfachung des Weltbildes. Besonders die Bereiche des Lebendigen, Werden, Entwicklung, Veränderung, sowie des Subjekts und seiner Reflexionen wurden ausgeklammert. Erst mit Hilfe dieses vereinfachten Weltbildes konnte die Natur in einer Weise untersucht und definiert werden, die sie handhabbar machte und entsprechende Maschinen zu konstruieren erlaubte. Dieses Weltbild war zwar beschränkt, aber in seiner Beschränkung eindeutig und exakt.

Die Krise dieser Denkweise bewirkt einen Rückzug. Weg von den exakten Wissenschaften hin zu Mythen, Religion und «natürlicher» Lebensweise. Es wäre die Frage zu stellen, ob es nicht auch einen Weg nach vorne gibt. Ob es möglich ist, die reduzierte zweiwertige Denkweise zu überwinden, ohne ihre Eigenschaft der Zuverlässigkeit und Präzision zu verlieren und ohne alle Wissenschaft in völlige Beliebigkeit aufzulösen. Es ist die Frage nach einer Logik, die in der Lage wäre, die einfache Struktur der zweiwertigen Logik zu überwinden, die nicht nur feststellt: Etwas ist oder etwas ist nicht. Eine solche Logik müßte die Reflexion des denkenden Subjekts in die Konstruktion des Kalküls mit einbeziehen: das Subjekt, das z. B. darüber reflektiert, warum es die Welt *so* sieht, wie es sie sieht, oder *warum* zum Beispiel ein Indianer sie anders sieht.

Versuche, solche logischen Systeme zu entwickeln, die diesen Reflektionsprozeß einbeziehen, sind nicht neu. Denken wir nur an Hegels dialektische Logik. Allerdings sind sie nicht als formale Systeme formuliert worden. Die aber wäre die Voraussetzung dafür, um sie als Maschine bauen zu können.

Nun hat es seit Hegel grundlegende Fortschritte auf der formalen Seite der Entwicklung der Logik gegeben. Man kann sagen, daß die formale Logik sich erst im 19. und 20. Jahrhundert zu einer ernstzunehmenden Disziplin entwickelt hat. Es scheint heute so, daß mit den modernen formalen logischen Verfahren sehr viel kompliziertere Kalküle als das der zweiwertigen Logik entwickelt werden können. Was uns daran hindert, sie zu realisieren, scheinen nicht die formalen Möglichkeiten zu sein, sondern unsere eigene, beschränkte Denkweise.

Die zweiwertige Logik ist nur Ausdruck unseres zweiwertigen Denkens. Formale Systeme, die statt mit zwei mit drei, vier oder noch mehr Werten arbeiten, sind kein technisches Problem; es gibt sie bereits.

Der bisher weitestgehende und reflektierteste Versuch, eine neue, mehrwertige Logik zu entwickeln und *inhaltlich zu begründen*, stammt von Gotthard Günther. Wir verfügen nicht über die Kompetenz, die Tragweite und praktische Umsetzbarkeit dieses Entwurfs zu beurteilen. Eine Maschine aber, und das läßt sich schon jetzt absehen, die auf einer solchen mehrwertigen Logik basierte, hätte mit den bisherigen Realisierungsformen der Maschine nicht mehr viel gemein. Damit wäre die gegenwärtige Maschinenkritik weitgehend gegenstandslos. Starrheit, Determinismus, Eindimensionalität könnten dann potentiell als überwindbar gelten. Durch die Fähigkeit zur einfachen Reflexion wäre die Maschine in der Lage, einfache Formen von Bewußtsein zu entwickeln, was bei der jetzigen logischen Struktur der Maschine prinzipiell unmöglich ist.

Es könnte sich eines Tages herausstellen, daß der Unterschied zwischen Mensch und Maschine unter dem Gesichtspunkt einer mehrwertigen Logik anders zu fassen wäre, als es in diesem Buch versucht wurde. Aber, wie der alte Briest bei Fontane zu sagen pflegte: «Das ist ein zu weites Feld!»

Literaturverzeichnis

Albee, E.: Wer hat Angst vor Virginia Woolf? Frankfurt am Main 1963

Anders, G.: Die Antiquiertheit des Menschen. Über die Seele im Zeitalter der zweiten industriellen Revolution, München 1968

Anders, G.: Die Antiquiertheit des Menschen. Zweiter Band. Über die Zerstörung des Lebens im Zeitalter der dritten industriellen Revolution, München 1980

Arbeiten und Lernen verbinden! Theorie und Praxis der Ökotopia Handelsgesellschaft, Frankfurt am Main 1982

Ashby, W. R.: Einführung in die Kybernetik, Frankfurt am Main 1974

Baer, St., Edelmann, W. (Hg.): Alternative Technologie – Gebot der Stunde, Berlin 1977

Bahro, R.: Die Alternative. Zur Kritik des real existierenden Sozialismus, Köln und Frankfurt am Main 1977

Baldwin, M.: Ich springe über die Mauer. Zurück in die Welt nach 28 Jahren Klosterleben, Heidelberg 1952

Bammé, A., Deutschmann, M., Holling, E.: Erziehung zu beruflicher Mobilität. Ein Beitrag zur Sozialpsychologie mobilen Verhaltens, Berlin und Hamburg 1976

Bammé, A., Feuerstein, G., Holling, E.: Destruktiv-Qualifikationen. Zur Ambivalenz psychosozialer Fähigkeiten, Bensheim 1982

Barnaby, F.: Computer und Militär, in: Technologie und Politik 19, Reinbek 1982, S. 146–158

Baruzzi, A.: Mensch und Maschine. Das Denken sub specie machinae, München 1973

Bataille, G.: Die psychologische Struktur des Faschismus. Die Souveränität, München 1978

Beck, U., Brater, M., Daheim, H.-J.: Soziologie der Arbeit und der Berufe, Reinbek 1980

Beckwith, J.: Genetik als soziale Waffe, in: Technologie und Politik 17, Reinbek 1981, S. 69–89

Behnke, H., Tietz, H. (Hg.): Mathematik I und II, Frankfurt am Main 1964, 1966

Berger, P. L., Luckmann, Th.: Die gesellschaftliche Konstruktion der Wirklichkeit, Frankfurt am Main 1977

Bernal, J. D.: Wissenschaft. Science in History, Reinbek 1970

Bernfeld, S.: Antiautoritäre Erziehung und Psychoanalyse. Darmstadt 1969

Bettelheim, B.: Die Geburt des Selbst. The empty fortress. Erfolgreiche Therapie autistischer Kinder, München 1977

Biermann-Ratjen, E., Eckert, J., Schwartz, H. J.: Gesprächspsychotherapie. Veränderung durch Verstehen, Stuttgart 1979

Blankertz, H.: Theorien und Modelle der Didaktik, München [8]1974

Born, M.: Die Relativitätstheorie Einsteins, Berlin, Heidelberg, New York [4]1964

Borneman, E.: Lexikon der Liebe und Sexualität. Zwei Bände, München [2]1969

Borries, V. v.: Technik als Sozialbeziehung. Zur Theorie industrieller Produktion, München 1980

Brand, G., Kündig, B., Papadimitriou, Z., Thomae, J.: Computer und Arbeitsprozeß, Frankfurt und New York 1978

Braunmühl, E. v.: Antipädagogik. Studien zur Abschaffung der Erziehung, Weinheim und Basel 1975
Breuer, St.: Subjektivität und Maschinisierung. Zur wachsenden organischen Zusammensetzung des Menschen, in: Leviathan, 1/1978, S. 87–126
Brügge, P.: «Sagen wir lieber nicht Humanität», in: Der Spiegel, 36/1982, S. 74ff und 37/1982, S. 92ff
Bukowski, Ch.: Fuck machine, München und Wien [8]1978
Bukowski, Ch.: Liebe für $ 17.50, in: Bukowski, Ch.: Stories und Romane, Frankfurt am Main [10]1977, S. 44–51
Charon, J. E.: Der Geist der Materie, Frankfurt, Berlin, Wien 1982
Cohen, J.: Golem und Roboter. Über künstliche Menschen, Frankfurt am Main 1968
Cooley, M. J. E.: Computer Aided Design. Sein Wesen und seine Zusammenhänge, Stuttgart 1978
Correll, W.: Lernen und Verhalten. Grundlagen der Optimierung von Lernen und Lehren, Frankfurt am Main 1971
Correll, W. (Hg.): Programmiertes Lernen und Lehrmaschinen. Eine Quellensammlung zur Theorie und Praxis des programmierten Lernens, Braunschweig [2]1966
Crusius, R., Wilke, M.: Plädoyer für den Beruf. Hektographiertes Manuskript, Berlin 1979
Cube, F. v., Gunzenhäuser, R.: Über die Entropie von Gruppen, Quickborn [2]1967
Deleuze, G., Guattari, F.: Anti-Ödipus, Kapitalismus und Schizophrenie I, Frankfurt am Main [3]1981
Der Niedersächsische Kultusminister (Hg.): Materialien zur Einführung der Mikroprozessortechnik in die Elektroausbildung. Band 1, Hannover 1982
Deutscher Bildungsrat (Hg.): Strukturplan für das Bildungswesen, Stuttgart 1970
Eckardt, E.: Spiel ohne Grenzen, in: Stern, 53/1981, S. 24–47
Edelmann, W.: Alternative Technologie – Grundlagen, Begriffe, Ziele, in: Baer, St., Edelmann, W. (Hg.): Alternative Technologie – Gebot der Stunde, Berlin 1977, S. 4–33
Eggers, B.: Algorithmen I. Unveröffentlichtes Vorlesungsmanuskript, Technische Universität Berlin, o. J.
Eigen, M., Winkler, R.: Das Spiel. Naturgesetze steuern den Zufall, München 1975
«Ein Schritt in Richtung Homunkulus», in: Der Spiegel, 32, 1978, 31, S. 124–130
Eissler, K. R.: Die Seele des Rekruten. Zur Psychopathologie der US-Armee, in: Kursbuch 67/1982, S. 9–28
Elias, N.: Über den Prozeß der Zivilisation. Soziogenetische und psychogenetische Untersuchungen. Zwei Bände, Frankfurt am Main [7]1980
Elias, N.: Was ist Soziologie? München [2]1971
Engel, G.: Ein Wunschkind für 23000 Mark, in: Stern, 36/1982, S. 228–230
Erdheim, M.: «Heiße» Gesellschaften und «kaltes» Militär, in: Kursbuch, 67/1982, S. 59–70
Etzioni, A.: Die zweite Erschaffung des Menschen. Manipulation der «Erbtechnologie», Opladen 1977
Feyerabend, P.: Erkenntnis für freie Menschen, Frankfurt am Main [2]1981
Fischer, G.: «Können Computer denken?» in: Bild der Wissenschaft, 6/1982, S. 46–58

Fischer, E. P.: Das neue Einmaleins der Gene, in: Umschau, 9/1981, S. 279–280
Foucault, M.: Überwachen und Strafen. Die Geburt des Gefängnisses, Frankfurt am Main 1976
Foucault, M.: Die Ordnung der Dinge, Frankfurt am Main 1971
Freud, S.: Vorlesungen zur Einführung in die Psychoanalyse Und Neue Folge, Frankfurt am Main 1969
Fromm, E.: Wege aus einer kranken Gesellschaft. Eine sozialpsychologische Untersuchung, Frankfurt, Berlin, Wien [10]1980
Fromm, E.: Anatomie der menschlichen Destruktivität, Reinbek 1977
Fuchs, W. R.: Knaurs Buch der modernen Physik, München und Zürich 1965
Fuchs, W. R.: Knaurs Buch der modernen Mathematik, München und Zürich 1966
Garfinkel, H.: Studies in Ethnomethodology, Englewood Cliffs 1967
Garfinkel, H., Sacks, H.: Über formale Strukturen praktischer Handlungen, in: Weingarten u. a., a. a. O., S. 130–176
Gehlen, A.: Die Seele im technischen Zeitalter. Sozialpsychologische Probleme in der industriellen Gesellschaft, Hamburg 1957
Gendolla, P.: Geregeltes Begehren. Zum Verhältnis von Technologie und Sexualität, in: Kamper, D., Wulf, Ch. (Hg.): Die Wiederkehr des Körpers, Frankfurt am Main 1982, S. 165–179
Gendolla, P.: Die lebenden Maschinen. Zur Geschichte des Maschinenmenschen bei Jean Paul, E. T. A. Hoffmann und Villiers de l'Isle Adam, Marburg/Lahn 1980
Gilbreth, F. B.: Bewegungsstudien, Berlin 1921
Gizycki, R. v., Weiler, U.: Mikroprozessoren und Bildungswesen, München, Wien 1980
Glasbrenner, A.: Die neue Dampfprügelmaschine, in: Glotz, P., Langenbucher, W. R. (Hg.): Versäumte Lektionen, Gütersloh 1965, S. 118–121
Goffman, E.: Asyle. Über die soziale Situation psychiatrischer Patienten und anderer Insassen, Frankfurt am Main [3]1977
Günther, G.: Das Bewußtsein der Maschinen. Eine Metaphysik der Kybernetik, Krefeld und Baden-Baden 1963
Günther, G.: Beiträge zur Grundlegung einer operationsfähigen Dialektik. Drei Bände, Hamburg 1976, 1979, 1980
Günther, G.: Idee und Grundriß einer nicht-Aristotelischen Logik, Hamburg [2]1978
Güntheroth, H.: Sind unsere Erinnerungen Hologramme? Neue faszinierende Überlegungen über die Funktionsweise des menschlichen Gehirns, in: Frankfurter Rundschau vom 24. 11. 1979
Greiff, B. v.: Gesellschaftsform und Erkenntnisform, Frankfurt am Main 1976
Grünewald, U. (Hg.): Qualifikationsforschung und Berufliche Bildung, Berlin 1979
Habermas, J.: Technik und Wissenschaft als «Ideologie», Frankfurt am Main [2]1969
Hartmann, D.: Die Gewalt der formalen Logik (hektographiertes Manuskript)
Havemann, R.: Dialektik ohne Dogma?, Reinbek 1964
Hays, H. R.: Mythos Frau. Das gefährliche Geschlecht, Frankfurt am Main 1978
Hegel, G. W. F.: Wissenschaft der Logik, herausgegeben von Georg Lasson, Hamburg 1967
Heger, H.: Ein Überlebender klagt an, in: Werkstatt BENT, Schiller-Schloßpark-Werkstatt, Berlin 1980, S. 5–21

Heringer, H. J. (Hg.): Seminar: Der Regelbegriff in der praktischen Semantik, Frankfurt am Main 1974
Herbig, J.: Der Bio Boom. Geschäfte mit dem Leben, Hamburg 1982
Herbig, J. (Hg.): Biotechnik. Genetische Überwachung und Manipulation des Lebens, in: Technologie und Politik 17, Reinbek 1981
Hertz, H.: Die Prinzipien der Mechanik, in: Gesammelte Werke von Heinrich Hertz, Band III, Leipzig 1910
Hilbert, D., Bernays, P.: Grundlagen der Mathematik I, Berlin und Heidelberg [2]1968
Hilbert, D., Ackermann, W.: Grundzüge der theoretischen Logik, Berlin und Heidelberg 1962
Hilbig, W., Janicke, G.: Die Formaldidaktik «Cogendi». Ein halbalgorithmisches Verfahren zur Herstellung von Lehrprogrammen (Eine hektographierte Systembeschreibung für den Benutzer), Berlin 1970
Hoffmann-Axthelm, D.: Stichwort: Technik und Sozialisation, in: Ästhetik und Kommunikation, 48/1982, S. 20–33
Hofmann, C.: Smog im Hirn, Bensheim 1981
Hofstätter, P. R.: Angst vor der Technik, in: VdTÜV e.V.: Mitgliederversammlung 1979, Hamburg 1979
Hohlfeld, R.: Das biomedizinische Modell, in: Herbig, J. (Hg.), a. a. O., S. 114–134
Huber, J.: Wer soll das alles ändern. Die Alternativen der Alternativbewegung. Berlin 1980
Huysmans, J. K.: Gegen den Strich (Originalausgabe: «A Rebours», 1884), Zürich 1981
Illich, I.: Entschulung der Gesellschaft, München 1972
Irigaray, L.: Das Geschlecht, das nicht eins ist, Berlin 1979
«Ist ‹Klonen› beim Menschen prinzipiell möglich?» in: Umschau, 78/1978, 17, S. 523–529
Joas, H.: Rollen- und Interaktionstheorien in der Sozialisationsforschung, in: Hurrelmann, K., Ulich, D. (Hg.): Handbuch der Sozialisationsforschung, Weinheim und Basel 1980, S. 147–160
Jokisch, R. (Hg.): Techniksoziologie, Frankfurt am Main 1982
Jonas, W., u. a.: Die Produktivkräfte in der Geschichte 1, Berlin (DDR) 1969
Jungk, R. (Hg.): Menschheitsträume, Düsseldorf 1969
Kafka, F.: In der Strafkolonie, Berlin 1975
Kant, I.: Kritik der reinen Vernunft (1. Auflage 1781 und 2. Auflage 1787), in: Kants Werke, Akademie-Textausgabe, Bd. III und IV, Berlin (DDR) 1968
Kant, I.: Prolegomena zu einer jeden künftigen Metaphysik, die als Wissenschaft wird auftreten können, in: Kants Werke, Akademie Textausgabe, Bd. IV, Berlin (DDR) 1968
Kiaulehn, W.: Die eisernen Engel. Geburt, Geschichte und Macht der Maschinen, Berlin 1935
Kidder, T.: Die Seele einer neuen Maschine, Basel 1982
King, J.: Neue genetische Techniken: Aussichten und Gefahren, in: Technologie und Politik 17, Reinbek 1981, S. 14–27
Klaus, G. (Hg.): Wörterbuch der Kybernetik. Band 1 (Stichwort «Maschine»), Frankfurt am Main [2]1971
Klaus, G.: Kybernetik und Gesellschaft, Berlin (DDR) 1964

Kluge, A.: Neue Geschichten, Heft 1–18: «Unheimlichkeit der Zeit», Frankfurt am Main 1977
Koch, E. R.: Chirurgie der Seele, Operative Umpolung des Verhaltens, Frankfurt am Main 1978
Krappmann, L.: Soziologische Dimensionen der Identität. Strukturelle Bedingungen für die Teilnahme an Interaktionsprozessen, Stuttgart [2]1972
Lacan, J.: Schriften 1, Frankfurt am Main 1975
Lacan, J.: Seminar Band II. Das Ich in der Theorie Freuds und in der Technik der Psychoanalyse, Olten und Freiburg 1980
Laing, R. D.: Das geteilte Selbst. Eine existentielle Studie über geistige Gesundheit und Wahnsinn, Reinbek 1976
Lang, P.: Melamed, B. G.; Hart, J.: Eine psychologische Analyse der Angstbeeinflussung durch automatisierte Desensibilisierung, in: Florin, C., Tunner, W. (Hg.): Therapie der Angst, München, Berlin, Wien 1975, S. 71 ff
Langeveld, M. J.: Die Schule als Weg des Kindes. Versuch einer Anthropologie der Schule, Braunschweig [3]1966
Leithäuser, Th.: Bei leerer Straße auf das grüne Licht der Ampel warten. Anmerkungen zur Sozialpathologie der Resignation, in: päd. extra, 1/1977, S. 32–34
Leithäuser, J. G.: Die zweite Schöpfung der Welt. Eine Geschichte der großen technischen Erfindungen von heute, Berlin 1957
Lempert, W.: Beruf und Herrschaft. Zur Kritik gesellschaftlicher und individueller Dysfunktionen berufsförmig ausgeübter Tätigkeiten. Hektographiertes Manuskript, Berlin 1981
Lippe, R. zur: Am eigenen Leibe. Zur Ökonomie des Lebens, Frankfurt am Main 1978
Loehlin, J. C.: Maschinen mit Persönlichkeit (1968), in: Jungk, R., Mundt, H. J. (Hg.): Maschinen wie Menschen, Frankfurt am Main 1973, S. 125–139
Lorenzer, A.: Die Wahrheit der psychoanalytischen Erkenntnis. Ein historisch-materialistischer Entwurf, Frankfurt am Main 1974
Lorenzer, A.: Zur Begründung einer materialistischen Sozialisationstheorie, Frankfurt am Main 1972
Lukács, G.: Geschichte und Klassenbewußtsein, Neuwied 1970
Mahler, M. S.: Symbiose und Individuation. Band I, Stuttgart 1968
Mantell, D. M.: Familie und Aggression. Zur Einübung von Gewalt und Gewaltlosigkeit. Eine empirische Untersuchung, Frankfurt am Main 1978
Marcuse, H.: Industrialisierung und Kapitalismus im Werk Max Webers, in: ders.: Kultur und Gesellschaft 2, 1965, S. 107–129
Marx, K.: Texte zu Methode und Praxis II. Pariser Manuskripte, Reinbek 1966
Marx, K.: Das Kapital. Erster Band, Berlin (DDR) [14]1967
Marx, K.: Engels, F.: Die deutsche Ideologie. Berlin (DDR) [4]1960
McKinnell, R. G.: Cloning – Leben aus der Retorte, Karlsruhe 1981
Mendel, G.: Generationskrise, Frankfurt am Main 1972
Mettler, L.: Befruchtung im Reagenzglas, in: Umschau, 5/1980, 5, S. 138–142
Mettler, L., Tinneberg, H.-R.: Wenn das Leben im Reagenzglas beginnt, in: Umschau, 7/1982, S. 232–235
Meyers Enzyklopädisches Lexikon (Stichwort «Maschine»), Mannheim 1975
Meyers Neues Lexikon (Stichwort «Maschine»), Leipzig 1974
Mies, M.: Gesellschaftliche Ursprünge der geschlechtlichen Arbeitsteilung, in: Beiträge zur feministischen Theorie und Praxis, 3/1980, S. 61–78

Milgram, St.: Das Milgram-Experiment, Reinbek 1974
Miller, A.: Am Anfang war Erziehung, Frankfurt am Main 1980
Moeller, M. L.: Männermatriarchat. Nachwort in: Frank, B.: Mütter und Söhne, Gesprächsprotokolle mit Männern, Hamburg 1981
Müller, K. R.: «. . . da könnt Ihr gar nichts machen!» EDV und Rationalisierung in einem Betrieb. Eine Fallstudie, Stuttgart 1981
Müller, P. (Hg.): Lexikon der Datenverarbeitung. Siemens AG, Berlin und München [2]1969
Müller, R. W.: Geld und Geist, Frankfurt und New York 1977
Müllert, N. (Hg.): Schöne elektronische Welt, Reinbek 1982
Müllert, N. R.: Das Räderwerk des technischen Fortschritts – Endstation: Menschen wie Computer, in: Technologie und Politik 19, Reinbek 1982, S. 42–60
Mumford, L.: Mythos der Maschine. Kultur, Technik und Macht. Die umfassende Darstellung der Entdeckung und Entwicklung der Technik, Frankfurt am Main 1977
Negt, O., Kluge, A.: Geschichte und Eigensinn, Frankfurt am Main 1981
Neumann, J. v.: Die Rechenmaschine und das Gehirn, München 1960
Nitzschke, B.: Männerängste, Männerwünsche, München 1980
Noble, D. F.: Maschinen gegen Menschen. Die Entwicklung numerisch gesteuerter Werkzeugmaschinen, Stuttgart 1981
Oberschelb, A.: Rechenmaschinen, in: Behnke, Tietz, a. a. O., Band II, S. 260–285
Oberschelb, W.: Berechenbarkeit, in: Behnke, Tietz, a. a. O., Band II, S. 30–57
Oberschelb, W.: Kybernetik, in: Behnke, Tietz, a. a. O., Band II, S. 168–188
Oberschelb, W.: Wahrscheinlichkeitsrechnung, in: Behnke, Tietz, a. a. O., Band II, S. 346–375
Öhlschläger, G.: Einige Unterschiede zwischen Naturgesetzen und sozialen Regeln, in: Heringer, a. a. O., S. 88–110
Ottomeyer, K.: Soziales Verhalten und Ökonomie im Kapitalismus, Gaiganz 1974
Packard, V.: Die große Versuchung. Der Eingriff in Leib und Seele, Frankfurt, Berlin, Wien 1980
Piaget, J., Inhelder, B.: Die Psychologie des Kindes, Frankfurt am Main 1977
Pohrt, W., Schwarz, M.: Wegwerfbeziehungen, in: Kursbuch 35/1974, S. 155–180
Projektgruppe Automation und Qualifikation: Theorien über Automationsarbeit, Berlin 1978
Projektgruppe Technologie und Sozialisation: Algorithmen und Rituale. Zur psychosozialen Struktur von Mensch und Maschine, in: Psychologie und Gesellschaftskritik, 24/1982, S. 19–44
Rabinbach, A.: Der Motor Mensch. Ermüdung, Energie und Technologie des menschlichen Körpers im ausgehenden 19. Jahrhundert, in: Buddensieg, Th., Rogge, H. (Hg.): Die nützlichen Künste. VDI-Katalog, Berlin 1981, S. 129–135
Raestrup, R.: Perversion oder Weiterentwicklung. Zur Parallelität von militärischem und naturwissenschaftlichem Denken, in: Wechselwirkung, 9/1981, S. 14–17
Randow, Th. von: Die Maschine «denkt», der Mensch lenkt. ZEIT-Dossier vom 5.12.1980, in: Joffe, J. (Hg.): ZEIT-Dossier 2, München 1981, S. 122–135
Randow, Th. v.: Liebe auf den ersten Byte. Die Computer-Intelligenz im Kinderzimmer: Vorbereitung auf das Informationszeitalter, in: Die ZEIT, 46/1982, S. 61

Raschke, U.: Frust und Maskerade satt. Das Zeitphänomen Diskothek, in: Frankfurter Rundschau, 28/1982, S. I
Reimer, E.: Schafft die Schule ab!, Reinbek 1972
Révérony de Saint-Cyr, J. A.: Essai sur le mécanisme de la guerre (1804), zit. nach übersetzten Auszügen in: THEATRO MACHINARUM 2/1980, S. 29–31
Richter, H.-E.: Eltern, Kind und Neurose, Reinbek 1969
Richter, H.-E.: Die Rolle des Familienlebens in der kindlichen Entwicklung, in: Familiendynamik, 1/1976, S. 5–24
Rorvik, D. M.: Nach seinem Ebenbild, Frankfurt am Main 1978
Rosenfeld, A.: Die Schöpfung in der Schule, in: Geo, 12/1980, S. 8–36
Rosenthal, Ph.: Einmal Legionär, Hamburg 1981
Russell, B.: Die Philosophie des logischen Atomismus, München 1976
Rutschky, K. (Hg.): Schwarze Pädagogik. Quellen zur Naturgeschichte der bürgerlichen Erziehung, Frankfurt, Berlin, Wien 1982
Sade, Marquis de: Die hundertzwanzig Tage von Sodom oder die Schule der Ausschweifung. Zwei Bände, Leipzig 1909
Salomon, E. von: Die Kadetten, Berlin 1933
Satyananda, S. (Elten, J. A.): Ganz entspannt im Hier und Jetzt, Reinbek 1979
Schmidt, A.: Der Begriff der Natur in der Lehre von Marx, Frankfurt am Main 1971
Schmidt. R. F.: Biomaschine Mensch. Normales Verhalten, gestörte Funktion, Krankheit, München 1979
Schultze, H.: Eispende, tiefgefrorene Embryos, Ethik, in: Umschau 20/1980, S. 622
Seger, G.: Tageslauf im KZ Oranienburg (1933), in: Emmerich, W. (Hg.): Proletarische Lebensläufe, Band 2, 1914–1945, Reinbek 1975, S. 326–332
Sinsheimer, R. L.: Genetische Technik, in: Herbig (Hg.) a. a. O., S. 8–13
Sohn-Rethel, A.: Geistige und körperliche Arbeit, Frankfurt am Main 1970
Specht, R.: René Descartes in Selbstzeugnissen und Bilddokumenten, Reinbek 1966
Steinert, H. (Hg.): Symbolische Interaktion. Arbeiten zu einer reflexiven Soziologie, Stuttgart 1973
Stierlin, H.: «Rolle» und «Auftrag» in der Familientheorie und -therapie, in: Kutter, P. (Hg.): Psychoanalyse im Wandel, Frankfurt am Main 1977, S. 67–93
Strecker, B.: Die Unerbittlichkeit der Logik, in: Heringer, a. a. O., S. 111–132
Sullerot, E.: Le Fait Féminin, Paris 1978
Sutherland, N. St.: Maschinen wie Menschen (1968), in: Jungk, R., Mundt, H. J. (Hg.): Maschinen wie Menschen, Frankfurt am Main, 1973, S. 12–27
Taube, M.: Der Mythos der Denkmaschine. Kritische Betrachtungen zur Kybernetik, Reinbek 1966
Technomanie. Über die Versessenheit des technischen Wissenschaftlers und die Schwierigkeit zu lieben. Ein Gespräch von W. Siebel und D. Hoffmann-Axthelm mit Ludger Cramer, in: Ästhetik und Kommunikation, 48/1982, S. 34–41
Theweleit, K.: Männerphantasien, 1. Band. Frauen, Fluten, Körper, Geschichte. Frankfurt am Main 1977
Theweleit, K.: Männerphantasien. 2. Band. Männerkörper – Zur Psychoanalyse des Weißen Terrors, Frankfurt am Main 1978
Tibon-Cornillot, M.: Die transfigurativen Körper. Die Verflechtung von Techniken und Mythen (hektographiertes Manuskript)

Treiber, H., Steinert, H.: Die Fabrikation des zuverlässigen Menschen. Über die «Wahlverwandtschaft» von Kloster- und Fabrikdisziplin, München 1980
Ullrich, O.: Technik und Herrschaft, Frankfurt am Main 1979
Vahrenkamp, R. (Hg.): Technologie und Kapital, Frankfurt am Main 1973
Vester, F.: Neuland des Denkens. Vom technokratischen zum kybernetischen Zeitalter, Stuttgart 1980
Vinnai. G.: Das Elend der Männlichkeit. Hetero-Sexualität, Homosexualität und ökonomische Struktur, Reinbek 1977
Virilio, P.: Fahren, fahren, fahren ..., Berlin 1978
Wade, N.: Gefahren der Genmanipulation. Das letzte Experiment, Berlin, Frankfurt, Wien 1979
Wassermann, R.: Der politische Richter, München 1972
Watzlawik, P., Beavin, J. H., Jackson, D. D.: Menschliche Kommunikation, Bern [4]1974
Weber, M.: Wirtschaft und Gesellschaft. Grundriß der verstehenden Soziologie, Tübingen [5]1976
Weber, M.: Die protestantische Ethik. Band I, München 1969
Weingarten, E., Sack, F.: Ethnomethodologie. Die methodische Konstruktion der Realität, in: Weingarten, a. a. O., S. 7–26
Weingarten, E., Sack, F., Schenkein, J. (Hg.): Ethnomethodologie. Beiträge zu einer Soziologie des Alltagshandelns, Frankfurt am Main [2]1979
Weizenbaum, J.: Die Macht der Computer und die Ohnmacht der Vernunft, Frankfurt am Main 1978
Weizenbaum, J.: Über Computer, Prognosen, Sprache, in: Greiff, B. v. (Hg.): Das Orwellsche Jahrzehnt und die Zukunft der Wissenschaft, Opladen 1981, S. 20–25
Weizenbaum, J.: Denken ohne Seele. ZEIT-Dossier vom 5. 12. 1980, in: Joffe, J. (Hg.): ZEIT-Dossier 2, München 1981, S. 136–140
Whorf, B. L.: Sprache, Denken, Wirklichkeit, Reinbek 1963
Wieder, D. L., Zimmerman, D. H.: Regeln im Erklärungsprozeß. Wissenschaftliche und ethnowissenschaftliche Soziologie, in: Weingarten u. a., a. a. O., S. 105–129
Wiener, N.: Kybernetik, Düsseldorf und Wien 1963
Wiener, N.: Mensch und Menschmaschine, Frankfurt und Bonn [3]1966
Willis, P.: Spaß am Widerstand, Frankfurt am Main 1979
Wuseltronick-Kollektiv: Ein Tag bei Wuseltronick – Computereinsatz in einem Alternativprojekt, in: Technologie und Politik 19, Reinbek 1982, S. 187–198
Yoxen, E.: Genetik als soziale Waffe, in: Herbig, J. (Hg.), a. a. O., S. 90–113
Zabel, J.-K.: Jugend und Militär. Zur Sozialgeschichte militärischer Erziehungsinstitutionen in Deutschland, in: aus politik und zeitgeschichte. beilage zur wochenzeitung das parlament. B 30/79, 28. Juli 1979, S. 23–40
Zander, C.: Die Computer-Kinder, in: Stern, 33/1982, S. 55 ff
Zinnecker, J.: Der heimliche Lehrplan, Weinheim und Basel 1975

Quellennachweis der Abbildungen

S. 9 oben, unten: Bruno Bettelheim: Die Geburt des Selbst, München 1977, S. 311, Kindler Verlag;
S. 26 oben, unten: Walter Kiaulehn: Die eisernen Engel, Berlin 1935, gegenüber S. 121;
S. 46: Sempé: Umso schlimmer, © 1978, Diogenes Verlag, Zürich;
S. 49: dpa;
S. 51: John Cohen: Golem und Roboter, Frankfurt am Main 1968, gegenüber S. 113, Umschau-Verlag, © John Cohen;
S. 67: Mitteilungen des Bundesministeriums für Forschung und Technologie, 9/1981, S. 94;
S. 74: © Joseph Farris, Bethel/USA
S. 78: CHIP, 9/1982, S. 24, Vogel-Verlag, Würzburg;
S. 79: Robert Lebeck: Potztausend, die Liebe, Dortmund [2]1981, S. 103, Harenberg;
S. 84: Wechselwirkung, 11/1981, S. 7;
S. 88: ©Derek Bromhall, Oxford;
S. 91: © Walter Mayr, Großenrade;
S. 114: stern 18/1982, S. 33, Zeichnung: Ri Kaiser;
S. 120: Michael Heidelberger, Sigrun Thiessen: Natur und Erfahrung, Reinbek 1981, S. 40;
S. 141: Populäre Elektronik, 5/1979, S. 41, Vogel-Verlag, Würzburg;
S. 170: Der Spiegel, 42/1982, S. 281, nach: Science;
S. 190 oben: Wechselwirkung, 2/1979, Titelbild;
S. 190 unten: © Harald Sund, New York;
S. 197: Walter Kiaulehn: Die eisernen Engel, Berlin 1935, S. 19;
S. 207: Hubert Treiber, Heinz Steinert: Die Fabrikation des zuverlässigen Menschen, München 1980, S. 106;
S. 212f: Alexander Kluge: Neue Geschichten. Hefte 1–18, «Unheimlichkeit der Zeit», Frankfurt am Main [2]1976, S. 66f;
S. 221: dpa;
S. 226: © Mark Perlstein, New York;
S. 241, S. 242: Die Produktivkräfte in der Geschichte 1, Berlin (DDR) 1969, S. 351 und S. 353 unten;
S. 247 oben, unten: Michael J. E. Cooley: Computer Aided Design. Sein Wesen und seine Zusammenhänge, Stuttgart 1978, S. 64 oben, S. 108 oben, Alektor-Verlag;
S. 252 oben: © Kai Greiser, Hamburg;
S. 252 unten: © Gesche M. Coredes, Hamburg;
S. 261: Benjamin L. Whorf: Sprache – Denken – Wirklichkeit, Reinbek 1963, S. 16;
S. 274: Wechselwirkung, 14/1982, S. 30;
S. 306f: Michel Foucault: Überwachen und Strafen, Frankfurt am Main [3]1979, Abb. 29.

Walter Hollstein

DIE GEGEN GESELLSCHAFT

Deutscher Sachbuch-Preis

Walter Hollstein zeichnet hier die Geschichte der Gegengesellschaft nach, jener Gruppen in den westlichen Industrienationen, die von vielen als Spinner belächelt, von manchen sogar als Chaoten und Umstürzler verteufelt werden: ihre Ursprünge, Absichten, Träume praktischen Veränderungsversuche, ihre Erfolge und Mißerfolge, von den Beatniks, Gammlern, Provos, Hippies bis zu den politischen Gruppierungen der frühen siebziger Jahre und den vielfältigen Bewegun-gen der heutigen Alternativ- und Ökoszene. Er untersucht die Abwehrreaktionen der kapitalistischen Gesellschaft, aber auch die in diesen Gruppen selbst angelegten Schwächen, die in der Vergangenheit viele Lösungsansätze scheitern ließen. Ein sorgfältig recherchierter Grundlagen- und Ergänzungsband zu Walter Hollsteins Praxisbuch «Alternativprojekte»

rororo sachbuch 7454

Ferner liegt vor:

Walter Hollstein/Boris Penth

ALTERNATIV-PROJEKTE

Beispiele gegen die Resignation

rororo sachbuch 7317

1015/2